计算思维与人工智能

微课视频版

罗小刚　邹　威　周　亮◎主　编
李志远　宋　炜　谭江汇◎副主编

清華大學出版社
北京

内 容 简 介

本书以计算思维为主线介绍计算机科学的入门知识，主要针对计算机类专业一年级本科生的“计算机科学导论”“大学计算机基础”等课程。

全书共8章，主要内容包括计算机概述、计算机中信息的表示、操作系统、Python编程基础、算法与数据结构、数据库原理及应用、计算机网络、计算机新技术等。本书参考了《计算课程体系规范》(CC2020)，更加系统地聚焦如何通过计算机相关基础知识的学习培养计算思维，同时注重让读者通过计算思维认识世界、提出问题、解决问题，内容的组织更加注意循序渐进地培养读者的创造性学习能力。本书的特点是取材新颖、内容丰富、重点突出、适用性强，注重引导计算思维和自我提升。同时，注意与后续课程的分工与衔接，为后续课程的学习奠定基础。

本书适合作为高等院校计算机类相关专业的本科生教材，也可以作为计算思维爱好者的参考书。

图书在版编目（CIP）数据

计算思维与人工智能：微课视频版/罗小刚，邹威，周亮主编. -- 北京：清华大学出版社，2025. 3. --（计算机新形态实用教材）. -- ISBN 978-7-302-68525-8

Ⅰ. O241;TP18

中国国家版本馆CIP数据核字第2025W5520W号

责任编辑：赵佳霓
封面设计：吴　刚
责任校对：王勤勤
责任印制：沈　露

出版发行：清华大学出版社
网　　址：https://www.tup.com.cn，https://www.wqxuetang.com
地　　址：北京清华大学学研大厦A座　　邮　　编：100084
社 总 机：010-83470000　　邮　　购：010-62786544
投稿与读者服务：010-62776969，c-service@tup.tsinghua.edu.cn
质量反馈：010-62772015，zhiliang@tup.tsinghua.edu.cn
课件下载：https://www.tup.com.cn，010-83470236
印 装 者：三河市铭诚印务有限公司
经　　销：全国新华书店
开　　本：186mm×240mm　　印　张：21.75　　字　　数：491千字
版　　次：2025年3月第1版　　印　　次：2025年3月第1次印刷
印　　数：1～1500
定　　价：69.00元

产品编号：106971-01

前言

PREFACE

随着科技的飞速发展，计算机与人工智能正逐渐渗透到人类生活的方方面面，深刻影响着社会的进步与变革。在这样的时代背景下，培养具备计算思维能力和人工智能素养的人才显得尤为重要。为了帮助读者掌握计算机与人工智能的基础知识，结合计算思维形成的科学方法，编写了这本《计算思维与人工智能（微课视频版）》教材。

本书旨在通过系统介绍计算机的基础知识、编程技能及算法与数据结构等内容，引导读者形成计算思维，并为进一步深入了解人工智能领域的知识打下坚实的基础。通过本书，读者将能够掌握计算机的基本工作原理、信息的数字化表示与处理方式，以及操作系统、编程语言、数据库和计算机网络等关键技术。

本书主要内容

第1章计算机概述，介绍计算机的发展历程、基本原理和应用领域，重点讲解了计算机性能指标的量化方法，帮助读者全面认识计算机。同时，本章还重点对计算思维进行了系统介绍，引导读者摈弃"学计算机就是学编程语言"的错误思想，深刻认识到"计算思维是21世纪基本素养，如同读、写、算一样重要，是计算机专业学习的核心"。

第2章计算机中信息的表示，深入剖析信息的数字化表示与处理方式，为后续的计算机操作与数据处理奠定基础。本章对计算思维的建立、应用等有较为重要的意义。

第3章操作系统，将引导读者了解操作系统的基本原理和功能，帮助读者理解计算机系统的运行机制。

第4章Python编程基础，通过实际案例，教授读者使用Python语言进行编程，培养一定的编程实践能力。

第5章算法与数据结构，介绍算法的基本概念、算法分析与设计的方法及常见的数据结构，帮助读者培养计算思维、逻辑思维和解决问题的能力。

第6章数据库原理及应用，探讨数据库的基本原理和实际应用，使读者能够了解并初步掌握数据库管理的基本技能。

第7章计算机网络，介绍计算机网络的基本原理、协议及应用，帮助读者了解网络技术的发展趋势和未来的应用前景。

第8章计算机新技术，详细介绍了计算机目前正在使用的新技术，包括云计算和大语言模型等。在云计算中探讨了云计算的概念与发展、学习工作中的云计算和云计算的安全问题；在大语言模型部分介绍了大语言模型的概念和发展、国内大语言模型的特点、国内典型大语言模型的应用等，并以通义灵码和文心一言为例讲解了大语言模型的使用方法。

除以上 8 章的核心内容外，本书还特别注重培养读者的计算思维能力和人工智能素养。通过引导读者分析问题、设计算法、优化程序等过程，培养逻辑思维和创新能力。

期待通过本书的学习，读者能够深入地理解计算机相关技术的精髓，掌握相关的核心知识和技能，并能够在未来的学习和工作中灵活应用。相信通过不断地学习与实践，读者将成为具备计算思维能力和人工智能素养的优秀人才，为推动科技进步和社会发展做出积极贡献。

资源下载提示

素材(源码)等资源：扫描目录上方的二维码下载。

视频等资源：扫描封底的文泉云盘防盗码，再扫描书中相应章节的二维码，可以在线学习。

致谢

本书由罗小刚组织、策划和统稿，并邀请到邹威、周亮、李志远、宋炜、谭江汇共同撰写，其中谭江汇撰写了第 1 章，罗小刚撰写了第 2 章和第 3 章，周亮撰写了第 4 章，宋炜撰写了第 5 章，邹威撰写了第 6 章与第 7 章，李志远撰写了第 8 章。感谢所有参与本书编写工作的同仁们，是你们的辛勤付出使本书得以呈现在读者面前。同时，本书的出版得到了清华大学出版社的大力支持，在此也由衷地表示感谢。在本书的编写过程中参阅了大量书籍、文献资料和网络资源，在此向所有资源的作者表示感谢。

由于编者水平有限，不足之处在所难免，望读者批评指正。

罗小刚

2025 年 1 月

目录

CONTENTS

配套资源（教学课件、测试题库等）

计算机概述

第1章
CHAPTER 1

计算机作为一种能够处理数据、执行程序及进行各种操作的智能电子设备,从早期的计算工具逐渐发展成现在的智能电子设备,在现代社会中扮演着不可或缺的角色,几乎影响着人们生活的方方面面。本章将从计算机的发展史、计算机的基本概念、计算机系统的组成、计算机的特征和计算思维出发,一起来认识和了解计算机。

本章思维导图如图1-1所示。

图1-1 第1章思维导图

1.1 计算机基础知识

认识计算机,首先需知道计算机的基础知识。什么叫计算机?它具备什么特点?计算机的发展都经历了什么?如今计算机成为生活中不可或缺的一部分,面对形形色色的不同样式的计算机,怎么划分计算机的种类?它都应用在哪些领域?本节将对以上问题一一进行讲解。

1.1.1 计算机的概念

在认识计算机之前,需要弄明白计算机的概念。计算机(Computer)是一种能够按照事先编写好的程序进行自动化运算和处理的机器。计算机作为一种能够接收、处理和输出数据的智能电子设备,可以根据预先设定的指令执行各种操作。这些操作包括数学运算、逻辑判断、数据处理等。计算机由硬件和软件两部分组成,硬件部分包括中央处理器(Central Processing Unit,CPU)、内存、存储设备、输入设备和输出设备等,而软件则包括操作系统、应用程序和各种驱动程序等。计算机已经被广泛地应用于各个领域,包括个人生活、商业、工业、教育、科学研究等,成为现代社会不可或缺的一部分。

然而计算机并不是一开始就是今天所看到的这样一种智能电子设备。它经过一步步发展,从最早的简单计算工具,逐渐发展成如今的智能便携设备。本节将根据计算机的发展史详细介绍计算机的分类和计算机的基本特点。

1.1.2 计算机的历史

计算机发展到如今的智能电子设备时代,经历了漫长的时间。从史前的原始算筹等计算工具到机械式计算机,再到电子管、晶体管、微电子、集成电路、个人计算机,再到如今的人工智能,每个阶段都体现了科技的飞跃发展和人类的智慧。

1. 古代计算工具时期

计算工具的历史可以追溯到数千年前。在古代,中国、印度、埃及等文明中,人们发明了许多用于计算的工具。算盘是中国古代发明的用于基本算术运算的工具,最早可以追溯到公元前2000年左右。算盘通过珠子的移动实现加、减、乘、除等运算,简单高效。算盘的发明和使用不仅对中国的经济和科学发展起到了重要作用,也在世界范围内产生了深远影响。

而其他古代工具,例如在希腊,安提凯希拉机械装置(Antikythera Mechanism)被认为是最早的机械计算装置之一,可能用于天文计算。类似的装置还包括印度的数表和巴比伦的黏土表,这些工具帮助古人进行复杂的数学计算和天文观测。

2. 机器计算的萌芽和发展

随着时间的推移,1614年,苏格兰数学家约翰·纳皮尔(J. Napier)提出了对数的思想,他发明了简化乘法运算的纳皮尔算筹(俗称纳皮尔算筹或纳皮尔骨头),这出现了机器计算的萌芽。到了19世纪,英国数学家查尔斯·巴贝奇(Charles Babbage)设计了几种重要的机械计算装置,例如差分机和分析机,被誉为"计算机之父"。

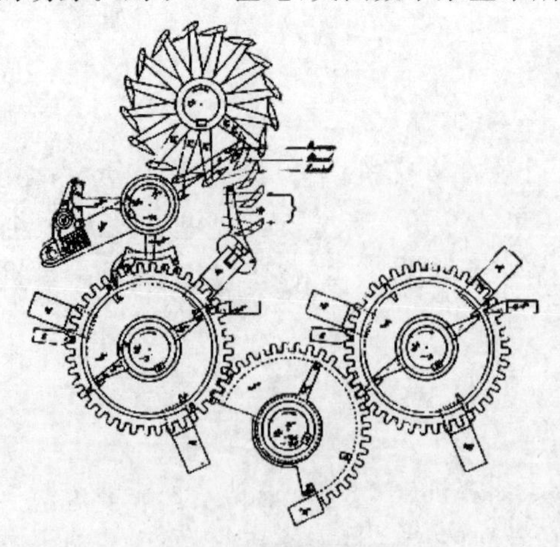

图1-2 差分机模型

(1) 差分机:差分机是巴贝奇设计的一种用于计算多项式函数值的机械计算装置。它通过机械齿轮和杠杆实现自动计算。尽管差分机最终未能完成,但其设计理念对后来的计算机发展产生了深远影响。差分机模型如图1-2所示。

(2) 分析机:分析机是巴贝奇更为宏大的设想,意图构建一台通用的机械计算机。它包括存储器、算术逻辑单元和控制单元,可以通过打孔卡片进行编程。虽然这台机器从未完全实现,但它包含了现代计算机的基本特征,它的存储器用来保存数据的齿轮式寄存器(堆栈),可存储1000个50位十进制数;运算装置包括可以进行各种运算的装置(工场),可进行十进制四则运算;对操作进行程序控制,可运行“条件”“循环”等语句;具备输入和输出,采用穿孔卡片作为程序的输入设备,并且有数据输出装置。

在巴贝奇设计这些装置时,他的助手阿达·洛芙莱斯(Ada Lovelace)为巴贝奇的分析机编写了第一个算法,提出了计算机可以超越单纯计算,能够执行任何符号操作的概念,由此她被称为是世界上第一位程序员。她的工作奠定了计算机程序设计的基础。阿达·洛芙莱斯还预见计算机在音乐、艺术和科学等领域的广泛应用,她的远见卓识使她成为计算机历史上的重要人物。

3. 20世纪早期的电子计算机

到了20世纪,计算机发展史上出现了一位重要人物阿兰·图灵,他是现代计算机思想的创始人,被誉为“计算机科学之父”和“人工智能之父”。正如被尊为计算机之父的冯·诺依曼一再强调的:如果不考虑巴贝奇等的工作和他们早先提出的有关计算机和程序设计的一些概念,则计算机的基本思想来源于图灵。图灵对现代计算机的贡献主要体现在两方面:一是建立了图灵机理论模型;二是提出了定义机器智能的图灵测试。

20世纪40年代,匈牙利数学家冯·诺依曼参与了美国的原子弹研制项目,他发现当时的电子计算机存在很多问题,如程序和数据是用不同的硬件实现的,需要人工修改或重新设计才能执行不同的任务,而且还是用不同的方式(十进制、二进制、八进制等)表示和存储的,需要进行转换才能处理。随即冯·诺依曼提出了一种新的思想,将程序和数据都用二进制表示和存储在同一个存储器中,可以随时修改和调用,使计算机变得可编程、可扩展、可兼容,也就是沿用至今的冯·诺依曼体系结构。为此,电气和电子工程师协会(Institute of Electrical and Electronics Engineers,IEEE)还设立了“冯·诺依曼奖”,表彰在计算机科学和技术上具有杰出成就的科学家。

1) 电子管计算机

随着技术的发展,第二次世界大战期间,电子计算机的发展得到了极大的推动,主要是为了满足战争需求。1945年,世界上第一台通用电子计算机ENIAC(Electronic Numerical Integrator And Computer)由约翰·莫克利(John Mauchly)和约翰·普雷斯珀·埃克特(John Presper Eckert)设计完成。ENIAC使用了18 000个电子管,体积庞大,占地面积很大,主要用于弹道计算。ENIAC的出现标志着电子计算时代的到来,虽然它的体积和功耗都非常大,但其计算速度远远超过了之前的机械计算机。

2) 晶体管计算机

随着硬件技术的发展,晶体管的出现使元件器件体积更小,晶体管替代了电子管,显著地减少了计算机的体积和功耗,同时提高了可靠性和速度。20世纪50年代,晶体管开始在计算机中应用。第一台全晶体管计算机是1956年问世的IBM 608,显著地提升了计算性能。晶体管的应用使计算机更加小型化、更加可靠,并且能耗更低,这为计算机的进一步发展和普及奠定了基础。

4. 现代计算机

时间来到20世纪60年代,集成电路的发明标志着计算机技术的又一次飞跃。集成电路可以将多个晶体管集成到一块小型硅片上,大大地提升了计算机的性能和可靠性,同时减少了体积和成本。集成电路的发明使计算机可以进行更复杂的计算,并在更小的空间内集成更多的功能,因此集成电路迅速应用于计算机制造,使计算机更加小型化和高效。20世纪70年代,微处理器的出现进一步推动了计算机技术的发展。集成电路技术的发展使计算机的制造成本大大降低,同时性能显著提升,使计算机逐渐走入大众生活。

图1-3 Apple II个人计算机

1971年,英特尔公司推出了世界上第一款微处理器Intel 4004。微处理器将计算机的中央处理器集成到单个芯片上,标志着现代计算机时代的到来。20世纪70年代末和80年代初,个人计算机开始普及。1977年,Apple II上市,如图1-3所示,这是第一台面向大众市场的个人计算机。1981年,IBM推出了IBM PC,奠定了个人计算机市场的标准。个人计算机的出现使计算机技术进入家庭和中小企业,极大地推动了计算机的普及和应用。

随着硬件的发展,软件技术也迅速进步。微软的MS-DOS操作系统和后来的Windows操作系统,以及Apple的macOS都成为个人计算机的重要组成部分。操作系统的发展极大地简化了计算机的操作,使普通用户也能轻松地使用计算机。

5. 互联网人工智能计算机时代

随着技术的进一步发展,互联网和智能计算机已经全面普及,如今人工智能技术被广泛地应用于自动驾驶、智能助手、医疗诊断、金融分析等领域。通过人工智能,计算机能够处理海量数据,发现隐藏的模式和规律,提供智能化的决策支持。随着计算能力的提升和算法的改进,人工智能将在更多领域取得突破。未来,人工智能有望在医疗、教育、交通、金融等领域发挥更大的作用,提高生产效率和生活质量。

计算机的发展历史是一部充满创新与进步的科技史。从古代简单的计算工具,到现代高度复杂的电子计算机,每步都展现了人类智慧的光辉和科学技术的飞跃。计算机技术的发展不仅改变了人们的生活方式,也推动了社会的进步和经济的发展。未来,随着计算技术的不断进步,计算机将在更多领域发挥更大的作用,为人类社会带来更多的福祉。

1.1.3 计算机的分类

计算机作为现代科技的重要组成部分,已经深深地融入人类社会的各方面。计算机的分类根据不同的标准可以分为多种类型,以下从用途、规模、性能、结构、功能和应用领域等角度对计算机进行详细分类。

(1) 按照用途来区分,可分为通用计算机和专用计算机。

通用计算机指的是能够执行多种任务的计算机。这类计算机具有灵活的编程能力,可以用于科学计算、文字处理、数据库管理、网络服务等。典型的通用计算机包括个人计算机(PC)、服务器和超级计算机等。

专用计算机是为某些特定任务或功能而设计的计算机,这些任务通常是定制化的,例如,嵌入式系统(如智能家电中的控制系统)、工业控制计算机、汽车中的电子控制单元等。这类计算机通常具有较高的可靠性和实时性能,但通用性较差。

(2) 按规模分类,可以分为微型计算机、小型计算机、中型计算机、大型计算机和超级计算机。

微型计算机通常指个人计算机,包括台式机和笔记本电脑。这类计算机成本较低,适合个人和家庭使用。近年来,随着移动互联网的发展,平板电脑和智能手机也属于微型计算机的范畴。

小型计算机通常用于中小型企业的数据处理和事务管理,具有较高的性能和处理能力。早期的小型计算机如DEC的PDP系列,现在主要被小型服务器和工作站所取代。

中型计算机介于小型计算机和大型计算机之间,主要用于大中型企业和政府机构。这类计算机具有强大的处理能力和存储容量,能够支持大量用户同时操作。IBM的AS/400系统就是典型的中型计算机。

大型计算机,也称为主机(Mainframe),是性能非常强大的计算机,主要用于大型企业、银行、保险公司和政府部门的数据处理。这类计算机具有极高的可靠性、安全性和处理能力,能够处理大量事务和数据。

超级计算机是当前计算机技术巅峰,主要用于科学研究、气象预报、核模拟和大规模数据处理等需要超高计算能力的领域。超级计算机的计算速度通常以每秒浮点运算次数(FLOPS)为单位来衡量。目前,世界上最快的超级计算机能够达到每秒数百亿亿次浮点运算。

(3) 按性能分类,可以分为高性能计算机、中性能计算机和低性能计算机。

高性能计算机通常指的是具有极高计算速度和处理能力的计算机,主要用于需要大量计算的科学研究和工程应用。超级计算机和高端服务器都属于高性能计算机。

中性能计算机适用于中等规模的计算任务,常用于中型企业的数据处理和事务管理。工作站和中型服务器通常属于这一类。

低性能计算机适合日常的办公和家庭使用,如个人计算机、笔记本电脑和平板电脑。这类计算机的处理能力相对较低,但能满足大多数用户的基本需求。

(4) 按结构分类,可以分为单处理器系统、多处理器系统、集群计算机、分布式计算机系统和并行计算系统。

单处理器系统是最常见的计算机结构,只有一个中央处理器进行数据处理。这类系统简单、成本低,但处理能力有限,适合个人和小型企业使用。

多处理器系统具有多个处理器,可以同时执行多个任务,极大地提高了计算速度和效率。多处理器系统通常用于高性能计算和大型数据库管理。根据处理器的架构,可以进一步分为对称多处理器系统和非对称多处理器系统。

集群计算机由多台独立的计算机通过网络连接组成,协同工作以完成大规模计算任务。这种系统具有高可扩展性和容错能力,被广泛地用于科学计算和大数据处理。

分布式计算机系统将计算任务分布在多台计算机上,通过网络进行协同工作。这类系统可以充分地利用地理上分散的计算资源,提高计算效率和资源利用率。典型的分布式计算机系统包括云计算平台和网格计算系统。

并行计算系统通过同时执行多个指令来提高计算速度,被广泛地应用于需要高计算能力的领域,并行计算系统既可以是单机多核,也可以是集群中的多机多核。

(5) 按功能分类,可以分为科学计算机、事务处理计算机、实时控制计算机、嵌入式计算机和网络计算机。

科学计算机主要用于科学研究和工程计算,需要极高的计算精度和处理能力。这类计算机通常具有强大的浮点运算能力和高效的数据传输性能,被广泛地应用于物理、化学、气象、天文等领域的数值模拟和计算。

事务处理计算机主要用于商业和事务处理,如银行系统、企业资源计划系统和数据库管理系统等。这类计算机需要具备高可靠性、快速响应和大容量存储等特性。

实时控制计算机用于需要实时响应和控制的场景,如工业自动化、航空航天、交通控制和电力系统等。这类计算机需要具备高实时性、可靠性和抗干扰能力。

嵌入式计算机通常会被嵌入其他设备中,专门负责控制和数据处理任务。典型的嵌入式计算机包括家电中的控制系统、汽车中的电子控制单元、移动设备中的处理器等。这类计算机通常具有小型化、低功耗和高可靠性等特点。

网络计算机用于网络服务和数据通信,如网络服务器、路由器、防火墙等。这类计算机需要具备高效的网络处理能力、可靠性和安全性。

(6) 按应用领域分类,可以分为家用计算机、办公计算机、工业计算机、教育计算机、科学研究计算机、医疗计算机、娱乐计算机和网络服务计算机。

家用计算机主要包括台式机、笔记本电脑、平板电脑和智能手机等。这些设备主要用于家庭娱乐、学习、办公和互联网接入,具有操作简便、成本较低的特点。

办公计算机被广泛地应用于企业和政府机构的日常办公,如文档处理、电子邮件、数据管理和网络通信等。办公计算机通常配置较高的处理器、内存和存储,以满足高效办公的需求。

工业计算机用于工业自动化、生产控制和监控系统等,具有较高的可靠性、抗干扰能力和实时性能。典型的工业计算机包括可编程逻辑控制器(Programmable Logic Controller, PLC)、工业 PC 和嵌入式控制器。

教育计算机主要用于学校和教育机构的教学、科研和管理,通常具有较强的多媒体处理能力和网络功能。近年来,随着在线教育的发展,平板电脑和电子书阅读器也逐渐成为教育计算机的一部分。

科学研究计算机用于科研机构和实验室的科学计算、数据分析和仿真模拟,通常具有极高的计算能力和数据处理能力,被广泛地应用于物理、化学、生物、天文等学科。

医疗计算机用于医院和诊所的病患管理、医学成像和诊断分析等，具有高精度、高可靠性和安全性的特点。典型的医疗计算机包括CT扫描仪、核磁共振成像仪和医疗信息管理系统等。

娱乐计算机主要包括游戏机、VR设备和多媒体播放设备等，具有强大的图形处理能力和互动功能，被广泛地应用于电子游戏、虚拟现实和影音娱乐等领域。

网络服务计算机用于提供各种网络服务，如网页服务器、数据库服务器、邮件服务器和云计算平台等。这类计算机需要具备高效的网络处理能力、存储能力和安全性。

1.1.4 计算机的特点

计算机作为现代信息时代的核心工具，其特点多样而显著。接下来将从性能、存储能力、多任务处理能力、自动化程度、联网功能、人机交互等多方面详细描述计算机的特点，以全面展现其在各个领域中的重要作用和优势。

(1) 高性能：计算机的高性能体现在其运算速度和处理能力上。现代计算机采用高速处理器(如英特尔的Core系列、AMD的Ryzen系列等)，可以在极短的时间内完成大量复杂的计算任务。以浮点运算速度为例，顶尖的超级计算机每秒可执行数百亿亿次浮点运算(FLOPS)，这是人类手工计算无法企及的。

(2) 大容量存储：计算机的存储能力包括内存和外部存储(如硬盘、固态硬盘等)，其中内存用于存储临时数据，提供快速访问，内存的容量和速度会直接影响计算机的多任务处理能力。现代计算机通常配备8GB以上的内存，高端系统甚至达到64GB或更高。内存的读写速度也在不断提升，如DDR4、DDR5等新型内存技术的应用，进一步增强了计算机的性能。外部存储则用于长期保存数据，也就是常说的硬盘。传统的机械硬盘已经逐渐被速度更快的固态硬盘所取代。

(3) 多任务处理能力：计算机能够同时执行多个任务，这得益于其多核处理器和操作系统的任务管理功能。多任务处理能力在现代计算环境中至关重要，因为用户往往需要同时运行多个应用程序。多任务处理由多核处理器和操作系统来实现，多核处理器通过多个独立的核心同时处理不同的任务，提高了计算机的并行处理能力，例如，四核、六核甚至十六核处理器已经成为主流，特别是在服务器和高性能计算领域，多核处理器发挥了巨大的作用。现代操作系统(如Windows、macOS、Linux等)都具有优秀的任务调度能力，可以合理分配计算资源，使多个任务顺利进行。此外，虚拟化技术的应用使一台物理计算机可以模拟多台虚拟机，进一步增强了多任务处理能力。

(4) 高度自动化：计算机的自动化特性使其在各个领域被广泛应用。从简单的办公自动化到复杂的工业控制，计算机系统都能通过预设的程序自动完成任务，极大地提高了工作效率，其中办公自动化系统(如Microsoft Office、Google Workspace等)涵盖了从文档编辑、数据分析到会议安排的各方面。通过自动化工具，用户可以大幅减少手工操作，提高工作效率和准确性。在工业领域，计算机控制系统用于监控和管理生产过程，例如，数控机床、自动化生产线和机器人系统都是基于计算机控制的。这些系统通过精确控制和监测，实现了高效、稳定的生产操作。

(5) 先进的联网功能：计算机的联网功能极大地扩展了其应用范围。通过互联网，计算机可以实现全球范围内的信息共享和资源协作，形成一个庞大的信息网络。现代计算机通过有线或无线方式接入互联网，享受丰富的在线资源和服务。高速宽带和5G技术的普及进一步提升了网络连接速度和稳定性，使在线工作、学习和娱乐更加便捷。此外，云计算也是计算机联网功能的一个重要应用。通过云计算，用户可以在任何时间、任何地点访问和处理存储在云端的数据和应用，使企业和个人用户能够灵活地应对各种计算需求。

(6) 人机交互：计算机的人机交互界面不断发展，从最初的命令行界面到如今的图形用户界面，再到触摸屏和语音识别技术的应用，使人与计算机的互动更加直观和便捷，其中图形用户界面通过窗口、图标、菜单和指针等元素，使用户能够直观地操作计算机。现代操作系统和应用程序普遍采用图形用户界面，用户无须掌握复杂的命令，只需通过单击和拖动便可完成操作。

随着技术的发展，触摸屏技术使计算机操作更加便捷。智能手机、平板电脑和一些笔记本电脑配备了触摸屏，用户可以通过手指直接与设备互动。手势控制技术进一步增强了用户体验，通过简单的手势即可实现各种操作。语音识别技术的发展使计算机能够理解和执行语音指令。智能语音助手(如Apple的Siri、Google Assistant、Amazon Alexa等)通过语音与用户互动，提供信息查询、日程管理、智能家居控制等服务。这种自然的交互方式极大地提升了计算机的易用性和便捷性。

(7) 可靠性和稳定性：现代计算机硬件和软件设计都强调高可靠性，以确保系统能够在各种环境下稳定运行，其中计算机硬件的可靠性体现在其长寿命和低故障率上。高质量的硬件组件(如处理器、内存、硬盘等)经过严格测试和质量控制，确保在长期使用中保持稳定性能。操作系统和应用软件的稳定性通过不断更新和优化得以保障。开发者通过发布补丁和更新，修复软件漏洞、提高兼容性和性能。现代软件开发采用模块化设计，增强了系统的稳定性和可维护性。另外计算机系统通常采用容错和冗余设计，以确保在硬件或软件发生故障时系统能够继续运行，例如，服务器集群、数据冗余存储等技术都用于提高系统的可靠性和稳定性。

(8) 可扩展性：计算机的可扩展性使其能够根据用户需求进行升级和扩展，适应不断变化的应用场景和技术发展。用户可以通过添加或更换硬件组件来提升计算机性能，例如，增加内存容量、更换更快的处理器或显卡、添加额外的存储设备等，这些都是常见的硬件升级方式。模块化设计的计算机系统(如台式机)特别容易进行硬件扩展。软件的可扩展性主要体现在操作系统和应用程序的插件和扩展功能上。用户可以根据需要安装各种插件和扩展程序，增强软件的功能，例如，Web浏览器通过插件可以实现广告拦截、视频下载等功能，办公软件通过扩展可以添加数据分析工具和模板等。另外，通过联网功能，计算机可以连接各种外部设备和服务，扩展其应用范围，例如，物联网(Internet of Things，IoT)设备通过网络连接，形成一个庞大的智能设备生态系统，计算机可以通过这些设备实现远程监控和控制。

1.1.5 计算机的应用领域

拥有强大计算功能,为人们的生活带来了无限的便利,如今计算机应用在生活的方方面面,几乎覆盖了社会的各个角落。

首先在科学研究中,计算机的应用无处不在,从复杂的数据处理、模拟实验到高性能计算,计算机已经成为科学研究不可或缺的工具,例如,在天文学中,计算机用于处理大量的天文观测数据,模拟宇宙演化。在生物学中,计算机用于基因组测序和蛋白质折叠的研究。在物理学中,计算机模拟帮助科学家理解粒子行为和宇宙的起源。

在工业制造领域,计算机的应用主要体现在自动化生产线上。通过计算机控制的数控机床和机器人系统,生产过程的自动化和精确度得到了显著提高。此外,计算机辅助设计和计算机辅助制造技术大大地加快了产品开发的速度,降低了成本,提高了质量。

在医疗健康领域,计算机的应用极为重要。电子健康记录系统改善了患者信息的管理和共享,提高了诊断和治疗的效率和准确性。计算机还用于医学影像处理,如CT、MRI等,通过图像识别技术,医生可以更早地发现疾病。人工智能在医疗中的应用也逐步扩大,例如通过深度学习算法来预测疾病的发生发展趋势,辅助医生做出决策。

计算机在教育中的应用改变了传统的教学模式。通过电子学习平台(如Moodle、Coursera等),学生可以随时随地获取学习资源,进行在线课程和考试。虚拟现实和增强现实技术也逐渐被引入教育领域,提供更为直观和互动的学习体验。此外,计算机辅助教学系统通过个性化的教学方案提高了学习效果。

在商业和金融领域,计算机技术的应用广泛而深入。企业资源计划系统帮助企业整合各项资源,提高运营效率。客户关系管理系统通过分析客户数据,提升客户服务和市场营销策略。金融行业依赖高频交易系统和大数据分析来预测市场趋势、优化投资组合,降低风险。

在政务服务和军事领域,通过电子政务平台,政府可以更高效地提供公共服务,如在线办理证件、缴纳税款、社保管理等。与此同时,大数据分析帮助政府在政策制定、公共安全和社会管理等方面做出更加科学和精确的决策。另外在军事防御中,计算机用于武器系统的控制和模拟作战演练,增强了作战能力和精确度。无人机和自动化武器系统的发展也依赖于先进的计算机技术。

在生活中,通信和网络技术的发展得益于计算机的强大处理能力和智能算法。从传统的电话、电视到互联网、移动通信,计算机技术都发挥了关键作用。现代互联网技术依赖于计算机网络和分布式计算,从而实现全球信息的快速传输和共享。云计算和物联网的发展更进一步地拓宽了计算机应用的广度和深度。此外,娱乐也是生活不可或缺的一部分,电子游戏、电影电视、音乐制作等都离不开计算机的使用。

总之,计算机的应用领域极为广泛,几乎涵盖了现代社会的各方面。随着计算机技术的不断发展,其在各个领域中的应用将会更加深入和广泛,继续推动社会的进步和发展。

1.2 计算机系统

计算机系统是由硬件系统和软件系统组成的,它们共同工作来运行应用程序。虽然系统的具体实现方式随着时间不断变化,但是系统内在的概念却没有改变。所有计算机系统都有相似的硬件和软件组件。它们都执行着相似的功能。本节将从计算机的硬件和软件系统两方面详细介绍计算机系统的组成。

7min

1.2.1 计算机系统的组成

一台完整的计算机包括硬件和软件两部分,另外还有一部分固化的软件称为固件,固件兼具软件和硬件的特性,常见的如个人计算机中的基本输入/输出系统(Basic Input/Output System,BIOS)。硬件与软件结合才能使计算机正常运行并发挥作用,因此,对计算机的理解不能仅局限于硬件部分,应该把它看作一个包含软件系统与硬件系统的完整系统。

1.2.2 计算机硬件系统

计算机硬件系统是构成计算机系统的电子线路和电子元器件等物理设备的总称。硬件是构成计算机的物质基础,是计算机系统的核心。20 世纪 40 年代中期,美国科学家冯·诺依曼(von Neumann)大胆地提出了采用二进制作为数字计算机数制基础的理论。相比十进制,二进制的运算规则更简单,"0"和"1"两种状态更容易用物理状态实现,适合采用布尔代数的方法实现运算电路。除此之外,冯·诺依曼还提出了存储程序和程序控制的思想。存储程序就是将解题的步骤编制成程序,然后将程序和运行程序所需要的数据以二进制的形式存放到存储器中,方便执行,而程序控制则是指计算机中的控制器逐条取出存储器中的指令并按顺序执行,控制各功能部件进行相应操作,完成数据的加工处理存储程序和程序控制是冯·诺依曼结构计算机的主要设计思想。

按照冯·诺依曼的设计思想,计算机的硬件系统包含运算器、控制器、存储器、输入设备和输出设备五大部件。运算器与控制器合称为中央处理器;CPU 和存储器通常称为主机(Host);输入设备和输出设备统称为输入/输出设备,因为它们位于主机的外部,所以有时也称为外部设备。冯·诺依曼体系结构如图 1-4 所示。

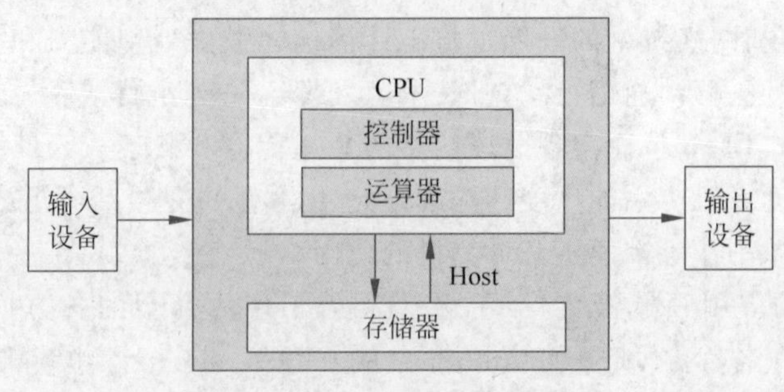

图 1-4 冯·诺依曼体系结构

(1) 存储器：存储器的主要功能是存放程序和数据。程序是计算机操作的依据，数据是计算机操作的对象。不管是程序还是数据，在存储器中都是用二进制形式表示的，它们被统称为信息。为实现自动计算，这些信息必须预先放在主存储器中才能被 CPU 读取。

目前，计算机的主存储器都是半导体存储器。存储体由许多个存储单元组成，信息按单元存放。存储单元按某种顺序编号，每个存储单元都对应一个编号，称为单元地址。存储单元地址与存储在其中的信息一一对应。每个存储单元的单元地址只有一个且固定不变，而存储在其中的信息则可改变。

向存储单元存入或从存储单元取出信息都称为访问存储器。访问存储器时，先由地址译码器对送来的单元地址进行译码，找到相应的存储单元，然后由读/写控制电路确定访问存储器的方式，即取出(读)或存入(写)；再按规定的方式完成取出或存入操作。与存储器有关的部件还有地址总线与数据总线。它们分别为访问存储器传递地址信息和数据信息，地址总线是单向的，数据总线是双向的。

(2) 运算器：运算器是一种用于信息加工处理的部件，它对数据进行算术运算和逻辑运算。算术运算是按照算术规则进行的加、减、乘、除等运算。逻辑运算一般泛指非算术运算，如比较、移位、逻辑加、逻辑乘、逻辑取反及异或等。

运算器通常由算术逻辑部件(Arithmetic Logic Unit，ALU)和一系列寄存器组成。ALU 是具体完成算术与逻辑运算的部件；寄存器用于存放运算操作数；累加器除用于存放运算操作数外，在连续运算中，还用于存放中间结果和最后结果，累加器也由此而得名。寄存器与累加器中的原始数据既可从存储器获得，也可以来自其他寄存器；累加器的最后结果既可存放到存储器中，也可送入其他寄存器。一般将运算器一次运算能处理的二进制位数称为机器字长，它是计算机的重要性能指标。常用的计算机字长有 8 位、16 位、32 位及 64 位。

(3) 控制器：控制器是整个计算机的指挥中心，它可使计算机各部件协调工作。控制器工作的实际就是解释程序，它每次从存储器读取一条指令，经过分析译码产生一串操作命令，再发给各功能部件控制各部件完成相应的动作，使整个机器连续地、有条不紊地运行，以实现指令和程序的功能。计算机中有两股信息在流动：一股是控制流信息，即操作命令，它分散流向各个功能部件；另一股是数据流信息，它受控制流信息的控制，从一个部件流向另一个部件，在流动的过程中被相应的部件加工处理。

控制流信息的发源地是控制器。控制器产生控制流信息的依据来自 3 方面，如图 1-5 所示。一是存放在指令寄存器中的机器指令，它是计算机操作的主要依据。二是状态寄存器，用于存放反映计算机运行的状态信息。计算机在运行的过程中会根据各部件的即时状态，决定下一步操作是按顺序执行指令还是按分支转移执行指令。三是时序电路，它能产生各种时序信号使控制器的操作命令被有序地发送出去，以保证整个机器

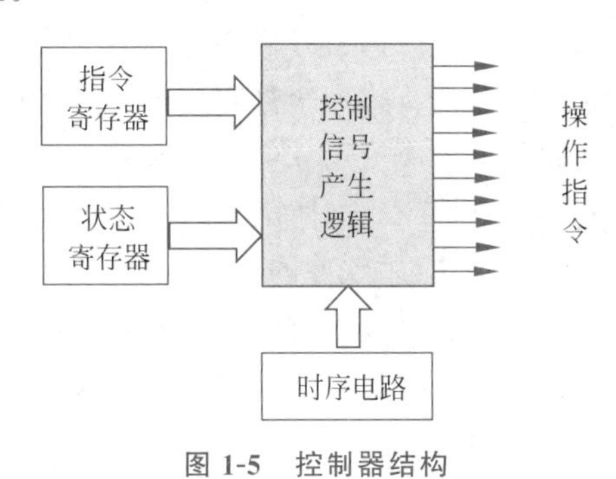

图 1-5 控制器结构

可以协调工作。

(4) 输入设备：输入设备就是将信息输入计算机的外部设备，它将人们熟悉的信息形式转换成计算机能接收并识别的信息形式。输入的信息有数字、字母、符号、文字、图形、图像、声音等多种形式；送入计算机的只有一种形式，也就是二进制数据。一般输入设备用于原始数据和程序的输入。常用的输入设备有键盘、鼠标、扫描仪及模/数(A/D)转换器等。A/D转换器能将模拟量转换成数字量。模拟量是指用连续物理量表示的数据，如电流、电阻、压力、速度及角度等。

输入设备与主机之间通过接口连接。设置接口主要有以下几方面的原因。一是输入设备大多数是机电设备，传送数据的速度远远低于主机，因此需要用接口进行数据缓冲。二是输入设备所用的信息格式与主机不同，例如，通过键盘输入的字母、数字先由键盘接口转换成8位二进制码(ASCII码)，再拼接成主机认可的字长送入主机，因此，需要用接口进行信息格式转换。三是接口还可以向主机报告设备运行的状态、传达主机的命令等。

(5) 输出设备：输出设备就是将计算机运算结果转换成人们和其他设备能接收和识别的信息形式的设备，如字符、文字、图形、图像、声音等。输出设备与输入设备一样，需要通过接口与主机连接。常用的输出设备有打印机、显示器、数/模(D/A)转换器等。外存储器也是计算机中重要的外部设备，它既可以作为输入设备，也可以作为输出设备。此外，它还有存储信息的功能，因此，常常作为辅存使用。计算机的存储管理软件将它与主存一起管理，作为主存的补充。常见的外存储器有磁盘、光盘与磁带机，它们与输入/输出设备一样，也要通过接口与主机相连。

(6) 系统互连：计算机硬件系统各功能部件还需要有组织地以某种方式连接起来，从而实现数据流信息和控制流信息在不同部件之间的流动及数据信息的加工处理。在现代计算机中使用较多的就是总线互连方案，这种方式实现简单，扩展容易。总线(Bus)是连接两台或多台设备(部件)的公共信息通路。它主要由数据线、地址线和控制线组成。CPU连接计算机中各主要部件的总线称为系统总线。

1.2.3 计算机软件系统

计算机软件将解决问题的思想、方法和过程用程序进行描述，因此，程序是软件的核心组成部分。程序通常存储在存储介质中，人们可以看到存储程序的存储介质，而程序则是无形的。一台计算机中全部程序的集合统称为这台计算机的软件系统。计算机软件按其功能进行划分可分成应用软件和系统软件两大类。应用软件是用户为解决某种应用问题而编制的一些程序，如科学计算程序、自动控制程序、数据处理程序、情报检索程序等。随着计算机的广泛应用，应用软件的种类及数量越来越多、功能也越来越强大。系统软件用于对计算机系统进行管理、调度、监视和服务等，其目的是方便用户、提高计算机使用效率、扩充系统的功能。通常将系统软件分为以下几类。

1. 操作系统

操作系统是管理计算机中各种资源、自动调度用户作业、处理各种中断的软件。操作系统管理的资源通常有硬件、软件和数据信息。操作系统的规模和功能，随不同的要求而异，常见操作系统包括 UNIX、Windows、Linux、Android、iOS 等。目前国产主流操作系统有深度系统(Deepin)、银河麒麟、中标麒麟和鸿蒙等。国产的嵌入式操作系统 RT-Thread 已经被广泛地应用于物联网设备(如租借充电宝的控制设备、网络摄像头、智能手环等)，填补了我国在嵌入式操作系统方面的空白。

2. 程序设计语言及语言处理程序

程序设计语言是用于书写计算机程序的语言，其基础是一组记号和一组规则。程序设计语言通常分为 3 类：机器语言、汇编语言和高级语言。

1）机器语言

机器语言是用二进制代码表示的计算机能直接识别和执行的一种机器指令的集合。它是计算机设计者通过计算机硬件结构赋予计算机的操作功能。

每台机器的指令格式和代码所代表的含义都是事先规定好的，故机器语言也称为面向机器的语言，不同硬件结构的计算机的机器语言一般是不同的。机器语言程序执行速度快，但由于对机器的依赖程度高，因此编程烦琐、硬件透明性差、直观性差、容易出错。

2）汇编语言

为了克服机器语言难读、难编、难记和易出错的缺点，人们发明了便于记忆和描述指令功能的汇编语言。汇编语言是一种用助记符表示的面向机器的计算机语言。相比机器语言编程，汇编语言编程更加灵活，在一定程度上简化了编程过程。使用汇编语言编程必须对处理器内部架构有充分的了解，汇编程序必须利用汇编器转换成机器指令才能执行。

3）高级语言

高级语言是与人类自然语言相接近且能为计算机所接受的计算机语言，其具有语意确定、规则明确、自然直观和通用易学等特点。目前广泛使用的高级语言有 Basic、FORTRAN、Pascal、C/C++、Java、Python 等。高级语言是面向用户的程序设计语言，需要通过相应的语言翻译程序才可变成计算机硬件能识别并执行的目标程序，其根据执行方式可分为解释型与编译型两类。解释型语言采用边解释、边执行的方法，不生成目标程序，如 Basic、Java 语言；编译型语言必须先将源程序翻译成目标程序才能执行，典型的如 C 语言等。

语言翻译程序主要包括编译程序、汇编程序、解释程序和其他软件操作程序。编译程序负责将高级语言翻译成汇编代码，也称为编译器；汇编程序负责将汇编语言翻译成机器语言目标程序，也称为汇编器；解释程序用于将源程序中的语句按执行顺序逐条翻译成机器指令并执行，并且不生成目标程序，也称为解释器。

3. 数据库管理系统

数据库管理系统(Data Base Management System，DBMS)又称数据库管理软件。数据库是为了满足数据处理和信息管理的需要，在文件系统的基础上发展起来的，在信息处理、情报检索、办公自动化和各种管理信息系统中起着重要的支撑作用。常见的数据库管理系统包括 Oracle SQL Server、DB2、PostgreSQL、MySQL 等。常见的国产数据库包括华中科技大学的达梦数据库、中国人民大学的金仓数据库、天津南大通用数据技术有限公司的GBase、华为的GaussDB等。

4. 应用程序

应用程序是为实现某种特定应用而编制的程序,如文本编辑软件、聊天工具、浏览器、游戏等。

1.2.4 计算机性能指标

计算机性能是由多方面因素共同决定的,对计算机的性能进行评价是一项具有挑战性的工作,并且由于硬件设计者采用了大量先进的性能改进方法,因此性能评价变得更加困难。本节将介绍评价计算机性能的常用技术指标,并就这些指标对计算机性能的影响进行简要分析。

1. 基本性能指标

(1) 字长:计算机的字长一般是指CPU一次处理的数据位数,用二进制数的长度来衡量。字长一般与计算机内部寄存器、运算器、数据总线的位宽相等。字长一般以字节(Byte)为基本单位,不同计算机的字长可以不同,有的计算机还支持变字长,如支持半字长、全字长、双字长和多字长等,不过它们都是字节的整数倍。早期的计算机字长较短,一般为16位,现代计算机字长一般为32位或64位。

字长对计算机性能有两方面的影响:第一,影响计算精确度。字长越长,计算精确度就越高,反之计算精确度就越低。第二,影响数据的表示范围和精度。字长越长,定点数的表示范围就越大,浮点数的表示范围越大、精度也越高。

(2) 主存容量:主存容量是指主存能存储的最大信息量,一般用$M \times N$表示,其中M表示存储单元数,也称字容量;N表示每个存储单元存储的二进制位数,也称位容量。增加主存容量能减少程序运行期间访问辅存的次数,既有利于提高程序的执行速度,也有利于计算机性能的提高。

2. 时间相关性能指标

时间是衡量计算机系统性能最基本的标准,执行同一程序所需要的时间越短,表明该计算机的性能越高。需要特别强调的是,一段程序的执行往往要经过硬盘访问、内存访问、IO操作系统开销和CPU执行等多个阶段,因此一段程序的执行时间(也称响应时间)是由硬盘访问时间、内存访问时间、IO操作时间、操作系统开销时间和CPU执行时间等几部分构成的。CPU执行时间也称CPU时间,是指CPU真正花费在该程序上的时间,又包括执行用户程序本身所花费的CPU时间(用户CPU时间)和为执行程序而花费在操作系统上的时间(系统CPU时间),很难精确区分一个程序在执行过程中的用户CPU时间和系统CPU时间。在没有特别说明的情况下,将基于用户CPU时间对计算机性能进行评价。

(1) 时钟周期:时钟周期是计算机中最基本的、最小的时间单位。在一个时钟周期内,CPU仅完成一个最基本的动作。时钟周期是时钟频率的倒数,也称为节拍周期或T周期,随着CPU主频的提高,对应的时钟周期将变短,例如,主频1GHz的CPU时钟周期为1ns。

（2）CPI：CPI（Clock Cycles Per Instruction）是指执行每条指令所需要的平均时钟周期数。由于指令功能不同且相同功能的指令还可能有不同的寻址方式，因此，指令执行时所需要的时钟周期数也有可能不同。CPI 既可表示每条指令执行所需要的时钟周期数，也可指一类指令（如算术运算类指令）或一段程序中所有指令执行所需时钟周期数的平均值。

假设程序中包含的总指令条数用 IC 表示，程序执行所需时钟周期数为 m，机器周期为 T，频率为 f，则根据上述 CPI 的定义可得

$$\mathrm{CPI}=\frac{m}{\mathrm{IC}} \tag{1-1}$$

若能知道某程序中每类指令的使用频率、每类指令的 CPI、每类指令的条数，就可以计算出程序的 CPI：

$$\mathrm{CPI}=\sum_{i=1}^{n}(\mathrm{CPI}_i\times P_i)=\sum_{i=1}^{n}\left(\mathrm{CPI}_i\times\frac{\mathrm{IC}_i}{\mathrm{IC}}\right) \tag{1-2}$$

（3）CPU 时间：根据上述 CPU 时间的定义和描述，某段程序的 CPU 时间可表示为

$$T_{\mathrm{CPU}}=m\times T=\frac{m}{f} \tag{1-3}$$

考虑 CPI 后，CPU 时间为

$$T_{\mathrm{CPU}}=\mathrm{CPI}\times\mathrm{IC}\times T=\frac{\mathrm{CPI}\times\mathrm{IC}}{f} \tag{1-4}$$

从式（1-1）～式（1-4）可以看出 CPU 的时间与时钟频率、CPI 以及指令条数息息相关。时钟频率取决于 CPU 的实现技术和工艺，时钟频率越高，程序执行的速度就越快。CPI 取决于计算机的实现技术和指令集结构，CPI 越小，程序执行的速度越快。当 CPI 和时钟周期固定时，程序指令条数越少，执行速度就越快。完成相同功能的程序所包含的指令条数主要与指令系统的设计和编译技术有关。

（4）IPC：IPC（Instructions Per Cycle）是指每个时钟周期 CPU 能执行的指令条数，是 CPI 的倒数。由于指令流水线技术及多核技术的发展，目前 IPC 的值已经可以大于 1，反过来 CPI 的值也可以小于 1。IPC 和 CPI 指标与 ISA 指令集、处理器微体系结构、计算机系统组成、操作系统效率及应用软件的设计紧密相关，其具体值并不能用于直接比较计算机的性能，基于真实场景负载的应用性能测试结果更能反映计算机的性能。

1.3　计算思维

7min

计算思维是一种强大的思考方式，通过抽象、分解、模式识别和算法等核心要素，帮助人们有效地解决各种复杂问题。无论在技术领域还是在日常生活中，掌握计算思维都能显著地提升问题解决能力和效率。本节将从计算思维的概念，以及计算思维的特征来理解。

1.3.1　什么是计算思维

计算思维（Computational Thinking）的提出者周以真教授给计算思维的定义是：计算

思维就是运用计算机科学的基础概念去求解问题、设计系统和理解人类的行为。计算思维是一种解决问题的方法,源自计算机科学领域,但已扩展到各种学科和日常生活中。计算思维不仅限于编程,还包括一系列系统性和逻辑性的思考方式,帮助人们有效地分析问题、设计解决方案。计算思维的核心要素是抽象、算法、自动化和效率。通过抽象的方法简化问题,再将复杂问题拆分为更小、更容易处理的子问题,识别问题中的相似、模式和趋势,最后通过算法制定解决问题的步骤和规则,达到自动化处理问题及提升效率的目的。

其中使用抽象的方法进行简化设计是计算机系统结构的伟大思想之一。借助分层抽象的方法对复杂系统问题进行求解,在抽象的最高层,可以使用问题环境的语言,以概括的方式叙述问题的解;在抽象的较低层,则采用过程化的方式进行描述。将计算机系统的层次结构引入计算机领域,是计算机中使用抽象方法的具体例子。

在计算思维中,抽象起着至关重要的作用。抽象是简化复杂现象的过程,它允许人们忽略那些对于目前问题不重要的细节,只关注核心问题。在计算机科学中,抽象允许开发者通过更高层次的编程语言来构建应用,而无须了解底层硬件的具体工作方式。如同在构建一栋大楼时,工程师会通过楼层、房间等抽象来设计,而不是一开始就关注每颗螺丝钉。这样,设计者可以更专注于整体结构,同时保证设计的合理性和可行性。在更一般的层面上,抽象技术能够帮助我们解决生活中的各种问题。

例如,当为一个事件制订计划时,通常会创建一条时间线,标出关键的里程碑,忽略那些微不足道的任务。这就是一种抽象,它简化了事件的管理,方便将注意力集中在影响整个项目成功的关键因素上。

接下来讨论的是计算思维中的另一个重要概念,那就是算法。算法是完成特定任务或解决问题的一系列有序步骤。它是计算机执行操作、开发程序及数据处理必不可少的部分。算法的设计不仅需要确保解决问题的正确性,还应当考虑到执行效率,这包括计算资源的使用和算法的运行时间。良好的算法能显著地提升计算机程序的性能,节省处理时间和存储空间。

例如,在排序一系列数字时,选择一个高效的排序算法例如快速排序(Quicksort)会比直觉上的冒泡排序(Bubblesort)更节省时间,尤其是在处理大量数据时效果更明显。算法的优化是计算机科学中一个深奥而且持续的研究话题,它直接关系到计算机程序的性能与效率。

自动化是计算思维中的另一个关键点。自动化涉及利用计算机和机器来执行重复性的任务,以此来减少人工参与,提高效率和减少错误。在生活和工作中,许多任务可以通过编写程序来自动化,这不仅加快了任务的执行速度,也释放了人类的工作负担,让人类可以专注于更具有创造性的活动。

例如,数据库管理中的数据备份和日志记录任务可以完全自动化;在软件开发中,代码编译、测试和部署可以通过持续集成/持续部署工具自动化处理。随着技术的进步,自动化正在逐渐影响生活的方方面面,包括制造业、服务业,甚至艺术创作。

最后,同样重要的是,计算思维中追求效率的概念。效率在计算思维中主要关注两方面：时间效率和空间效率，其中时间效率是指算法或程序的运行时间，而空间效率则涉及算法或程序所使用的存储空间。伴随着硬件成本的降低，空间效率变得不如时间效率重要，但在资源受限的环境下（例如嵌入式系统或移动设备），空间效率仍然是一个需要考虑的重点。

例如，在设计一个嵌入式系统时，由于硬件资源有限，工程师常常需要优化代码以减少内存占用，甚至直接在硬件级别操作，以确保系统可以在有限的资源的条件下高效运行。效率的追求是评价算法和程序质量的关键标准，高效的系统不仅能提供更好的用户体验，也能节省能源，减少对环境的影响。

1.3.2 对计算思维的理解

所谓的计算思维，其实是一些通用的方法，人在设计程序时总结出的经验。

（1）递归：计算机遇到的问题所需处理的数据的规模可能比较大，不易直接解决，这时便可以把原问题变成一个很相似但问题规模比较小的问题来解决，分解为一级一级，直到变成不可分解的个体时，问题就好解决了。

（2）分治：将一个大问题拆解为两个或两个以上的小问题；例如，可以把一个大项目拆解为数十个小项目，逐步完成。

（3）对立统一：计算机的“智能”是通过收集到的大量数据给“喂”出来的，得到的结果往往具有网络效应，而人的思维常常只能局限在自己的角度，不能站在对更多维度进行思考，若能做到就可取得很好的效果。

（4）全局与局部：写程序时都会先定义好整个程序的模块，对模块下的内容只会有一个模糊的想法，等模块被定义清楚后，再一级一级地细化。

在对计算思维的理解中，需要了解计算思维最显著的特点是抽象和量化。抽象是指忽略现实世界中的细节和复杂性，专注于事物的核心特征和主要关系。量化则是将问题转换为数字和算法，通过计算和统计来处理，例如，当思考如何通过计算机来识别图像或语音时，就需要对图像或语音进行抽象和量化，将其转换为数字和算法。

同时计算思维还强调了模块化和可重用的思维方式。这意味着将问题分解为小的、可管理的模块，每个模块都有明确的输入和输出，并且可以独立地进行开发和测试。这样，当需要解决类似的问题时，就可以重用这些模块，提高效率和准确性。

1.3.3 计算思维的特征

计算思维的特征涵盖了一系列特定的思维过程和方法，这些特征使它在解决问题、设计系统和理解复杂现象时特别有效。以下是计算思维的一些主要特征。

1. 抽象

抽象（Abstraction）是识别和提取问题或系统的核心要素，忽略不必要的细节。通过抽象，可以创建简化的模型或表示，使复杂问题变得更易理解和处理，例如，在编写程序时，可以忽略具体的数据细节，只关注数据的结构和操作。

2. 算法思维

算法思维(Algorithmic Thinking)是创建和使用一系列步骤(算法)来解决问题。它强调步骤的明确性和可重复性,确保解决方案能够被有效地执行。好的算法是高效且优化的,能够处理大量数据和复杂操作。

3. 分解

分解(Decomposition)是将一个复杂的问题或系统分成更小、更易管理的部分。通过分解,可以逐步解决每个子问题,最终解决整体问题。这种方法不仅降低了问题的复杂性,还可以并行处理不同部分,从而提高效率。

4. 模式识别

模式识别(Pattern Recognition)是识别数据或问题中的相似性和规律。通过识别模式,可以应用已有的解决方案或方法,简化问题的处理。例如,在数据分析中,识别出重复的模式可以帮助预测未来的趋势。

5. 自动化

自动化(Automation)是使用计算机或技术工具来执行重复的任务或操作。通过自动化,可以提高工作效率,减少人为错误。自动化不仅限于编程,也包括流程优化和系统自动化。

6. 调试

调试(Debugging)是识别、诊断和修复问题或错误的过程。调试不仅在编程中重要,在任何系统或流程中都适用。它强调了细致的分析和系统性的测试,以确保解决方案的准确性和可靠性。

7. 模拟和建模

模拟(Simulation)和建模(Modeling)是创建一个简化的现实世界问题的表示,用于测试和预测不同的方案和结果。这允许在实际实施前进行实验和优化,减少风险和成本。广泛地应用于科学研究、工程设计和社会科学分析中。

8. 迭代

迭代(Iteration)是通过反复改进和优化逐步接近最终解决方案的过程。这种方法强调不断测试、反馈和改进,确保解决方案能够不断地优化和完善,例如,软件开发中的迭代开发模型。

9. 逻辑思维

逻辑思维(Logical Thinking)是基于逻辑规则进行推理和决策的过程。强调因果关系、前提与结论的连贯性和合理性,确保思维过程严谨和可信。

计算思维的这些特征不仅是技术领域的重要工具,也是培养解决复杂问题、创新和系统性思考能力的关键方法。它们在各行各业和日常生活中都有广泛的应用和价值。

1.4 本章小结

本章详细地介绍了计算机的基本概念,包括计算机的发展、计算机的分类。此外,还深入地探讨了对计算思维的理解。重点阐述了计算机基本概念、计算机的基本组成和计算机的基本性能指标。通过阐述计算机的构成深入地讲解了计算机的基本概念。

1.5 习题

一、单项选择题

1. 下列关于冯·诺依曼结构计算机基本思想的叙述中,错误的是(　　)。
   A. 程序的功能都通过中央处理器执行指令实现
   B. 指令和数据都是二进制表示,形式上无差别
   C. 指令按地址访问,数据都在指令中直接给出
   D. 程序执行前,指令和数据需预先存放在存储器中
2. 下列选项中,能够缩短程序执行时间的措施是(　　)。
   Ⅰ提高 CPU 时钟频率　　Ⅱ优化数据通路结构　　Ⅲ对程序进行编译优化
   A. 仅Ⅰ和Ⅱ　　B. 仅Ⅰ和Ⅲ　　C. 仅Ⅱ和Ⅲ　　D. Ⅰ、Ⅱ和Ⅲ
3. 下列选项中,描述计算机性能指标错误的是(　　)。
   A. 字长　　B. 主存容量　　C. 时钟周期　　D. 电池容量
4. 下列选项中,关于计算机的特点错误的是(　　)。
   A. 计算机的高性能体现在其运算速度和处理能力上
   B. 计算机的存储能力只由内存(RAM)决定
   C. 计算机能够同时执行多个任务
   D. 计算机的联网功能可以实现全球范围内的信息共享和资源协作

二、填空题

1. 计算机硬件系统的组成部件包括(　　)、(　　)、(　　)、(　　)、(　　)。
2. 计算机按照使用途径可分为(　　)和(　　)。
3. 计算机中的控制器产生的控制流信息主要来源于(　　)、(　　)和(　　)。
4. 计算机的程序设计语言通常分为(　　)、(　　)和(　　)。
5. 计算思维的核心要素是(　　)、(　　)、(　　)和(　　)。

三、问答题

1. 简述计算机的分类。
2. 简述计算机的特点有哪些。
3. 简述计算机的应用领域有哪些。
4. 计算机系统由什么组成?不同的组成部分有哪些部件?
5. 简述计算思维的特征。

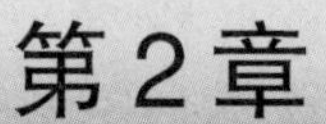

第2章 计算机中信息的表示

CHAPTER 2

中文由汉字构成,英文由字母构成,数学由数字与符号构成。那么,计算机的语言由什么构成呢?计算机如何进行数字的加、减、乘、除运算,又是如何处理汉字、英文、图片、音频和视频的呢?本章讲解计算机中信息处理的基础内容——二进制。通过本章,读者要探索0与1的深刻意义,明白计算机是如何利用0与1建立起复杂、多彩的世界。同时,要注意计算思维的建立,学会运用二进制去发现、分析与解决现实生活中的问题。

本章思维导图如图2-1所示。

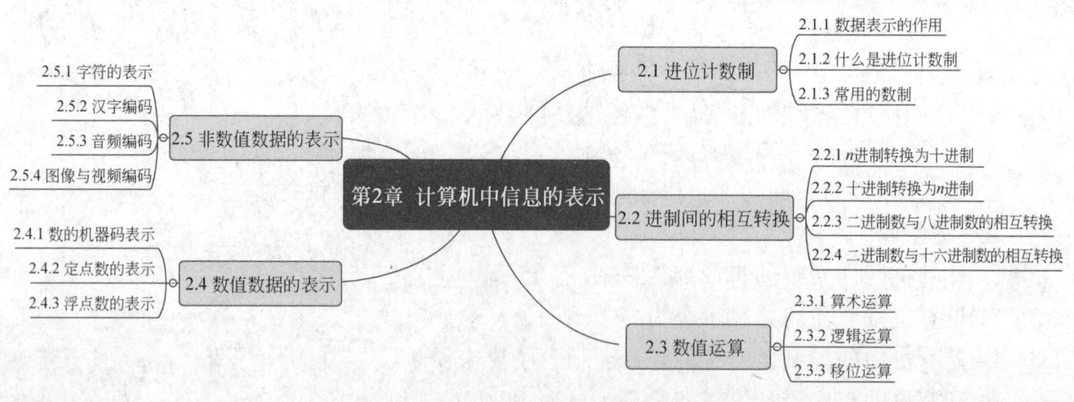

图2-1 第2章思维导图

9min

2.1 进位计数制

现实生活中,当看到一个数字110时,第一反应是整数一百一十。仔细想想,它还可能表示报警电话,也可能是其他数字。这就涉及了数据表示的规则,相同的数字,在不同规则下,表示的意义是不一样的。那么,数字与其表示的信息是什么关系呢?生活中的十进制的规则又是什么?

2.1.1 数据表示的作用

在讲解进制之前,需要弄明白什么是数据,什么是信息,它们的关系是怎样的?

数据，作为客观事物的记载，是由可识别的符号组成的。这些符号既可以是数字，也可以是文字、字母、图形、图像、视频、音频等。它们不仅代表了事物的属性、数量、位置，还展示了事物之间的相互关系，例如，“0 和 1”“阴雨天气”“气温下降”“学生成绩记录”等都是数据的表现形式。在计算机科学中，数据是那些可以被计算机接收并处理的符号的总称，是信息的载体。这些符号可能是数字、字母、模拟量等。由于计算机处理的对象包罗万象，所以计算机中的数据类型也种类繁多。

信息反映了事物的运动状态及其变化方式。人们通过对周围世界的观察所获取的数据中提取出了信息。信息是抽象的，它无形无质，是意识和知识的体现。

尽管数据与信息有所关联，但它们之间也存在区别。数据是信息的表现形式，是信息的载体。信息则是对数据进行处理、分析和解释后得到的结果。数据本身并不直接等同于信息，但它是获取信息的基础。通过对数据的收集、处理和分析，人们可以获得有价值的信息，进而做出决策或采取行动。

在计算机科学中，数据需要按照某种规定的方式组织起来，以便计算机硬件能直接识别和使用。这种组织方式就是数据的表示。数据在计算机中一般会有存储、检索、处理、分析等操作。很显然，数据表示方式的优劣会直接影响各个操作的效果与效率，所以说，数据表示是数据处理和分析的基础。在计算机中，数据必须以某种方式进行组织和编码，以便计算机硬件能够直接识别和使用。数据表示不仅包括数据的存储格式，还包括数据的检索方式，使数据能够被快速地访问和读取，例如，8 位二进制数 1000 0010，如果它的表示方式是无符号整数，则它的十进制值为 130；如果是带符号的整数原码，则它的十进制值为 -2。由此，不难看出，同样的数据，不同的数据表示方式，所表示的信息是不同的。在看一个数据时，首先想到的应是它的数据类型，然后是表示规则。只有知道了以上两点，才能真正解读出该数据表示的信息。

2.1.2　什么是进位计数制

人们常说两个相差不大的事物为“半斤八两”，为什么不是“半斤五两”呢？这其中就涉及了进制的概念。我国古代，一斤为十六两，采用的是“十六进制”，后来为和国际接轨，才改成了一斤为十两。那么什么是进制？

进制也就是进位计数制，是利用进位的方式进行计数的方法。对于任何一种进制，例如十进制、十六进制、二进制等。加法运算时每位上的数运算都是逢 n 进一。具体来讲，十进制是逢十进一，十六进制是逢十六进一，二进制就是逢二进一，以此类推，n 进制就是逢 n 进一。减法运算时每位向上借一当 n，例如，十进制，借一当十。

在任何进制中，数码、基数和位权是 3 个基本要素。

(1) 数码：数码是用来表示数值的数字符号，例如，十进制中的数码是 0、1、2、3、4、5、6、7、8、9。

(2) 基数：基数表示该进制所使用的数码的个数。如果某进制采用 n 个数码，则称其为 n 进制，n 称为基数(Base)。如二进制的基数为 2，十进制的基数为 10，八进制的基数为

8，十六进制的基数为16，例如，十进制的基数是10，表示使用了0～9这10个数码。

(3) 位权：位权是指在数制中，某一位上的数字所表示数值的大小。在进制中，每位的单位值称为位权(Weight)。对于整数部分，最低位的位权是 n^0，第 i 位的位权是 n^{i-1}。小数部分，小数点向右第 j 位的位权是 n^{-j}。以十进制为例，个位的位权是 10^0，百位的位权是 10^2，所以数5在个位时，它的值 $5\times10^0=5$，在百位时它的值就是 $5\times10^2=500$。在二进制中，最低位的位权是 $1=2^0$，所以数1在低位的值是 $1\times2^0=1$。小数部分原理与此相同。

综上所述，数码、基数和位权是进制的基本要素，它们共同决定了该进制的性质和应用领域。只有了解这些基本概念才能更好地理解和使用进制的计数系统。

2.1.3 常用的数制

常用的数制有十进制、二进制、八进制和十六进制。

(1) 十进制：日常生活中最为熟悉的数制，其基数为10，数码有0、1、2、3、4、5、6、7、8、9，位权为 10^{n-1}。十进制常用下标10或在数字的后面加上一个英文字母D来表示，如 $(89)_{10}$ 或89D。大部分时候，人们会默认未进行进制标注的数为十进制数，例如123表示为一百二十三。

(2) 二进制：在计算机科学中，二进制是最基本的数制。基数为2，数码为0和1，位权为 2^{n-1}。二进制常用下标2或在数字后面加上一个英文字母B表示，例如，$(101)_2$ 表示的十进制数的大小为五。

(3) 八进制：基数为8，数码为0、1、2、3、4、5、6、7，位权为 8^{n-1}。八进制常用下标8或在数字的后面加上大写英文字母O来表示，例如，123O表示的十进制数的大小为八十三。

(4) 十六进制：基数为16，数字符号有0、1、2、3、4、5、6、7、8、9和A、B、C、D、E、F，其中A、B、C、D、E、F分别表示十进制的十、十一、十二、十三、十四、十五。十六进制常用下标16或在数字的后面加英文字母H来表示，例如，123H表示的十进制数大小为二百九十一。

十进制、二进制、八进制和十六进制要素见表2-1。

表2-1 十进制、二进制、八进制和十六进制要素

进制类型	数码	基数	位权	书写规则
十进制	0、1、2、3、4、5、6、7、8、9	10	10^{n-1}	11D、$(11)_{10}$
二进制	0、1	2	2^{n-1}	11B、$(11)_2$
八进制	0、1、2、3、4、5、6、7	8	8^{n-1}	11O、$(11)_8$
十六进制	0、1、2、3、4、5、6、7、8、9、A、B、C、D、E、F	16	16^{n-1}	11H、$(11)_{16}$

第1章介绍了冯·诺依曼理论，其中一个重要内容就是数据采用二进制表示。那么计算机为什么要采用二进制呢？

(1) 技术实现简单。计算机的核心是逻辑电路，这种电路只有两种基本状态，即开和关，这两种状态可以方便地用二进制的1和0来表示。

(2) 运算规则简单。与十进制数相比，二进制数的运算规则更为简洁，这不仅简化了运

算器的设计,还有助于提升运算速度。

(3) 适合逻辑运算。二进制的 0 和 1 自然地分别对应于逻辑值中的假和真,因此在逻辑运算中使用二进制数十分自然。

(4) 易于进行转换。在实际使用中,虽然人们可能习惯于使用十进制数,但计算机能轻松地将十进制数转换为二进制数进行存储和处理,并在输出结果时将二进制数转换回十进制数,这极大地提高了使用的便捷性。

(5) 抗干扰能力强,可靠性高。在数据处理中,每位数据仅存在高低两种状态,即便在受到一定级别的外部干扰时,依然能够准确无误地判断其状态是高还是低。

八进制和十六进制也是计算机中常用的进制。由于二进制中只有 0 与 1 这两个数码,所以在表示较大的数时,二进制数位数很多,这降低了二进制数的可读性和信息表示效率。为了提高信息表示效率和便于阅读,计算机系统的输出通常采用八进制、十进制或十六进制。在以后的专业课程学习中,经常需要将数据用八进制、十六进制表示出来。

常用进制之间的转换关系如图 2-2 所示。

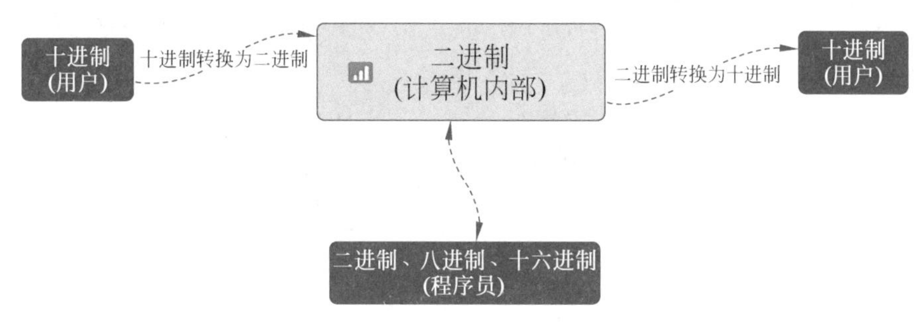

图 2-2 常用进制之间的转换关系

【例 2-1】 某进制下 13＋24＝41,则该进制下 25＋33 计算结果是什么?

解:十进制下 13＋24＝37,但题目的结果为 41。在此需要找到进位点。由 3＋4＝11 此处进位后为 1,得知 7－1＝6,逢 6 进 1,为 6 进制。5＋3＝8,8－6＝2,计算结果第 1 位为 2,2＋3＋1＝6,进位,第 2 位为 0,第 3 位为 1。答案为 102。

判断进制,解题步骤如下:

(1) 找进位点。

(2) 根据"逢 n 进一"确定进制。

(3) 在该进制下,以"逢 n 进一,借一当 n"规则进行运算。

2.2 进制间的相互转换

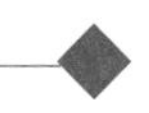

人类习惯使用十进制表示数,计算机用二进制表示数,在输出过程中还会出现八进制与十六进制数。那么,是不是任意一个数都可以用不同的进制进行表示?各进制数之间如何进行转换呢?

2.2.1 n 进制转换为十进制

二进制是计算机中最常用的进制。下面就以二进制为例,利用位权展开法将二进制转换为十进制。

2.1 节已经对位权相关知识进行了讲解,例如二进制数 110111B 的位权情况见表 2-2。

表 2-2 二进制数的位权

十进制值	32	16	8	4	2	1
位权	2^5	2^4	2^3	2^2	2^4	2^0
数	1	1	0	1	1	1

标明位权后,将各位的数码与位权相乘,所有乘积的和即为该二进制数对应的十进制数值。

$$\begin{aligned}110111B &= 1\times 2^5+1\times 2^4+0\times 2^3+1\times 2^2+1\times 2^1+1\times 2^0\\ &=32+16+0+4+2+1=55\end{aligned}$$

由此可推广至 n 进制:任意一个 k 位的 n 进制数 A,如第 i 位数码用 A_i 表示,第 i 位的位权则为 n^{i-1},则 A 可以表示为 k 个积之和:

$$A=a_k\times n^{k-1}+a_{k-1}\times n^{k-2}+\cdots+a_{k1}\times n^0 \tag{2-1}$$

n 进制转换为十进制,采用位权展开法,其步骤如下。

(1) 找点:找准小数点的位置。

(2) 标权:将每位标上位权。

(3) 求积:将数码与位权相乘。

(4) 求和:所得乘积之和,即为该 n 进制的十进制数值大小。

【例 2-2】 将$(11101.01)_2$ 转换为十进制数。

解:采用位权展开法。

(1) 找准小数点,见表 2-3。

表 2-3 找准小数点

位权						小数点		
数	1	1	1	0	1	.	0	1

(2) 标注位权,见表 2-4。

表 2-4 标注位权

位权	2^4	2^3	2^2	2^1	2^0	小数点	2^{-1}	2^{-2}
数	1	1	1	0	1	.	0	1

(3) 求积。

$(111010.01)_2=1\times2^4+1\times2^3+1\times2^2+0\times2^1+1\times2^0+1\times2^{-1}+1\times2^{-2}$

(4) 求和。

$$(111010.01)_2=16+8+4+0+1+0+0.25=(29.25)_{10}$$

【例 2-3】 将 237.04O 转换为十进制。

解：八进制转换为十进制，同样采用位权展开法。

(1) 找准小数点，见表 2-5。

表 2-5　找准小数点

位权				小数点		
数	2	3	7	.	0	4

(2) 标注位权，见表 2-6。

表 2-6　标注位权

位权	8^2	8^1	8^0	小数点	8^{-1}	8^{-2}
数	2	3	7	.	0	4

(3) 求积。

$$237.040 = 2\times 8^2 + 3\times 8^1 + 7\times 8^0 + 0\times 8^{-1} + 4\times 8^{-2}$$

(4) 求和。

$$128 + 24 + 7 + 0 + 0.0625 = 159.625$$

将二进制整数转换为十进制整数，其 Python 代码如下：

```
//第 2 章/二进制整数转换为十进制整数
binary = input("请输入一个二进制数:")                  #从键盘输入二进制整数
decimal = 0                                          #十进制值,初值为 0
for i in range(len(binary)):                         #用 for 语句对二进制数进行遍历
    decimal += int(binary[i]) * (2 ** i)             #十进制整数每次加上数码与位权之积
print("十进制数:",decimal)                             #打印十进制整数
```

该程序定义了一个名为 binary 的变量，它通过 input()函数接受一个从键盘输入的二进制字符串作为值。程序中使用了 for 循环来遍历二进制整数的每位。在这里需要注意 range(0,10)并不能取 0 到 10，而是 0 到 9。int()函数用于强制将其参数转换为十进制整数。最后，程序打印得到的十进制整数。

本书旨在逐步带领读者深入理解 Python 程序。初学者无须一开始就完全透彻理解所有内容，而是可以循序渐进地掌握。建议读者参考网上资源，掌握 Python 语言的语法规则和函数的用法。在阅读过程中，尝试对代码简单地进行改写，有助于加深理解。同时，养成良好的注释习惯至关重要。每读一行代码都建议在其后用"#"添加注释，这既能检验自己的理解程度，也能迅速掌握关键代码的用法。

2.2.2　十进制转换为 n 进制

十进制转换为 n 进制是 2.2.1 节的逆运算。本节将聚焦十进制转换为二进制的方法，并随后将其推广至十进制与 n 进制的转换。值得注意的是，与 n 进制转换为十进制的过程不同，十进制整数和十进制小数在转换为 n 进制时存在方法上的差异，需要分开进行计算。接下来，首先关注十进制整数如何转换为 n 进制整数。

作为位权展开法的逆运算,十进制整数转换为二进制整数,即是要将十进制数分解为若干个二进制位权的和。很容易知道,一个十进制数要么是一个二进制位权,要么处于两个二进制位权之间,例如 89,大于 64(2^6)且小于 128(2^7),所以,89 第 1 步分解为不大于自身的二进制位权 64(2^6),则 89=64+25,然后再将 25 分解为 16+9,则 89=64+16+9……以此类推,可以得出 $89=64+16+8+1=2^6+2^4+2^3+2^0$。由二进制位权表,可以得出 89 的二进制表示为 1011001。十进制数与二进制位权见表 2-7。

表 2-7 十进制数与二进制位权表

十进制值	128	64	32	16	8	4	2	1
二进制位权	2^7	2^6	2^5	2^4	2^3	2^2	2^1	2^0
二进制值	0	1	0	1	1	0	0	1

查表法易于理解,操作简单,直观明了,但是,它的一个明显缺点是需要存储大量的表格数据,这在处理大数值时会导致大量的存储空间被占用。此外,查表法还需要一定的查找时间,增加了算法的时延,因此,在时间和空间成本方面,查表法并不适合在计算机中使用。为了解决这一问题,可以采用更高效的方法,如除 2 取余法。

对于一个十进制整数 x,采用除 2 取余法转换为二进制的方法如下:

(1) 将 x 除以 2。

(2) 记录所得的余数 r(由于除数为 2,所以余数必然是 0 或 1)。

(3) 用得到的商作为新的被除数 x。

(4) 重复步骤(1)~(3),直到 x 为 0。

(5) 倒序输出每次除法得到的余数,所得的 0、1 字符串就是 x 的二进制数。

【例 2-4】 将十进制整数 46 转换为二进制数。

解题思路:按除 2 取余法,采用短除的方式进行计算,如图 2-3 所示。

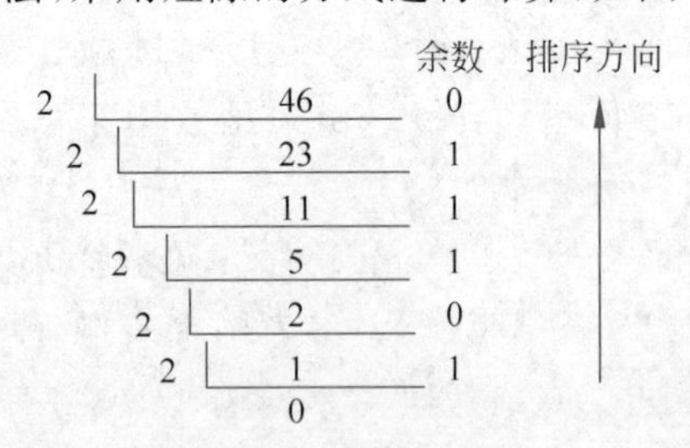

图 2-3 除 2 取余法

由此可知,将十进制整数 46 转换为二进制数的结果为 101110。记为 46D=101110B。上述将十进制数转换为二进制数,其 Python 代码如下:

```
//第 2 章/十进制整数转换为二进制整数
x = int(input("please enter a decimal number :"))      #输入十进制整数并传递给变量 x
r = 0
rs = []                                                 #创建一个空的列表
while (x != 0):
```

```
        r = x % 2                          #变量r为余数
        x= x //2                           #x为除以2后的商
        rs = [r] + rs                      #将余数加到头部
    for i in range (0,len(rs)):
    #从最高位到最低位依次输出;rs[0]存的是最高位,rs[len(rs) - 1]存的是最低位
        print(rs[i],end = '')
```

本程序的运行结果如下：

```
please enter a decimal number :46
101110
```

这个程序用 while 循环实现算法的步骤(1)～(4)，只要商不为 0，就继续循环。程序采用 $r=x\%2$(%为取余数符号)计算 x 被 2 除所得的余数(所求二进制数的一位，只能是 0 或 1)。用运算 $x=x//2$ 获得 x 被 2 整除所得的商。用运算 rs=[r]+rs 获得一个列表 rs，并把余数 r 加入列表的头部。在程序结束时，列表 rs 中记录的就是所求的二进制数。Python 语言的列表功能十分强大，对列表的应用也十分灵活，有关内容会在后边章节详细介绍。在此，读者可将程序的运行过程与手动计算过程一一对应，加深二者的理解。

通过本实例可以看出，程序是让计算机根据现实中的实际操作一步步地进行计算，最后得出结果。那么，要编写程序解决一个问题，必须先掌握该问题的解决方法。这种方法即为算法。只有掌握了算法，编程才有基础与方向。

以上把十进制数转换为二进制数的方法同样适用于十进制到其他进制的转换。这种将十进制整数 x 转换为 n 进制整数的算法称为“除 n 取余法”，具体步骤如下。

(1) 输入十进制数 x，输出 x 的 n 进制数。

(2) 将 x 除以 n。

(3) 记录所得余数 r(其中，$0\leqslant r<n$)。

(4) 用得到的商作为新的被除数 x。

(5) 重复步骤(2)～(4)，直到 x 为 0。

(6) 倒序输出每次除法得到的余数，也就是要求的 n 进制数。

下面讲解把十进制小数转换为二进制小数，其方法和整数的进制转换方法类似，称为“乘 2 取整法”，其算法如下。

(1) 输入：十进制小数 x；输出：x 的 n 进制小数。

(2) 2 乘以 x 的小数部分。

(3) 取乘积的整数部分作为转换后二进制数的小数点后的第 1 位。

(4) 取乘积的小数部分作为新的 x。

(5) 重复步骤(2)～(4)，直到乘积为 0，或得到足够精度的小数为止。

(6) 输出所得到的二进制小数。

【例 2-5】 把十进制小数 0.625 转换为二进制小数。

解：十进制小数转换为二进制小数，采用“乘 2 取整法”如图 2-4 所示。

(1) $0.625\times2=1.25$，取整数部分 1 为所求二进制数小数点后第 1 位，得到$(0.1)_2$。

(2) 用步骤(1)乘积的小数部分 0.250 乘以 2：$0.250\times2=0.500$，取整数部分 0 作为所求二进制数小数点后的第 2 位，得到$(0.10)_2$。

(3) 用步骤(2)乘积的小数部分 0.500 乘以 2：$0.500\times2=1.000$，取整数部分 1 作为所求二进制数小数点后的第 3 位，得到$(0.101)_2$。

(4) 步骤(3)乘积的小数部分为 0，终止计算。

为了检验结果，用位权展开法把得到的二进制小数转换为十进制小数：

$$(0.101)_2=1\times2-1+0\times2-2+1\times2-3=0.625$$

结果正确。

【例 2-6】 将十进制小数 0.2 转换为小数精度为 4 的二进制小数。

解：十进制小数转换为二进制小数采用乘 2 取整法，如图 2-5 所示。

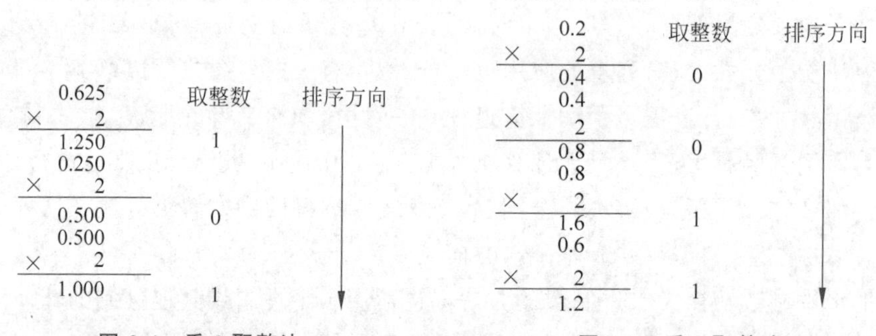

图 2-4 乘 2 取整法

图 2-5 乘 2 取整法

(1) $0.2\times2=0.4$，取整数部分 0 作为所求二进制小数的第 1 位，得到$(0.0)_2$。

(2) 用步骤(1)乘积的小数部分乘以 2：$0.4\times2=0.8$，取整数部分 0 作为所求二进制小数的第 2 位，得到$(0.00)_2$。

(3) 用步骤(2)乘积的小数部分乘以 2：$0.8\times2=1.6$，取整数部分 1 作为所求二进制小数的第 3 位，得到$(0.001)_2$。

(4) 用步骤(3)乘积的小数部分乘以 2：$0.6\times2=1.2$，取整数部分 1 作为所求二进制小数的第 4 位，得到$(0.0011)_2$，此时精度达到 4，终止计算。

为了检验结果，把得到的二进制小数转换为十进制小数：

$$(0.0011)_2=0\times2^{-1}+0\times2^{-2}+1\times2^{-3}+1\times2^{-4}=0.125+0.0625=0.1875$$

这个结果与 0.2 差了 0.0125，这是由精度要求造成的误差。

注意：在十进制小数转换为二进制小数的过程中会有乘不尽的情况。这时，需要根据转换要求保留小数点后相应的位数。舍弃后，得到的二进制小数会小于原来的十进制小数。

由此，可以得到十进制数转换为二进制数的计算过程：首先按十进制整数转换为二进制整数的方法将其整数部分转换为二进制，其次，按十进制小数转换为二进制小数的方法将其小数部分转换为二进制数。再将所得的二进制整数与小数相加则得到二进制数。

【例 2-7】 把十进制数 46.625 转换为二进制数。

解：将其整数部分 46 与小数部分 0.625 分别转换为二进制数，整数部分转换如图 2-3 所示，小数部分转换如图 2-4 所示。

$$46D=101110B$$

$$0.625D=0.101B$$

将整数部分与小数部分相加得 46.625D=101110.101B

验算：

$$\begin{aligned}101110.101B &= 1\times 25+0\times 24+1\times 23+1\times 22+1\times 21+0\times 20+\\ &\quad 1\times 2-1+0\times 2-2+1\times 2-3\\ &=32+0+8+4+2+0+0.5+0+0.125\\ &=46.625D\end{aligned}$$

2.2.3 二进制数与八进制数的相互转换

在数的表示中，二进制数的位数较多，书写起来不太方便，因此人们常用八进制和十六进制数来减少数的位数。这需要进行二进制数与八进制数、十六进制数之间的转换。接下来，将首先讲解二进制数与八进制数之间的转换方法。

由于 2 的三次方为 8，那么可以用三位二进制数表示一位八进制数。同样，也可以用一位八进制数表示三位二进制数。这就是二进制数与八进制数相互转换的理论基础。

二进制转换为八进制数的方法为三位并段法，其步骤如下。

(1) 找点：找准小数点。

(2) 分段：将二进制数以小数点为界，左边三位并成一段，右边三位并成一段。

(3) 转换：以段为单位，将二进制数转换为八进制数，所得的八进制数即为转换结果。

【例 2-8】 将二进制数 1010111010.11011 转换为八进制数。

解：采用三位并段法，如图 2-6 所示。

则 1010111010.11011B=1272.66O

注意：三位分段之时，如果不足三位，整数部分在前补 0，小数部分则在后补 0。

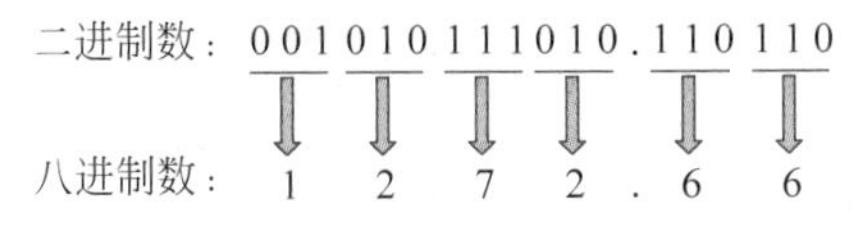

图 2-6 三位并段法

八进制转换为二进制是二进制转换八进制的逆运算。由于 $8=2^3$,所以,采用一拆三位法,将一位八进制转换为三位二进制,其步骤如下。

(1) 找点：找准小数点。

(2) 拆分：小数点向左、向右,每位八进制数转换为三位二进制数,所得二进制数即为所求。

【例 2-9】 将八进制数 1272.66 转换为二进制数。

解：采用一拆三位法,如图 2-7 所示。

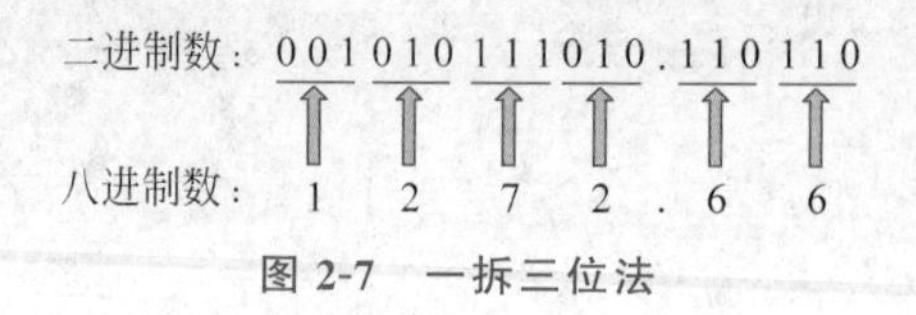

图 2-7 一拆三位法

则 1272.66O=1010111010.11011B

注意：在一位八进制数拆为三位二进制数的过程中,如拆分后不足 3 位,则应在左侧加 0,补齐三位。如例 2-9 中的八进制位数 2,拆为二进制为 10,不足三位,需补成 010。

2.2.4 二进制数与十六进制数的相互转换

有了二进制数与八进制数相互转换的知识,很容易理解二进制数与十六进制数的相互转换过程。由于 2 的四次方为 16,所以可以用四位二进制数表示一位十六进制数。同样,也可以用一位十六进制数表示四位二进制数。这就是二进制数与十六进制数相互转换的理论基础。

二进制转换为十六进制数的方法为四位并段法,其步骤如下。

(1) 找点：找准小数点。

(2) 分段：将二进制数以小数点为界,左边四位并成一段,右边四位并成一段。

(3) 转换：以段为单位,将二进制数转换为十六进制数,所得的十六进制数即为转换结果。

【例 2-10】 将二进制数 1010111010.11011 转换为十六进制数。

解：采用四位并段法,如图 2-8 所示。

则 1010111010.11011B=2BA.D8H

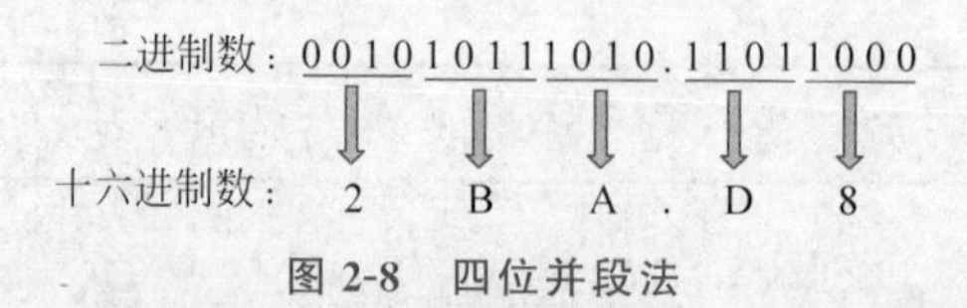

图 2-8 四位并段法

注意：二进制转换为十六进制四位并段之时,如果不足四位,整数部分在左补 0,小数部分则在右补 0。如例 2-10 中,左 10,需要补为 0010,右 1 需要补为 1000。在采用位权展

开法将二进制数转换为十六进制数时，如结果为 10 至 15，则需要用十六进制数中的相应字母替代。如例 2-10 中，1011 被转换为 11，需要用字母 B 替代，不可写为 11。

十六进制转换为二进制，是二进制转换为十六进制的逆运算。由于 $16=2^4$，所以，采用一拆四位法，将一位十六进制转换为四位二进制，其步骤如下。

(1) 找点：找准小数点。

(2) 拆分：小数点向左、向右，每位十六进制数转换为四位二进制数，所得二进制数即为所求。

【例 2-11】 将十六进制数 2BA.D8 转换为二进制数。

解：采用一拆四位法，如图 2-9 所示。

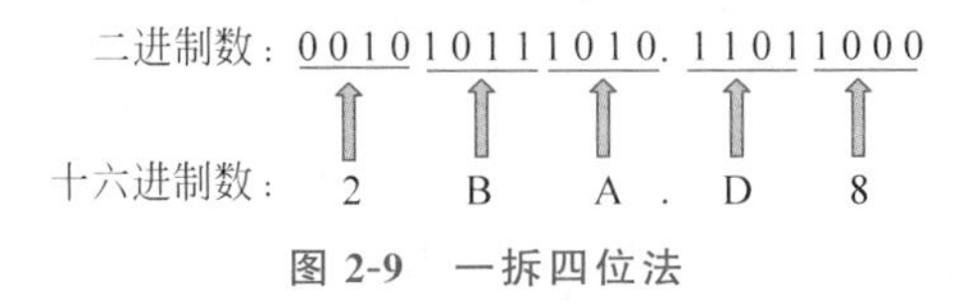

图 2-9 一拆四位法

则 2BA.D8H＝1010111010.11011B

注意：在将一位十六进制数拆为四位二进制数的过程中，如拆分后不足四位，则整数部分应在左侧加 0，补齐四位。如例 2-11 中的十六进制位数 2，拆为二进制为 10，不足四位，需补成 0010。小数部分需要在右侧加 0 补齐四位。如本例最右 1 位 1，需加 000，补成 1000。

本节讲解了十进制、二进制、八进制、十六进制数之间的相互转换。进制转换是计算机中数据表示的基础，也是计算机硬件实现的基础，读者要从中学习、理解、领会二进制在计算机科学中的灵活运用，其转换方法见表 2-8。

表 2-8 常用进制转换方法

进制转换	要点		
	方法	步骤	注意事项
n 进制转十进制	位权展开法	1. 找点；2. 标权；3. 求积；4. 求和	按权相加
十进制整数转 n 进制整数	除 n 取余法	1. 除 n；2. 标记余数；3. 商继续除 n；4. 重复以上步骤，直到商为 0；5. 倒序记录余数	余数倒序记录
十进制小数转 n 进制小数	乘 n 取整法	1. 乘 n；2. 取整数；3. 积的小数部分继续乘 n；4. 重复以上步骤，直到积的小数部分为 0，或达到精度要求；5. 顺序记录积的整数部分	精度舍去会产生误差
二进制转八进制	三位并段法	1. 找点；2. 三位分段；3. 每段转换为一位八进制数	不足三位补 0
八进制转二进制	一位拆三位	1. 找点；2. 一位八进制转换为三位二进制	不足三位左补 0
二进制转十六进制	四位并段法	1. 找点；2. 四位分段；3. 每段转换为一位十六进制数	不足四位补 0，10～15 用字母表示

续表

进制转换	要　点		
	方　法	步　骤	注意事项
十六进制转二进制	一位拆四位	1. 找点；2. 一位十六进制转换为四位二进制	不足四位左补 0
八进制转十六进制	二进制搭桥		

10min

2.3 数值运算

第 1 章讲解了运算器的功能是进行算术运算与逻辑运算。计算机中数据均用二进制表示,所以,对数据的运算也是以二进制的形式进行的。那么,二进制的算术运算与十进制的算术运算有何异同点？逻辑运算又是什么？移位运算又是怎样进行的？本节将对以上内容进行讲解。

2.3.1 算术运算

二进制数和十进制数在算术运算法则上十分相似,包括加法、减法、乘法和除法等操作。在计算机中,加法是最基础的运算。实际上,其他所有运算都可以通过加法运算来实现。具体来讲,减法运算可以看作加上一个负数,乘法运算可以被看作多次执行加法,而除法运算则可以看作多次执行减法。鉴于实数的表示方法相对复杂,本节将主要讨论整数的算术运算。

1. 二进制加法运算

二进制加法与十进制加法方法相同,按位相加,只是进位规则是“逢二进一”,即和大于或等于二时需要进位。具体算法如图 2-10 所示。

2. 二进制减法运算

二进制减法与十进制减法方法相同,按位相减,只是借位规则是“借一当二”,即向上位借一时,本位加二。具体算法如图 2-11 所示。

$$\begin{array}{rll} & 0000\,1000_2 & (8_{10}) \\ + & 0000\,1000_2 & (8_{10}) \\ \hline = & 0001\,0000_2 & (16_{10}) \end{array}$$

图 2-10　二进制加法

$$\begin{array}{rll} & 0001\,0000_2 & (16_{10}) \\ - & 0000\,1000_2 & (8_{10}) \\ \hline = & 0000\,1000_2 & (8_{10}) \end{array}$$

图 2-11　二进制减法

注意：在计算机中整数均用补码表示,减法运算可以直接加上负数的补码,所以,减法均可用加法实现。

3. 二进制乘法运算

二进制乘法与十进制乘法方法相同,将被乘数与乘数相应位数相乘,再将积相加。由于二进制数码为 0 或 1,所以,每次相加的只有 0 或被乘数本身。这为二进制乘法硬件实现简化了硬件开销。具体算法如图 2-12 所示。

4. 溢出

如同三位十进制数最大能表示 $10^3-1=999$ 一样，n 位二进制数最大能表示 2^n-1，例如，8 位二进制数，最大能表示 $2^8-1=255$。计算 234+231，用 8 位二进制计算，如图 2-13 所示。结果为 1101 0001B=209D，很显然出现了错误。原因是 234+231=465，和大于了 8 位二进制数的表示范围 0～255，这种情况称为溢出。

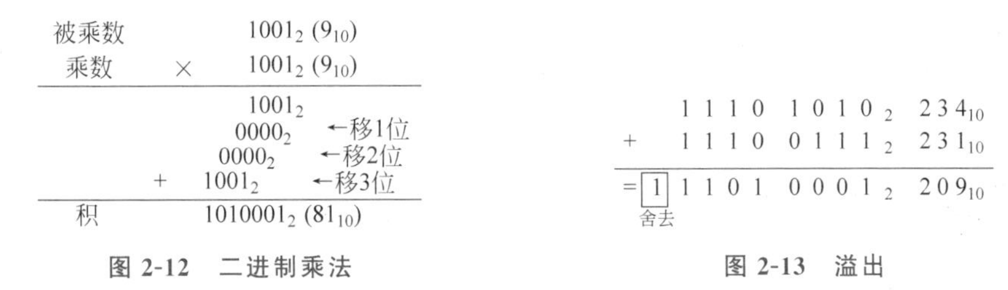

图 2-12 二进制乘法

图 2-13 溢出

2.3.2 逻辑运算

在 2.3.1 节中，讲到所有算术运算都可以通过一次或多次加法运算来实现，然而，在计算机内部，并没有专门的加法电路来执行加法操作。实际上，电子元器件本身并不能直接进行“计算”。电子元器件只能决定电路的通断状态。在计算机中，电子元器件就像是一道道闸门，其开关状态只与二进制数 0 和 1 有关，因此，所有的运算，包括加法在内都是由 0 与 1 的基本运算组合而成的。可以说，计算机中的所有运算本质上都是基于 0 与 1 的逻辑运算。

1. 什么是逻辑运算

逻辑(Logic)运算是对由逻辑运算符(与、或、非等)与逻辑变量(0 和 1，真与假)组成的序列进行逻辑推理的过程。逻辑变量和逻辑值仅限于“0”和“1”，它们并不表示数值的量度，而是用来描述事物的特性或状态，例如，在命题判断中，它们代表“真”与“假”；在程序流程图中，代表“是”与“否”，而在数字电路中，则代表“低电平”与“高电平”。虽然在数学领域，可以用 0.5 个苹果来象征 0 与 1 之间的数值，但在逻辑运算中，0 与 1 是截然对立的两个极端，没有任何中间值存在，因此，逻辑运算的结果也只能是 0 或 1，分别对应逻辑推理中的假或真。

逻辑运算的基本运算是与(AND)、或(OR)、非(NOT)。在逻辑运算中，通常用“与”指代逻辑上的乘法运算，并用符号“∧”来表示；同时，“或”则用来代表逻辑上的加法运算，其用符号“∨”表示；逻辑运算还有用来表示否定的运算“非”，其符号为“¬”。需要注意的是，“与”和“或”是双目运算符(两个数参与运算)，“非”是单目运算符，它只能对一个变量进行操作。在逻辑变量上面加一短横表示一个逻辑变量 A 的“非”或“反”，例如变量 A 的非是 $\overline{A}$ (读作“A bar”)。

2. 逻辑“与、或、非、异或”运算

“非”运算：在逻辑非门电路中，晶体三极管可看作一个开关，当输入变量 A 为低电平(0)时，晶体三极管断开，输出变量 F 为高电平(1)。当输入变量 A 为高电平(1)时，三极管处于接通状态，输出端 F 为低电平(0)。可以说，最基本的非门电路是利用晶体三极管的开关特性构成的，其电路图与国际符号如图 2-14 所示。

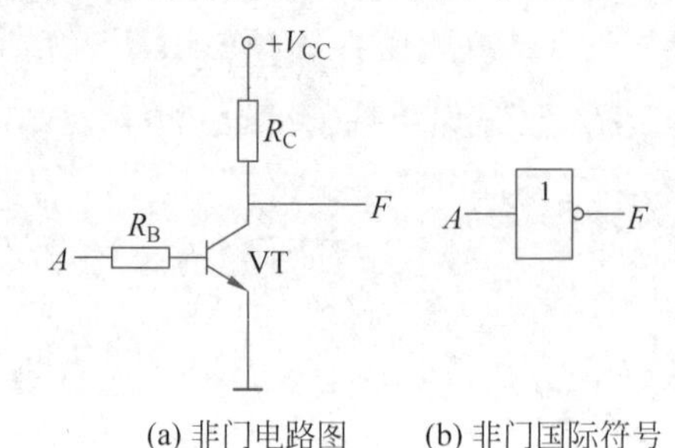

(a) 非门电路图　　(b) 非门国际符号

图 2-14　非门电路图与国际符号

逻辑“非”运算“¬ A”的含意是非 A，如果 A 为 1，则 $\overline{A}$ 为 0；如果 A 为 0，则 $\overline{A}$ 为 1。逻辑非门的输入与输出关系如图 2-15 所示。

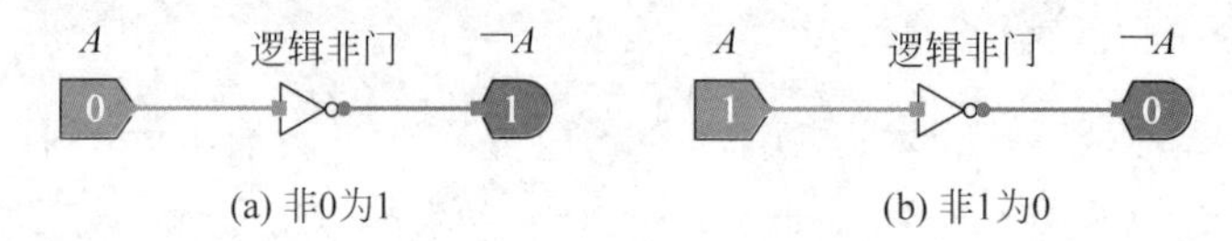

(a) 非0为1　　(b) 非1为0

图 2-15　逻辑非门取值

逻辑“与”运算“A AND B”的含意是 A 且 B，只有 A 与 B 均成立时，命题成立，其取值口诀是“逢 0 得 0”。只要 A 与 B 中有一个为 0(不成立)，表达式的值就为 0(不成立)。只有 A 与 B 均为 1 时(均成立)，表达式的值才为 1，其取值与电路图如图 2-16 所示。

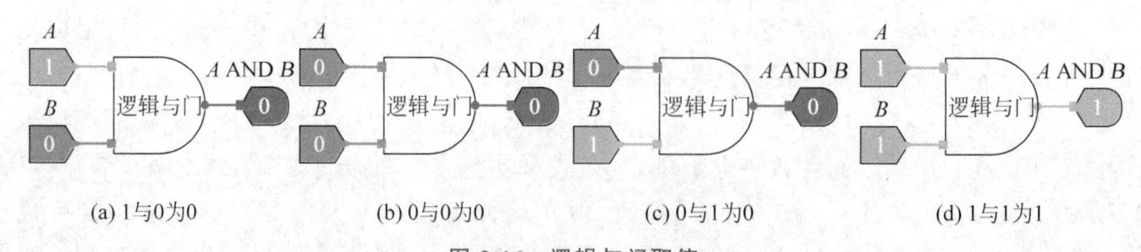

(a) 1与0为0　　(b) 0与0为0　　(c) 0与1为0　　(d) 1与1为1

图 2-16　逻辑与门取值

逻辑与门是数字逻辑电路的基本元件之一，其功能是实现逻辑与运算，其电路图如图 2-17 所示。当 A 与 B 均为高电平(1)时，两个三极管均导通，原始输出为低电平(0)，为使输出符合逻辑运算，在原始输出部分加一个非门。当 A 与 B 均为高电平(1)时，输出为高电平(1)。当 A 与 B 中，至少有一个为低电平(0)时，至少有一个三极管断开，则原始输出为高电平(1)，取非后为低电平(0)。

逻辑“或”运算“A OR B”的含意是 A 或者 B，其取值口诀是“逢 1 得 1”，只要 A 与 B 中有一个为 1，表达式的值就为 1。只有 A 与 B 均为 0 时，表达式的值才为 0。逻辑或门电路示意图如图 2-18 所示。当 A 和 B 中有一个以上为高电平(1)时，至少有一个三极管导通，则原始输出为低电平(0)，取非后，输出电压为高电平(1)。当 A 与 B 均为低电平(0)时，两个三极管均断开。原始输出为高电平(1),取非后为低电平(0),其取值与电路图如图 2-19 所示。

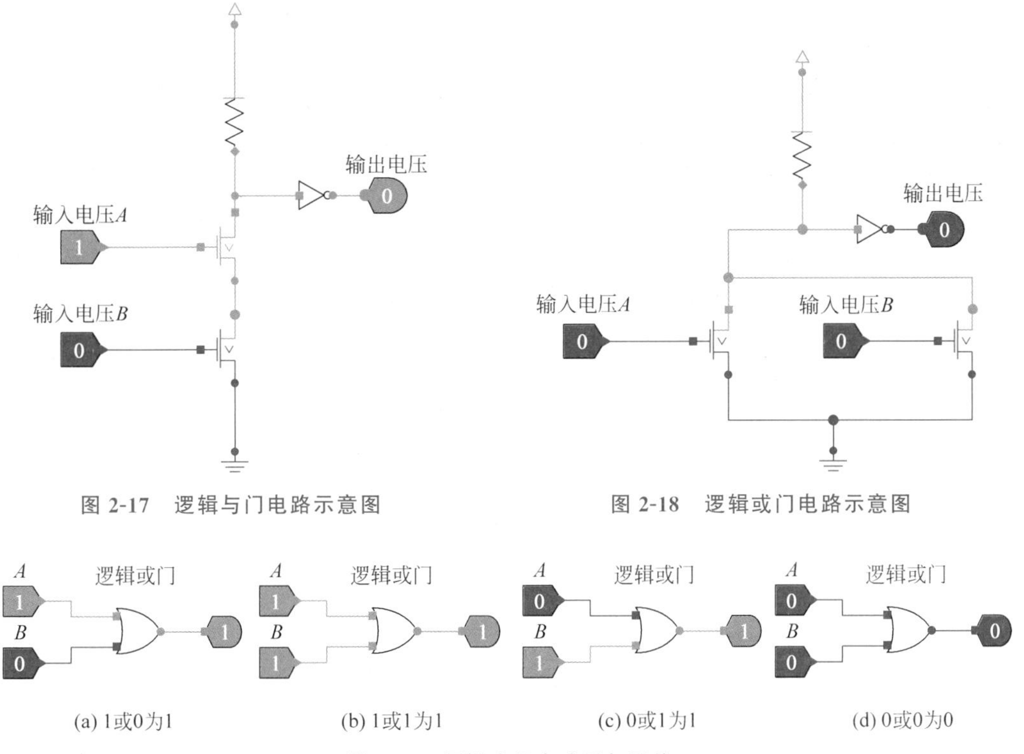

图 2-17 逻辑与门电路示意图

图 2-18 逻辑或门电路示意图

图 2-19 逻辑或门电路图与取值

逻辑“异或”运算“A XOR B”的含意是 A 与 B 是否不同,当 A 与 B 不相同时,命题成立,其取值口诀是“同则为 0,不同则为 1”。异或运算是由前 3 种基本运算组合而成的,其取值与电路图如图 2-20 所示。

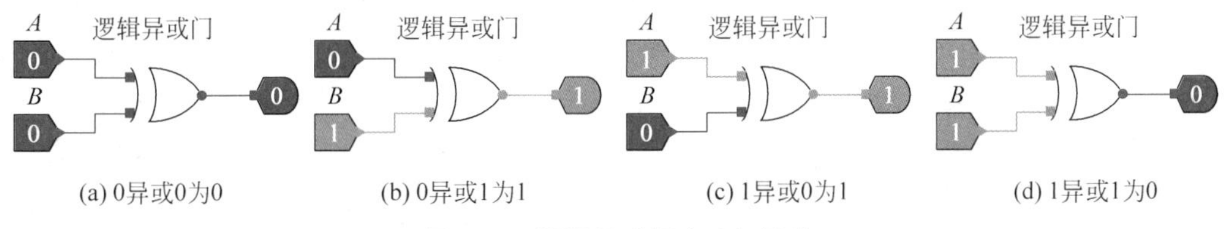

(a) 0异或0为0 (b) 0异或1为1 (c) 1异或0为1 (d) 1异或1为0

图 2-20 逻辑异或门电路与取值

为了运算方便,常常把逻辑变量和逻辑运算的结果列在一张表里,这张表称为真值表(Truth Table)。4 种逻辑运算的真值见表 2-9。

表 2-9 逻辑运算真值表

A	B	$\overline{A}$	A AND B	A OR B	A XOR B
0	0	1	0	0	0
0	1	1	0	1	1

续表

A	B	$\overline{A}$	A AND B	A OR B	A XOR B
1	0	0	0	1	1
1	1	0	1	1	0
		取反	逢 0 得 0	逢 1 得 1	同则为 0,不同则为 1

3. 多位二进制数的逻辑运算

通常需要进行逻辑运算的二进制数不止一位。那么,这样的情况应该怎么处理的呢?例如计算 A AND B 时,$A=1101\ 1101$,$B=1010\ 1011$。实际计算中会将两个二进制数按位进行逻辑运算,其逻辑运算如图 2-21 所示。

```
     1101 1101          1101 1101
AND  1010 1011     OR   1010 1011
---------------    ---------------
     1000 1001          1111 1111

                        1101 1101
NOT  1010 1011     XOR  1010 1011
---------------    ---------------
     0101 0100          0111 0110
```

图 2-21　多位二进制数的逻辑运算

2.3.3 移位运算

移位运算是对二进制数进行移动操作,通过改变数码的位置来实现向左或向右的位移。这种运算方式能够显著地提高计算效率,例如,原本复杂的除法操作,如 234 除以 2,通过移位运算只需简单地将数字向右移动一位便可得到结果。移位运算分为逻辑移位和算术移位两种类型。在逻辑移位中,无论是逻辑左移还是逻辑右移,移出的空位都用 0 来填充,而算术移位运算,则需要用符号位来填充空位。

1. 逻辑移位运算

逻辑移位运算是对无符号二进制数进行的移位操作。原因是逻辑移位运算可能会改变数的符号,此符号是由模式中最左位定义的,逻辑移位中移出的空位都用 0 来补。

逻辑移位操作包括逻辑左移和逻辑右移两种。当进行逻辑右移运算时,二进制数的每位都向右移动一个位置,最右边的位被丢弃,而最左边的位则填充 0。相反,逻辑左移运算则是将每位向左移动一个位置,此时最左边的位被丢弃,最右边的位填充 0。若对二进制数 1001 0100 进行逻辑左移或逻辑右移操作,则会得到不同的结果。通常在没有溢出的情况下逻辑左移会使数值增大,而逻辑右移则会使数值减小。将二进制数 1001 0100 进行逻辑左移与逻辑右移,如图 2-22 所示。

2. 算术移位运算

算术移位可以快速地计算对 2 的乘法与除法。对整数除以 2 用算术右移快速实现,而对整数乘以 2 用算术左移来快速实现。算术移位分为有符号和无符号两种(需要注意数据是以补码格式存储的)。

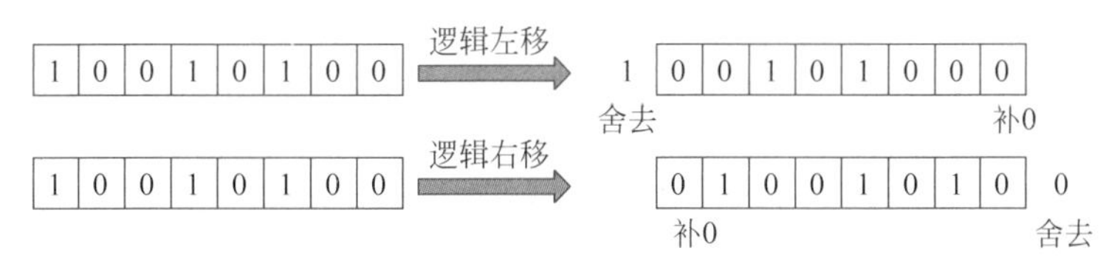

图 2-22 逻辑左移与逻辑右移

(1) 对于无符号型值,算术移位等同于逻辑移位。

(2) 对于有符号型值,算术左移等同于逻辑左移,算术右移补的是符号位,正数补 0,负数补 1,如图 2-23 所示。

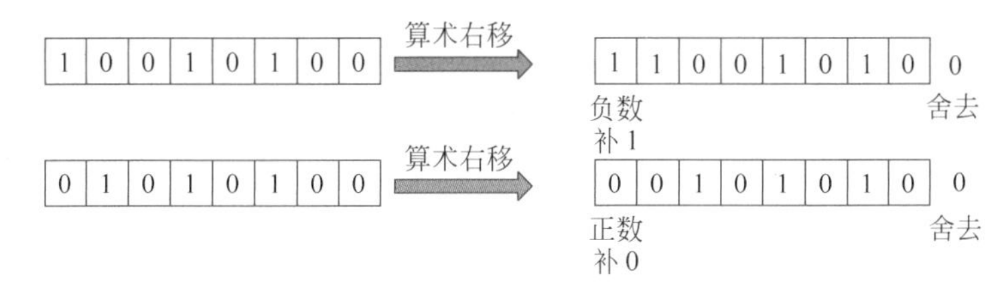

图 2-23 算术右移

2.4 数值数据的表示

自然界中的信息可以简单地归结为以下几类：数字、文字、图像、声音、视频。计算机想要完成自然世界的模拟与处理,就需要能够把以上类型的数据信息转换成为机器可以识别的二进制数据,然后对不同类型的数据实现不同的操作,例如,数字可以进行加、减、乘、除运算；文字能够快速地识别并显示；图像能够识别、显示并处理；音频与视频需要进行播放等。本节先从简单的数值数据的表示进行讲解,引导读者理解计算机对数据的表示方法。

2.4.1 数的机器码表示

十进制数有正数与负数,二进制数同样有正负之分。书写时可以用“＋”和“－”来表示数据的符号,例如＋10011 和－10011,这种数据书写格式也称为真值。为了方便计算机辨认,人们约定数值的第 1 位为符号位。由于数据只有正、负两种符号,正好对应二进制中的 0 与 1,因此在计算机中,二进制的 0 和 1 就用来表示数据的符号。这种由符号和数值一起编码表示的二进制数称为机器数或机器码。常用的定点数机器码有原码、反码、补码等,不同的机器码具有不同的特点。

1. 原码

原码就是符号化的数值,其编码规则较为简单：正数符号位用 0 表示,负数符号位用 1 表示,数值位保持不变。原码数据的表示方法见表 2-10。

表 2-10 原码数据的表示方法

类 型	纯 小 数	原 码	整 数	原 码
正数	+0.11011	0.11011	+11011	011011
负数	−0.11011	1.11011	−11011	111011

求十进制数的原码步骤：首先将十进制数按绝对值转换为二进制数；其次按给定位数在整数的左边补 0，在小数的右边补 0；最后将符号位按“正数赋 0，负数赋 1”的规则赋值即可。

【例 2-12】 求十进制数+23 与−0.125 的 8 位原码。

解：

将 23 转换为二进制数：10111；

补齐数值位 7 位：0010111；

正数：符号位为 0；

所以：$[+23]_{原}=00010111$。

0.125 转换为二进制数：0.001；

按 8 位减去符号位补齐 7 位：0.0010000；

负数：符号位为 1；

所以：$[-0.125]_{原}=1.0010000$。

定点小数 x 的原码表示为 $x_0x_1x_2\cdots x_n$，其中 x_0 为符号位，位权值为 1。按原码增加一个符号位的定义，该定点小数原码的公式为

$$[x]_{原}=\begin{cases}x & 0\leqslant x<1\\ 1+|x| & -1<x\leqslant 0\end{cases} \tag{2-2}$$

设定点整数 x 的原码表示为 $x_0x_1x_2\cdots x_n$，其中 x_0 为符号位，位权值为 2^n。按原码增加一个符号位的定义，该整数原码的公式为

$$[x]_{原}=\begin{cases}x & 0\leqslant x<2^n\\ 2^n+|x| & -2^n<x\leqslant 0\end{cases} \tag{2-3}$$

由于数据 0，既可以是+0，也可以是−0，所以，原码有“+0”和“−0”两个编码，以定点整数为例：

$$[+0]_{原}=0000\cdots0 \quad [-0]_{原}=1000\cdots0$$

原码数据表示相对简单直观，即将符号位与二进制数的绝对值结合，但原码存在两个 0 的情况，这给数据处理带来了不便。此外，因为符号位不能直接参与计算，所以原码在进行加减法运算时相对复杂。加法运算需要遵循“同号相加，异号相减”的规则，而减法运算，则需要遵循“异号相加，同号相减”的原则。在进行减法运算时，还需先比较数值的大小，然后用较大的数减去较小的数。最后，确定结果的符号也是一个相对复杂的过程，因此，尽管原码在计算机科学中有其应用价值，例如，在表示浮点数的尾数时，但它在实现加减法运算方面的确存在不便。

2. 反码

反码又称1的补码。正数的反码和原码相同；负数的反码符号位为1，数值位为原码数值位取反。反码数据的表示方法见表2-11。

表2-11　反码数据的表示方法

类　型	纯　小　数	原　码	反　码	整　数	原　码	反　码
正数	+0.11011	0.11011	0.11011	+11011	011011	011011
负数	−0.11011	1.11011	1.00100	−11011	111011	100100

求十进制数的反码步骤如下：首先，将十进制数转换为二进制数；其次，在数值位前面加上符号位，正数为0，负数为1，求得该数的原码；最后，根据原码求反码。正数的反码与原码相同，负数按“符号位不变，其余位取反”的规则求得反码。

【例2-13】 求十进制数+23与−0.125的8位原码。

解：

将23转换为二进制数：10111；

按8位减去符号位补齐7位：0010111；

正数：原码与反码相同；

所以：$[+23]_{原}=0010111$；

$[+23]_{反}=0010111$。

0.125转换为二进制数：0.001；

按数值位补齐7位：0.0010000；

负数：符号位为1；

所以：$[-0.125]_{原}=1.0010000$；

$[-0.125]_{反}=1.1101111$。

注意：正数的原码与反码相同。负数求反码时，补位的0也需要求反。

根据反码的编码规则，当真值x为负数时，$[x]_{反}+|x|$的值是一个全1的编码，这也是反码又叫1的补码的来历。全1的编码在定点小数中值为$2-2^{-n}$，在定点整数中的值为$2^{n+1}-1$，利用这个特性很容易得出反码的公式。

若定点小数x的反码形式为$x_0x_1x_2\cdots x_n$，其中x_0为符号位，则该定点小数反码的公式为

$$[x]_{反}=\begin{cases}x & 0\leqslant x<1\\(2-2^{-n})+x & -1<x\leqslant 0\end{cases}\tag{2-4}$$

设定点整数$x_0x_1x_2\cdots x_n$，其中x_0为符号位，则该整数反码的公式为

$$[x]_{原}=\begin{cases}x & 0\leqslant x<2^n\\(2^{n+1}-1)+x & -2^n<x\leqslant 0\end{cases}\tag{2-5}$$

对于数据0,反码同样有“+0”和“−0”两个编码,以定点整数为例:

$$[+0]_{反}=0000\cdots0 \quad [-0]_{反}=1111\cdots1$$

反码与原码一样,0都有+0与−0两种表示,而且加法运算也相对较为复杂,所以,现代计算机中并不采用反码进行数据的表示与运算。人们采取的是另一种更为方便的表示方法——补码。

3. 补码

1) 模的概念

补码又称为模2的补码。要理解补码表示,首先要理解模的概念。模(或称模数)是一个数值计量系统的计量范围,记作mod或M。以时钟为例,可以清晰地解释模的概念。时钟的最大刻度是12,时钟的模就是12。在时钟的计量范围内,任何超过范围的数都应该自动舍弃模数12。这意味着模数和0在某种意义上是等价的。在12h制中,当时间超过12点时,要自动减去模数12以获取对应的时间,例如,在12h制中,16点实际上与4点是等价的,因为16减去12等于4。

这种关系可记为

$$16\equiv12+4\equiv4 \pmod{12}$$

如果当前时钟显示为上午11点整,则想要将时间快速调整到3点,有两种方法可以实现:一是逆时针方向转动时针8h,二是顺时针方向转动时针4h。如果用正负符号来表示时针转动的方向,逆时针为负,顺时针为正,则在这两种情况下,−8和+4在模12的意义下是等价的。这种关系可记为

$$-8\equiv12-8\equiv+4 \pmod{12}$$

也可以说−8与4对模12是互补的,或者说以12为模时−8的补码为4。同理−2的补码是10,−5的补码是7。

不难发现,负数的补码可以用模数加上该负数获得,采用补码表示后减法运算可以用加法运算代替,并且符号位也可以直接参与运算,这是补码相对原码的最大优势,具体如下:

$$9-8\equiv9+(12-8)\equiv13\equiv1 \pmod{12}$$

$$3-4\equiv3+(12-4)\equiv11\equiv-1 \pmod{12}$$

2) 补码的定义

在计算机中,二进制数据受限于其字长。这意味着数据在运算时有一个最大的位权值,即模数。一旦运算结果超出这个模数,超出部分会被自动截断,因此,计算机内的二进制数据运算可以被视为一种典型的有模运算。在处理这种运算时,使用补码表示法是一种非常有效的方法,因为它能够简化运算过程,特别是涉及加减运算时。通过补码,可以将减法转换为加法,从而简化计算过程。

若定点小数x的补码形式为$x_0.x_1x_2\cdots x_n$,其中x_0为符号位,模为最高位进位的权值,故其模为2,$[x]_{补}$表示定点小数x的补码,x为真值,则补码公式为

$$[x]_{补}=\begin{cases}x & 0\leqslant x<1\\ 2+x & -1<x\leqslant0\end{cases} \pmod{2} \tag{2-6}$$

设定点整数 x 的补码形式为 $x_0x_1x_2\cdots x_n$，其中 x_0 为符号位，共 $n+1$ 位，则模为 2^{n+1}。该整数补码的公式为

$$[x]_补=\begin{cases}x & 0\leqslant x<2^n\\ 2^{n+1}+x & -2^n\leqslant x\leqslant 0\end{cases}\quad(\text{mod } 2^{n+1})\tag{2-7}$$

补码规则简单地说就是当 $x\geqslant 0$ 时，补码等于真值；当 $x\leqslant 0$ 时，补码等于真值加上模数。

3）反码法、扫描法与公式法

反码法：当 $x\leqslant 0$ 时，符号位为 1，补码数据位等于真值数据位逐位取反，末位加一。这种方法可以通过比较补码和反码公式证明。该方法非常适合利用硬件求补码，反码可以通过按位异或 1 得到，例如二进制数 1101 每位异或 1 结果为 0010，正好是 1101 的反码。通常在运算电路中逐位取反和末位加一是非常容易实现的。

扫描法：当 $x\leqslant 0$ 时，符号位不变，其余数据位从右到左进行扫描，右边第 1 个 1 及其右边的 0 照抄，其余各数值位取反。因为这种方法在转换过程中不需要考虑“反码法”中末位加一的进位问题，所以非常适合手动计算补码。

公式法：根据上述公式完成补码计算。

根据补码的补码是原码的特性，补码转真值的过程同样可以采用简单的方法。如果补码的符号位是 0，则真值的符号就是正，数值部分保持原样不变。如果补码的符号位是 1，则真值的符号就是负。为了得到真值的数值部分，可以使用反码法或扫描法。这两种方法都可以有效地从补码中提取出真值的数值部分。

【例 2-14】 设计算机的字长为 8 位，求 $x=(-10101)_2$ 的补码。

公式法：$x=-10101$，由于 x 小于 0，有

$$[x]_补=2^8+x=100000000-10101=11101011$$

反码法：$x=-10101$，用 8 位字长表示，有

$$[x]_原=10010101,\quad [x]_反=11101010,\quad [x]_补=11101011$$

扫描法：$x=-10101$，$[x]_原=10010101$，$[x]_补=11101011$。

2.4.2 定点数的表示

12min

计算机中的数据分为定点数和浮点数。定点数特指小数点位置固定的数，这意味着小数点要么位于数的最高位之前，要么位于数的最低位之后，而浮点数则是小数点位置不固定的数，即小数点可以浮动。在定点数表示法中，所有数据的小数点位置是固定的。当小数点固定在数据的最高数位之前（或符号位之后）时，表示的数称为定点小数，对应十进制数中的纯小数，如 0.11011 代表正 0.11011，而 1.11011 代表负 0.11011。另外，当小数点固定在最低数位之后时，这样的数称为定点整数，对应十进制数中的整数。如 01011 代表正 1011，11011 代表负 1011。由于小数点位置固定，因此在定点数中无须额外表示或存储小数点的位置。

1. 定点小数

设定点小数 $x=x_0.x_1x_2\cdots x_n$，则其符号位、小数点与数值部分表示形式如图 2-24 所示。

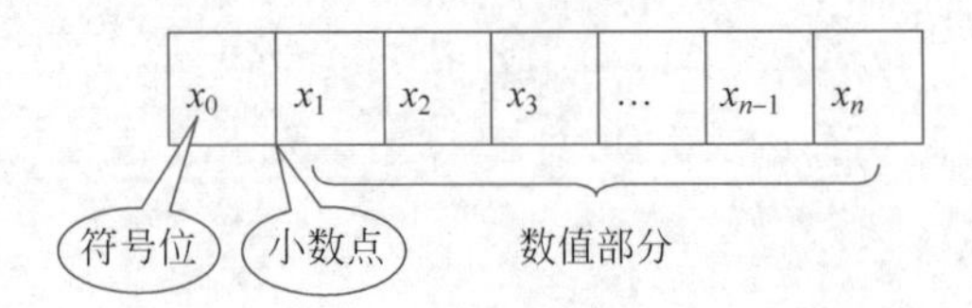

图 2-24 定点小数表示形式

其中，第 1 位 x_0 为符号位，用来表示正数或负数，$x_1 \sim x_n$ 是数值的有效部分，表示数绝对值大小，也称为尾数；其中 x_1 为最高有效位。由于约定小数点的位置固定在符号位与最高有效位之间，所以在计算机中并不用去表示它。在计算机中定点小数经常用于表示浮点数的尾数。

2. 定点整数

设定点整数 $x=x_0x_1x_2\cdots x_n$，则其在计算机中的表示形式如图 2-25 所示。

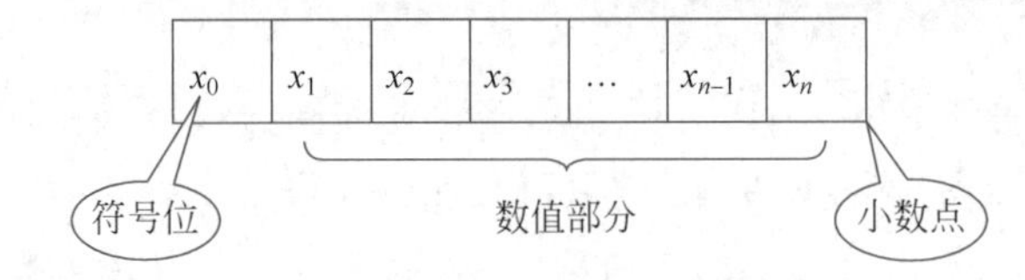

图 2-25 定点整数表示形式

其中，第 1 位 x_0 为符号位，用来表示正数或负数，$x_1 \sim x_n$ 是数值的有效部分，表示绝对值大小；其中 x_1 为最高有效位。由于约定小数点的位置固定在数值部分之后，所以在计算机中并不用去表示它。

3. 定点数表示范围

定点数能表示的数据范围与下列因素有关。

(1) 机器字长。字长越长，其表示的数据范围就越大。

(2) 所采用的机器数表示方法。所采用的机器数表示方法包括原码、反码、补码等。通过分析不难得出，补码所能表示的数据范围比原码和反码所能表示的数据范围要多一个数。

由上可知，定点数表示范围与机器字长及机器码有关。若计算机字长为 $n+1$(包含一位符号位)，则可以表示 2^n 种数据状态。采用不同机器码进行数据表示时，对应的数据表示范围见表 2-12。

表 2-12 定点数表示范围

数　据	定 点 小 数			定 点 整 数		
	原码	反码	补码	原码	反码	补码
最大正数	0.111…11 $(1-2^{-n})$	0.111…11 $(1-2^{-n})$	0.111…11 $(1-2^{-n})$	0111…11 (2^n-1)	0111…11 (2^{n-1})	0111…11 (2^n-1)

续表

数据	定点小数			定点整数		
	原码	反码	补码	原码	反码	补码
最小正数	0.000…01 (2^{-n})	0.000…01 (2^{-n})	0.000…01 (2^{-n})	0000…01 (1)	0000…01 (1)	0000…01 (1)
0	0.000…00 1.000…00	0.000…00 1.000…00	0.000…00 1.000…00	0000…00 1000…00	0000…00 1000…00	0000…00
最大负数	1.000…01 (-2^{-n})	1.111…10 (-2^{-n})	1.111…11 (-2^{-n})	1000…01 (−1)	1111…10 (−1)	1111…11 (−1)
最小负数	1.111…11 $-(1-2^{-n})$	1.000…00 $-(1-2^{-n})$	1.000…00 −1	1111…11 $-(2^n-1)$	1.000…00 $-(2^n-1)$	1.000…00 (-2^n)

2.4.3 浮点数的表示

1. 什么是浮点数

所谓浮点数，即小数点位置不固定的数，也就是小数点的位置在浮动的数。和十进制数的科学记数法一样，二进制浮点数采用了幂次方的表示方法。这种表示方法可以有效地扩大浮点数的表示范围并提高表示精度。任意一个二进制数 N 都可表示成如下形式：

$$N=(-1)^S \times M \times 2^E \tag{2-8}$$

其中，S 是符号位，用于表示浮点数的正负。很明显，当 S 是偶数时 N 为正数，当 S 是奇数时 N 为负数。M 是尾数，一个大于或等于 1 且小于 2 的小数。为了将 N 写成以上形式，需要对 N 进行规格化。在规格化过程中，对 N 的小数点进行浮动，使 M 大于或等于 1 且小于 2。E 是指数，表示 2 的幂次，通常使用偏移量来表示实际的指数值。浮点数表示中 E 用 $e_1e_2\cdots e_k$ 表示。在小数点进行调整时，为了保证 N 的值不变，需要对 E 的值进行相应调整，其在计算机中的数据表示方式如图 2-26 所示。

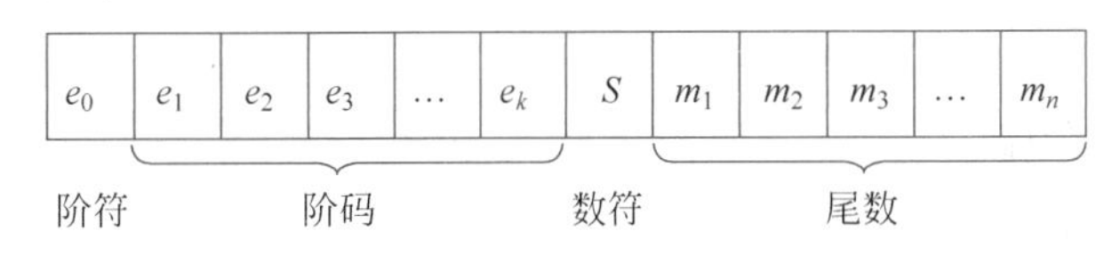

图 2-26 浮点数表示方式

在计算机中，浮点数的存储通常采用 IEEE 754 标准，该标准规定了浮点数的表示方法和运算规则。在 IEEE 754 标准中，浮点数的表示形式如下：

$$N=(-1)^S \times (1+M) \times 2^{(E-\text{Bias})} \tag{2-9}$$

其中，S 是符号位，M 是尾数，E 是指数，Bias 是指数偏移量。为了节约一个存储位(整数位 1)，IEEE 754 标准中约定尾数为 1 和 2 之间的定点小数，但尾数 M 只表示尾数中的小数部分，整数部分为 0，只存储小数部分。指数 E 通常采用偏移量来表示，偏移量的作用是让指数的值域为正数，这样可以利用二进制数的全部位来表示更大的指数范围。偏移量会根据数据表示的位数而变化。32 位单精度浮点数的偏移量为 127。

浮点数的存储方式通常是采用 32 位(单精度)或 64 位(双精度)的二进制数来表示。在

32 位浮点数中，符号位占用 1 位，指数占用 8 位，尾数占用 23 位；在 64 位浮点数中，符号位占用 1 位，指数占用 11 位，尾数占用 52 位。

2. 浮点数的规格化

由于小数点位置不固定，所以对于同一个浮点数，如采用图 2-26 所示的浮点数格式，则可能会呈现多种表示形式。因为尾数小数点位置的变动会导致出现不同的尾数和阶码组合，这增加了浮点数表示的复杂性，也不符合统一编码的规范要求。为了确保浮点数的表示形式具有唯一性并提升数据表示的精确性，通常在数据表示时要对尾数进行规格化处理。规格化处理的目的在于保证尾数真值的最高位为 1。也就是说，尾数的绝对值应不小于二进制的 0.1，即十进制的 0.5。这样的处理确保了浮点数的准确性和一致性。

针对非规格化的尾数，需要执行规格化操作，即按照其具体的形式通过算术左移或右移非规格化的尾数。与此同时，为了确保数据大小不变，需要同步减少或增加阶码的值。这些方法分别被称作左移规格化和右移规格化，它取决于具体实现的位移方向。通过这些方法，在确保浮点数的精确性和一致性的同时，减少了其表示形式的不确定性。

除使尾数真值大于 0.5 外，还有一种规格化数也经常使用，也就是使尾数绝对值大于或等于 1、小于 2。这种规格化数参考了十进制科学记数法的表示方法，任意一个十进制数 N 都可表示为

$$N = 10^F \times M \quad (1 \leqslant M < 10)$$

注意： 十进制科学记数法中尾数 M 的绝对值应该大于或等于 1、小于 10。

而任意一个二进制数 N 也可用类似的方法表示。

$$N = (\pm 1.M) \times 2^{\pm e} \tag{2-10}$$

大于 0.5 和大于 1 的规格化数在实际表现上并没有本质差异，因为它们的尾数真值的最高有效位都是 1。在具体表示时，可以借鉴定点数小数点的表示策略，无须特别标明最高有效位上的 1。只有在进行数据运算时，才需要恢复这一最高有效位的表示，这个 1 是被隐藏的位，所以称为隐藏位。

然而，值得注意的是，由于计算机内部浮点数的表示方式存在近似性，因此在进行浮点数计算时可能会出现精度问题。为了避免这种情况，需要重视精度控制和舍入误差的处理，以确保计算的准确性和稳定性。

3. IEEE 754 浮点数标准

在图 2-26 所展示的浮点数通用格式中，并未明确规定阶码和尾数的具体位数，也未指定阶码与尾数所采用的机器码形式。这导致同一个浮点数在进行编码时，可能会因阶码与尾数位数的分配不同，或是因为它们被当作不同类型的机器数来看待，从而产生不同的真值。这种不确定性对软件的可移植性构成了严重挑战。为了解决这一问题，在 20 世纪 70 年代由美国电气与电子工程师协会(IEEE)成立了委员会，致力于研究并确立浮点数的统一标准。经过多年的努力，该委员会于 1985 年正式发布了浮点数标准 IEEE 754。时至今日，

该标准仍被众多主流计算机所采用。IEEE 754 的主要设计者威廉·卡亨(William Kahan)教授因此杰出贡献荣获了 1987 年的图灵奖。IEEE 754 标准主要包括 32 位单精度浮点数和 64 位双精度浮点数，分别对应 C 语言中的 float 型和 double 型数据。2008 年该标准重新进行了修订。

在 IEEE 754 标准中，所有二进制浮点数都由 3 个关键部分组成：符号位 S、阶码 E，以及尾数 M。浮点数的精度(如 16 位、32 位、64 位、128 位、256 位等)不同，其阶码和尾数的位宽也会有所差异，同时阶码所采用的移码偏移量也会不同。以 32 位单精度浮点数为例，其具体的结构如图 2-27 所示。在这个结构中，符号位占据 1 位，阶码占据 8 位，而尾数则占据 23 位。这种标准化的结构保证了浮点数的统一表示和处理方式，增强了其在各种计算机系统中的应用通用性和互操作性。

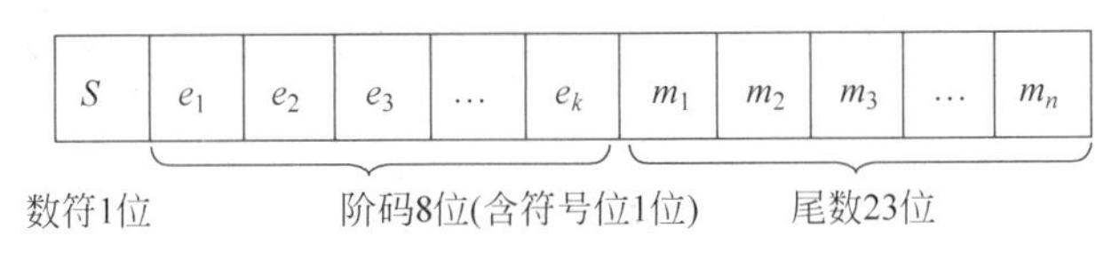

图 2-27　IEEE 754 32 位浮点数存储格式

32 位单精度浮点数格式需要重点注意以下几点：

(1) 阶码 E 采用移码表示。在表示阶码 E 时采用了移码，但其偏移量被设定为 127，而非标准移码通常采用的是 128。随着偏移量的增大，移码的最大值和最小值会相应减小，这意味着非规格化数的精度会有所提高，但规格化数的表示范围会缩小。使用 127 作为偏移量虽然牺牲了部分精度，但相应地扩大了表示范围。无论选择何种偏移量，浮点数所能够表达的范围和精度均能满足当时主流浮点运算的需求。选择 127 作为偏移量的主要原因在于，它允许任何规格化数的倒数都能用另一个浮点数精确表示，而若采用 128 作为偏移量，则最小规格化数的倒数会发生溢出。

(2) 尾数 M 被设定为定点小数，其小数点固定于尾数的最左侧，并且在小数点左侧有一个隐藏位 1，因此，尾数的实际有效位数为 24 位，而完整的尾数形式则表示为 $1.M$。在浮点数表示过程中，仅保存 M 部分。这样节省下来的比特位可以用来提高尾数的精度。尾数部分以绝对值形式表示，其符号位与浮点数的符号位 S 相同。当 S 为 1 时，表示尾数为负数；当 S 为 0 时，表示尾数为正数，因此，可以将浮点数的尾数视为原码表示。

(3) 浮点数的表示取决于 S、E、M 这 3 个字段的取值。不同的取值组合将产生不同的浮点数。

4. 单精度浮点数与真值之间的转换

IEEE 754 中 32 位浮点数与对应真值之间的转换流程如图 2-28 所示。

【例 2-15】 将十进制数 22.59375 转换成 IEEE 754 单精度浮点数的十六进制机器码。

解：首先分别将十进制数的整数和小数部分转换成二进制。

$$(20.59375)_{10}=(10110.10011)_2$$

移动小数点，使尾数变成 $1.M$ 的形式：

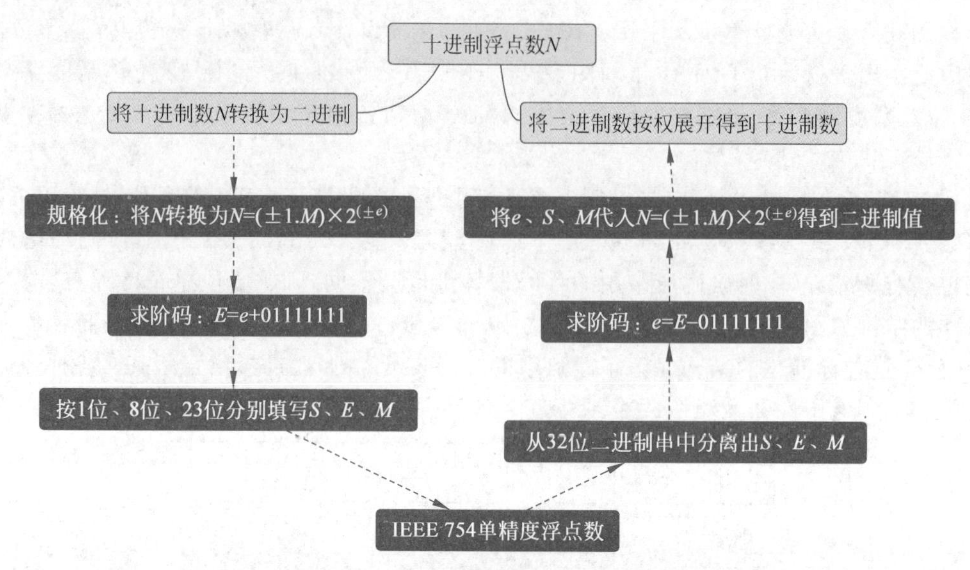

图 2-28　IEEE 754 中 32 位浮点数与对应真值之间的转换流程

$$10110.10011=1.011010011\times 2^4$$

可得

$$S=0$$
$$E=e+127=4+127=131=10000011$$
$$M=011010011$$

最后得到 32 位浮点数的二进制机器码为$(0100\ 0001\ 1011\ 0100\ 1100\ 0000\ 0000\ 0000)_2$，按四位一并法将二进制转十六进制为$(41B4C000)_{16}$。

需要注意的是，由于十进制小数多次乘以 2 后能使小数部分为 0 的概率较小，所以十进制小数大多不能精确地转换成二进制数。如 0.1、0.2、0.3、0.4 等数在转换成二进制小数时都会变成循环小数，即使有再多的尾数位也无法精确表示这些十进制数，所以，在计算机中，通常只能采用舍入的方式解决这种问题。由此会带来数据表示的误差。这种误差会在计算的过程中不断累积放大，如采用双精度浮点数运算，则 $0.1+0.1+0.1-0.3\neq 0$，$0.7-0.2\neq 0.5$，$3.3/1.1\neq 3$，这显然不是正确的，所以，在进行二进制浮点数比较时，需要考虑其误差。

5. 数据溢出

浮点数虽然有效地扩大了表示数据的范围，但由于计算机字长的限制，仍可能发生溢出现象。浮点数的有效表示区域如图 2-29 所示，其中包括“负数区域”“正数区域”“0”。当正数的绝对值超过正数的最大值时会发生正上溢现象，这通常表现为正无穷；当负数的绝对值超过负数最小值的绝对值时会发生负上溢现象，这通常表现为负无穷。相应地，当非零浮点数的绝对值小于正数的最小值时会发生下溢现象。

在浮点运算中，如果运算结果导致上溢，则浮点运算器件会发出溢出标志，而对于下溢，

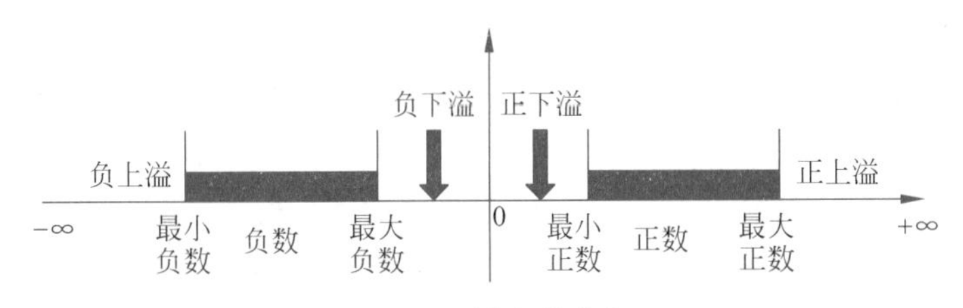

图 2-29 浮点数溢出

虽然数据可能无法被精确表示，但由于下溢时数的绝对值非常小，通常可以将其视为机器零来处理。此外，当一个浮点数位于正、负数区域内，但并未落在数轴上的某个具体刻度时，可能会遇到精度溢出问题。在这种情况下，只能使用近似数来表示该浮点数。

2.5 非数值数据的表示

11min

除了数值信息，自然界中还有很多非数值数据，例如文字、声音、图像、视频。很显然，这些信息也必须转换为二进制才能被计算机进行接收、处理和存储。那么计算机是如何表示这些信息的呢？本节将对字符、汉字编码、音频等信息的表示方法进行介绍。

2.5.1 字符的表示

1. 符号的编码

全球存在着五千多种语言，这些语言又由各式各样的符号组成。那么，究竟需要多长的位串来存储这些种类繁多的语言符号呢？以1024个符号为例，如果为每个符号分配一个无符号整数的表示，则10位二进制数就足够表达这1024个符号了。每个符号都对应着一种独特的编码形式，即10个0和1的不同组合。若要表示 n 个符号，则仅需要 $\log_2 n$ 位二进制数就可以表示了。如果 n 等于4，则需要2位二进制数表示4种形式：00、01、10、11。

计算机需要能够表示不同类别的自然语言，但是它需要有一种最基本的符号表示系统。就好比每个人都有母语一样，计算机最基本的符号系统是英文字符系统。计算机最常见的符号编码系统分别是ASCII码和Unicode编码。

2. 英文和ASCII编码

国际上普遍采用ASCII(American Standard Code For Information Interchange)码来表示字符。ASCII码选用了一套常用的128个符号集合，其中涵盖了33个控制字符、10个十进制数码、52个英文字母(大小写)，以及33个专用符号。在实际应用中，通常使用键盘来实现信息的录入。在通过键盘输入字符时，编码电路会根据按下的字符键生成相应的二进制数码串。计算机在处理和输出结果时会将这些二进制数码串按照统一标准转换回字符，并通过显示器或打印机进行展示。ASCII字符编码见表2-13。值得注意的是，这128个字符可以用7位来精确表示，但由于计算机内部的数据存储通常是以字节为单位进行的，所以字节的最高位会被设为0。

表 2-13　ASCII 字符编码表

ASCII 码值	控制字符	ASCII 码值	控制字符	ASCII 码值	控制字符	ASCII 码值	控制字符
0	NUT	32	(space)	64	@	96	、
1	SOH	33	!	65	A	97	a
2	STX	34	”	66	B	98	b
3	ETX	35	#	67	C	99	c
4	EOT	36	$	68	D	100	d
5	ENQ	37	%	69	E	101	e
6	ACK	38	&	70	F	102	f
7	BEL	39	,	71	G	103	g
8	BS	40	(	72	H	104	h
9	HT	41	)	73	I	105	i
10	LF	42	*	74	J	106	j
11	VT	43	+	75	K	107	k
12	FF	44	,	76	L	108	l
13	CR	45	—	77	M	109	m
14	SO	46	.	78	N	110	n
15	SI	47	/	79	O	111	o
16	DLE	48	0	80	P	112	p
17	DCI	49	1	81	Q	113	q
18	DC2	50	2	82	R	114	r
19	DC3	51	3	83	X	115	s
20	DC4	52	4	84	T	116	t
21	NAK	53	5	85	U	117	u
22	SYN	54	6	86	V	118	v
23	TB	55	7	87	W	119	w
24	CAN	56	8	88	X	120	x
25	EM	57	9	89	Y	121	y
26	SUB	58	:	90	Z	122	z
27	ESC	59	;	91	[	123	{
28	FS	60	<	92	/	124	|
29	GS	61	=	93	]	125	}
30	RS	62	>	94	^	126	~
31	US	63	?	95	—	127	DEL

从表 2-13 中看出：从 ASCII 码值 32 开始是空格等可打印字符区域，0～9 这 10 个数字是从 ASCII 码值 48 开始的一个连续区域，大写英文字母是从 ASCII 码值 65 开始的一个连续区域，小写英文字母是从 ASCII 码值 97 开始的一个连续区域。在数码转换时，可以利用上述连续编码的特性，从一个 ASCII 码求出另一个 ASCII 码，例如。将 5 转换成 ASCII 码时，只需将 0 的 ASCII 码值加上 5。同理，计算英文字符的 ASCII 编码也只需记住 A 和 a 的 ASCII 编码，例如求 D 的 ASCII 编码，可以将 A 的 ASCII 码值 65 加上 3，则为 68。如果

需要求 d 的 ASCII 编码，则用 D 的 ASCII 码值 68 加上 32，得 100。

2.5.2 汉字编码

随着计算机的发展，一些非英语国家也开始使用计算机，此时 128 个字符就不够用了，例如法国就将 ASCII 编码扩展为 8 位，用于表示法语，称为扩展 ASCII 编码。汉字数量众多，为此汉字编码采用了双字节编码，为与 ASCII 编码兼容并区分，汉字编码双字节的最高位都为 1，也就是实际使用了 14 位来表示汉字。这就是 1980 年颁布的国家标准 GB 2312，也称国标码。

GB 2312 编码在理论上可以表示 $2^{14}=16\,384$ 个编码，但实际上仅包含了 7445 个字符。在这些字符中，有 6763 个是常用的汉字，而另外 682 个则是全角非汉字字符。为了更加便捷地进行检索，这一标准采用了一个 $94\times94=8836$ 的二维矩阵来对字符集中的所有汉字字符进行编码。在这个矩阵中，每行被称作“区”，而每列则被称为“位”。区号和位号都是从 1 开始进行编码的，并使用十进制来表示。在这个矩阵中，所有的字符都有一个唯一的位置，这个位置可以通过组合区号和位号来表示，称为汉字的区位码。值得注意的是，区位码和 GB 2312 编码之间是可以进行相互转换的，具体的转换公式如下：

$$\text{区位码}+\text{A0A0H}=\text{GB 2312} \tag{2-11}$$

尽管区位码相较于 GB 2312 编码更加直观和简单，但它在存储汉字字形码字库时却能实现最小的空间浪费，同时也使检索过程更加便捷。

GB 2312 标准所含汉字较少，许多生僻字无法涵盖，于是一些未被使用的 GB 2312 标准码位也开始用于汉字表示，但仍不敷使用，为此不再要求低字节最高位必须为 1。扩展后的标准称为 GBK 标准(1995)。此标准兼容 GB 2312，同时新增了近 20 000 个新汉字和符号，包括繁体字，其后少数民族文字亦被纳入该标准，新增 4 字节汉字编码，即 GB 18030 标准(2005)。该标准兼容 GB 2312，基本兼容 GBK，共计 70 244 个汉字，并支持少数民族文字。国际上还有 UTF 编码和 Unicode 两个汉字标准，二者现已统一为 Unicode。该标准致力于为全球所有语言提供统一编码标准，包括 UTF-8、UTF-16、UTF-32 等多项标准。同一汉字的不同编码存在差异，此外有些生僻字在 GB 2312 标准中并无编码。

1. 汉字处理流程

在处理汉字信息时，计算机首先面临的关键问题是汉字的输入。这一任务是通过汉字输入码来完成的。汉字输入计算机中后会被转换成汉字机内码。机内码是计算机内部用于存储、处理和传输汉字的统一编码。GB 系列标准和 Unicode 标准等都是汉字机内码的典型代表。相对于机内码，汉字输入码被称为外码，而当需要显示或打印汉字时，计算机可能还需要将汉字的机内码转换为字形码。

2. 汉字输入码

汉字输入码是在使用英文键盘输入汉字时的编码。迄今为止，国内外提出的汉字输入编码有上百种之多，主要可以分为以下 4 类。

(1) 流水码：由数字组成的等长编码，例如国标码、区位码。

(2) 音码：根据汉字发音组成的编码，例如拼音码，常见的有全拼、简拼、双拼等。

(3) 形码：依据汉字的形状、结构特征生成的编码，例如五笔字型码。

(4) 音形码：将汉字的读音和结构特征相结合的编码，如自然码、钱码等。

拼音码简单易学，无须掌握复杂规则，是目前应用最广泛的输入法之一，其中双拼输入法的输入速度已经能够与以速度见长的五笔字型码一较高下，例如小鹤双拼。

3. 汉字字形码

字形码是汉字的输出码，也被称为字型码。最初，计算机在输出汉字时都采用图形点阵的方式。所谓点阵，也就是将字符(包括汉字图形)视为一个矩形框内横竖排列的点的集合，有笔画的位置用黑点表示，没有笔画的位置用白点表示。在计算机中，可以用一组二进制数来表示点阵，0 代表白点，1 代表黑点。常见汉字字形点阵有 16×16、24×24、32×32、48×48，点阵越大，汉字显示和输出质量越高。一个 32×32 点阵的汉字字形码需要使用 1024 位 =128 字节表示，这 128 字节中的信息包含了这个汉字的所有数字化信息，即汉字字模。相比机内码，汉字字模占用较大的存储空间。图 2-30 所示为 32×32 点阵的“大”字的字模。每个汉字都有相应的字形码，甚至不同字体汉字的字形码也不一样。

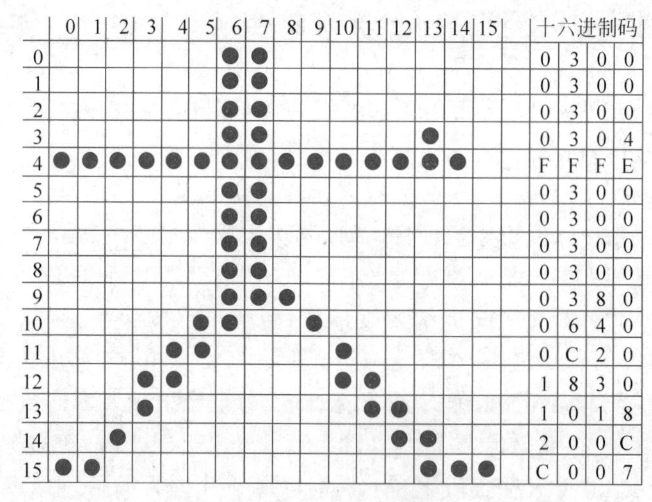

图 2-30 “大”字字模

2.5.3 音频编码

声音是一种能量波，通过具有弹性的媒介传播，同样具备频率和振幅这两种关键属性，其中，频率决定了声音的音高，而振幅则影响声音的大小，因此，频率和振幅在声音信息中扮演着至关重要的角色。为了保存声音，必须记录其波形信息，而在播放声音时，音乐合成器会将数字音频波形数据或 MIDI 消息转换成声音。需要注意的是，波形是模拟信号，必须经过采样和量化处理才能进行编码。

音频数字化过程中需要考虑采样频率与量化这两个问题。采样频率决定究竟每隔多长时间采集一个点。量化决定每个采集的样本值表示为一个什么样的数。如何将采集来的数表示为二进制位？

1. 采样

在存储声波波形时，由于无法记录每段音频信号的所有值，所以必须选择性地记录其中的一些点。这样，在播放时就可以根据记录的点信息尽可能地还原原始的声波信息。采样就是在模拟信号上选择有限数量的点，度量它们的值并将其记录下来。通过选择这些样本点并记录值，能够代表和展示模拟信号的特征。在波形上选择有限的点的过程叫作采样。

2. 量化

量化是一个将样本值转换为整数的过程，通常通过四舍五入的方式，将每个采样值归并到其最近的整数。这个过程实现了模拟音频信号幅度值的数字化，并确定了数字化后模拟信号的动态范围。不同的采样频率和量化深度会对最终波形的效果产生不同的影响。具体而言，量化位数越多，采样频率越高，所得到的波形信息就会越加光滑和准确。

3. 编码

编码是将量化的样本值转换为二进制信息的过程。在这一过程中，每个二进制数代表一个量化电平，通过排列这些二进制数，得到了由二值脉冲串构成的数字信息流。这种二值脉冲的频率是采样频率与量化比特数的乘积，它被称为数字信号的数码率。采样频率和量化比特数的提高都会使数码率上升，从而要求更宽的传输带宽。

在计算机和数字多媒体领域，音频编码是一项核心技术，用于压缩和存储音频数据。它不仅能减小文件的大小，还有助于提升音频质量和播放性能。目前常见的 8 种计算机音频编码标准包括 MP3 编码、AAC 编码、WAV 编码、FLAC 编码、OGG 编码、AC3 编码、DTS 编码和 ATRAC 编码等。接下来，将简要地介绍其中的 MP3 编码、AAC 编码、WAV 编码和 FLAC 编码。

1）MP3 编码

MP3 是一种使用十分广泛的音频编码标准，由 MPEG（Moving Picture Experts Group）开发。MP3 编码使用有损压缩技术，能够在保持较高音质的同时显著地减小文件的大小。MP3 编码被广泛地应用于音乐下载、流媒体和广播等领域。

2）AAC 编码

AAC（Advanced Audio Coding）音频编码标准由 MPEG 开发，用于取代 MP3 编码。AAC 使用先进的有损压缩技术，能够提供接近 CD 质量的音频效果，并且文件大小相对较小。AAC 编码在苹果公司的 iTunes 音乐商店和许多其他数字音频服务中得到了广泛应用。

3）WAV 编码

WAV（Waveform Audio File Format）是一种无损音频编码标准，由微软公司开发。WAV 文件包含未经压缩的原始音频数据，因此文件大小通常较大，但是，由于其无损压缩特性，WAV 文件能够提供最佳的音频质量，被广泛地应用于专业音频制作和存储。

4）FLAC 编码

FLAC（Free Lossless Audio Codec）是一种开源的无损音频编码标准。FLAC 编码使

用无损压缩技术,能够在保持音频质量的同时减小文件的大小。由于其开源性质,FLAC编码得到了广泛支持和应用,特别是在数字音乐爱好者和专业音频制作人员中应用广泛。

2.5.4 图像与视频编码

图像是客观对象的一种表示,是所有具有视觉效果的画面。视频通常是连续的画面加上声音所形成的一种混合载体。

1. 位图和向量图

数字化图像主要分为位图和向量图两种类型。位图,也被称为点阵图,由无数像素构成。它能够展现出丰富的色彩变化和逼真的视觉效果,便于在不同软件间交换使用,然而,位图在保存时需记录每个像素的色彩信息,因此占用较大的存储空间。此外,当对位图进行旋转或缩放时,可能会产生锯齿状边缘。

向量图运用数学向量方法进行计算,这种方式所生成的文件占用存储空间较小。由于向量图与分辨率无关,因此在执行旋转、缩放等操作时,能够保持图像对象的平滑度和清晰度,避免产生锯齿状边缘。

2. 位图数据化表示

通过微信截图工具保存的图片、计算机屏幕上看到的图片、在相机拍摄的照片,以及手机和计算机上的图标都是位图的例子。位图的主要性能指标包括分辨率和颜色深度。分辨率决定了图像中存储的信息量,即每英寸图像中包含的像素数。单位面积内的像素越多,图像就越真实。而色彩深度则是指表示一像素颜色所需的位数。色彩深度越高,可用的颜色选择就越丰富。

通常,用"n位颜色"来描述色彩深度,例如,单色位图即黑白图像,仅用一位表示颜色值,即0或1,而24位位图则能表示的颜色范围广泛,达到2^{24}种。在24位真彩色表示中,每个三原色(红、绿、蓝,即RGB)都使用8位表示。由于8位模式可以表示从0到255的数值,因此任何颜色都可以通过这3种基本色的组合来精确呈现。

3. 图像和视频

视频是图像(或帧)随时间变化的展示。一部电影便是众多帧连续播放所构成的动态画面,因此,视频可以被视为空间(单幅图像)与时间(图像序列)共同作用下的信息展现。由此可知,一旦了解了如何在计算机中存储单幅图像,便掌握了存储视频的方法。具体来讲,每幅图像或帧会被转换为一系列位模式并进行存储。这些图像的集合便构成了视频内容。值得注意的是,现代视频通常采用压缩技术进行存储,以节省空间和提高传输效率。

4. 图像和视频编码

图像与视频编码是数字媒体领域的核心技术,用于压缩和存储图像和视频数据。这种压缩不仅减小了文件大小,还使数据的传输和播放更为高效。图像与视频编码主要分为静态图像编码和动态图像(视频)编码。

1) 静态图像编码

静态图像编码专注于单幅图像的压缩技术。根据是否造成信息损失,该技术可分为无损压缩和有损压缩两类。无损压缩确保在压缩与解压过程中图像信息保持完整，主要利用Lempel-Ziv(LZ)编码、Huffman编码、行程编码和算术编码等算法实现。常见的无损压缩格式有PNG和TIFF。相反，有损压缩为追求更高压缩比，允许在压缩过程中牺牲部分信息。JPEG即为常用的有损静态图像压缩格式，它采用离散余弦变换(DCT)作为核心技术，而JPEG2000作为JPEG的升级版，采用小波变换进行压缩，既提升了压缩效率，又优化了图像质量。

2）动态图像(视频)编码

视频编码主要用于处理连续的图像帧(视频流)。与静态图像编码方式相似的是，视频编码同样包含无损与有损两类方法，但鉴于视频数据的庞大体积，有损压缩在实际应用中占据主导地位。MPEG(Moving Picture Experts Group)系列标准是视频编码领域广泛采用的有损压缩规范，其中，MPEG-1、MPEG-2和MPEG-4均运用了不同的编码技术，以满足不同质量和压缩比的视频流需求。H.264/MPEG-4 AVC作为MPEG-4的后续标准，采纳了先进的编码技术，实现了更高的压缩效率和图像质量，而H.265/HEVC作为H.264的继承者，进一步提升了压缩效率。

2.6 本章小结

本章详细地介绍了计算机中各类信息表示方法。重点是进制的基础知识，包括常见进制间的转换方法。此外，还深入探讨了二进制的算术运算、逻辑运算及其实际应用价值，并阐述了计算机中数值与非数值信息的表示方式。通过解析“0”与“1”在计算机中的核心作用，希望读者能够深刻领会计算机在数据传输、存储和处理方面的机制，并从中汲取科学家的计算思维精髓。在后续课程中，还将介绍如何利用逻辑运算来实现算术运算，并通过组合简单的逻辑运算，实现全面的运算功能。

2.7 习题

一、单项选择题

1. 逻辑与运算：1101 1010∧0001 1001的运算结果是(　　)。

A. 0001 1000　　B. 0000 1001　　C. 1100 0001　　D. 1100 1011

2. 十进制数−52用8位二进制补码表示为(　　)。

A. 1101 0100　　B. 1010 1010　　C. 1101 0000　　D. 0101 0101

3. 用浮点数表示任意一个数时，可通过改变浮点数(　　)的大小，能使小数位置产生移动。

A. 尾数　　B. 阶码　　C. 基数　　D. 有效数字

4. 二进制0101 1011扩大2倍是(　　)。

A. 1001 110　　B. 1010 1100　　C. 1011 0110　　D. 1001 1010

5. 十进制算式 8×64+4×16+4 的运算结果用二进制数表示为(　　)。

A. 110100100　　B. 111001100　　C. 100100100　　D. 111101100

6. 在下列一组数中,最大的是(　　)。

A. $(73)_8$　　B. $(AB)_{16}$　　C. $(1010\ 1000)_2$　　D. $(75)_{10}$

7. 下列 4 个不同进制的无符号整数,数值最大的是(　　)。

A. $(1100\ 1001)_2$　　B. $(247)_8$　　C. $(227)_{10}$　　D. $(C2)_{16}$

8. 所谓“变号操作”是指将一个整数变成绝对值相同但符号相反的另一个整数。若整数用补码表示,则二进制整数 0110 1101 经过变号操作后的结果为(　　)。

A. 0001 0010　　B. 1001 0010　　C. 1001 0011　　D. 1110 1101

9. 在某进制的运算中 4×5=14,在这运算规则下,则 5×7=(　　)。

A. 3A　　B. 35　　C. 29　　D. 23

10. 长度为 8 位的二进制整数,采用补码表示,并且由 5 个“1”和 3 个“0”组成,可表示的最小十进制整数为(　　)。

A. −120　　B. −113　　C. −15　　D. −8

二、填空题

1. n 个二进位表示的无符号整数的范围是(　　)。

2. 若 X 的补码为 1001 1000,Y 的补码为 0011 0011,则$[X]_{补}+[Y]_{补}$的原码对应的十进制数值是(　　)。

3. 十进制数 478.25,转换为八进制表示是(　　)。

4. 十进制数 34.625 和八进制数 47.5 相加,得到的结果用十六进制数表示为(　　)。

5. 计算机具有逻辑处理能力的原因,是由于计算机内部具有能够实现各种逻辑功能的(　　)。

6. 数字技术是采用 0 和 1 两种状态来表示、处理、存储和传输(　　)的技术。

7. 寄存器和半导体存储器在电源切断以后所存储的数据会丢失,它们称为(　　)存储器。

8. 浮点数的取值范围由(　　)的位数决定,而浮点数的精度由尾数的位数决定。

9. 联合国安理会每个常任理事国都拥有否决权。现设计一个表决器,常任理事国投反对票时输入“0”,投赞成票或弃权时输入“1”,提案不通过为“0”,通过为“1”,则这个表决器应具有(　　)门逻辑关系。

三、问答题

1. 展示十进制与二进制、八进制及十六进制之间的转换。

2. 逻辑运算和算术运算有什么区别?

3. 移位运算都包括哪些?具体内容是什么?

4. 求 1000 1011B 的原码、反码、补码。

5. 写出十进制数 116.625 的 IEEE 单精度浮点表示法的结果(结果转换为十六进制)。

第3章 操作系统

CHAPTER 3

购买组装机(裸机)后,首要步骤是安装操作系统。若无操作系统,计算机则无法正常运行。操作系统若崩溃,计算机将失去所有功能。操作系统负责计算机的内存管理、资源分配、设备控制及网络操作等核心任务,并为用户提供交互界面。要了解计算机系统,就需要掌握计算机系统中的操作系统。操作系统是计算机科学里重要的内容之一,本章将从操作系统的基础概述、操作系统对进程的管理、操作系统对内存的管理、操作系统对文件系统的管理,以及操作系统对设备的管理5方面对计算机操作系统进行详细讲述。本章思维导图如图3-1所示。

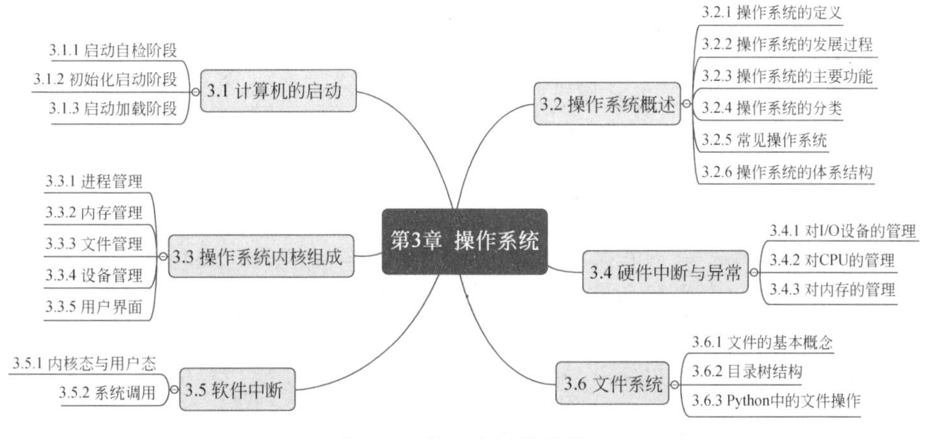

图3-1 第3章思维导图

3.1 计算机的启动

不论是台式机、笔记本的Windows系统或者Linux系统,还是手机的Android系统或者iOS系统,所有设备在开机启动过程中都会经过3个共同的阶段:启动自检阶段、初始化启动阶段和启动加载阶段。

计算机系统的启动过程共分为3个阶段:自检、初始化和加载。这些核心环节主要由

BIOS(Basic Input Output System)来执行。BIOS作为计算机启动的基础软件被固化在主板的ROM芯片中,包含基本输入/输出程序、系统设置信息、自检程序及系统自启动程序。用户可以根据需求,通过特定的按键组合(如Esc、F2或Delete键),进入BIOS配置界面进行个性化设置。需要注意的是,不同品牌和型号的台式机或笔记本电脑进入BIOS时的按键是不一样的。

3.1.1 启动自检阶段

当用户按下电源按钮后,计算机随即进入启动自检阶段。这一阶段,计算机刚接通电源,随后读取并运行BIOS程序。BIOS程序负责硬件的检测,它存放于只读存储器(Read Only Memory,ROM)中,这意味着即便在断电状态下,其存储的内容也不会丢失。这一过程也被称为加电自检(Power On Self Test,POST)。

加电自检的主要功能在于全面检查计算机的整体状态。通常,POST自检流程涵盖对CPU、ROM、主板、串并口、显卡及键盘等重要硬件组件的测试。若自检过程中发现问题,则计算机会给出相应的提示信息或发出警告声。

在启动自检过程中,计算机的屏幕上会显示出详细的自检信息,这对于用户了解计算机状态及可能出现的问题具有重要意义。通过这一流程,用户可以更直观地掌握计算机的硬件状况,并在必要时采取相应的解决措施。

3.1.2 初始化启动阶段

在完成启动自检阶段后,若系统确认无异常,则计算机将进入初始化启动阶段。在这一阶段,计算机将遵循BIOS中预先设定的启动顺序,识别并定位优先启动的设备。这些设备可能包括本地磁盘、CD驱动器或USB设备等。一旦确定了启动设备,计算机便会从该设备中加载并准备启动系统。此外,初始化启动阶段还需要完成寄存器的设置、外部设备的初始化和检测等关键任务。这些步骤共同确保了计算机能够按照预定的配置和设置,安全、稳定地启动和运行。在初始化启动过程中,计算机屏幕处于黑屏状态。

3.1.3 启动加载阶段

在初始化启动阶段顺利完成后,计算机将开始读取准备启动设备上的相关数据。考虑到大多数系统文件存储在硬盘中,BIOS将指定启动设备,并从中读取操作系统核心文件。鉴于不同的操作系统会使用不同的文件系统格式(如FAT32、NTFS、EXT4等),需要一个专门的启动管理程序来处理这些核心文件的加载过程。这个启动管理程序就是所谓的Boot Loader。

Boot Loader在启动过程中发挥着重要作用,主要表现在两方面:一是它为用户提供了选择不同启动项目的菜单,允许用户通过不同的启动项目启动计算机上的不同系统;二是它负责加载核心(Kernel)文件,直接指向可执行的程序段,从而启动操作系统。值得注意的是,在整个启动加载过程中,计算机的屏幕通常处于黑屏状态。

计算机启动的整个过程完成之后，操作系统开始装载进入内存，BIOS 开始将计算机的控制权移交给操作系统。也就是说，接下来计算机的所有操作将由操作系统来完成。

1. 内核装载阶段

在内核装载阶段，操作系统通过内核程序对各外围设备，如存储装置、CPU、网卡、声卡等进行测试与驱动。在此期间，部分操作系统可能会对硬件进行再次检测。这意味着，只有当操作系统开始使用内核程序进行设备测试和驱动时，其核心功能才正式接替 BIOS 的工作。以 Windows 为例，此阶段操作系统需加载各设备的驱动程序。操作系统要确保掌握当前所有外围设备的信息，这样才能准确加载相应的驱动程序。这些信息被详细记录在注册表中，操作系统通过访问注册表，如 HKEY_LOCAL_MACHINE\SYSTEM\CurrentControlSet，来获取已安装的驱动程序信息，并按需加载硬件的驱动。

Windows 操作系统中的注册表是一个重要的核心数据库，自 Windows 95 系统起，它便成为管理系统运行参数的主要工具，取代了原先的 Win32 系统中的.ini 文件。注册表以树状分层的结构组织了各种参数，这些参数包括软件和硬件的配置与状态信息、应用程序和资源管理器外壳的初始条件、首选项和卸载数据、计算机的系统设置和许可、文件扩展名与应用程序的关联、硬件的描述、状态和属性、计算机性能记录及底层的系统状态信息等。控制系统和应用程序的启动与运行是注册表的主要工作。每当 Windows 启动时，注册表会根据关机时创建的一系列文件来构建注册表，并且一旦注册表载入内存，它就会被持续维护，因此，注册表可以被视为一个关系数据库，其中存储了系统参数，它直接控制着启动过程、硬件驱动程序的加载及一些应用程序的运行，从而在整个系统中扮演着核心角色。总体而言，注册表是一个集成了各种系统信息的复杂数据库。全部系统和应用程序的初始化信息均集成在注册表中，从而使 Windows 操作系统能够顺利运行。当然，作为操作系统的核心数据库，如果注册表受到破坏，则无法控制系统的启动和运行，可能会导致系统启动运行异常，甚至使整个系统瘫痪，因此，在使用系统优化软件时，需要特别注意，应慎用优化注册表功能。

在内核装载过程中，计算机屏幕会显示操作系统的图标及进度条等信息，表示系统成功启动。

2. 登录阶段

在登录阶段，计算机主要执行两项关键任务。首先，启动所有在机器上完成了安装并设置为自动启动的 Windows 服务，其次，计算机会展示登录界面，以供用户输入凭据并进行身份验证。这两个步骤是登录过程中不可或缺的环节，确保了计算机系统的正常运行和用户安全。

Windows 服务也称为 Windows 服务程序，是在 Microsoft Windows 操作系统中运行的后台进程，是一种特殊类型的应用程序。这些服务可以在计算机启动时自动启动，并在后台执行特定的功能或任务，而无须用户的交互。Windows 服务通常在操作系统级别上提供某种功能或服务，例如网络连接、打印机管理、文件共享等。

Windows 服务的主要特点包括以下几点。

(1) 长期运行：Windows 服务属于长时间运行的应用程序。在系统启动时 Windows

服务自动启动,并且一直在后台持续运行,直到系统关闭或手动停止。

(2) 无须用户界面:与一般的应用程序不同,Windows 服务在没有用户交互的情况下执行任务,所以通常不显示任何用户界面。

(3) 自动启动:Windows 服务通常应设置为在系统启动时自动加载和运行,确保在系统可用时始终提供服务。

(4) 系统级功能:Windows 服务通常提供操作系统级别的功能和服务,这些功能会直接影响系统的正常运行。

(5) 可管理性:Windows 服务可以通过服务控制管理器(Service Control Manager,SCM)进行管理,用户可以通过 SCM 完成启动、停止、暂停、恢复服务和更改其启动类型等操作。

Windows 服务既能由 Microsoft 予以提供,也能由第三方开发者进行创建。诸多常见的 Windows 服务涵盖 Windows 更新服务、Windows 时间服务、Windows 安全服务等。此类服务提供了很多关键性能,例如自动更新、系统时间同步及安全保护等。

总之,Windows 服务是 Windows 操作系统里用于提供系统级功能与服务的后台进程,它们保障了系统的稳定性与可靠性,令用户能够无缝地使用各类功能和服务。

10min

3.2 操作系统概述

第 1 章详细地介绍了冯·诺依曼体系结构计算机的组成。现代计算机系统由硬件系统和软件系统两部分组成。一台典型计算机的硬件包括运算器、控制器、存储器、输入设备和输出设备五部分,至少包含一个 CPU(可能是多核多线程的)、一定空间的内存(例如 8GB)和数目不等的 I/O 设备;在软件上由各式各样的程序构成,其数目、执行过程、软件需求各不相同,然而,随之而来的是一个现实问题:如何确保这些程序高效、便捷地利用计算机硬件资源满足各自的业务需求?例如,计算机只有一个 CPU,而同时运行的程序可能有数十个甚至数百个,那么如何合理分配和利用 CPU 的计算能力,以确保这些程序的执行符合用户的预期和需求?这正是操作系统需要面对和解决的核心问题。

3.2.1 操作系统的定义

操作系统(Operating System,OS)是管理和控制计算机硬件与资源的系统程序,为其他软件提供运行环境。操作系统是迄今为止最复杂的软件之一,例如常用的 Windows 11、Linux 操作系统等,实际的源代码量高达数千万行,一般由数百甚至数千名顶级程序员花费数年才能开发完成。一般认为,操作系统是计算机硬件和“用户”(人或者上层程序)之间的中间层,它使“用户”可以更方便、更有效地实现对计算机硬件和软件资源的利用和访问。操作系统给用户带来的主要益处有两个。一是高效地利用硬件资源,从而提升用户的工作效率。二是更便捷地利用计算机的软硬件资源,即降低用户使用这些资源的门槛和难度。

任何现代操作系统均需要很好地解决如下问题:

(1) 提供良好的机制，从而使上层程序或者程序集被高效地运行，能够充分地利用CPU和内存执行程序。

(2) 作为通用管理程序管理着计算机系统中每个部件的活动，确保系统中的软硬件资源被合理有效地利用，并且及时处理出现的冲突问题。

(3) 计算机的主要功能是处理和存储数据，上述(1)和(2)主要是关于处理数据方面的工作，操作系统的另外一个重要的工作是需要提供一种通用、统一、高效的机制，实现数据访问和持久化存储。

(4) 操作系统还需要为用户提供一种方便的接口。

上述问题均是操作系统需要解决的核心问题。在现代计算机的使用过程中，操作系统是必不可缺的系统软件，下面将从计算机的发展过程来引出操作系统的核心功能。

3.2.2 操作系统的发展过程

操作系统并非与计算机硬件同期诞生，而是运用于计算机的发展进程之中，为了提升资源利用率、强化计算机系统性能，伴随计算机技术本身及其应用的逐渐发展，进而逐步发展起来的。操作系统涵盖的范围包含个人计算机端操作系统、工业应用操作系统及移动端操作系统。以下是操作系统发展的7个主要阶段。

1. 手工阶段

在计算机刚刚出现时，并没有操作系统。计算机的使用主要处于手工操作阶段。程序员直接与硬件打交道，直接编写程序。这造成输入/输出缓慢，相对来讲计算机处理速度过快，用户独占全机，人机速度矛盾突出。这一阶段的操作方式主要具有以下特点。

(1) 用户交互界面设计：在早期的手工操作阶段，用户与计算机的交互方式相对基础，主要通过控制台或纸带等方式向计算机发出指令。这一时期的用户接口设计相对简单，没有现代操作系统中图形用户界面(Graphical User Interface，GUI)的直观与便捷。

(2) 任务调配：在那个时代，作业的调度主要依赖于用户的手动操作。用户需将编写完成的程序提交给计算机，然后等待其按序处理。由于没有自动化的作业调度系统，所以作业的执行顺序完全取决于用户提交的顺序。

(3) 进程管理机制：在手工操作阶段，进程的概念尚未明确。每个用户提交的程序被视为一个独立的单元，由计算机按顺序执行。由于缺乏现代操作系统中的进程管理功能，如进程切换和同步等，所以导致程序的执行效率相对较低。

(4) 内存管理方法：在手工操作阶段，内存的管理同样相对基础。用户需要手动为编写的程序分配和管理内存空间。由于缺少现代操作系统中的内存管理功能，如内存分配、保护和碎片整理等，所以使内存的使用效率较低，并容易出现内存泄漏和冲突等问题。

(5) 文件管理：在手工操作阶段，文件的创建、保存、备份和删除等管理任务通常由用户亲自完成。没有现代操作系统的文件系统支持，文件管理工作相对复杂，并且容易发生数据丢失或损坏等问题。

(6) 设备管理：这一时期的设备配置与管理同样需要用户手动进行。用户需要负责配置和管理计算机的输入/输出设备,如打印机和磁盘等。由于缺少现代操作系统的设备管理功能,如设备驱动程序和设备抽象层,所以设备的使用效率较低,容易出现设备冲突和错误。

(7) 系统维护:在手工操作阶段,系统的正常运行主要依赖于用户的专业知识和经验。用户需要定期地检查和维护计算机的硬件和软件。由于缺少现代操作系统中的系统维护工具和功能,如系统备份、恢复和监控等,使系统维护变得相对困难,容易出现因维护不当而导致的问题。

综上所述,手工操作阶段下的操作系统特性体现为简单性、烦琐性和低效性。随着计算机技术的不断革新,现代操作系统的诞生使计算机的使用变得更高效、便捷和稳定。

2. 批处理操作系统

随着20世纪50年代第一台计算机ENIAC的诞生,人们开始探索提高计算机利用率的方法,进而催生了批处理操作系统的概念。批处理操作系统是一种早期的操作系统类型,其核心功能是实现批处理作业的自动化处理。在这种操作系统中,用户将需要完成的任务和相关数据整合成作业,并提交给操作系统。操作系统会根据预设的规则和顺序自动执行这些作业,全程无须用户的直接干预,其主要特点有以下几点。

(1) 自动化的作业调度:操作系统能够基于作业的具体要求和特性,智能地安排作业的执行次序和资源分配,从而极大地提升了系统的效率和吞吐量。

(2) 批量作业处理:作业以集合的形式被提交和处理,减少了用户与计算机的直接交互次数,特别适用于处理大量且相似的任务。

(3) 全面的资源管理:操作系统负责协调并管理计算机的核心资源,如CPU时间、内存和磁盘空间等,确保每个作业都可以得到公平且高效的资源分配。

(4) 缺乏交互性:在批处理操作系统中,用户与计算机之间的直接互动被大大限制,用户通常只能通过提交作业和查看结果来与系统进行沟通。

批处理操作系统在早期的计算机应用中发挥了核心作用,尤其是在需要大规模数据处理和批处理的场景下。然而,随着用户对于交互式操作和实时反馈的需求增加,批处理操作系统逐渐被更灵活和交互性更强的分时操作系统和实时操作系统所取代。

现代操作系统融合了批处理、分时和实时处理等多种特点,以满足多样化的应用场景需求。例如,在现代的服务器环境中,可能同时存在批处理任务、实时处理请求和交互式用户操作,操作系统需要具备强大的任务管理和调度能力,以确保各种类型的工作负载都可以得到高效处理。

3. 分时操作系统时期

20世纪60年代,分时系统(Time-Sharing Operating System)的概念应运而生。分时系统是一种多用户操作系统,允许多个用户通过终端或其他设备共享单一的计算机资源,并同时进行各自的操作。在这种系统中,计算机的CPU时间被切分成多个微小的时间片,每个用户在分配到的时间片内享有对计算机的控制权,从而进行各种交互操作。系统在这些用户之间快速切换,使每个用户都感觉自己仿佛在独占计算机资源。分时操作系统的核心特点体现在以下几方面。

(1) 多用户共享：多个用户可以同时利用计算机资源，从而显著地提高了资源的利用率和系统效率。

(2) 出色的交互性：用户能够通过终端与计算机进行实时对话和交互，以及时获得系统的响应和反馈。

(3) 独立性保障：每个用户在各自独立的会话环境中工作，就像在使用一个专属于自己的计算机系统一样，用户间的操作互不干扰。

分时操作系统对计算机应用产生了深远影响，特别是在多用户交互的环境中。它通过划分 CPU 时间片并在用户间快速切换，不仅显著地提高了资源利用效率，还为用户提供了直观友好的操作体验。随着技术的持续进步，分时操作系统的概念得以拓展，并与网络通信、分布式计算等先进技术相结合，催生出现代复杂而高效的操作系统，其中，一个值得关注的特性是系统的及时响应能力，即系统能在短时间内响应用户需求，确保流畅的用户体验。

分时操作系统被广泛地应用于多用户环境，如服务器、终端系统或网络环境，为用户提供了便捷的交互方式。这种方式使多个用户能够并行工作，极大地提升了计算机的使用效率。在实际应用中，UNIX、Linux 和 Windows 等操作系统均具备分时处理能力，支持多用户同时登录和系统资源的共享。这些系统的广泛应用进一步证明了分时操作系统的重要性和价值。尽管分时操作系统为计算机应用带来了显著变革，尤其是在多用户交互环境中，但在处理大量并发用户时，也面临着资源竞争和调度方面的挑战。为确保系统的稳定性和高效性，操作系统必须采取有效的资源管理和调度策略。首先，资源管理对于确保分时操作系统的稳定性和性能至关重要。操作系统需要确保各个用户进程在访问共享资源时不会发生冲突，并且要合理地分配资源，以满足不同用户的需求，其次，设计高效的调度算法也是分时操作系统的关键任务。通过合理的调度算法，操作系统可以确保每个用户在其分配的时间片内获得足够的 CPU 时间，从而实现系统的公平性和响应性。此外，随着计算机技术的不断演进，其他类型的操作系统（如实时操作系统和分布式操作系统）也在不同领域得到了广泛应用。实时操作系统强调对时间的精确控制，适用于需要实时响应的应用场景，如工业自动化、航空航天等；而分布式操作系统则注重将多个计算机资源连接起来，形成一个整体，以提供更高的性能和可扩展性，适用于大规模计算和数据处理等场景。

分时操作系统在为用户提供便捷交互和资源共享方面具有显著优势，但在处理大量并发用户时仍面临资源竞争和调度问题。为了应对这些挑战，操作系统需要采取有效的资源管理和调度策略，并确保与其他类型的操作系统相互补充，以满足不同应用场景的需求。

4. 多程序环境操作系统时期

20 世纪 70 年代，多程序环境操作系统崭露头角，这一创新将内存划分为多个独立区域，允许不同的程序分别存放于其中。这种设计不仅简化了分布式计算机系统资源的管理和利用，还提高了整体效率。与早期的单任务操作系统相比，多程序环境操作系统实现了多个程序的并行运行，显著地提升了 CPU 的利用率和系统效能。

在这一多程序环境中，操作系统扮演着至关重要的角色，负责以下核心功能。

(1) 进程管理：操作系统负责创建、调度和监管多个进程。它通过精心安排，确保各个进程在CPU上能够公平地分享资源和执行时间。

(2) 内存管理:系统高效地为每个进程分配内存空间,并实施了内存保护机制,有效地预防了进程间的相互干扰和潜在错误。

(3) 资源分配:操作系统协调各个进程对CPU、输入/输出设备、文件等资源的访问,从而避免了资源冲突和死锁现象的发生。

(4) 进程通信机制:这一机制为进程间的信息交流和同步提供了可能,促进了进程间的协作和数据共享。

(5) 灵活的调度策略:操作系统根据多种调度算法判断哪个进程应优先获得CPU使用权,从而实现系统性能的最大化。

相比于以往的操作系统,多程序环境操作系统的主要优势如下。

(1) 优化的资源利用:通过并行运行多个程序,CPU和其他系统资源得以高效利用,大幅减少了资源的闲置时间。

(2) 增强的并发性:多个程序的同时执行不仅提高了系统的响应速度,还增强了整体执行效率。

(3) 提升的用户交互体验:允许用户在后台运行一个程序的同时,前台进行其他操作,极大地方便了多任务处理。

(4) 稳固的系统稳定性:当一个进程出现问题或崩溃时,其他进程仍可正常运行,这增强了系统的整体可靠性。

现代操作系统,诸如Windows、Linux和macOS,均支持多程序环境。它们通过高效的进程管理和资源分配策略,为用户提供了同时执行多个程序的能力,使用户能够更加充分地利用计算机资源。

5. 分布式操作系统时期

20世纪80年代,分布式系统概念的出现改变了计算机系统的局面。分布式操作系统是指计算机系统的资源不仅限于一台主机,而是由多台计算机组成,能够简单高效地管理和利用分布式计算机系统的资源。分布式操作系统(Distributed Operating System)是一种用于管理分布式系统中多个节点(计算机)的操作系统。它将计算任务分布在多个节点上,通过网络进行通信和协作,以实现资源共享和协同工作。分布式操作系统的主要特点和功能包括以下几点。

(1) 分布式处理:任务可以在不同的节点上并行执行,从而提高系统的性能和处理能力。

(2) 资源共享:各个节点的资源,如内存、磁盘、处理器等,可以通过分布式操作系统进行共享,从而提高资源利用率。

(3) 容错性:系统具有容错能力,即使部分节点出现故障,也能保证整个系统的正常运行。

(4) 透明性:对用户来讲,分布式操作系统提供了一种透明的方式来使用分布式系统,用户无须关心任务具体在哪个节点上执行。

(5) 通信与协调：操作系统负责节点之间的通信和协调，确保各个节点能够协同工作，完成共同的任务。

(6) 安全性：操作系统提供了安全机制，保证数据的完整性和保密性，以及对资源的访问控制。

在分布式系统中，如分布式数据库、计算集群和云计算平台，分布式操作系统发挥着至关重要的作用。它显著地提升了系统的可扩展性、可靠性和性能，然而，随着系统的复杂性和规模的增加，分布式操作系统也面临着网络时延、节点故障、数据一致性和同步等一系列挑战。为了克服这些挑战，需要精心设计和实施有效的分布式协议、容错机制和资源管理策略。这些策略和机制不仅提高了系统的稳定性，还确保了数据的完整性和一致性。

在实际应用中，像 Hadoop 和 Kubernetes 这样的分布式操作系统已经得到了广泛认可和应用。Hadoop 在大数据处理领域具有卓越的表现，而 Kubernetes 则在容器编排和云原生应用中表现出色。

6. 云操作系统时期

21 世纪初，伴随信息技术的疾速进步，以及云计算概念的提出，云操作系统逐渐变为计算机操作系统的发展走向。云操作系统以云计算技术为基石，把计算与存储资源安设在云端，用户借由互联网及云端服务进行通信，达成数据处理及存储。云操作系统（Cloud Operating System）是一类用于管控和掌控云计算环境中资源的软件。它承担分配与管理云计算资源，涵盖计算、存储、网络等，以保障云环境的高效运作和资源的最优利用。云操作系统的主要功能包括以下几种。

(1) 资源管理：对云中的计算、存储和网络资源进行管理和分配，确保资源的合理利用和高效分配。

(2) 虚拟化支持：支持虚拟化技术，使多个虚拟机可以在同一物理服务器上运行，提高资源利用率。

(3) 自动化和弹性：提供自动化的资源部署和配置功能，根据需求快速扩展或收缩资源，实现弹性伸缩。

(4) 监控和计费：监控资源使用情况，提供计费和成本管理功能，帮助用户了解和控制云计算成本。

(5) 安全性和访问控制：确保云环境的安全性，包括用户认证、授权和数据保护等。

(6) 服务管理层：管理和提供各种云服务，如云数据库、云存储、云应用等。

云操作系统可以提高云计算的效率和灵活性，使企业和开发者能够更快地部署应用、更好地管理资源，并降低成本。它们在云计算基础设施中起着关键的作用，为云计算的发展和应用提供了重要的支持。

常见的云操作系统有 AWS Elastic Compute Cloud（EC2）、Microsoft Azure、Google Cloud Platform 和 VMware vSphere 等。这些操作系统提供了一系列的工具和服务，使用户能够轻松地构建、部署和管理云应用和服务。

7. 未来的操作系统

随着科技的不断发展和进步,未来的操作系统将会更加先进和智能。未来的操作系统可能会在以下几方面发展和演进。

(1) 智能化和自动化:操作系统可能会更加智能化,能够自动识别用户的需求和偏好,提供个性化的服务和功能。可以通过机器学习和人工智能技术来学习和适应用户的行为,提供更加智能的交互体验。

(2) 跨设备和平台的一致性:随着物联网的发展,未来的操作系统可能会更好地支持各种设备和平台,实现跨设备的无缝连接和数据同步。用户可以在不同设备上获得一致的操作体验和功能。

(3) 增强的安全性:随着网络安全威胁的不断增加,未来的操作系统可能会加强安全性功能,包括更好的身份验证、数据加密和恶意软件防护。

(4) 虚拟现实和混合现实支持:随着虚拟现实(VR)和混合现实(MR)技术的发展,操作系统可能会更好地支持这些新兴技术,提供更好的沉浸式体验和交互方式。

(5) 云原生和边缘计算:随着云计算和边缘计算的发展,操作系统可能会更加注重云原生应用的支持,以及在边缘设备上的高效运行。

(6) 更加开放和可定制:未来的操作系统可能会更加开放,允许用户和开发者更容易地定制和扩展系统功能,以满足不同的需求和应用场景。

(7) 对量子计算的支持:随着量子计算技术的逐渐成熟,未来的操作系统可能需要进行相应改进,以支持量子计算设备和应用。

(8) 更强大的语音和手势交互:操作系统可能会更加注重语音和手势交互,提供更加自然和便捷的用户界面。

(9) 更好的能源管理:随着对能源效率的关注增加,操作系统可能会更加注重能源管理,优化设备的能耗,延长电池寿命。

(10) 更强的隐私保护:用户对隐私保护的需求不断增加,未来的操作系统可能会提供更加强大的隐私保护功能,控制数据的收集和使用。

以上只是一些可能的发展方向,实际的发展取决于技术的进步和市场的需求。操作系统的发展是一个不断演进的过程,随着新技术的出现和用户需求的变化,未来的操作系统将不断创新和改进。

3.2.3 操作系统的主要功能

操作系统是管理计算机硬件和软件资源的系统软件,它的主要功能包括以下几种。

(1) 进程管理:负责管理计算机系统中同时运行的多个进程,包括进程的创建、调度和终止等。

(2) 内存管理:有效地管理内存空间,包括内存分配、内存保护和内存回收等。

(3) 设备管理:管理计算机系统中的各种硬件设备,包括设备驱动程序的安装、设备的分配和使用等。

(4) 文件管理：提供文件和目录的管理功能，包括文件的创建、打开、读写、删除等操作。

(5) 用户接口：为用户提供与计算机系统交互的接口，包括命令行界面、图形用户界面等。

(6) 系统安全：确保操作系统的安全性和稳定性，防止未经授权的访问和操作。

(7) 资源共享：实现计算机系统中资源的共享，包括硬件资源和软件资源的共享。

(8) 网络通信：支持计算机之间的网络通信，实现网络资源的共享和信息传递。

这些功能使操作系统能够协调计算机系统的各部分，提供一个稳定、高效和安全的运行环境，方便用户使用计算机系统并充分发挥其性能。不同类型的操作系统可能会在功能上有所侧重，但以上是操作系统的一些主要功能。

3.2.4 操作系统的分类

自20世纪电子计算机问世起始，操作系统始终是计算机科学的关键研究领域，其发展与演化历经了很长一段时期，并且仍在持续地改良。伴随计算机软硬件技术在材料、工业、方法上的不停进步，还有通信与互联网技术的高速发展，现代操作系统多数在功能达成上趋于“同质化”，也无法脱离网络环境，主要分类如下。

1. 批处理操作系统

批处理操作系统是20世纪早期的操作系统，其观念为将每名运行的程序视作一个作业(Job)，每名用户把自行编制的程序当作一个Job提交给操作系统，批处理操作系统会依照作业的顺序由一个作业转移至另一作业。倘若当前作业运行成功，便输出结果数据，不然报错并转至下一道程序。目前，批处理操作系统在一些极为简单的应用系统中仍然在运作，此外，目前在众多的操作系统中仍保留了批处理作业执行模式。

2. 分时操作系统

分时操作系统在现代操作系统中依然占有举足轻重的地位，例如，现在流行的Windows 11、macOS、Linux等操作系统本质上还是分时操作系统。为高效地利用CPU等计算资源，分时操作系统引入了多道程序的概念，其核心思想是把多道程序装载到内存，然后通过时间片轮转等手段来共享CPU的执行时间，使这些程序轮流使用CPU(例如20ms轮流一次)。由于CPU执行指令的速度非常快，基本上每个用户程序都能够得到及时响应，从而使每名用户有种整个系统都在为自己单独服务的错觉。UNIX是分时操作系统的典范，它提出了一个现代操作系统历史上具有划时代意义的概念——进程。在后面的内容中会对进程更详细地进行介绍。

3. 实时操作系统

实时操作系统和分时操作系统在很多方面类似，它们间的显著不同是：实时操作系统必须在特定的时间段内完成特定的任务，否则可能造成灾难性的后果。例如，运行在飞机上的很多控制程序。实时操作系统通常被应用于实时应用当中，例如交通、医疗、军事、航空航天、工业控制、汽车控制系统等，而且，实时操作系统和其上层应用软件经常作为固件被嵌入计算机硬件中,这类系统常被称为嵌入式系统。常见的实时操作系统有很多,例如VxWorks、RT-Linux、μClinux等,其实,在现代操作系统中,分时操作系统和实时操作系统的分界不是那么明显,很多实时操作系统是由分时操作系统增加实时调度机制改造而成的,例如RT-Linux、μClinux、嵌入式Windows操作系统等。此外,大部分现代分时操作系统具备一定的实时调度功能,这些在Windows 11、Linux中均有体现。

4. 并行操作系统

在一个计算机中安装多个CPU,这在现代计算机系统中非常常见,小到普通的多CPU多核的微机、PC服务器,大到类似天河Ⅱ号这样的超级计算机。这些CPU之间通过高速内部总线连接在一起,每个CPU可以处理一个程序或者一个程序的一部分,这意味着很多计算任务可以被真实地并行处理,而不再是单CPU单核情况下的串行处理。能支持这类并行计算机架构的操作系统被称为并行操作系统。当前,大部分并行操作系统还是源于分时操作系统,例如Linux、Windows Server等均可以被认为是并行操作系统。

5. 分布式操作系统

随着网络化,尤其是互联网的发展,使计算可以被延展到整个网络中的计算机节点,这是一个被充分研究的领域,叫作分布式计算。能够很好地支持分布式计算的操作系统就是分布式操作系统,其所需要管辖和协调的资源包括诸多的计算资源、存储资源和网络资源。与并行操作系统一样,现代分布式操作系统通常是在主流分时操作系统中植入网络和分布式处理功能之后得以体现的,例如Linux操作系统、Windows操作系统、macOS操作系统,甚至iOS、Android等都可以被认为是分布式操作系统。

3.2.5 常见操作系统

1. UNIX操作系统

UNIX操作系统是1969年由AT&T贝尔实验室的Thomson和Ritchie研发出来的。自其推出以来,经历了很多版本的演化,直到今天依然具有顽强的生命力,已然成为操作系统界的伟大丰碑,其诸多开创性的光辉思想依然照耀着现代操作系统的发展之路。UNIX是一个典型的多用户分时操作系统,具有可移植、多进程、基于抽象文件概念的设备无关性等特性,其设计理念非常简洁优美,操作系统内核由几百个简单、功能单一的函数构成,这些函数可以组合起来完成任何复杂的处理任务,所以其灵活性和可扩展性非常好。在结构上,主要包含内核、命令解释器(Shell),一组标准工具(例如著名的文本编辑器vi、emacs等)和其他应用程序。基于UNIX的设计理念和部分的开放源码,出现了大量类似UNIX的操作系统,例如AT & T的System V、FreeBSD、HP-UX,IBM的AIX,SUN的Solaris,以及现在流行的macOS X、各类Linux发行版本等。

特别要说明Linux。1991年,芬兰学生Linus Torvalds根据类UNIX系统Minix编写并发布了Linux操作系统内核,其后在Richard Stallman的建议下以GNU通用公共许可证发布,成为自由软件UNIX变种。如今,各类Linux发行版本在桌面和服务器市场均大放异彩,例如,面向桌面的Ubuntu Desktop版本、面向服务器的RedHat和CentOS等,尤其在服务器市场，Linux的市场占有率处于绝对领先地位。

2. Windows操作系统

Microsoft Windows操作系统是微软公司在给IBM设计IBM-DOS操作系统的基础上发展而来的图形化操作系统。在20世纪80年代后期，微软公司开始开发替代MS-DOS(微软脱离IBM-DOS之后的操作系统版本)的新的图形化单用户操作系统，即Windows操作系统。Windows操作系统主要提供图形化的人机交互接口，便于桌面用户方便、简易地操控计算机，其核心概念就是窗口(Window)。从此，拉开了Windows操作系统的演进之路，在桌面版本上，其发展历经了Windows 3.1、Windows 95、Windows Me、Windows 98、Windows XP、Windows Vista、Windows 7直至Windows 11等。服务器版本也从较早的Windows NT，经历了Windows Server 2000、Windows Server 2003、Window Server 2008、Windows Server 2016等不同版本。

3. iOS和Android

进入21世纪以来，随着通信技术、移动通信网络和互联网等的飞速发展，以及移动终端的小型化，很快，移动终用户端远远超过桌面用户，出现了众多面向移动终端的操作系统，如早期的PalmOS、Symbian、Windows Phone等，现在占主导地位的是苹果公司的iOS和谷歌公司的Android操作系统。

iOS被看成iPhone版本的macOS X，OS X的内核Darwin是类UNIX操作系统核心，所以，iOS可以被认为是移动版的类UNIX操作系统。

3.2.6 操作系统的体系结构

操作系统的体系结构是操作系统的组织和设计方式，它定义了操作系统的各个组件之间的关系、交互方式及功能的划分。操作系统的体系结构描述了如何将系统的核心功能、模块和层次组织起来，以实现有效的资源管理、进程调度、内存管理、设备管理等操作系统的基本任务。它决定了操作系统的整体架构和运行机制。

常见的操作系统体系结构包括单核体系结构、分层体系结构、微内核体系结构、客户-服务器体系结构等。每种体系结构都有其特点和优势，适用于不同的场景和需求。了解操作系统的体系结构有助于理解操作系统的工作原理、组件之间的交互及如何进行系统设计和优化。它是操作系统研究和开发中的重要概念。操作系统的体系结构可以有多种不同的形式，以下是一些常见的操作系统体系结构。

(1) 单核体系结构：在这种体系结构中，所有的操作系统功能都集中在一个核心模块中。核心负责管理系统资源、进程调度、内存管理等关键任务。

(2) 分层体系结构：将操作系统划分为多个层次，每层负责不同的功能。这种分层结构有助于提高系统的模块化和可扩展性。

(3) 微内核体系结构：采用微内核的设计，将核心功能最小化，只提供基本的服务，如进程间通信、内存管理等，其他功能则通过外部模块实现。

(4) 客户-服务器体系结构：将操作系统的功能分为客户和服务器两部分。客户请求服务,服务器提供相应的功能。

(5) 分布式体系结构:适用于分布式系统,操作系统的功能分布在多个节点上,通过网络进行协作和通信。

(6) 实时体系结构:专门为实时应用设计的体系结构,强调实时性和确定性。这种体系结构通常具有优先级调度和硬实时响应能力。

这些体系结构的选择取决于操作系统的设计目标、应用场景和性能要求。不同的体系结构有其各自的优势和适用范围,操作系统开发者会根据具体需求选择合适的体系结构来构建操作系统。同时,现代操作系统可能会结合多种体系结构的特点,以实现更高效、灵活和可靠的系统。

11min

3.3 操作系统内核组成

操作系统的主要工作是对计算机的主要资源,如 CPU、内存、输入/输出设备等计算存储资源,提供有效的管理机制,使上层用户(指应用程序和计算机操作人员)可以高效、便利地利用计算机开展工作。此外,计算机的另外一个核心功能是提供对数据的持久化存储。这些内容是操作系统必须支持的核心功能,通常组成了操作系统内核的组成部分,被称为进程管理、内存管理、文件管理和设备管理。操作系统的核心功能组成如图 3-2 所示。

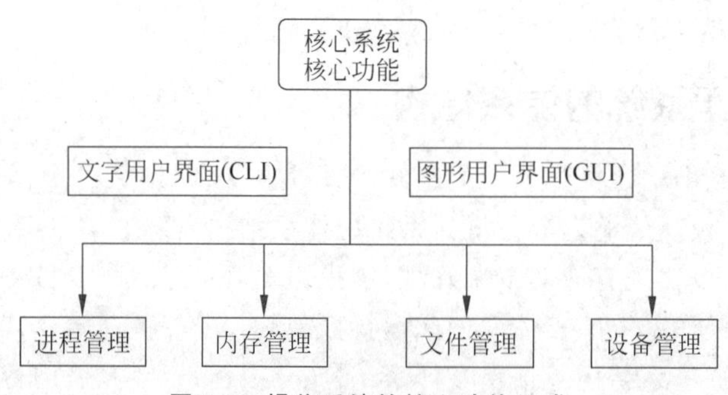

图 3-2 操作系统的核心功能组成

3.3.1 进程管理

操作系统中最重要的资源是 CPU 资源,主要实现算术运算、逻辑运算等关键功能。高效利用 CPU 的计算能力是操作系统内核设计最关键的问题之一。进程管理是现代操作系统高效使用 CPU 等计算资源的最重要的技术。在介绍进程管理之前,先介绍几个重要术语,即程序、进程和线程,接下来再重点介绍进程管理的核心组件——进程调度器。

1. 程序、进程和线程

(1)程序(Program):程序指由程序员编制的指令的集合,一般存储在外部存储器中,如普通机械硬盘、固态硬盘、光盘等,例如,微信安装到硬盘上的可执行程序对应的各种文件。

(2) 进程(Process):进程指一个程序被加载到内存,正在运行,但尚未结束。换而言之，进程是一个驻留在内存中正在运行的程序，例如，当双击 Windows 11 桌面上的微信图标时，Windows 操作系统的装载器（Loader 程序）将为微信程序在内存中配置各种相关资源，即其对应的执行环境，然后把微信程序镜像装载到内存，并启动，使其执行，这时硬盘上的微信程序被转换为内存中正在执行的进程。

(3) 线程（Thread）：从进程定义可知，进程可以被分成两部分，即执行环境等相关资源、可执行的指令集合。较早的操作系统，如 UNIX 等只支持进程概念，后面一些操作系统，例如 Windows，为了进一步有效地使用 CPU，以满足进程内部的不同执行子过程间的并发能力，把进程的执行部分分割为更小的执行线索，这些执行线索被称为线程。如今，线程已经成为现代操作系统任务调度的一个标志性的概念，例如，Linux、macOS X、iOS 等都提供了线程管理机制。简而言之，进程是正在运行中的程序，线程是进程的执行部分，可以用一个简单等式来描述这种关系：进程＝公共数据资源＋线程集，进程和线程的关系如图 3-3 所示。

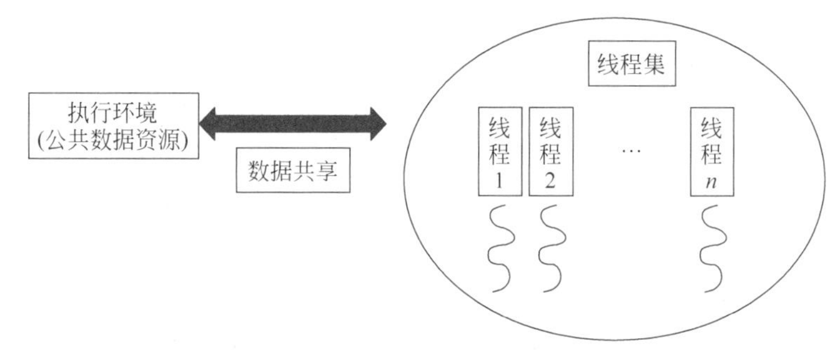

图 3-3　进程和线程

2. 进程调度器

为了有效地利用 CPU，现代操作系统都支持多进程/多线程的并发执行，操作系统中负责进程或线程调度的部件称为进程调度器或者任务调度器，即 schedule 程序，其作用是有效地调度多道程序，使之实现并发（Concurrency）调度的目的。从第 1 章中关于计算机架构组成中可知，单核计算机中只有一套 ALU 和 CU（单核 CPU），同一时刻只能执行一条指令，所以，单核 CPU 在一个时刻不可能同时执行两道程序，即不具备并行计算（Parallel Computing）的能力。现实中，使用一台计算机，可以同时运行几道甚至几十道程序，例如同时听歌、玩游戏、处理 Word 文字、浏览新闻等。根据上述说明，单核 CPU 是没有办法同时执行多道程序的，但是在感觉上，用户的确同时使用计算机做多件事情。这是如何实现的呢？

人类对任务同时执行的理解是秒级的，而计算指令的执行是纳秒级的，只要进程调度造成程序执行的响应满足用户的时间要求即可体现用户级的同时性。现代操作系统在进程调度时采用的是基于时间片轮转的分时调度策略，即把 CPU 执行指令的过程按照时间片轮询的方式对多个任务进行交替执行，如图 3-4 所示。

一般而言，现代操作系统以一定的时间为单位（例如 20ms），轮流使用 CPU 执行不同的

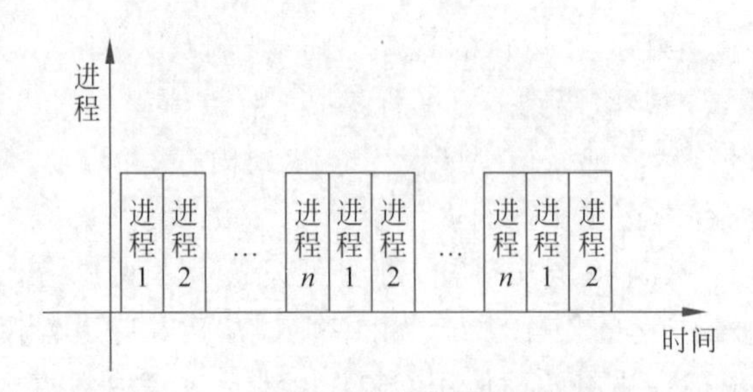

图 3-4　时间片轮转的分时调度策略

进程,例如,在图 3-4 中,如果时间片轮询的单位为 20ms,则进程 1、进程 2,一直到进程 n 以 20ms 为轮询单位,交替执行,即第 1 个 20ms 给进程 1 执行指令,第 2 个 20ms 给进程 2 执行指令,第 n 个 20ms 给进程 n 执行指令;第 $n+1$ 个 20ms 给进程 1 执行指令,第 $n+2$ 个 20ms 给进程 2 执行指令,第 $2n$ 个 20ms 给进程 n 执行指令;以此类推。接下来再来考虑一个实际案例,例如,考虑两个程序:音乐播放程序、Word 文字处理程序。音乐播放过程可以被分解为音乐数据传输、数据缓存、音乐播放 3 个阶段,其中音乐数据传输指 CPU 把一段音乐数据(假如是 1min 音乐数据)传输到声卡(假设需要 1ms),数据缓存即声卡把 CPU 传输过来的数据缓存在声卡内部的缓存器中(假设需要 1ms),音乐播放指声卡播放电路把缓存器中的音乐数据实时连续播放(1min)。Word 文字处理程序可以设想为一个等待用户输入字符的循环程序,可以被分解为等待接收用户字符输入(从键盘缓冲区读取 1 个字符,假设为 1ms)、保存输入字符数据(假设为 1ms)、将字符输出到显示器(假设为 1ms)。上述两个程序真正需要使用 CPU 的只有音乐播放程序中的音乐数据传输、Word 文字处理中的所有过程。

根据上述策略来分析这两个程序的并发执行过程,以及它如何做到用户体验的同时性:假定进程调度器的时间片轮转周期为 20ms,则其在第 1 个时间片花费了 1ms 就把 1min 的音乐数据传送给声卡(这时声卡会连续播放音乐,其可以在 1min 以内不需要新的音乐数据),然后选择执行 Word 程序;Word 程序一旦感知键盘敲击,CPU 迅速把键盘扫描码数据读出、保存并显示到显示器,总共花费 3ms;由于敲击键盘的速度至少是以秒为间隔的,那么只要没有敲击键盘动作,CPU 完全可以在 Word 程序时间片用完时去处理音乐程序的数据传送;一般而言,只要进程不太多,CPU 便有足够的时间在音乐播放器把当前缓冲区的音乐数据播放完毕之前,把新的音乐数据填充过来,以保证人们感觉上的连续播放的认知。

3. 进程调度状态

现代操作系统,进程调度器经常会将一个进程从一种状态转换到另外一种状态,一般而言进程有 3 种典型状态:就绪、运行和等待状态,如图 3-5 所示。

(1) 就绪状态:指进程具备所有执行条件,只是在时间上还没有轮到该进程。

(2) 运行状态:指该进程是操作系统正在运行的进程。

(3) 等待状态:指一个进程必须等待某个特定事件发生才能继续执行的状态。

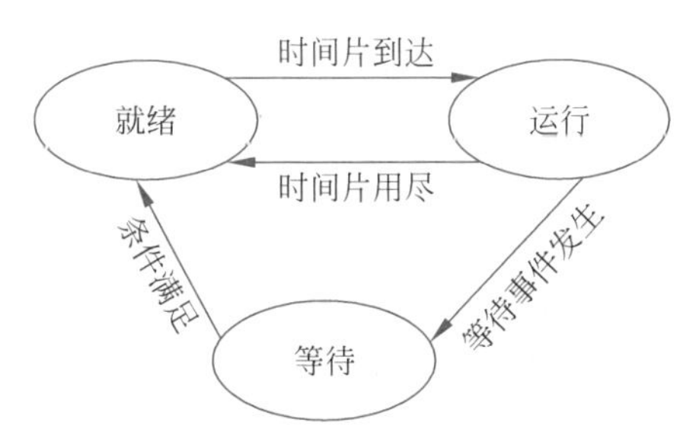

图 3-5 进程调度的 3 种状态转换关系

当进程满足除了时间片以外的所有运行条件时，它会被添加到进程管理的就绪队列中等待执行，即进入就绪状态。一旦时间片轮转到该进程，进程调度器就会将其从就绪队列中选取出来并执行，同时将其状态设置为运行状态。在运行的过程中，如果该进程需要等待某个外部事件，例如键盘输入，但此事件尚未发生，则该进程将被放入等待队列，并将其状态设置为等待状态。一旦所等待的事件发生，中断程序就会触发进程调度程序将该进程从等待队列中移出并放入就绪队列（可能还有其他进程也在等待执行），并将其状态重新设置为就绪状态，等待下一次的时间片轮转。

3.3.2 内存管理

内存管理作为现代操作系统的核心功能之一，负责高效地管理程序的内存分配、使用及释放。基于冯·诺依曼体系计算机的程序执行理念，即“存储程序，顺序执行”，程序在执行前需将其指令和数据加载至内存中。根据内存中加载的程序数量，操作系统的内存管理可被划分为单道程序和多道程序管理。当物理内存不足以满足需求时会采用虚拟内存技术来扩展内存空间，确保程序的顺畅运行。

1. 单道程序的内存管理

单道程序的内存管理出现在比较早的操作系统中，例如 MS-DOS。在单道程序中，内存除了装载操作系统之外，只支持装载一道程序。当这道程序被执行完毕后，它将被全部移出内存，继续装载下一道程序并运行。单道程序的内存模型如图 3-6 所示。单道程序在执行时需要注意以下几点。

（1）如果当前需要装载和运行的程序大小超过了可用的内存，则装载失败，程序无法被执行。

（2）当一个程序正在运行时，其他程序无法运行。不幸的是，假如这道程序以 I/O 操作为主，绝大部分时间是处于等待外部设备的输入和输出，真正使用 CPU 的时间很少，也就是说 CPU 大部分时间处于空闲，CPU 也没有办法为其他程序提供服务，所以，在这种情况下，CPU 和内存的使用效率非常低。为了缓解上述问题，出现了多道程序。

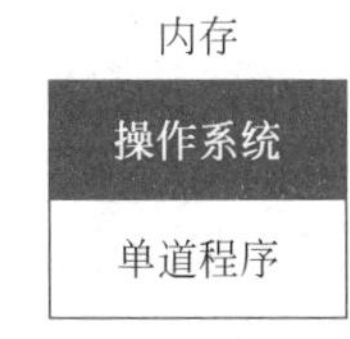

图 3-6 单道程序的内存模型

2. 多道程序的内存管理

多道程序是指操作系统支持把多道程序装载到内存当中，在进程调度器的控制下并发

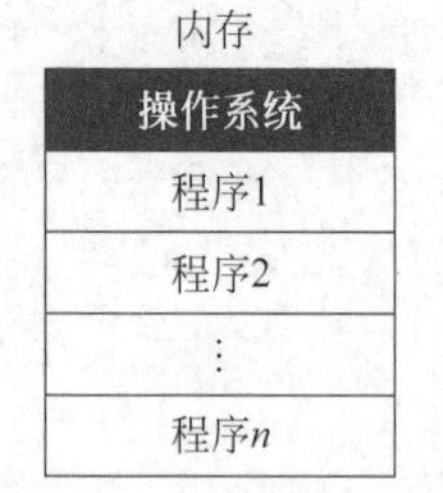

图 3-7 多道程序的内存模型

执行多道程序,多道程序的内存模型如图 3-7 所示。

多道程序的内存管理,从 20 世纪 60 年代被提出来以后,经过了多年的改进,出现了分区调度、分页调度、请求分页调度、请求分段调度、请求分页和分段调度等多种策略。简单来讲,可以被划分为两类:非交换式多道程序和交换式多道程序。所谓非交换式多道程序是指程序在执行前被装载到内存,在执行过程中一直常驻内存,不会被交换到外部存储器。这种模式其实就是单道程序的简单扩展,只是支持多道程序的交替执行罢了。单道程序存在的装载失败问题一样会发生,而交换式多道程序则把程序分割成更小单位的“段”和“页”,根据当前内存的实际空闲情况,一次装载程序少量的段或者页进行执行,一旦所需要访问的指令或数据不在内存中,就会发生缺段或者缺页异常,引发换段和换页操作,即把内存中的段或页和外部存储器中的段或页的数据进行交换。

3. 虚拟内存

在交换式多道程序的内存管理中,程序的一部分内容驻留在内存中,另一部分则放置在外部存储器(例如硬盘、SSD 等)。假如实际的物理内存是 1000MB,运行 20 道程序,每道程序大小为 200MB,总共需要 4000MB 的内存空间。在交换式多道程序模式下这 20 道程序在段或页交换的机制下,可以顺利执行,实际上相当于系统只有 1000MB 的物理内存,而另外 3000MB 的内存为虚拟内存。当前,绝大多数的主流操作系统,例如 Windows、Linux 等支持虚拟内存。Windows 11 操作系统下虚拟内存的设置对话框如图 3-8 所示。特别需要注意的是:当程序在执行过程中发生了请求换段或者换页操作时,需要把硬盘上的段或者页换入内存,此时执行速度会大幅下降,因为硬盘的读写速度远远小于内存(差几个数量级),因此,为了提升执行效率,一般的举措是增大物理内存配置或者提升外部存储器速度,例如把普通硬盘换成高速的 SSD 固态硬盘。

3.3.3 文件管理

操作系统的另外一大职能是实现对数据的有效持久化存储。计算机中的内存数据,一旦断电,所有数据就会消失,无法实现数据的持久化。普通硬盘、SSD 固态硬盘、光盘等媒介是常见的持久化存储介质。为有效地对这些数据进行组织和存储,现代操作系统通过文件管理的核心组件来实现。

在 UNIX 操作系统时代,就提出了抽象的文件和文件系统的概念。文件是指具有符号名(文件名)的一组相关元素的有序序列,是一段程序或数据的集合,例如以 doc、ppt、exe、c、java 作为扩展名命名的文件。文件系统是操作系统统一管理信息资源的软件组件,管理文件的存储、检索、更新,提供安全可靠的共享和保护手段,并且方便用户使用。文件系统包含文件管理程序(文件与目录的集合)和所管理的全部文件,是用户与外存的接口,系统软件为用户提供统一方法,访问存储在物理介质上的信息。Windows 系统下的 FAT32、NTFS 和 Linux 下的 ext3、ext4 等都是文件系统的代表。

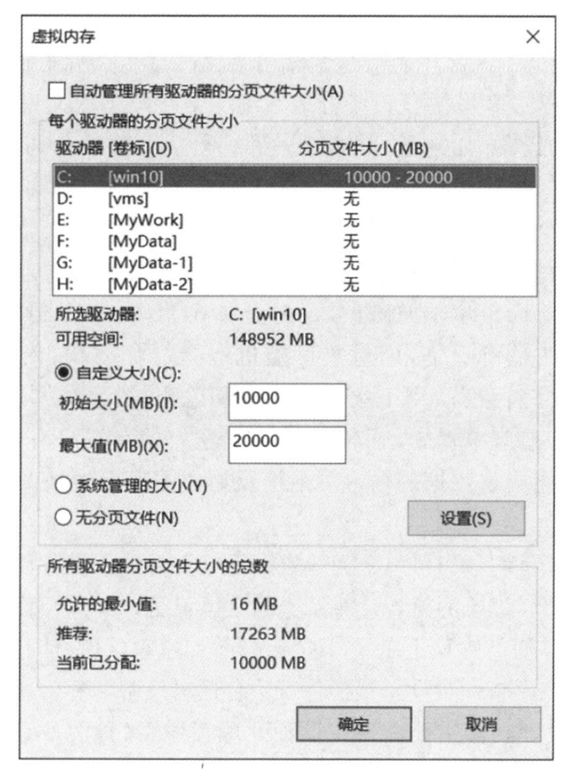

图 3-8　虚拟内存设置

文件管理的一般功能如下。

(1) 控制文件的读写访问权限：UNIX、Windows、Linux 等操作系统都可以针对不同的用户和进程设置相应文件的读、写、执行等权限，允许或者禁止这些用户、进程对文件数据的相应访问操作。

(2) 管理文件的创建、修改和删除：给操作用户提供创建、修改和删除文件的能力。

(3) 修改文件名称：给操作用户提供修改文件名称的能力。

(4) 提供一系列系统调用给上层应用程序使用。

现代操作系统为上层应用程序提供了系列系统调用以支持丰富的文件操作，常见的有 open(打开文件)、read(读文件)、write(写文件)、close(关闭文件)等。对一般程序而言，使用系统调用即可满足对文件的所有操作。

3.3.4 设备管理

计算机的外围设备种类繁多，以操作系统的观点来看，设备使用特性、数据传输速率、数据的传输单位、设备共享属性等都是重要的性能指标。可以按照不同角度对它们进行分类。

(1) 按设备的使用特性分类，可把设备分为两类。第一类是存储设备，也称为外存、后备存储器、辅助存储器，是计算机系统用于存储信息的主要设备。该设备速度慢、容量大、价格便宜。第二类是输入/输出设备，可分为输入设备、输出设备和交互式设备，如键盘、鼠标、扫描仪、打印机、显示器等。

(2) 按传输速率分类，可将I/O设备分为3类。第一类是低速设备，其传输速率仅为每秒几字节至几百字节的设备，如键盘、鼠标等。第二类是中速设备，其传输速率为每秒数千字节至十万字节的设备，如行式打印机、激光打印机等。第三类是高速设备，其传输速率在数十兆千字节至数百吉字节的设备，如磁带机、磁盘机、光盘机等。

(3) 按信息交换的单位分类，可把I/O设备分为两类。第一类为块设备，这类设备用于存储信息，信息以数据块为单位。如磁盘，每个盘块512B～4KB，传输速率较高，通常每秒几兆位。块设备的特征是可寻址，即对它可随机地读写任一块，磁盘设备的I/O常采用DMA方式。第二类是字符设备，用于数据的输入和输出，其基本单位是字符，属于无结构类型，如打印机等，其传输速率较低，通常为几字节至数千字节。字符设备的特征是不可寻址，即输入和输出时不能指定数据的输入源地址及输出的目标地址。此外，字符设备常采用中断驱动方式。

(4) 按设备的共享属性分类，可以分为3类。第一类为独占设备，在一段时间内只允许一个用户(进程)访问的设备，即临界资源。第二类为共享设备，在一段时间内允许多个进程同时访问的设备。当然，每时刻仍然只允许一个进程访问，如磁盘(可寻址和可随机访问)。第三类为虚拟设备，通过虚拟技术将一台设备变换为若干台逻辑设备，供若干用户(进程)同时使用。

操作系统的设备管理功能主要体现在设备处理程序(又称为驱动程序)的机制设计上，它是I/O系统的高层与设备控制器之间的通信程序，其主要任务是接收上层软件发来的抽象I/O要求，如read或write命令，把它转换为具体要求后，发送给设备控制器，启动设备去执行；反之，它将由设备控制器发来的信号传送给上层软件。由于驱动程序与硬件密切相关，故通常应为每类设备配置一种驱动程序。设备驱动程序的主要功能如下：

(1) 接收与设备无关的软件发来的命令和参数(例如文件的read或者write命令)，并将命令中的抽象要求转换为与设备相关的低层操作序列。

(2) 检查用户I/O请求的合法性，了解I/O设备的工作状态，传递与I/O设备操作有关的参数，设置设备的工作方式。

(3) 发出I/O命令，如果设备空闲，就立即启动I/O设备，完成指定的I/O操作；如果设备忙碌，则将请求者的请求块挂在设备队列上等待。

(4) 及时响应由设备控制器发来的中断请求，并根据其中断类型，调用相应的中断处理程序进行处理。

设备驱动程序的处理过程如下：

(1) 将请求抽象要求转换为具体要求。

(2) 检查I/O请求的合法性。

(3) 读出和检查设备的状态。

(4) 传送必要的参数(磁盘在读写前，要将参数传递至控制器的寄存器中)。

(5) 启动I/O设备。

3.3.5 用户界面

根据定义，操作系统除了应高效利用硬件资源，还有一项重要功能，即方便用户操作。每个操作系统都通过用户界面(User Interface)接收用户的输入并解释和执行这些请求。用户界面一般分为两种：一种是命令行界面(Command Line Interface，CLI)，例如DOS命令行界面；另一种是图形用户界面(Graphic User Interface，GUI)，例如Windows的桌面图形化接口等。DOS的命令行界面如图3-9所示。

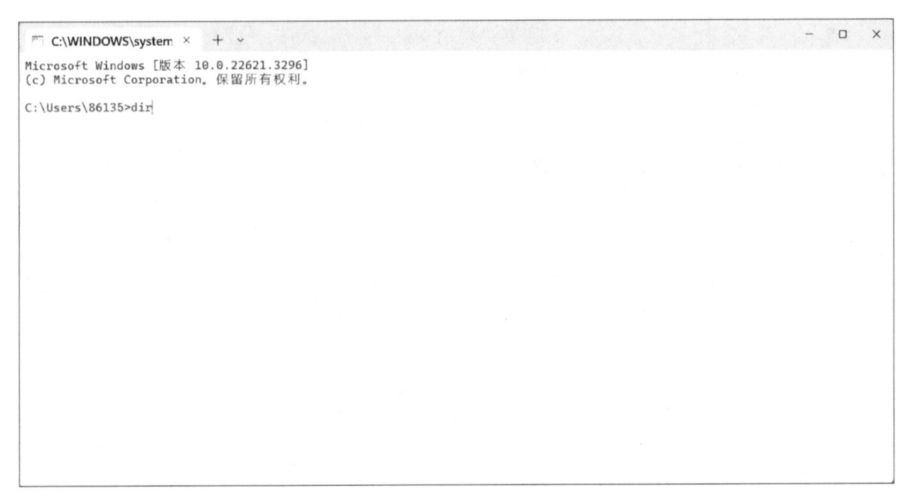

图 3-9 DOS的命令行界面

Windows 11 图形用户界面如图3-10所示。

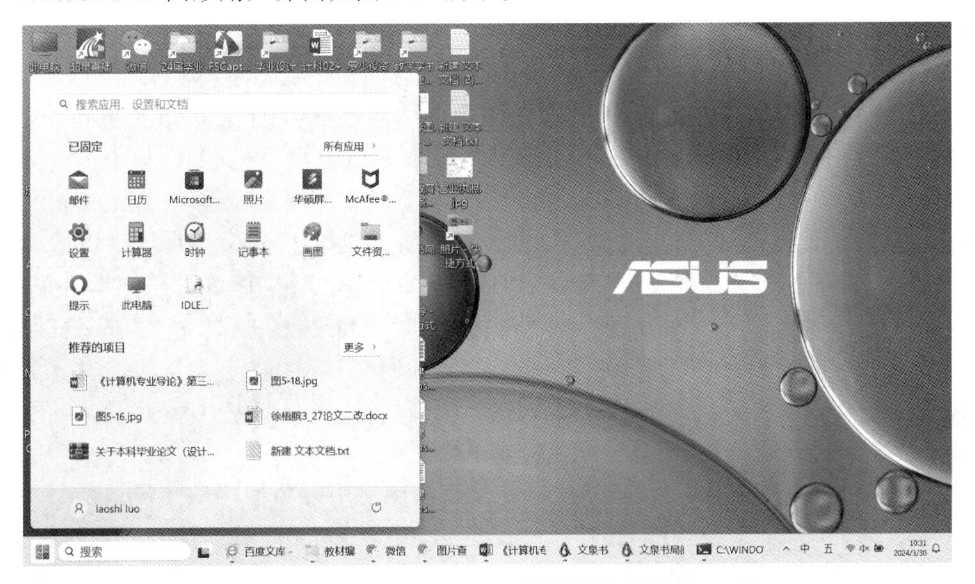

图 3-10 Windows 11 图形用户界面

7min

3.4 硬件中断与异常

操作系统管理的硬件资源主要包括各种各样的I/O设备、计算资源和存储资源。键盘、显示器、U盘等常用的设备均为I/O设备，操作系统需要统一对这些硬件进行管理。计算资源主要指CPU；存储资源通常包括内存和外存，内存是CPU直接通过系统总线来访问的，而外存是通过标准的I/O来管理的，CPU和内存都是计算机内部很多程序所共享的资源。

操作系统有条不紊地对这3种中断进行处理，以管理系统资源。本节将首先介绍操作系统对I/O设备的管理，然后分别介绍CPU与内存这两类共享资源。

3.4.1 对I/O设备的管理

除了计算资源和内存资源外，操作系统对其他资源都通过I/O来管理，如键盘、鼠标等输入设备，显示器、打印机等输出设备，以及磁盘、闪存(U盘)等外存设备。随着计算机相关领域的发展，I/O设备的种类繁多。诸如显卡、磁盘、网卡、U盘、智能手机等都是外接I/O设备，并且持续不断地有新的I/O设备出现。面对层出不穷的I/O设备，操作系统如何识别它们呢？事实上，操作系统定义了一个框架来容纳各种各样的I/O设备。除了一些专用操作系统以外，现代通用操作系统(如Windows、Linux等)都会提供一个I/O模型，允许设备厂商按照此模型编写设备驱动程序(Device Driver)，并加载到操作系统中。I/O模型通常具有广泛的适用性，能够支持各种类型的设备，包括对硬件设备的控制能力，以及对数据传输的支持。简单来讲，I/O模型对计算机下层硬件设备提供了控制的能力，同时对上层应用程序访问硬件提供了一个标准接口。

CPU通常使用轮询和硬件中断两种方式检测设备的工作状态。

所谓轮询指的是CPU通过不停地查询设备的状态寄存器来获知其工作状态，如图3-11所示，CPU向设备1发出询问，如果设备1有I/O请求，则将I/O请求信息反馈给CPU，否则询问设备2。这种轮询的方式在实现中存在3个弊端：①检测中断速度慢。每次需要依次询问各台设备，以获知发出中断的设备。②可能存在设备一直处于“饥饿”状态。某一设备有中断请求却一直得不到CPU的响应，例如，在图3-11中，用户正在编辑文档，设备1一直处于忙碌状态，CPU依照轮询策略，每次都优先满足设备1的请求，那么打印机的中断就得不到响应。③系统处理中断事务不灵活，如图3-11中，各台设备的优先级是固定的。设备1的优先级大于设备2，也就是说设备1与设备2同时产生中断时，设备2不会被响应，因此这种中断检测方式不适应现代操作系统。

相比于轮询方式，另外一种更有效的做法是使用硬件中断类型码来分辨是哪个硬件发起中断。当某台设备状态发生变化时，该设备能主动地通知CPU并反映其当前的状态，从而让操作系统采取相应的措施。在硬件中断发生时，每台设备都有一个中断类型码(Interrupt Type Code)，如图3-12所示，作为设备的标识符，使操作系统能区分来自不同设

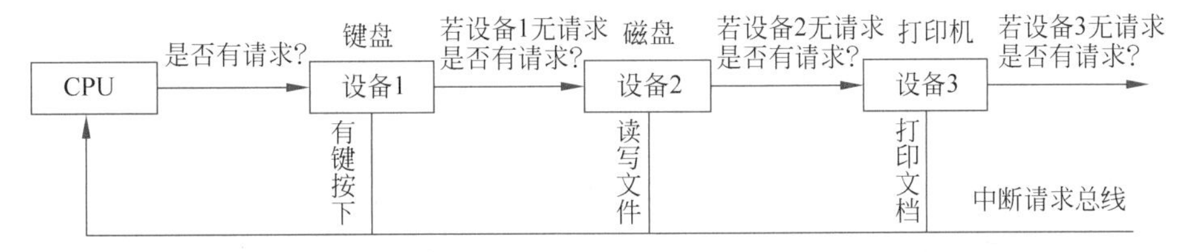

图 3-11 轮询响应流程

备的中断请求,以提供不同的服务。操作系统利用一个重要的表格就可以完成中断类型码与需执行的服务程序的连接。这个重要的表格就是中断向量表(Interrupt Vector Table)。中断类型码是中断向量表的索引,所以 n 种中断类型码就代表在中断向量表有 n 行。每行存储指向相关服务程序的起始位置,这个服务程序叫作中断服务程序(Interrupt Service Routine),每个中断类型码都有一个自己的中断服务程序。当 CPU 收到了中断类型码时,例如当前收到的中断类型码是 9,就会自动到中断向量表的第 9 行找到它的中断服务程序的起始位置,然后跳到此程序去执行。

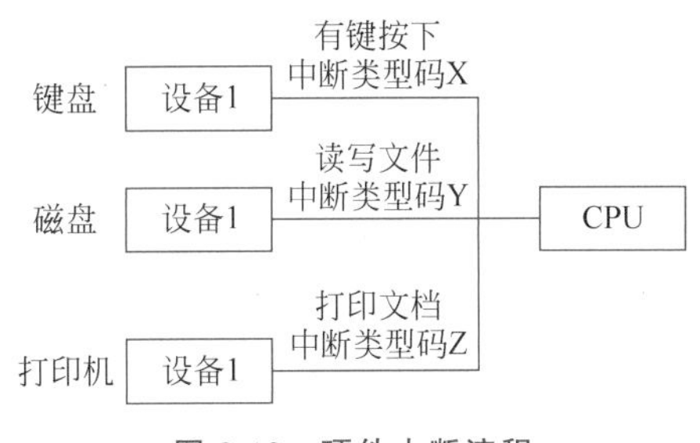

图 3-12 硬件中断流程

以键盘输入产生的中断为例,当用户在键盘按下一个键时会产生一个键盘扫描码,此扫描码被送入主板上的相关接口芯片的寄存器中。输入到达后,键盘将会发出中断类型码为 9 的中断信息。CPU 检测到中断信息后唤醒操作系统,并查找中断向量表的 9 号向量,进而转到中断服务程序入口(函数调用),执行中断服务程序。这个过程如图 3-13 所示。中断向量表和相关的中断服务程序是极其重要的,需要特别保护起来,一般用户是不可以改变它们的,这些都是放在操作系统的内核(Kernel)中保护起来的。

3.4.2 对 CPU 的管理

计算机的多核时代已经到来。为了满足系统的性能要求,提高任务处理的效率,现在主流的计算机通常配置有一个或多个 CPU,每个 CPU 中又有多个核(Core),然而核的数量远远小于需要执行的程序的数量。一个计算机系统一般有几十个程序(或叫任务,Task)在等待执行,并且都抢着占用 CPU,所以,操作系统需要合理地安排和调度任务,使计算资源得以充分利用。在此假设系统只有一个 CPU 核。

在现代操作系统中,任务的数量远超过 Core 的数量,为了使多个任务可以较公平地在系统中运行,避免出现死循环而导致整个系统崩溃的情况,就需要一种有效的机制唤醒操作系统,然后让操作系统在不同的任务间进行切换。注意操作系统的运行是需要 CPU 的,而 CPU 正在被进程的程序给占据着,操作系统怎样能抢到 CPU 呢?

这就需要 CPU 之外的硬件来将中断发给 CPU。计算机通过 Timer(硬件)将中断发给 CPU,从而让其从当前运行的进程中释放出来。操作系统为每个任务分配一个定长的时间

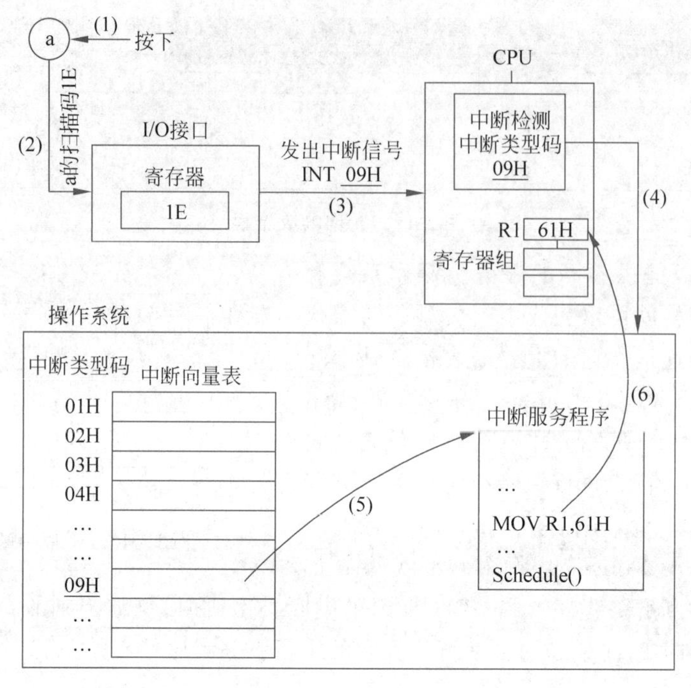

图 3-13 中断响应流程

片,在此时间内,CPU 由获得该时间片的任务所占据,然而每当当前时间片被用完时 Timer 硬件便会自动将中断发给 CPU,经过 3.4.1 节所讲述的硬件中断过程,CPU 会跳到 Timer 的中断服务程序去执行,在此中断服务程序里会调用操作系统的一个叫作调度器(Scheduler)的核心程序。调度器根据当前的任务执行情况,将 CPU 合理地分配给任务使用。当前可能有多个就绪(Ready to Run)任务在等待 CPU 的执行。操作系统维护了一个就绪任务队列(Ready to Run Queue),用于存放这些就绪的任务。这个队列中的所有任务都在等待 CPU 资源。选择哪一个任务去使用 CPU 是调度器的工作,如图 3-14 所示,在 Timer 发出中断后,现在执行的任务就会被放到就绪队列中,调度器会从就绪队列中选择一个任务来使用 CPU。

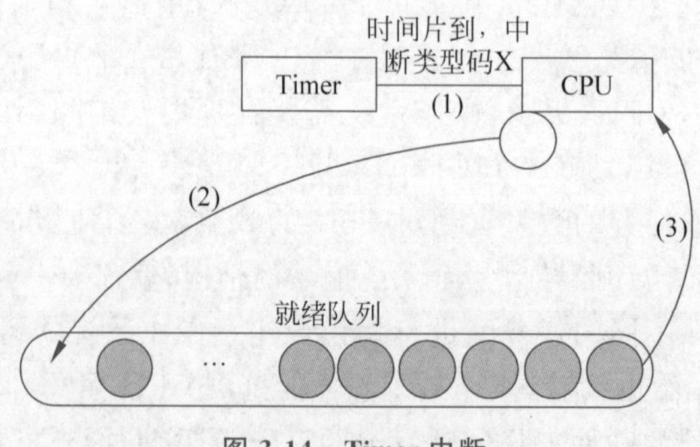

图 3-14 Timer 中断

每个任务在执行过程中，一旦时间片消耗完，该任务就有可能会被调度器切换出 CPU，但是当该任务被再次执行时，要如何恢复运行呢？为此需要解决如下问题：①程序从哪里开始执行？②假设程序能恢复从切换出时的语句开始执行，之前运行的结果怎么恢复？如果解决不了这两个问题，则造成的后果是：程序一旦换出 CPU，再次被换回 CPU 中准备执行时，就不能恢复换出时的状态，这样系统根本无法继续执行任务。为了解决这些问题，操作系统为每个执行中的程序（任务）创建了一个进程（Process），用以保存每个任务执行时的所有环境信息。进程中保存了程序计数器（Program Counter，PC）、所有的寄存器和程序运行时所涉及的变量、堆、栈等。进程保存程序被切换出 CPU 时所执行到的步骤及在运行的过程中产生的数据变量和当时的堆栈等一切信息。每当进程切换出 CPU 时，这些信息随着进程一起保存到内存，等到该进程重新调入 CPU 时，能够根据保存的信息恢复到换出时的运行环境，程序得以继续执行。这个一出一进的过程是比较浪费时间和资源的。应尽量减少它的次数，所以调度的好坏就关乎整个系统的性能。

3.4.3 对内存的管理

任务执行时需要内存，内存和 CPU 一样都是珍贵的资源。操作系统管理内存，使多个任务能共享内存资源。在一个任务结束执行时，操作系统会对所分配的内存资源进行回收，为其他任务所使用。由于内存资源有限，所以操作系统还需要对任务存储在内存中的数据进行换入换出的管理，以应对内存不足的情形。换入的数据从硬盘加载进内存，而换出的数据将从内存保存到硬盘。变量被换出后，就不在内存中了。假如这个程序需要再次使用已被换出的变量，CPU 在读取数据时，发觉这个变量不在内存，就会产生异常。此时，操作系统就要被唤醒，以便处理这个异常中断。操作系统会把此变量所在的一块数据（叫作“页”，Page）从硬盘载入内存中。

试想在执行某任务的某条语句时，一个变量还没有加载进内存，如果这时对该变量进行访问，则会产生一个异常，抛出异常中断（这类异常叫作页错误，Page Fault），操作系统就会被唤醒，跳到页错误处理程序（Page Fault Handler），将该变量所在的部分（一般是一页数据，4K）加载进内存。因为这个页错误处理程序牵扯到硬盘的 I/O 操作，所以整个过程需要花时间。另外，假如内存已经没有空间来存放这一页，操作系统将采用不同的页替换算法（Page Replacement Algorithms）来决定将内存中的哪页换出以腾出空间。最常用的页替换算法是 LRU（Least Recently Used）算法。简单来讲，LRU 算法就是将内存中最长时间未使用的那一页换出去。

3.5 软件中断

设计出任何的新硬件如果要连接到计算机或手机，则必须提供驱动程序（Device Driver），这些驱动程序都要通过安全检测，假如有病毒是要负法律责任的。用户在使用新硬件前都必须先安装驱动程序，这些驱动程序就变成了操作系统的一部分。所有的程序要使用这个硬件时都必须经过操作系统来实现,这样可以保证硬件不被有意或无意地破坏,也可以经由操作系统来保证特权(Privilege)的维护,例如部分用户只有权力执行读操作,而不能执行写操作等。在计算机系统使用时,绝对要禁止用户程序跳过操作系统而直接使用硬件,但是要如何禁止呢?

3.5.1 内核态与用户态

一个用户程序可以直接读写某个硬件吗?例如,小明和小华在一台计算机上分别有各自的用户账号,小华将期末考试试卷存放在自己的文件夹下,并且不允许其他用户访问,听起来好像很安全,然而如果小明能直接读写硬盘,并且知道试卷文件在硬盘的物理位置,他写了一段汇编语言程序,跳过操作系统,直接去读取硬盘所存的二进制数据,操作系统所保证的安全性就荡然无存了,所以,绝对不允许用户程序直接访问硬件设备。怎样防范用户小明的程序直接读写硬盘数据?操作系统是软件,在这个问题上软件是没有办法防护的,必须CPU提供硬件支持。

基本思想是:CPU将指令集分为需要特权的指令(Privileged)和一般的指令(NonPrevileged),而所有的I/O指令都属于需要特权的指令,一般用户不能执行这类Privileged指令,必须是系统内核才能执行这类Privileged指令,所以小明是没有办法直接读写硬盘的。

然而CPU是怎么知道现在执行的程序是操作系统内核还是普通用户进程呢?在程序运行时,CPU会显示出现在的运行状态:内核态(Kernel Mode)还是用户态(User Mode)CPU有个特殊的寄存器叫作状态寄存器(Status Register),其中显示当前的CPU处于内核态还是用户态。假如CPU处于用户态,那么任何的Privileged指令CPU都不可以执行,一旦执行,CPU就会发生异常错误。当用户程序直接执行Privileged指令时,CPU会检测当前状态是否为内核态,假如当前状态为用户态,CPU就不会执行该指令,发生异常错误。这些检测过程不是由软件完成的,而是CPU硬件执行每条指令时自动检测的。

至于CPU如何从用户态转换成内核态,这是现代操作系统的一项重要技术。那就是使用中断方式,只有这种方式CPU才会进入内核态。不管是哪种中断发生,CPU都会自动进入内核态模式。由于软件中断更需要注意安全问题,所以在此特别讨论软件中断。当一个用户程序要得到操作系统的服务时,它执行软件中断。在最底层通过执行一个特殊的叫作int的指令来实现(每种CPU都有类似的指令,只是名字不一样,Intel x86指令集叫作int指令,ARM指令集叫作swi指令,在一些操作系统教科书中叫作trap指令)。用户程序通过执行该指令获取操作系统提供的服务。重点是在执行这条指令时,CPU会自动地将状态置为内核态。操作系统会保存一个中断向量表,每行存储着中断服务程序的起始位置。int指令有一个参数#n,即int #n。当CPU执行到int #n指令时会自动将模式转换为内核态,读取中断向量表的第n条记录,跳到相对应的中断服务程序去执行。至于要操作系统执行哪一项具体服务,一般是用暂存器来传递的。

现在以Linux的软件中断为例。首先将想要执行的系统调用编号放入暂存器EAX

中，例如 read 的编号是 3，write 的编号是 4，open 的编号是 5，close 的编号是 6 等，然后执行软件中断 int 80h(80h 是十六进制)指令就行了。MS-DOS、Windows 等系统也用相似的方式，只是 int #n 中的#n 用不同的编号，例如 MS-DOS 用 int 21h 为软件中断，写底层驱动程序时，需要知道操作系统的中断编号，一般的软件设计者不需要知道这些细节，操作系统都有较方便的接口来给软件调用。很多高阶语言(例如 Python、Java 等)再包装操作系统的接口，提供多种更高阶、更方便的函数接口供软件设计者来使用。

使用 int 指令后，用户程序就可以获得操作系统提供的服务了，状态也自动变成内核态，从而可以执行需要特权的指令。注意此时的程序是操作系统，而结束中断服务程序后，当调度器选择一个用户进程执行时，CPU 会将状态转换为用户态。注意此时的程序是用户的程序。用这种方式就是为了保证没有用户能跳过操作系统而直接使用 I/O。

所以，小明想要跳过操作系统而直接读取硬盘存储的二进制数据是不可行的。综上所述，如图 3-15 所示，经过内核态和用户态方式的保护后，操作系统运行于内核态，除了操作系统以外的任何软件都运行于用户态，也就是说，应用软件处于用户态，但是，应用软件有时也会使用硬件设备，这时就需要唤醒操作系统来为应用软件做事了，而唤醒操作系统的方式就是软件中断。为了获得操作系统所提供的服务，用户程序需要进行系统调用(System Call)。在系统调用时就一定会用到 int 指令，在 int 指令执行中系统将自动进入内核态，然后执行中断服务程序。当服务结束时，控制权经由调度器程序转交给用户程序，返回用户模式。

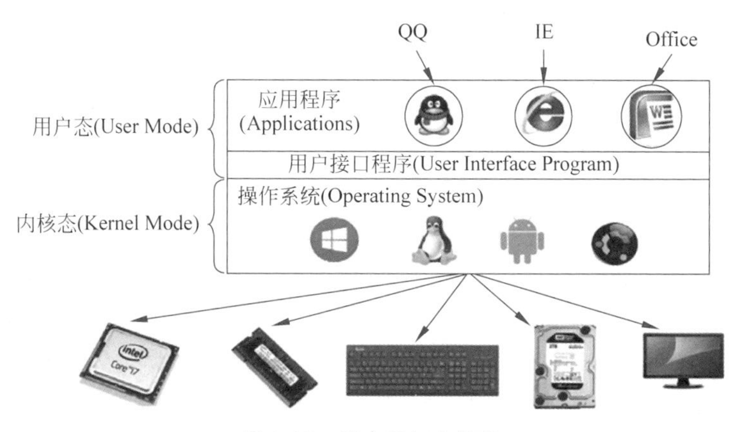

图 3-15　用户态与内核态

3.5.2　系统调用

操作系统中设置了一组用于实现系统功能的子程序，称为系统调用函数。系统调用函数和普通函数调用非常相似。不同之处在于系统调用函数的操作一定运行于内核态，而普通的函数调用由函数库或用户自己提供，运行于用户态。当程序需要使用操作系统的服务来完成某项功能时，就需要使用系统调用函数。CPU 运行到系统在调用函数时，将会执行 int #n 指令，CPU 会产生软件中断，唤醒操作系统，接下来再运行操作系统提供的服务。

注意,int #n 指令的目的是唤醒操作系统来提供服务,转换成内核态是隐藏在 int 指令里自动做的事情,所以,用户的程序只能在调用系统后由系统调用函数时,CPU 才会转换成内核态,以正确地执行操作系统里的内核程序。系统调用结束后将返回用户模式,CPU 寄存器的状态位改为 User Mode,继续执行用户程序,也就是说用户程序是不可能在内核态执行的。

3.6 文件系统

在现代计算机系统中,需要用到大量的程序和数据。内存的速度虽然远远快于外存,但其容量有限,并且不能长期保存程序和数据信息,因此,系统将这些程序和数据组织成文件,存储在外存设备(硬盘、光盘、U 盘等)中,例如,在本书之前章节中编写的 Python 代码都会存储到一个文件中。平时生活中听的音乐、拍的照片,也都会以二进制信息的形式存储于一个文件中。

存储在外存设备的文件,使用时需要先调入内存。如果由用户直接管理这些文件,则不仅要求用户熟悉外存特性,了解各个需要使用的文件属性,还要知道这些文件在外存中存储的位置。显然,这些繁杂的工作不能交付给用户完成。于是,对文件的管理顺理成章地交付给了操作系统。操作系统中有一个文件系统,专门负责管理外存上的文件。这不仅方便了用户对文件的操作,同时保证了系统中文件的安全性。

本节将介绍文件的基本概念,文件系统最常用的目录树结构,以及 Python 中如何对文件进行简单读写操作等内容。

3.6.1 文件的基本概念

1. 文件的命名

各个操作系统的文件命名规则有所不同,文件名的格式和长度因系统而异。常见的文件名由两部分构成,格式为文件名.扩展名。文件名与扩展名都是由字母或数字组成的字符串,通常文件的文件名可以由用户自定义,而文件的扩展名则代表不同的文件类型,例如在 Windows 系统下,可执行文件为“文件名.exe”,Python 文件多以“.py”结尾,常见的音视频文件如“文件名.mp3”“文件名.mp4”“文件名.avi”等。

2. 文件的类型

在 Linux 操作系统中将显示器、打印机等外设也看作一个文件,而系统根据文件所具有的不同类型,能够区分普通文件、外设文件及各个不同种类的外设。具体来讲,Linux 中支持如下几种文件类型。①普通文件:指存储于外存设备上通常意义上的文件,包括用户建立的源程序(Python、C、C++)文件、数据(照片、音视频等)文件、库(提供系统调用)文件、可执行程序文件等。②目录文件:统一管理普通文件等(类似于 Windows 文件夹)。一个目录文件既可以包含多个普通文件,也可以包含目录文件,它为文件系统形成了一个逻辑上的结构。这部分内容将在 3.6.2 节中进行介绍。③块设备文件:用于管理磁盘、光盘等块设备，并提供相应的I/O操作。④字符设备文件：用于管理打印机等字符设备，并提供相应的I/O操作。除了以上类型的文件之外，Linux文件类型还包括套接字文件(用于网络通信)、命名管道文件(用于进程间通信)。

3.6.2 目录树结构

回顾3.6.1节的问题，如何实现多个文件具有相同的文件名？目录树结构解决了这个问题。在文件系统目录树中，最顶层的节点为根目录，从根目录向下，每个有分支的节点都是一个子目录，而树叶节点(没有分支)就是一个文件，如图3-16所示，"/"所示节点为根节点，该节点为一个目录文件，其下有dev、bin、usr共3个目录文件，在usr目录下，又有目录Zhen、Ming及其他文件。这样，即便有同名的文件，但两个文件所在路径是不同的，也就可以区分这两个文件了。

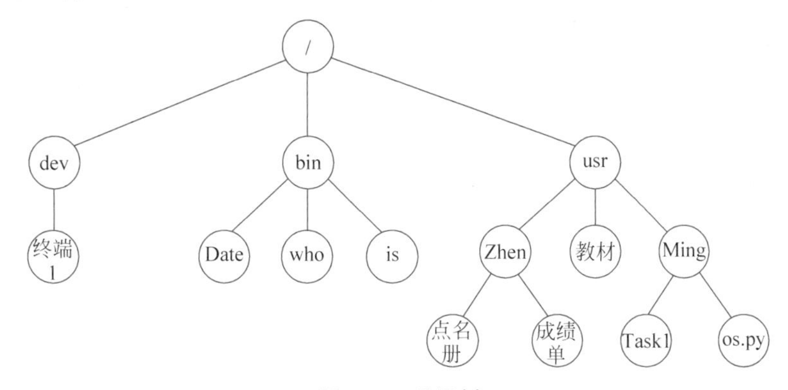

图3-16　目录树

目录查找是文件系统的一项很重要的工作，每当需要使用系统调用open打开文件时，必须给出路径名及文件名，例如，如果要打开名为os.py的Python文件，则需要使用fd = open("/usr/Ming/os.py")打开，有了文件描述符fd后，就可以对该文件进行一系列操作了。

路径通常可以分为两类：绝对路径与相对路径。绝对路径是指从根向下直到具体文件的完整路径，如上述例子/usr/Ming/os.py就是一个绝对路径，但是，随着文件系统层次的增加，使用绝对路径变得十分烦琐。更糟的情况是，在某文件系统下写的程序要到另一个文件系统下去运行，如果使用绝对路径，则要求两个文件系统有相同的目录树结构，这是不灵活的。为了解决这一系列问题，在程序中除了使用绝对路径外，还可以使用相对路径。相对路径就是指目标文件的位置与当前所在目录的路径关系。相对路径中包含两个符号"."和".."，其中"."表示当前目录，而".."表示父节点目录，例如，现在有目录文件/usr/Ming/os.py，可以用"./"表示/usr/Ming目录，而用"../"表示/usr目录。

一般读写一个文件的顺序是：第1步，打开(open)这个文件，参数包含路径；第2步，用一个循环来读/写(read/write)文件里的数据。为什么要先执行open指令，而不是在每次读写操作时去寻找路径呢？执行open指令的目的是什么？

仔细研究 open 函数，就会发现 open 是个很花时间的操作，尤其是当路径要经过多重目录时。每层目录都要执行硬盘 I/O 操作，寻找下一个子目录，一层层地找下去，由于 open 操作包含了这么多 I/O 操作，所以需要花时间。为节约时间，希望花时间的操作在循环之前只执行一次，而不要在每次循环中都执行一次，所以在循环前执行 open 操作是有利的，而 open 操作的目的是：第一，最终获得此文件数据在硬盘中的位置；第二，在路径遍历过程中，检查用户是否有权限来执行对此文件的操作；第三，当有多个进程要读写相同的文件时，有时需要利用 open 操作在读写前锁住文件，以取得文件的一致性，所以 open 操作具有多样性的功能。Python 语言给编程者提供了一系列方便的文件读写操作函数，而在这些文件操作函数的具体实现中会调用 3.5.1 节所介绍的系统调用（软件中断）来要求操作系统提供服务，也就是执行 int 指令。这些调用操作系统的细节较为复杂，一般用户不需要知道这些细节，用户只要会使用 Python 所提供的文件读写函数就可以了，所以，当要在 os.py 文件中打开 Task1 文件时，只要了解 Python 为编程者提供了哪些文件操作函数即可。

3.6.3 Python 中的文件操作

文件操作是每个操作系统、每台计算机都需要完成的事情。在此，简单分析 Python 中的文件操作：分清要操作的对象是什么，该对象提供了哪些方法，以及系统提供了哪些内置函数。Python 提供了文件对象，并内置了 open 函数来获取一个文件对象。open 函数的使用方法如 file_obiect = open(path,mode)，其中，file_object 是调用 open 函数后得到的文件对象；path 是一个字符串，代表要打开文件的路径，而 mode 是打开文件的模式，常用的模式如表 3-1 所示。

表 3-1 打开文件时的常用模式

文件模式	解释
r	以只读模式打开：只允许对文件进行读操作，不允许写操作（默认方式）
w	以写模式打开：当文件不为空时清空文件，当文件不存在时新建文件
a	追加模式：如果文件存在，则在写入时将内容添加到末尾
r+	以读写模式打开：打开的文件既可读又可写

回到 3.6.2 节的例子，在 os.py 文件中要打开 Task1 文件进行读写，需要使用 r+ 模式，实现如下：f=open('./Task1','r+')。简单一条语句便实现了打开文件操作，之后对该文件的操作只需对新得到的文件对象 f 使用文件对象提供的方法。

3.7 本章小结

本章详细地介绍了操作系统的基础知识。首先，从计算机的启动开始，讲解计算机在启动过程中完成的各项工作，从而引出操作系统，其次，对操作系统的定义、发展过程、主要功能与分类进行了简单介绍。重点对几种常见的操作系统及其体系结构进行了讲解。最后，结合操作系统的内核组成对进程管理、内存管理、文件管理、设备管理及用户界面进行详细讲解。进程与中断这两个概念比较重要，需要重点关注。最后，结合 Python 中对文件的操作，对操作系统的文件系统进行了阐述。操作系统是计算机类专业中较为重要的知识。不管是在专业知识的学习中，还是在以后的工作中，操作系统的使用方法、实现思想、计算思维均会伴随着读者。

3.8　习题

一、单项选择题

1. 在下列选择中，(　　)不是操作系统关心的主要问题。

A. 管理计算机裸机　　B. 设计、提供用户程序计算机硬件系统的界面

C. 管理计算机系统资源　　D. 高级程序设计语言的编译器

2. 批处理系统的主要缺点是(　　)。

A. CPU 利用率低　　B. 不能并发执行

C. 缺少交互性　　D. 以上都不是

3. 多道程序设计是指(　　)。

A. 在实时系统中并发运行多个程序

B. 在分布式系统中同一时刻运行多个程序

C. 在一台处理器上同一时刻运行多个程序

D. 在一台处理器上并发运行多个程序

4. 以下最早的 OS 是(　　)。

A. 分布式系统　　B. 实时系统

C. 分时系统　　D. 批处理系统

5. 批处理 OS 提高了计算机系统的工作效率，但(　　)。

A. 不能自动选择作业执行　　B. 无法协调资源分配

C. 不能缩短作业执行时间　　D. 在作业执行时用户不能直接干预

6. 分时 OS 追求的目标是(　　)。

A. 高吞吐量　　B. 充分利用内存

C. 快速响应　　D. 减少系统开销

7. 多道批处理系统提高了计算机系统的资源利用率，同时(　　)。

A. 减少了各作业的执行时间　　B. 增加了作业吞吐量

C. 减少了作业的吞吐量　　D. 减少了部分作业的执行时间

8. 设计实时 OS 时，(　　)不是主要追求目标。

A. 安全可靠　　B. 资源利用率

C. 及时响应　　D. 快速处理

9. 现代 OS 的两个基本特征是(　　)和资源共享。

A. 多道程序设计　　B. 中断处理

C. 程序的并发执行　　　　　　D. 实现分时与实时处理

10. OS中采用多道程序设计技术提高了CPU和外部设备的(　　)。

A. 利用率　　B. 可靠性　　C. 稳定性　　D. 兼容性

11. OS的基本类型有(　　)。

A. 批处理系统、分时系统及多任务系统

B. 实时OS、批处理OS及分时OS

C. 单用户系统、多用户系统及批处理系统

D. 实时系统、分时系统和多用户系统

12. 为了使系统中所有的用户都可以得到及时响应,该OS应该是(　　)。

A. 多道批处理系统　　　　B. 分时系统

C. 实时系统　　　　　　　D. 网络系统

13. 下列叙述中正确的是(　　)。

A. OS的不确定性是指在OS控制下的多个作业执行顺序和每个作业的执行时间是不确定的

B. 在分时系统中,响应时间≈时间片×用户数,因此为了改善响应时间,常用的原则是使时间片越小越好

C. 数据库管理程序需要调用系统程序,OS程序的实现也需要数据库系统的支持

D. 用户程序通常可以直接访问系统缓冲区中的数据

14. 在(　　)OS控制下,计算机系统能及时处理由过程控制反馈的数据并作出响应。

A. 实时　　B. 分时　　C. 分布式　　D. 单用户

15. 分时系统的响应时间是根据(　　)确定的,而实时系统的响应时间则是由控制对象所能接受的时延确定的。

A. 时间片大小　　　　　　B. 用户数目

C. 计算机运行速度　　　　D. 用户所能接受的等待时间

二、填空题

1. 采用多道程序设计技术能充分发挥(　　)与(　　)并行工作的能力。

2. OS的基本功能包括(　　)。

3. 分时OS的主要特征是(　　)。

4. 在主机控制下进行的输入/输出操作称为(　　)操作。

5. (　　)系统不允许用户随时干预自己程序的运行。

6. 为了赋予OS某些特权,使OS更加安全可靠地工作,实际OS中区分程序执行的两种不同的运行状态是(　　)和(　　),(　　)态下执行的程序不能执行特权指令。

7. 批处理系统是在解决(　　)和(　　)的矛盾中发展起来的。

8. 所谓虚拟是指把一个(　　)变为若干个(　　)。

9. 在分时系统中,响应时间与(　　)有关。

10. 进程管理的基本功能是(　　)。

三、判断题

1. 操作系统控制作业运行的方式主要有批处理方式、分时方式、实时方式。（　　）
2. 操作系统中的控制程序一定具有分时处理能力。（　　）
3. 系统初启引导不属于OS。（　　）
4. 批处理系统不允许用户随时干预自己程序的运行。（　　）
5. 操作环境不是OS。（　　）
6. 多道批处理OS适合于终端作业。（　　）
7. 在多道程序设计的系统中，系统的效率与并行的道数成正比。（　　）
8. OS本身的所有功能都与硬件相关。（　　）
9. 实时OS强调系统的实时性和高可靠性，其次才考虑资源的利用率。（　　）
10. 进程的等待状态是指等待占用处理机时的进程状态。（　　）

四、简答题

1. 什么是操作系统？它的主要功能是什么？
2. 简述单道操作系统与多道操作系统的区别。
3. 解释进程和线程的区别。
4. 简述中断工作过程。
5. 简述内核态与用户态的区别。
6. 什么是文件系统？它的作用是什么？

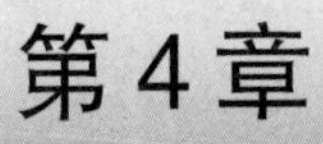

Python编程基础

计算机程序设计语言的发展，经历了从最初编写由"0"与"1"组成的指令序列的机器语言，到用简洁英文字母和符号串来代替特定二进制指令的汇编语言，再到用接近数学语言或人类的自然语言编程的高级语言的历程。Python是一种高级编程语言，以其简洁、易读和强大的功能而备受使用者的喜爱。本章从Python的简介开始，逐步展开讲解基础语法、程序控制结构、函数、组合数据类型及面向对象程序设计等基础知识。通过本章的讲解，读者将会掌握Python编程的入门知识，为后继学习打牢基础。本章应突出算法这个重点，进一步地培养计算思维，逐渐掌握用算法去描述问题，用高效的程序来解决问题。

本章思维导图如图4-1所示。

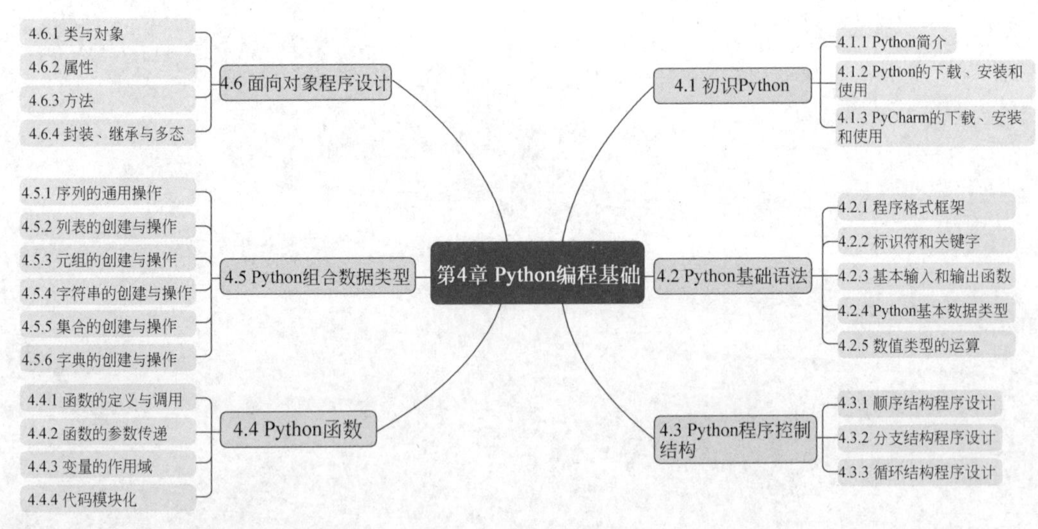

图4-1 第4章思维导图

8min

4.1 初识Python

当前，计算机已深入渗透至社会的各个领域，成为工作、生活、学习的必备工具。计算机是执行和存储程序的电子设备，其功能完全依赖程序实现。程序实际上是人们将任务转换为特定指令序列，并存储于计算机内存的过程。一旦给出指令，计算机就会自动执行预设的指令序列，以完成任务。这一系列连续执行的指令，称为程序，而编写这些程序的过程，则称为程序设计。要确保计算机能够准确地执行程序，指令的编写需遵循特定规范。规范涵盖了语法和文法的要求，只有遵循规则的程序才能被计算机理解并执行，因此它们成为人与计算机之间沟通的桥梁。这种语言与人际沟通的语言类似，但在逻辑上更为严谨。遵循规范的语言被称为程序设计语言。机器语言是计算机直接识别和执行的语言，表现为二进制代码。每台计算机都有其特定的指令格式和代码含义。由于计算机硬件设计的多样性，机器语言在不同型号的计算机上会有所不同。使用机器语言编程，即是从 CPU 的指令系统中挑选合适的指令组成指令序列，然而，机器语言与人类日常使用的语言存在较大差异，并且其规则与具体硬件设计和实现紧密相关，因此编写机器语言程序颇具挑战。

为了简化编程过程，人们创造了更接近人类日常语言的程序设计语言。这些语言按其与人类语言的接近程度，可分为高级语言、中级语言和低级语言。低级语言与机器语言较为接近，学习和使用难度较大；而高级语言则更接近人类语言，学习和使用相对容易，应用也更为广泛。目前，常见的高级语言有 C、Java、C++、C＃、Python、PHP 等，并且新的程序设计语言仍在不断涌现。

4.1.1　Python 简介

那么在众多的高级语言中，为什么会选择 Python？ Python 是由谁发明的？ 它是怎么发展起来的？ 有哪些特性呢？

Guido von Rossum 是 Python 的缔造者，曾在硬件限制下遭遇编程挑战。过去，编程的主要目标是提升计算机的执行效率，这要求程序员深入理解机器工作原理，编写与机器相匹配的代码，然而，对于 Guido 而言，使用 C 语言实现功能虽然可行，但过程却相当烦琐且耗时。

此外，他还考虑过使用 UNIX 系统的解释器 Bourne Shell。Shell 在 UNIX 系统中常被管理员用于编写简易脚本，执行系统维护任务，如备份和文件管理等。Shell 的简便性令人印象深刻，仅需少量代码即可实现 C 语言中需要大量代码才能完成的工作，然而，Shell 毕竟只是命令调用的工具，缺乏完整的编程语言应有的功能，例如数值型数据类型等。

Guido 渴望一种既能全面调用功能接口，又具备 Shell 的易用性的语言。这时，ABC 语言走进了他的视线。ABC 语言的设计理念是提升用户体验，使其易于阅读、理解和学习，从而激发人们的编程兴趣，然而，ABC 语言并未如愿流行，原因在于其编译器对硬件要求较高，并且程序效率并非用户首要考虑的因素。同时，ABC 语言在设计上也存在一些问题，例如无法直接进行 I/O 操作，以及可扩展性有限。

在 1989 年，Guido 开始着手设计 Python 语言的编译/解释器，他的目标是创建一种介于 C 和 Shell 之间的语言，既功能全面，又易于学习和使用，同时具备良好的可扩展性。

经过不断的发展，现在的 Python 和其他高级语言相比主要有着以下特点。

(1) 简洁性：Python的语法简单直观，易于阅读、使用、理解和学习。阅读一个优秀的Python程序，就像阅读一段流畅的英文。Python的简洁语法让开发者能够专注于问题解决，而不是被复杂的语法细节困扰。

(2) 开放性：Python是FLOSS(自由/开放源代码软件)的一部分。简单来讲，任何人都可以自由复制、阅读、修改软件源代码，甚至可以将其部分用于新的自由软件。Python欢迎并鼓励更多优秀人才参与它的发展和改进中。

(3) 解释执行：Python解释器会将源代码先转换为字节码，然后转换为机器语言并执行。在Python中，无须担心编译、链接和加载库等复杂问题，一切都变得非常简单。

(4) 面向对象编程：Python不仅支持传统的过程化编程，还支持面向对象的抽象编程。过程化语言主要通过函数构建程序，而面向对象语言则通过对象(数据和功能的组合)来构建程序。与C++和Java等其他主流语言相比，Python在实现面向对象编程时既强大又简洁。

(5) 嵌入性：Python可以很容易地嵌入C或C++程序中，为程序用户提供强大的脚本功能。

(6) 丰富的库资源：Python标准库已经非常丰富，同时还有大量的第三方库可供选择。这些库包括正则表达式、文档生成、数据库操作、网页浏览、FTP、电子邮件、WAV文件操作、密码系统、GUI(图形用户界面)开发等领域，为各种工作提供了极大的便利。

4.1.2 Python的下载、安装和使用

集成开发环境(Integrated Development Environment，IDE)是一种集成了多种工具的应用程序，旨在为程序开发提供全面支持。它通常包括代码编辑器、编译/解释器、调试器及图形用户界面等功能模块。通过IDE，开发者可以方便地进行代码编写、分析、编译/解释和调试等操作，从而提高开发效率和代码质量，因此，任何包含这些核心功能的软件或软件套件都可以被归类为集成开发环境。

1. Python的下载

解释器是一种能够直接把高级语言的源代码转换成机器语言的程序，从而使机器语言直接由CPU执行。在编写完Python代码后，需要借助Python解释器进行转换和执行。Python官方网站提供了多种版本的解释器供用户下载，以满足不同需求。

本书以Python 3.12.2版本为例，来介绍Python解释器的安装方法。用户只需在浏览器中访问Python官方网站的下载页面(https://www.python.org/downloads/)，在版本列表中找到并单击“Python 3.12.2”后的下载链接，如图4-2所示。

进入相关页面后，可以看到Python 3.12.2版本的具体信息，单击Windows installer (64-bit)即可下载Python 3.12.2版本的安装文件，如图4-3所示。

2. Python的安装

下载完成后，双击安装文件Python-3.12.2-amd64.exe，记得一定要勾选Add Python.exe to PATH复选框，然后单击Install Now按钮开始安装，如图4-4所示。

Looking for a specific release?

Python releases by version number:

Release version	Release date		Click for more
Python 3.11.8	Feb. 6, 2024	Download	Release Notes
Python 3.12.2	Feb. 6, 2024	Download	Release Notes
Python 3.12.1	Dec. 8, 2023	Download	Release Notes
Python 3.11.7	Dec. 4, 2023	Download	Release Notes
Python 3.12.0	Oct. 2, 2023	Download	Release Notes
Python 3.11.6	Oct. 2, 2023	Download	Release Notes
Python 3.11.5	Aug. 24, 2023	Download	Release Notes

图 4-2 Python 下载界面

Files

Version	Operating System	Description	MD5 Sum	File Size	GPG	Sigstore	SBOM
Gzipped source tarball	Source release		4e64a004f8ad9af1a75607cfd0d5a8c8	25.9 MB	SIG	.sigstore	SPDX
XZ compressed source tarball	Source release		e7c178b97bf8f7ccd677b94d614f7b3c	19.6 MB	SIG	.sigstore	SPDX
macOS 64-bit universal2 installer	macOS	for macOS 10.9 and later	f88981146d943b5517140fa96e96f153	43.5 MB	SIG	.sigstore	
Windows installer (64-bit)	Windows	Recommended	44abfae489d87cc005d50a9267b5d58d	25.4 MB	SIG	.sigstore	
Windows installer (ARM64)	Windows	Experimental	f769b05cd9d336d2d6e3f6399cb573be	24.7 MB	SIG	.sigstore	
Windows embeddable package (64-bit)	Windows		ded837d78a1efa7ea47b31c14c756faa	10.6 MB	SIG	.sigstore	
Windows embeddable package (32-bit)	Windows		787d286b66a3594e697134ca3b97d7fe	9.4 MB	SIG	.sigstore	
Windows embeddable package (ARM64)	Windows		1ffc0d4ea3f02a1b4dc2a6e74f75226d	9.8 MB	SIG	.sigstore	
Windows installer (32 -bit)	Windows		bc4d721cf44a52fa9e19c1209d45e8c3	24.1 MB	SIG	.sigstore	

图 4-3 Python 3.12.2 下载文件清单

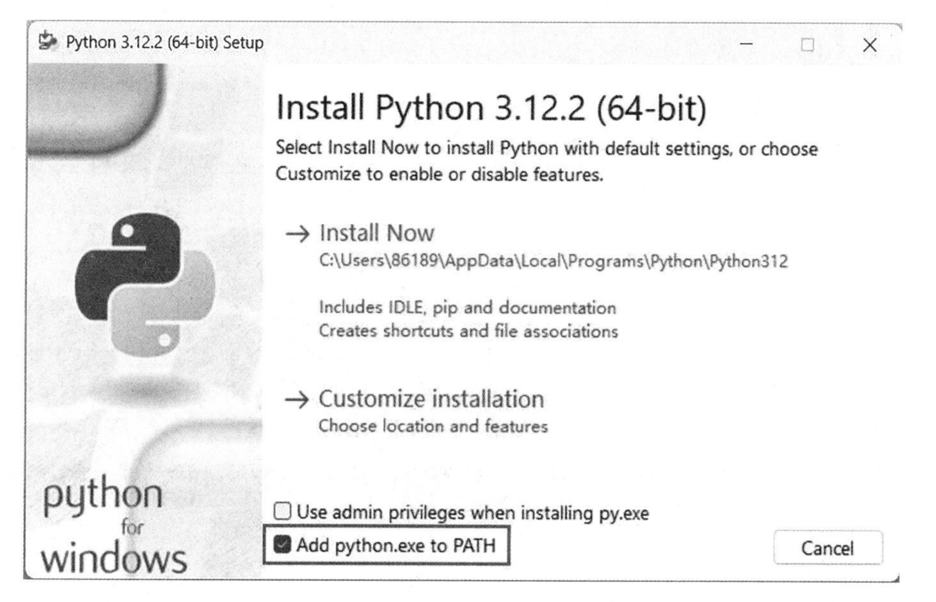

图 4-4 Python 安装程序启动界面

Python 安装包会在系统中安装和 Python 编程与运行密切相关的一系列组件。安装成功后会显示安装成功界面，如图 4-5 所示。

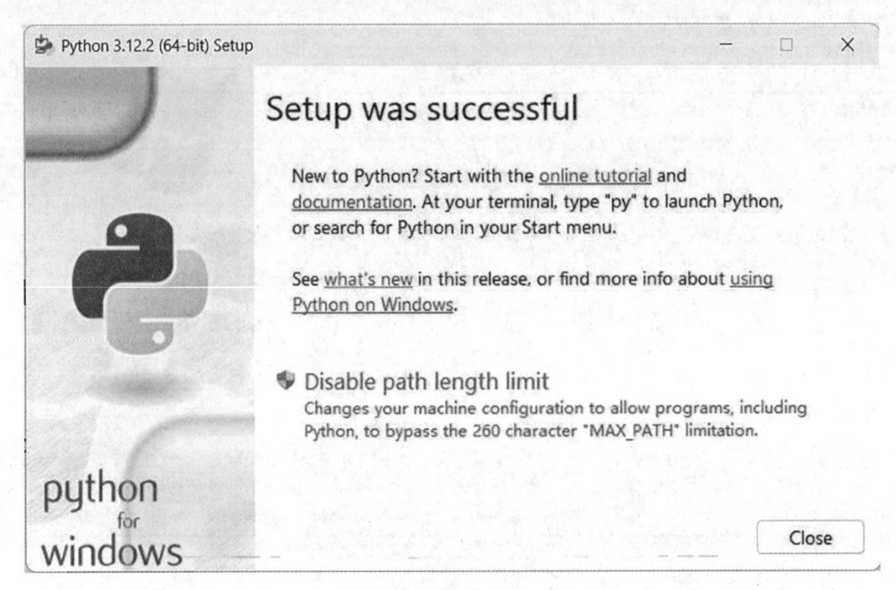

图 4-5　Python 安装成功界面

其中，特别重要的两个应用程序是 Python Shell 和 Python 的集成开发环境(Integrated Development and Learning Environment，IDLE)。完成安装后，用户可以在 Windows 的开始菜单中轻松地找到这两个 Python 程序的快捷方式图标。IDLE 作为 Python 的集成开发环境，是 Python 自带的一个便捷且实用的 IDE 工具。它设计得相当简洁直观，使初学者能够方便地进行 Python 程序的创建、执行和测试工作。此外，IDLE 还具备一系列实用的特性，例如自动缩进功能、语法高亮显示、标识符的快速输入及程序文件状态的即时提示等，这些都极大地提升了编程的效率和便捷性。

3. Python 的使用

当只安装了 Python 而未安装其他集成开发环境时，运行 Python 程序主要有两种模式可供选择：交互模式和文件模式。

其中，交互模式允许用户逐行输入 Python 指令，并由 Python 解释器实时执行。这种模式的启动和运行有两种主要方法。第 1 种交互式方法：通过单击“开始”菜单中的 Python 图标(例如 Python 3.12(64-位))来打开 Python 命令行解释器。在打开的窗口中，将会看到一个命令提示符(>>>)，之后便可以在此处输入并执行 Python 指令，如图 4-6 所示。

图 4-6　Python 的交互式方法 1

按 Enter 键后输出的结果如图 4-7 所示。

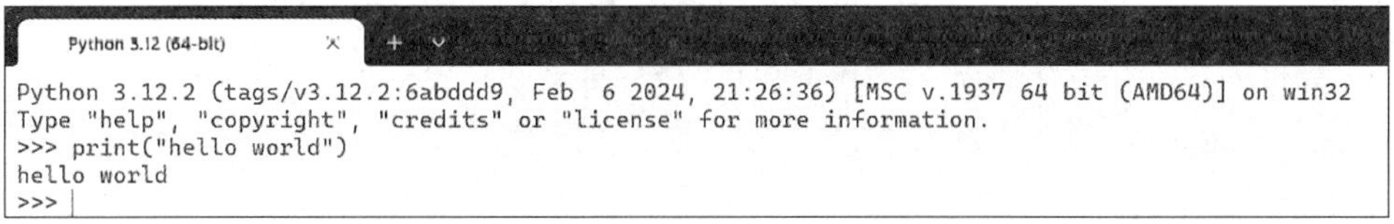

```
Python 3.12 (64-bit)
Python 3.12.2 (tags/v3.12.2:6abddd9, Feb  6 2024, 21:26:36) [MSC v.1937 64 bit (AMD64)] on win32
Type "help", "copyright", "credits" or "license" for more information.
>>> print("hello world")
hello world
>>>
```

图 4-7　Python 的交互式方法 1 的运行结果

第 2 种交互式方法：在“开始”菜单中单击图标 IDLE(Python 3.12 64-bit)，打开 Python 自带的集成开发环境 IDE 窗口，在命令提示符>>>后输入 Python 指令，如图 4-8 所示。

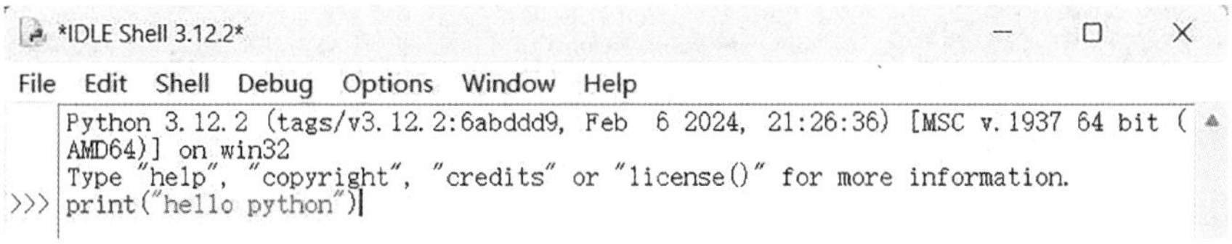

```
*IDLE Shell 3.12.2*
File  Edit  Shell  Debug  Options  Window  Help
    Python 3.12.2 (tags/v3.12.2:6abddd9, Feb  6 2024, 21:26:36) [MSC v.1937 64 bit (
    AMD64)] on win32
    Type "help", "copyright", "credits" or "license()" for more information.
>>> print("hello python")
```

图 4-8　Python 的交互式方法 2

按 Enter 键后输出的结果如图 4-9 所示。

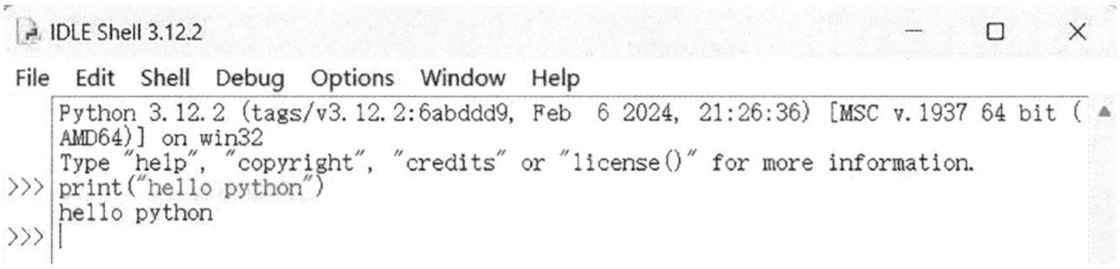

```
IDLE Shell 3.12.2
File  Edit  Shell  Debug  Options  Window  Help
    Python 3.12.2 (tags/v3.12.2:6abddd9, Feb  6 2024, 21:26:36) [MSC v.1937 64 bit (
    AMD64)] on win32
    Type "help", "copyright", "credits" or "license()" for more information.
>>> print("hello python")
    hello python
>>>
```

图 4-9　Python 的交互式方法 2 的运行结果

文件形式的 Python 程序是指将多条需要执行的语句存储在一个文件中。以下是 Python 程序中常见的文件类型：源代码文件以.py 为扩展名，包含了 Python 程序，可以直接由 Python 解释器执行，无须预先编译。本书中的示例主要使用了该文件类型。

文件式 Python 程序也有两种执行方法。第 1 种是通过外部编辑软件，如 Windows 自带的记事本，将编好的程序保存为.py 文件，例如，可以将只有一行输出 Hello Python 的程序保存为 hello.py，并置于 D 盘根目录。随后，在 Windows 的命令行窗口中，通过输入“D:”并按 Enter 键进入 D 盘根目录，再输入命令 python hello.py 或 hello.py 并按 Enter 键，即可运行 hello.py 程序，如图 4-10 所示。

另一种执行方式是使用 IDLE 这一 Python 内置的集成开发环境。在 IDLE 中，通过选择菜单中的 File→New File 或使用快捷键 Ctrl+N，可以新建一个文件窗口。在编辑区输入 print("Hello World")后，保存为 Hello.py 文件。接着，选择菜单中的 Run→Run Module 或使用快捷键 F5，即可运行该文件。运行结果将直接在 Python 3.12.2 Shell 窗口中显示，如图 4-11 所示。

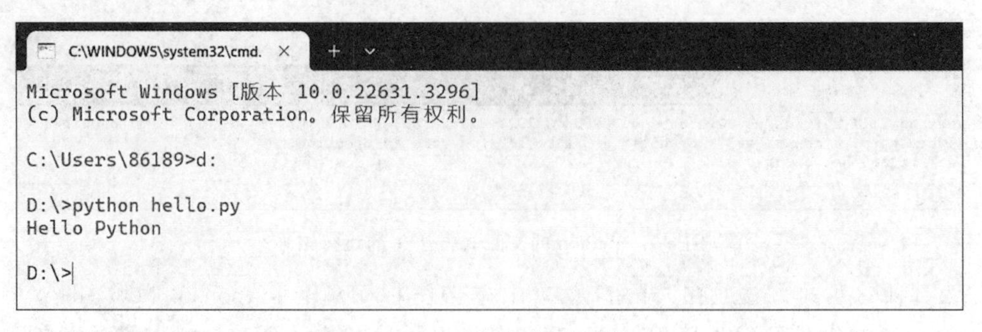

图 4-10　Python 文件式运行方法(1)

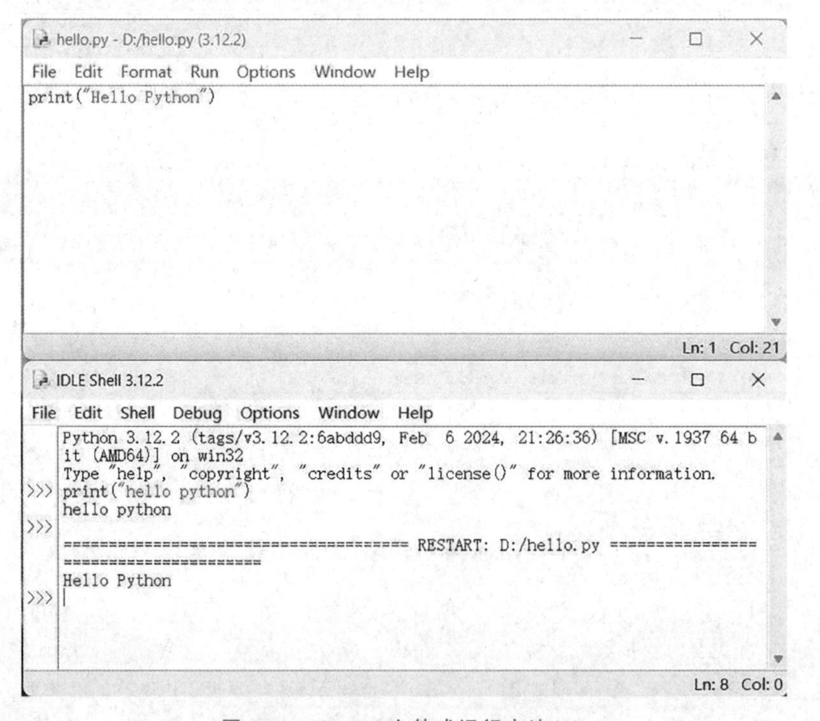

图 4-11　Python 文件式运行方法(2)

4.1.3　PyCharm 的下载、安装和使用

PyCharm 是由 JetBrains 公司精心设计的一款 Python IDE,它集成了多种工具,其目的是提高用户在 Python 语言开发中的效率。调试、语法高亮、项目管理、代码跳转、智能提示、自动完成、单元测试和版本控制等功能都大大地简化了开发过程。

1. PyCharm 的下载

在编写本书时,PyCharm 官方网站上的最新版本是 pycharm-professional-2023.3.3,但是,由于官方网站的页面内容可能会随时更新,所以读者在查看时可能会发现与本文描述的内容不一致。如果要获取 PyCharm 的下载链接,则只需在浏览器中输入 PyCharm 官网网址 https://www.jetbrains.com/pycharm/，然后单击 Download 按钮就可以进入下载页面，如图 4-12 所示。

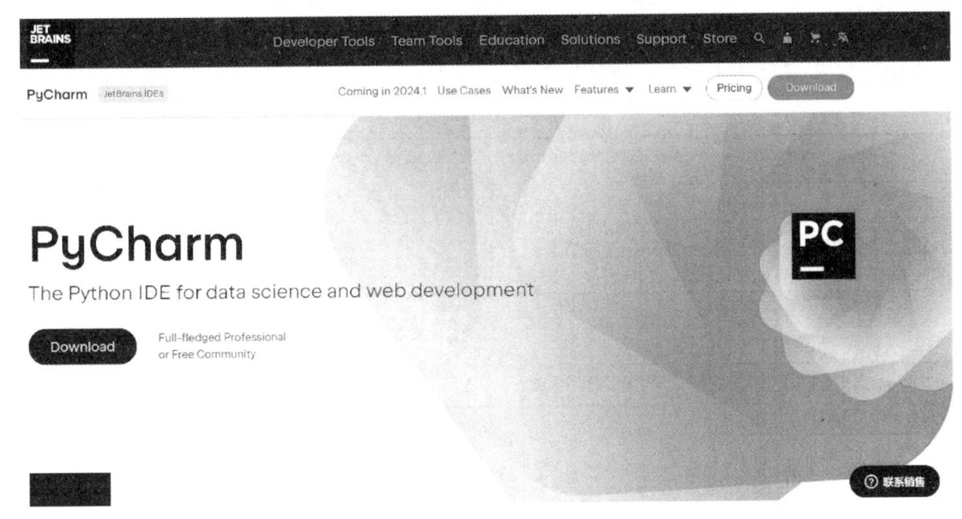

图 4-12 PyCharm 官方主页

2. PyCharm 的安装

PyCharm 分为 Professional（专业版）和 Community（社区版）两个版本，用户可以根据自己的开发需求选择适合的版本下载。本书下载的版本为 pycharm-community-2023.2 社区版。双击下载好的文件 pycharm-community-2023.2.exe，按照安装向导提示即可完成安装，具体的安装过程如图 4-13～图 4-17 所示。

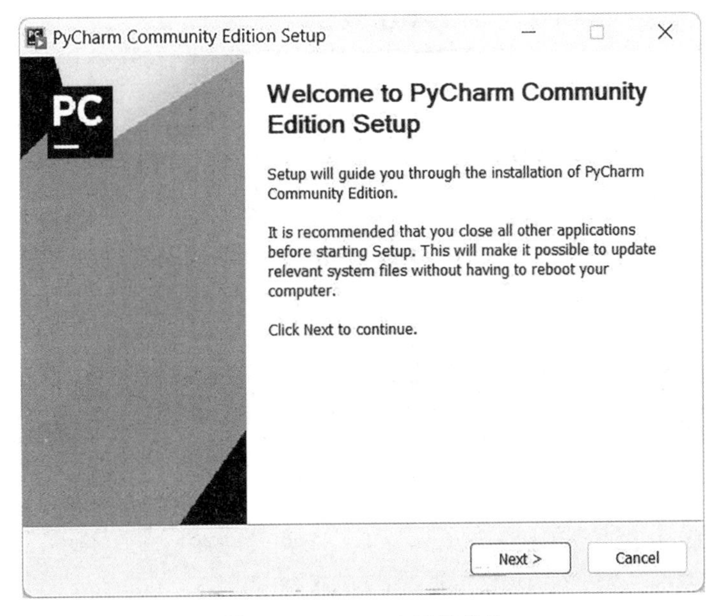

图 4-13 PyCharm 安装启动

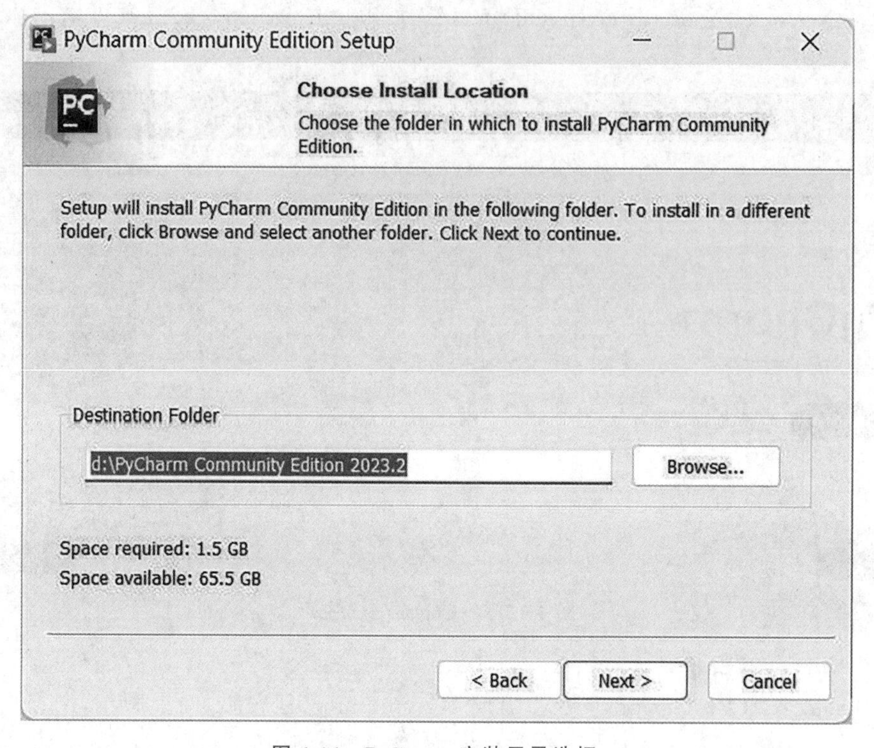

图 4-14　PyCharm 安装目录选择

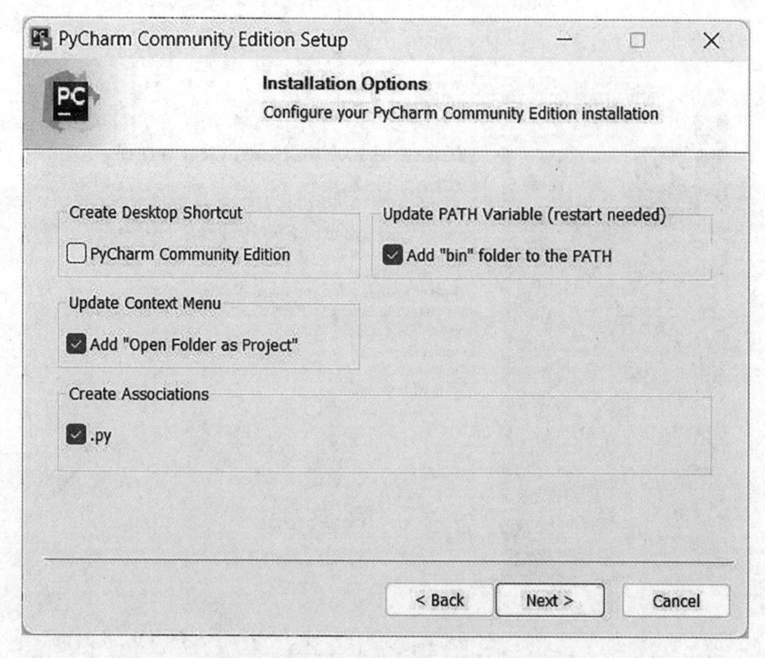

图 4-15　PyCharm 安装选项设置(1)

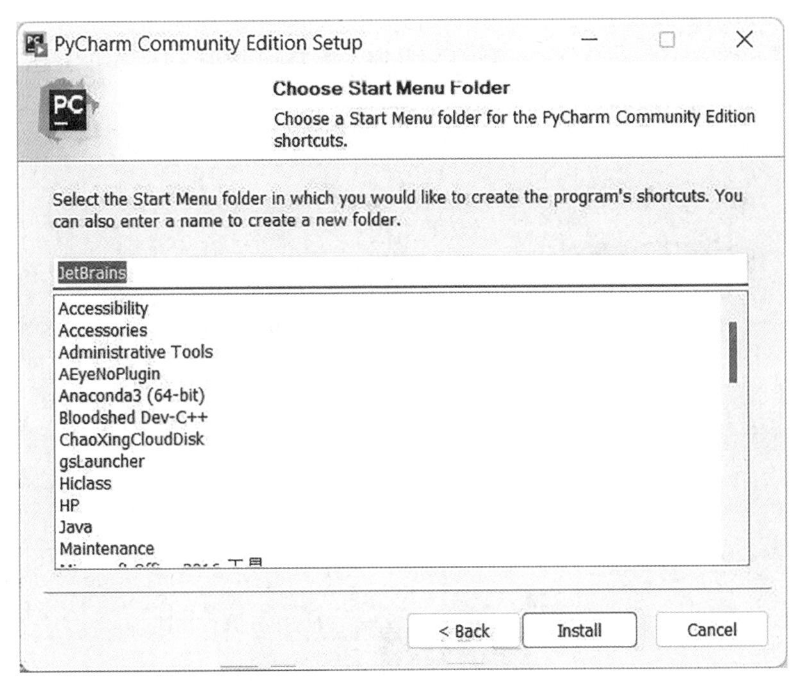

图 4-16　PyCharm 安装选项设置(2)

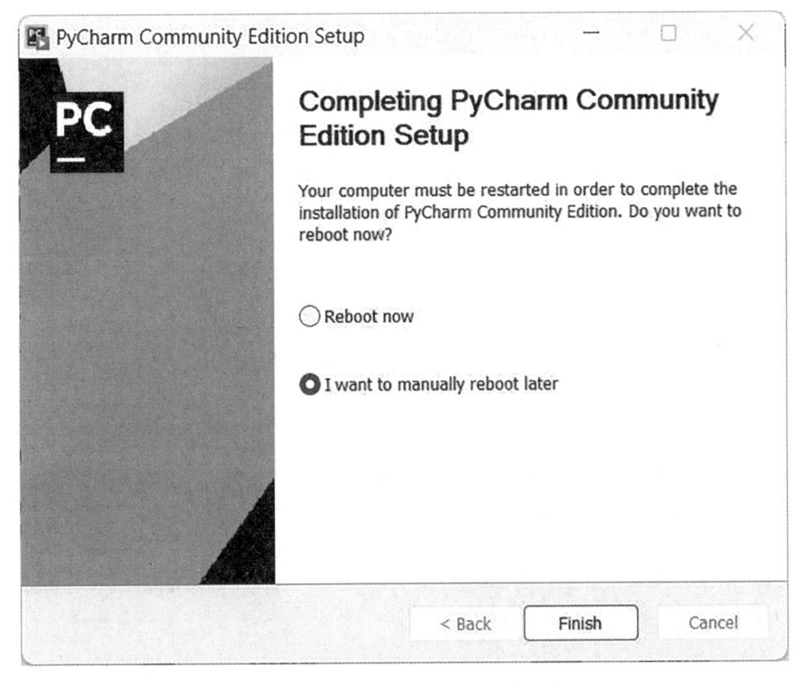

图 4-17　PyCharm 安装成功界面

3. PyCharm 的基本配置

启动安装好的 PyCharm 后会出现一系列的配置界面，按照提示即可完成 Python 解释器的配置，具体的配置过程如图 4-18～图 4-21 所示。

图 4-18　PyCharm 首次启动界面

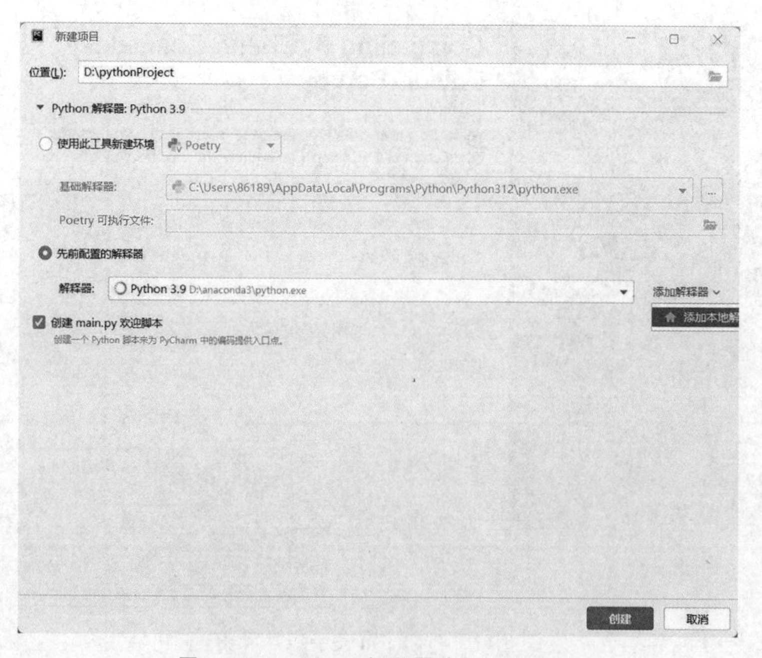

图 4-19　PyCharm 解释器路径设置界面

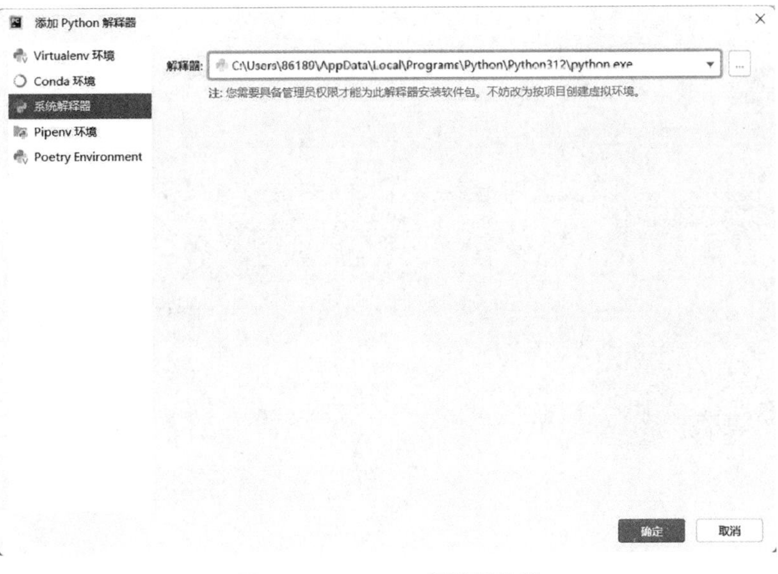

图 4-20　PyCharm 解释器设置

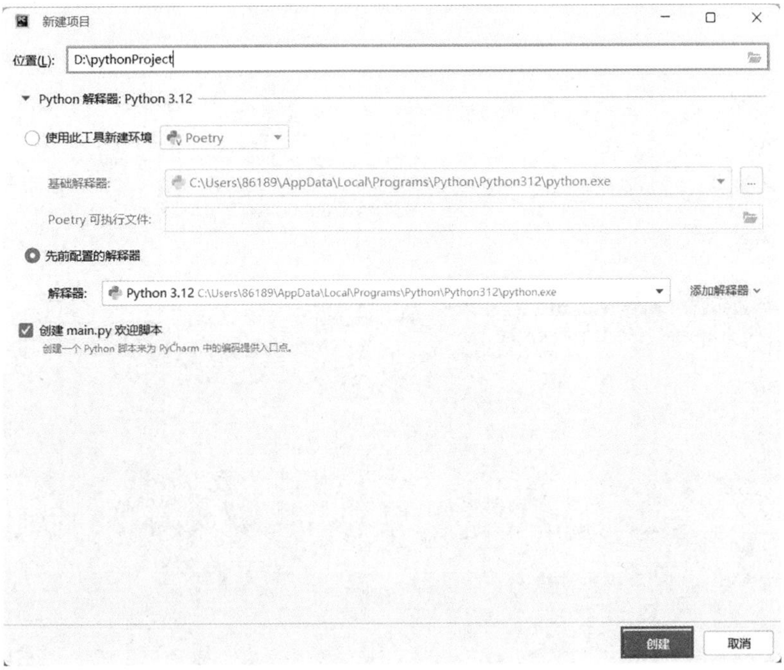

图 4-21　PyCharm 解释器设置完成

在使用过程中经常会用到第三方库，在如图 4-22 所示的 Python 解释器配置对话框中，单击方框所示的“+”按钮会弹出如图 4-23 所示的对话框，输入要安装的第三方库名称，单击“安装软件包”按钮即可安装。

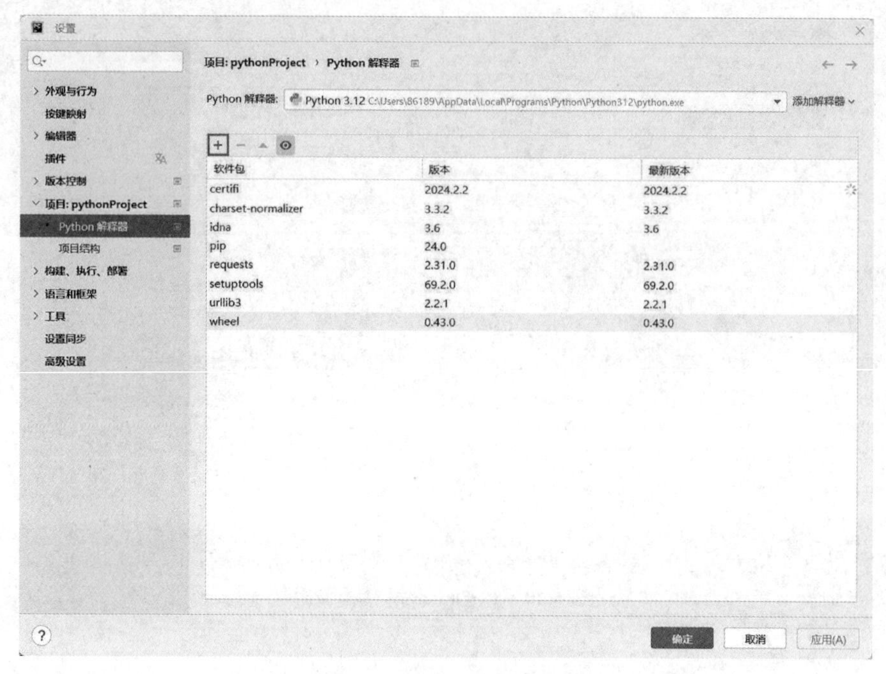

图 4-22 PyCharm 第三方库安装

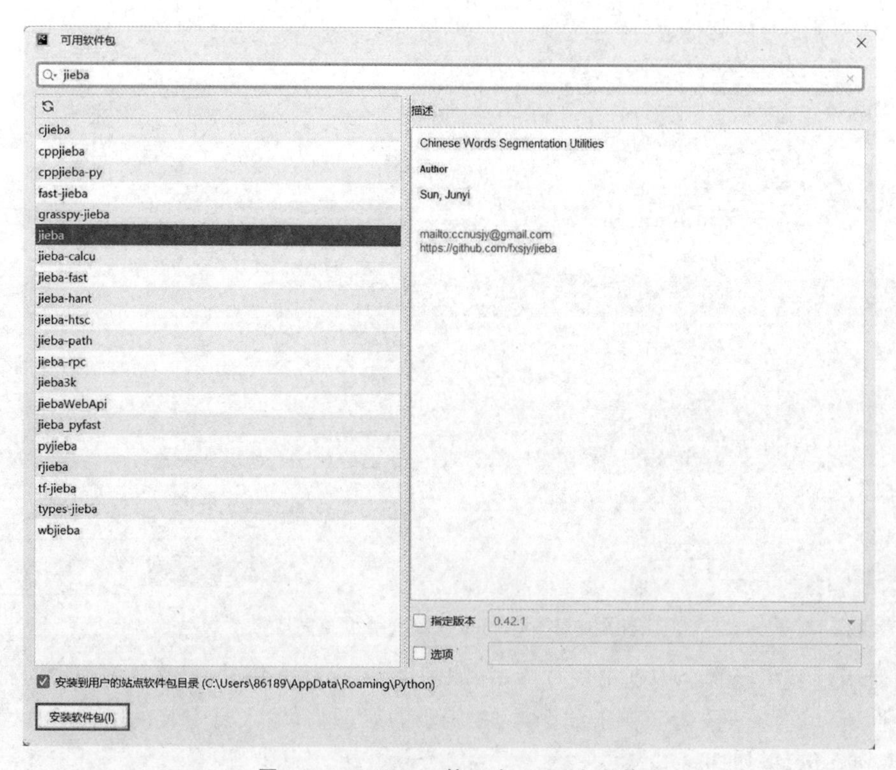

图 4-23 PyCharm 第三方 jieba 库安装

4. PyCharm 的使用

启动 PyCharm 后会出现一个启动对话框，用户可以选择“新建项目”创建一个新项目。在编程中，项目用于对解决问题过程中的复杂工程进行管理，即使问题可能简单到只需一行代码就能解决，然而，对于真正复杂的问题，通常需要多行代码和多个文件共同解决，这些代码、文件和辅助材料都是项目的一部分。在 PyCharm 中，项目用于将解决问题所需的所有内容整合在一起，每个项目对应一个文件夹，项目中的所有内容都被组织在这个文件夹中，并通过项目文件进行统一管理。

单击“新建项目”按钮后会弹出“新建项目”窗口，用于设置新项目的相关参数，如图 4-24 所示，其中，“位置”用于指定项目存储的文件夹位置和名称，“Python 解释器：Python 3.9”是之前配置好的项目解释器。设置好这两项后，单击“创建”按钮，就可以进入新创建的 Python 项目管理窗口。在这个窗口中，左侧区域列出了当前项目的所有内容，右侧区域用于显示正在编辑的项目内容。

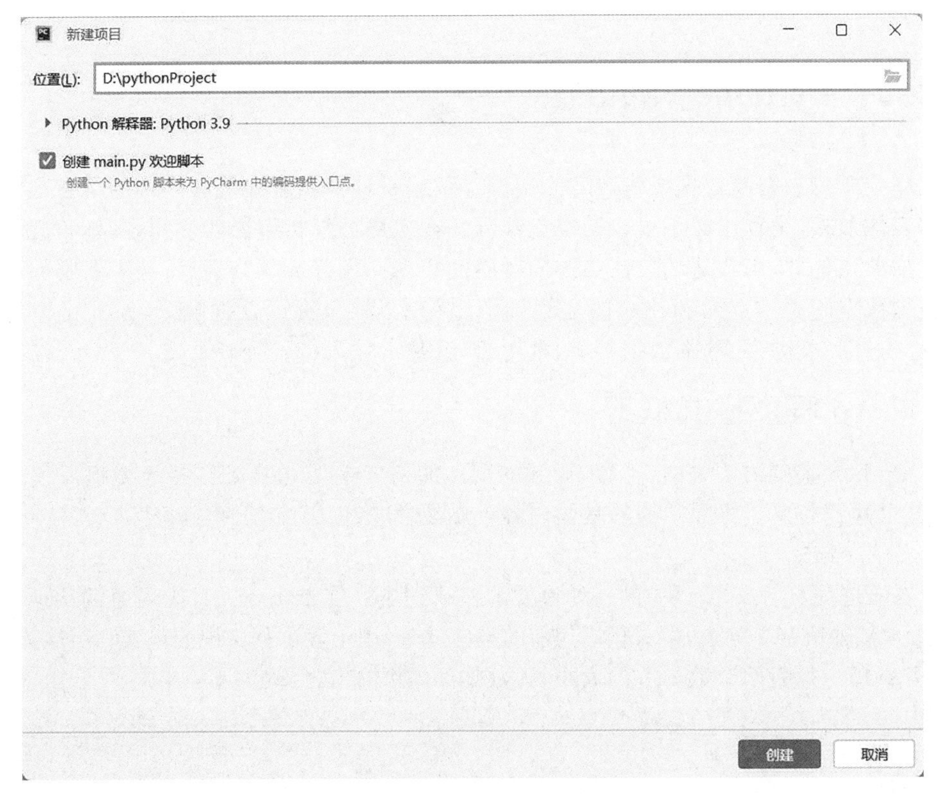

图 4-24 新建 PyCharm 项目

选择主菜单中的“文件”→“新建”后会弹出一个快捷菜单，从中可以选择“Python 文件”并输入文件名，如 py4-1. py，在右侧代码编辑器输入代码即可。

完成代码编写后，右击左侧栏中的 py4-1. py 文件，在弹出的快捷菜单中选择“运行'py4-1. py'”，然后在下方的执行区域就可以看到程序的运行结果，如图 4-25 所示。

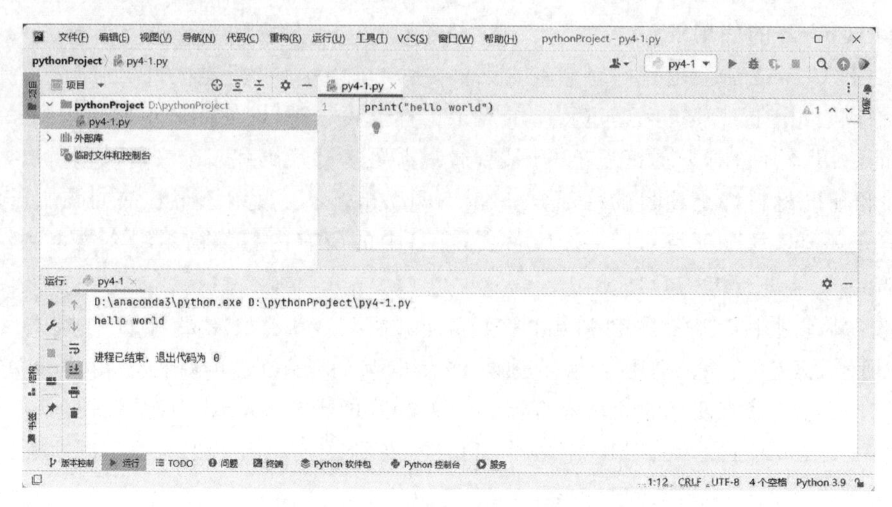

图 4-25 新建 PyCharm 文件编后运行

15min

4.2 Python 基础语法

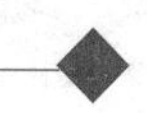

程序主要由数据及数据操作两方面构成。数据是计算机程序能够处理的信息在计算机内部的表现形式，是程序必不可少的组成部分。在使用计算机解决实际问题时，首先要对问题进行抽象化处理，用合适的方法描述问题中的数据。做好数据处理后，还需要掌握程序中不同类型数据的表示方式和相应的运算规则。在本节中，将重点讲解 Python 程序的格式框架、标识符和关键字、基本数据类型、常用语句、基本输入/输出函数。

4.2.1 程序格式框架

在 Python 基础语法之前，了解 Python 程序的格式框架对养成良好的编程习惯十分重要，在这里读者需要了解并掌握的具体内容：分层缩进、代码注释、续行符。

1. 分层缩进

分层缩进是 Python 编程中的一种重要的格式约定。在 Python 中，代码通常从顶行开始编写，无须额外留空。缩进，即每行语句前的空白部分，用于表示程序中的包含和层次关系。

【例 4-1】 判断两个数 a、b 的大小，大数加 20，并输出，代码如下：

```
//第 4 章/max.py
a = 12
b = 19
if a > = b:
    a = a + 20
    print(a)
else:
    b = b + 20
    print(b)
```

读者需要特别关注：一是缩进可以通过 Tab 键或一定数量的空格（一般是 4 个）来实现，但重要的是要保持一致性，不能混用 Tab 和空格。二是虽然缩进的空格数量可以有所变化，但在同一个代码块中，所有语句的缩进空格数量必须保持一致。三是 Python 允许多层嵌套的缩进，以灵活表达复杂的程序结构。

2. 代码注释

代码注释是编程中用于提高代码可读性的重要手段。注释是附加在代码上的说明性文字，不会被编译器或解释器执行。它们对于代码的维护和阅读都非常有帮助，是良好编程习惯的一部分。Python 支持两种注释方式：单行注释和多行注释。单行注释用于解释单行代码的功能或注意事项，例如为例 4-1 代码加上单行注释。

```
//第 4 章/max.py
a = 12
b = 19
#下面程序的结构是双分支结构
if a >= b:
    a = a + 20
    print(a)
else:
    b = b + 20
    print(b)
```

而多行注释则用于解释更为复杂或需要多行说明的代码段，例如为例 4-1 代码加上多行注释。

```
//第 4 章/max.py
a = 12
b = 19
if a >= b:
    a = a + 20
    print(a)
else:
    b = b + 20
    print(b)

"""
该程序的结构为双分支的嵌套使用
外层双分支把 a、b 的大小关系分为 a >= b 及 a < b 两种情况
内层双分支把 a、b 的大小关系分为 a > b 及 a = b 两种情况
"""
```

多行注释以 3 个单引号'''或 3 个双引号"""表示注释的开始，并且以 3 个单引号'''或 3 个双引号"""表示注释的结束。

3. 续行符

在 Python 中，代码行的长度并没有固定的限制，然而，过长的单行代码可能会降低代

码的可读性。为了解决这个问题,Python 提供了续行符功能,允许将单行代码分成多行显示。续行符在 Python 中用反斜线(\)表示,它告诉解释器当前行的代码将继续到下一行。使用续行符可以有效地提高代码的可读性和可维护性。

【例 4-2】 写一行代码来展示续行符的使用。

```
print("我是一名计算机科学与技术专业的学生,"\
          "这学期,我刚开始"\
          "学 Python")
```

程序运行后的结果如图 4-26 所示。

```
D:\anaconda3\python.exe E:\pythonProject\教材\4-2.py
我是一名计算机科学与技术专业的学生，这学期，我刚开始学Python

进程已结束，退出代码为 0
```

图 4-26 例 4-2 运行结果

4.2.2 标识符和关键字

标识符是编程中开发者自行定义的符号和名称,包含变量名、函数名、数组名、类名等多种元素。在 Python 里,有关标识符的语法规则如下:

(1) 标识符的组成部分有字母、下画线和数字,其长度没有限制。

(2) 需要注意的是,标识符的第 1 个字符不能是数字,这是 Python 的一个特别规定。

(3) 标识符不能和 Python 的保留字或关键字产生冲突,因为关键字是 Python 中具有特殊含义的单词,用于实现特定的功能或操作。

(4) Python 中的标识符是区分大小写的,这表示相同的单词,如果大小写不同,则会被看作不同的标识符。

关键字,也称为保留字,是指在程序中预先定义并赋予特殊含义的单词或标识符。它们具有固定的语法功能,不能被开发者用作其他目的,例如不能作为变量名、函数名或类名等。在 Python 中,关键字是编程语言内置的,用于定义语言的语法规则,例如控制流语句(如 if、else、for、while)、数据类型(如 int、float、str)、函数定义(如 def)等。由于关键字具有特定的语法意义,因此开发者在编写代码时不能使用它们作为标识符,否则会导致语法错误。了解和正确使用关键字是编程的基础之一,有助于提高代码的可读性和可维护性。

【例 4-3】 用关键字 for 作为变量名,程序运行会报错。

```
#错误的示例:尝试使用关键字 'for' 作为变量名
for = 10        #这会导致 SyntaxError
print(for)
```

程序运行后的结果如图 4-27 所示。

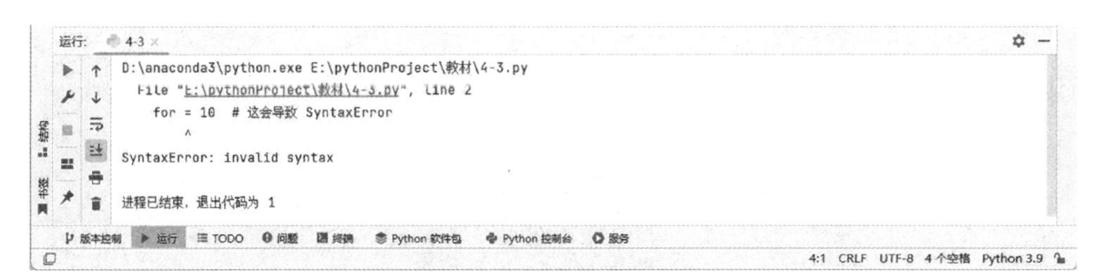

图 4-27 例 4-3 运行结果

4.2.3 基本输入和输出函数

程序的核心功能在于数据处理，它要求接收用户通过键盘输入的数据，随后进行运算，并将计算结果在显示器上呈现。在 Python 语言中，实现这一功能通常依赖于内置的 input()函数进行数据输入及 print()函数进行数据输出，这两个函数在 Python 编程中使用频率非常高。

1. 输出函数 print()

print()函数是 Python 的内置函数，用于输出运算结果，默认的标准输出是显示器。print()函数的使用格式如下：

```
print([obj1, … ][,sep = ' '][,end = '\n'][,file = sys.stdout])
```

使用说明：

(1) []表示可以省略的参数，也就是所有的参数都可以省略。第 1 个参数是输出的对象(可以有多个输出结果)，当后面 3 个有默认值的参数被省略时，函数会使用参数的默认值(等号后面的参数即默认值)。

(2) sep 表示分隔符，默认值为' '。

(3) end 表示结尾符，即句末的结尾符，默认值为'\n'。

(4) file 表示输出位置，即输出到文件还是命令行，默认值为 sys.stdout，即命令行。

【例 4-4】 用 print()函数将数据输出到命令行，试着分析运行结果。

```
//第 4 章/print.py
print(315)                                                #说明(1)
print(520,'python',3.14, 'Mike')                          #说明(2)
print(520,'python',3.14, 'Mike',sep = ' * ',end = '&')    #说明(3)
file1 = open('d://data.txt', 'w')                         #说明(4)
print(456, 'abc',78, 'cat',file = file1)
file1.close()
```

程序运行后的结果如图 4-28 所示。

分析以上程序和运行结果，可知：

(1) 使用默认的分隔符 sep='',句末的结尾符为'\n',即输出 315。

(2) 使用默认的分隔符 sep='',句末的结尾符为'\n',即输出 520 python 3.14 Mike。

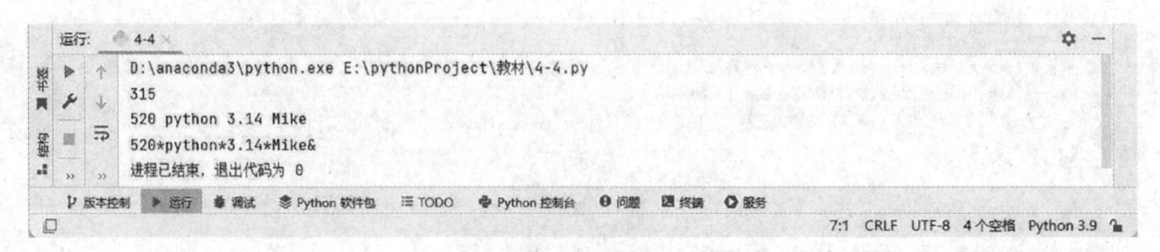

图 4-28 例 4-4 运行结果

(3) 使用指定的分隔符 sep='*',句末的结尾符为'&',即输出 520*python*3.14*Mike&。

(4) 打开 D 盘中的 print.txt 文件,写入 520 python 3.14 Mike。

2. 输入函数 input()

1) 标准输入

Python 中的内置输入函数为 input(),其主要功能是从标准输入设备(通常是键盘)读取一行文本。input()函数的基本使用格式如下:

```
<变量> = input("提示字符串")。
```

使用说明:

(1) 变量和提示字符串都是可选的,可以根据实际需要选择。

(2) 用户输入的内容会以字符串的形式返回并赋值给指定的变量。

(3) 用户必须按 Enter 键后才表示输入完成,在此之前输入的所有内容都将作为字符串整体赋值给变量。

【例 4-5】 用 input()函数输入数据并赋值给变量,试着分析运行结果。

```
//第 4 章/input.py
a = input("请输入要赋给变量 a 的值:")
b = input("请输入要赋给变量 b 的值:")
print(a + b)
a = int(a)
b = int(b)
print(a + b)
```

程序运行后的结果如图 4-29 所示。

执行上面的程序时,用户输入的是 45 和 46,通过 input()函数读入并分别赋值给了变量 a、b,两个变量的类型都是字符串类型(str),这时+的作用是字符串连接。如果想进行数值类型相加,就需要先把变量 a、b 的类型从字符串类型转换为数值类型,这里转换为整型,此时的+的作用就是数学里面的相加。

2) 多数据输入并转换

eval()函数可以将参数字符串中的数据转换为相应的数值类型,并将其赋值给多个变量。

```
运行:  4-5
D:\anaconda3\python.exe E:\pythonProject\教材\4-5.py
请输入要赋给变量a的值：45
请输入要赋给变量b的值：46
4546
91

进程已结束，退出代码为 0
```

图 4-29　例 4-5 运行结果

【例 4-6】　用 eval()函数输入多个数据并赋值给多个变量，试着分析运行结果。

```
a,b,c = eval(input("请输入要赋给变量 a,b,c 的 3 个值,以逗号连接:"))
print("a = ",a)
print("b = ",b)
print("c = ",c)
print(type(a),type(b),type(c))
```

程序运行后的结果如图 4-30 所示。

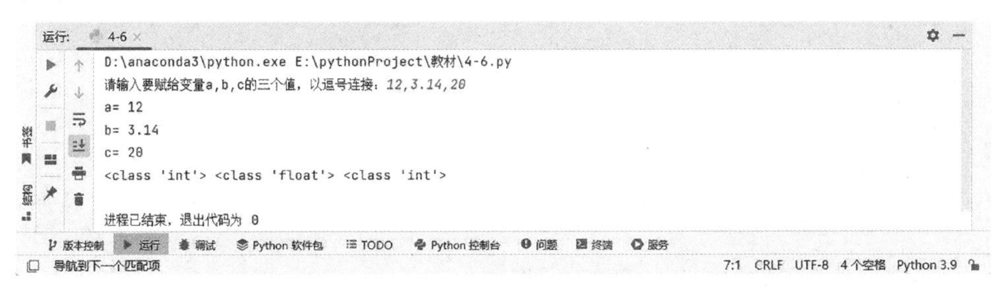

图 4-30　例 4-6 运行结果

要分析上面的程序，需要先知道 eval()函数和 type()函数的作用，简洁的描述：eval()函数用于将字符串类型的数据转换为数值类型数据，可以看到输入的数值字符串 12 和 20 通过 eval()函数转换后变为整型数据，数值字符串 3.14 通过 eval()函数转换后变为浮点型数据。type()函数用来查看变量的类型。

4.2.4　Python 基本数据类型

常量是指在程序运行过程中不会改变的值。在 Python 中，常量可以是数字、字符串、布尔值等基本数据类型的具体值。

1. 常量

关于常量，可以列举一些常量的具体值，例如数值 8 和 3.14、字符串"Hello"，还有表示真和假的 True 和 False。这些数据的含义可以直接从它们的字面意思来理解。在大多数情况下，数字一直代表着它传统的意义，所以它被看作一个常量，其值和含义都是固定的。Python 会根据常量的书写形式自动确定其数据类型，并对它们进行统一管理。

2. 数字类型

数值类型涵盖了整数、浮点数和复数这 3 种形式。

首先来看整数，这是一种无小数点和分数部分的数值形式，可正可负。举例来讲，8、−1024 和 0 都是整数的代表。在 Python 中，整数不仅可以用常见的十进制表示，还支持其他进制。非十进制整数需要特定的前缀，如十六进制以 0X 或 0x 开头，八进制以 0O 或 0o 开头，而二进制则以 0B 或 0b 开头。Python 中的整数对象不受数据位数限制，其大小仅受限于可用内存。

其次是浮点数，它包含小数部分，同样可以是正数或负数，例如，3.14 和 −1024.02 都是浮点数。在 Python 中，浮点数还可以采用科学记数法表示，如 1024.02 可以写作 1.02402E3，其中 E 代表 10 的幂。

最后是复数，它在数学中表示为 $z=a+b\mathrm{i}$ 的形式，其中 a 是实部，b 是虚部，而 i 是虚数单位。在 Python 中，复数遵循数学上的表示方式，但虚数单位用 j 来表示，例如，5+6j 和 −3.7−9.45j 都是 Python 中的复数实例。

【例 4-7】 分析下面的代码，试着写出程序运行的结果。

```
//第 4 章/int.py
#整数示例
integer_example = 520
print(f"整数示例:{integer_example}")
#十六进制、八进制和二进制整数示例
hex_integer = 0x2A
oct_integer = 0o52
bin_integer = 0b101010
print(f"十六进制整数:{hex_integer}")
print(f"八进制整数:{oct_integer}")
print(f"二进制整数:{bin_integer}")
#浮点数示例
float_example = 3.14159
scientific_notation = 1.23e-4
print(f"浮点数示例:{float_example}")
print(f"科学记数法浮点数示例:{scientific_notation}")
#复数示例
complex_example = 2.718 + 3.141j
print(f"复数示例:{complex_example}")
#复数运算示例
real_part = complex_example.real
imag_part = complex_example.imag
print(f"复数的实部:{real_part}")
print(f"复数的虚部:{imag_part}")
```

程序运行后的结果如图 4-31 所示。

3. 字符串类型

字符串是字符的有序组合。在 Python 中，用单引号、双引号或三引号("""或''')括起来的文本都被认为是字符串，例如，'b'、"python"、"315"都是字符串的表现形式。

图 4-31 例 4-7 运行结果

本书将在后面的章节详细讲解字符串，这里先简单介绍 Python 中字符串表示的基本要点。

界定符：通过单引号、双引号或三引号(连续三个单引号或双引号)来确定字符串的范围。这些界定符总是成对出现的，而且它们本身不属于字符串的内容。

字符串：在一对界定符之间，可以包含除了当前使用的界定符之外的任意英文字母、数字、汉字及中英文标点符号等。如果字符串内容中包含了界定符，就应该选择其他类型的界定符来包含整个字符串，例如，由于字符串"I'm Mike"中包含了单引号'，所以整个字符串应该用双引号来界定。

转义字符：Python 中的字符串支持转义字符，这些是以反斜线(\)开头的特殊字符序列，用于表示无法直接输入的字符，例如制表符、换行符等，例如，字符串 play\nfootball 中的\n 代表换行符，这意味着在输出时 play 和 football 显示在不同的行。常用的转义字符如表 4-1 所示。

表 4-1 Python 中常用的转义字符

转义字符	描述
\(在行尾时)	续行符
\\	反斜线符号
\'	单引号
\"	双引号
\a	响铃
\b	退格(Backspace)
\e	转义
\000	空
\n	换行
\v	纵向制表符
\t	横向制表符
\r	回车
\f	换页
\ooo	代表三位八进制数对应的字符，如，\102 表示字符 B
\xyy	代表两位十六进制数对应的字符，如，\x42 表示字符 B

避免混淆：为了简化由于定界符和转义字符带来的混淆，Python 提供了原始字符串的概念。通过在字符串前添加前缀 r 或 R，可以告诉 Python 解释器忽略反斜线的特殊意义，例如，r'play\nfootball '会被解释为字符 play\nfootball，而不是将 play 和 football 显示在不同的行。

【例 4-8】 分析下面的代码，试着写出程序运行的结果。

```
print("play\nfootball")
print(r"play\nfootball")
```

程序运行后的结果如图 4-32 所示。

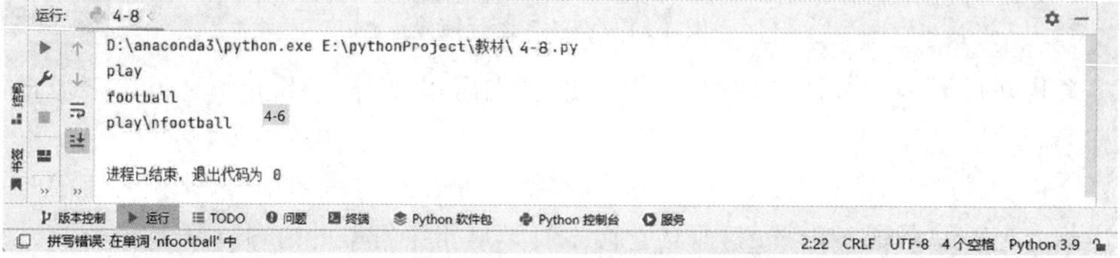

图 4-32 例 4-8 运行结果

换行操作：在使用三引号定义的字符串中，可以直接按 Enter 键换行，这会在字符串中形成一个换行符\n，而在单引号或双引号定义的字符串中，如果想要实现换行效果，则可以在每行的末尾输入一个反斜线作为续行符，但这并不会在字符串中生成实际的\n 字符。

4. 布尔类型

布尔值是一种用于判断条件是否满足的二元逻辑值，它与布尔代数中的概念相吻合。在布尔逻辑中，一个值要么是 True(真)，要么是 False(假)，二者必居其一。在 Python 编程语言中，True 表示逻辑上的肯定，而 False 则表示逻辑上的否定。值得注意的是，Python 中的标识符是区分大小写的，因此在使用 True 和 False 时，必须确保它们的大小写正确。

在 Python 中，有些特定的值被约定俗成地视为 False，这些包括 None、数值类型的 0、空字符串、空元组、空列表、空字典及空集合等。需要注意的是，这里所讲的“被视为”并不等同于数学上的“等于”关系，而是指它们在布尔上下文中表现出 False 的特性。相反，除了上述被视为 False 的值外，其他所有的值在布尔上下文中都被视为 True。

4.2.5 数值类型的运算

计算机功能的实现主要依靠各种运算，Python 为了满足这些运算的需要，提供了大量的运算符和运算函数。这些运算符和函数能够处理数据，完成不同的运算任务。由运算符和操作数构成的结构叫作表达式，并且每个表达式都有一个值，这个值就是运算符对数据进行处理后的结果。

Python 支持多种多样的运算符，例如算术运算符、关系运算符、逻辑运算符、位运算符、成员运算符和身份运算符等。在表达式中，可以混合使用不同类型的运算，不过需要注意的是，不同的运算符的优先级是不同的。在这一节，主要讲解数值运算操作符、复合赋值运算操作符及常用的数值运算函数。

1. 数值运算操作符

Python 支持 7 种数值运算操作符，见表 4-2。

假设变量 $a=20,b=10$。

表 4-2 数值运算操作符

运算符	描述	实例
+	加：两个对象相加	a+b 的计算结果为 30
−	减：得到负数或是一个数减去另一个数	a−b 的计算结果为 10
*	乘：两个数相乘或是返回一个被重复若干次的字符串	a * b 的计算结果为 200
/	除：y 除以 x	a/b 的计算结果为 2
%	取模：返回除法的余数	a%b 的输出结果为 0
**	幂：返回 x 的 y 次幂	a ** b 为 20 的 10 次幂，计算结果为 10 240 000 000 000
//	取整除：返回商的整数部分(向下取整)	7//3 的计算结果为 2 −7//2 的计算结果为−4

【例 4-9】 分析下面的代码，结合数值运算操作符，试着写出程序运行的结果。

```
//第 4 章/operator.py
x = 4.0
y = 1e - 3
result1 = x + y
result2 = x/y
result3 = x  ** 3
result4 = result3 * 2//7
result5 = 5 % x
print("result1 = ",result1,",result2 = ",result2,",result3 = ",result3)
print("result4 = ",result4,",result5 = ",result5)
```

程序运行后的结果如图 4-33 所示。

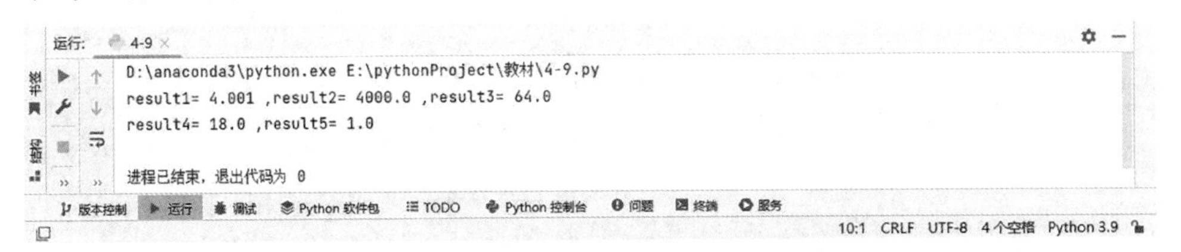

图 4-33 例 4-9 运行结果

读者可试着把 x 的值改为 4，程序运行的结果会有什么变化？

2. 复合赋值运算操作符

复合赋值运算操作符是一种在编程中常见的简洁表达方式，它将赋值操作与某种基本运算结合在一起，从而可以在一行代码中完成赋值和运算，例如 $a+=1$，可以看成：$a=a+1$，在这里，赋值运算符和算术运算符(=)的意义完全不同，在算术运算中表达的是一种相等的状态,而在赋值运算中表达的是一种动作(把赋值符号右边表达式的值赋予赋值符号左边的变量),例如上面提到的 $a=a+1$,表示先把 a 的值加 1,然后赋值给变量 a,如果赋值前 a 的值为 3,则经过赋值操作后 a 的值为 4。常见的复合赋值运算操作符见表 4-3。

表 4-3 复合赋值运算操作符

运算符	描述	实例
+=	加法赋值运算符	z+=x 等效于 z=z+x
-=	减法赋值运算符	z-=x 等效于 z=z-x
*=	乘法赋值运算符	z*=x 等效于 z=z*x
/=	除法赋值运算符	z/=x 等效于 z=z/x
%=	取模赋值运算符	z%=x 等效于 z=z%x
**=	幂赋值运算符	z**=x 等效于 z=z**x
//=	取整除赋值运算符	z//=x 等效于 z=z//x

【例 4-10】 分析下面的代码,结合复合赋值运算操作符,试着写出程序运行的结果。

```
//第 4 章/combined operators.py
a = 50
b = 20
b += a
print("b = ",b)
b ** = 2
print("b = ",b)
b % = 21
print("b = ",b)
a// = 20
print("a = ",a)
```

程序运行后的结果如图 4-34 所示。

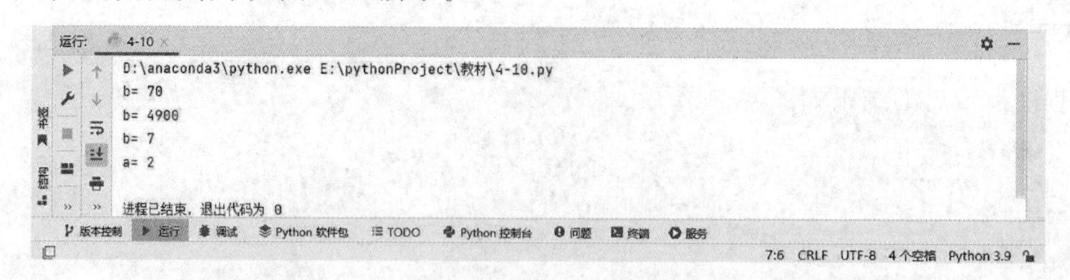

图 4-34 例 4-10 运行结果

3. 数值运算函数

Python 为用户提供了一些有关数值运算的函数,常用数值运算函数见表 4-4。

表 4-4 常用数值运算函数

函数	描述	实例
abs(x)	返回 x 的绝对值	abs(-10),返回 10
divmod(x,y)	除法及取余,返回商和余数	divmod(17,5),返回(3,2)

续表

函　数	描　述	实　例
pow(x,y[,z])	返回 x 的 y 次方；如果有可选参数 z,则先计算 x 的 y 次方,然后返回 x 的 y 次方用 z 进行模运算之后的余数	pow(10,2),返回 100 pow(4,2,3),返回 1
round(x[,d])	返回对 x 进行四舍五入的结果,可选项 d 为精度,默认值为 0	round(3.141 592 6),返回 3 round(3.141 592 6,4),返回 3.1416
max(x1,x2,x3,…,xn)	返回参数列表中的最大值	max(10,−5,15,2),返回 15
min(x1,x2,x3,…,xn)	返回参数列表中的最小值	min(10,−5,15,2),返回−5
int(x)	把 x 转换成整数	int(6.18),返回 6
float(x)	把 x 转换成浮点数	float(5),返回 5.0
complex(x)	把 x 转换为实数部分,增加虚数部分,默认值为 0j	complex(5.2),返回(5.2+0j)

【例 4-11】 分析下面的代码,结合表 4-4,试着写出程序运行的结果。

```
//第 4 章/Define variables.py
#定义变量
x = 2.5
y = 4
z = 2
#函数应用
complex_x = complex(x)
print("complex_x:", complex_x)
div_result = divmod(int(x), y)
print("divmod(x, y):", div_result)
pow_result = pow(int(x), y, z)
print("pow(x, y):", pow_result)
rounded_x = round(x, 1)
print("round(x):", rounded_x)
max_value = max(int(x), y, z)
print("max(int(x), y, z):", max_value)
min_value = min(int(x), y, z)
print("min(int(x), y, z):", min_value)
```

程序运行后的结果如图 4-35 所示。

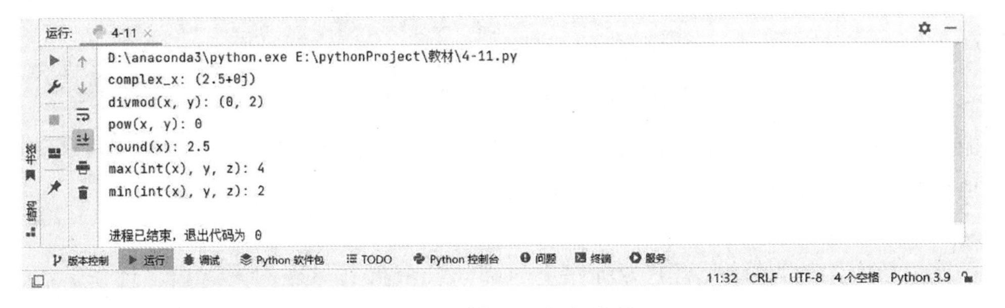

图 4-35　例 4-11 运行结果

4.3 Python 程序控制结构

Python 程序由诸多语句组成，用来达成特定的操作任务。这些语句包含多种元素，像常量、变量、表达式与函数之类。在程序中，语句的基础结构包含顺序结构、选择结构及循环结构。顺序结构指的是依据语句在程序中呈现的次序逐个执行；选择结构是按照特定条件选取执行相关的语句，而循环结构是依照条件反复执行有关的语句。

14min

4.3.1 顺序结构程序设计

1. 程序流程图

程序流程图作为一类图形化工具，主要用来呈现程序或算法的逻辑架构。借助特定的符号与箭头来代表不同的操作步骤、决策点、输入/输出，以及数据流向，进而明晰地展示程序的执行流程和逻辑架构。

在程序流程图中，常用的基本元素包括以下几种。

(1) 起止框：代表程序逻辑的开启或终止。

(2) 判断框：表明一个判别条件，并且依据判别结果选取不一样的执行路径。

(3) 处理框：象征一组处理进程，和顺序执行的程序逻辑相对应。

(4) 输入/输出框：代表程序里的数据输入或结果输出。

(5) 注释框：表明程序的注释内容。

(6) 流向线：代表程序的控制流程，用带箭头的直线或曲线展现程序的执行路径。

(7) 连接点：表示多个流程图的连接形式，经常用于把多个较小的流程图组合成较大的流程图。

流程图的基本元素如图 4-36 所示。

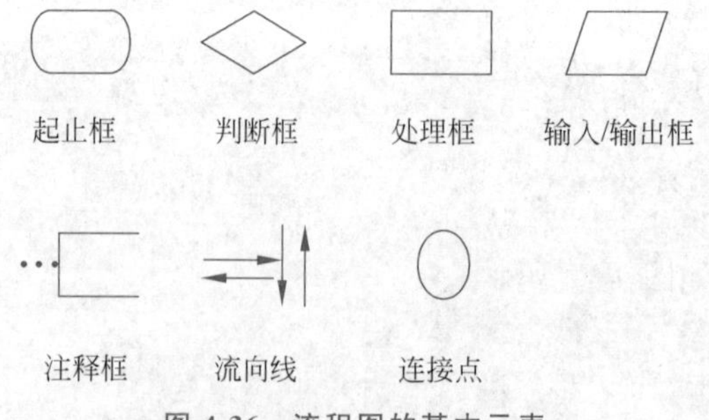

图 4-36　流程图的基本元素

流程图在软件开发、算法设计与系统分析等领域得到普遍运用，有助于程序员和分析师更优地理解与沟通程序的逻辑，流程图的使用将结合程序的 3 种结构讲解。

2. 顺序结构

程序的核心架构为顺序结构，即程序里的语句会依据其出现的先后次序逐条施行。以下是顺序结构的实例，借助这些实例，能够对顺序结构、编程的基础流程及程序的基本功能架构具备更为明晰的认知。

【例 4-12】 编写程序实现下面的功能：通过键盘为两个变量 num1、num2 分别赋值，将两个变量的和赋值给变量 sum，最后打印输出变量 sum 的值。

```
//第 4 章/Assigning variables.py

#输入两个数,语句块 A
num1 = eval(input("请为变量 num1 输入一个数值:"))
num2 = eval(input("请为变量 num2 输入一个数值:"))
#计算两个数的和, 语句块 B
sum = num1 + num2
#输出结果, 语句块 C
print("num1 和 num2 的和为", sum)
```

程序运行后的结果如图 4-37 所示。

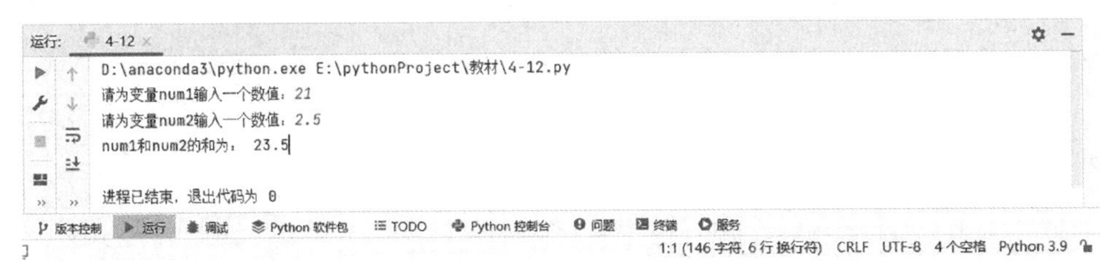

图 4-37 例 4-12 运行结果

例 4-12 采用是典型的顺序结构，它是最简单的程序结构，也是最常用的程序结构，按照语句出现的先后顺序自上而下依次执行。程序沿着一个方向进行，具有唯一的入口和出口，按先后顺序，先执行语句块 A，再执行语句块 B，最后执行语句块 C，如图 4-38 所示。

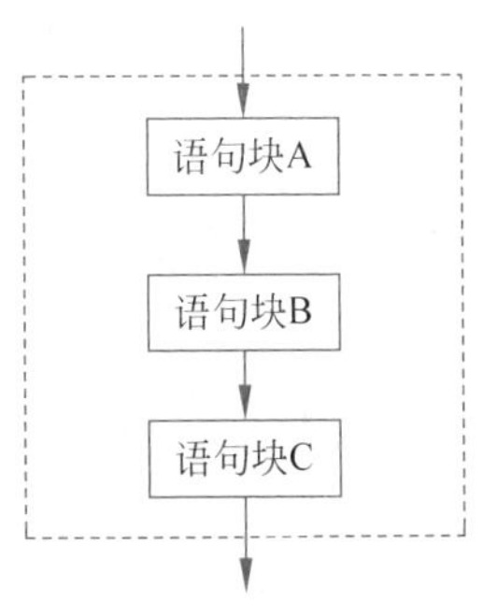

图 4-38 顺序结构流程图

4.3.2 分支结构程序设计

针对不同情境自行选择并执行相应的程序功能是计算机程序的一个基本要求。这样的控制可以通过分支结构来实现。Python 提供了条件运算符和选择控制语句两种选择结构。条件运算符是一种简单的选择方式，而更复杂的选择结构，则需要依靠选择结构的控制语句来实现。

1. 条件表达式

在分支结构和循环结构中，程序的执行是基于条件表达式的运算结果来决定下一步的行动。在 Python 中，条件表达式可以是单个常量、变量或任何合法的表达式。在这些表达式中可以包含各种运算符，接下来，将深入讨论与条件判断紧密相关的关系运算符、逻辑运算符。

在进行条件判断时，条件表达式的计算结果会映射到布尔型(bool)的两个值：True 或

False。一般来讲,True 代表条件成立,而 False 则表示条件不成立。当条件表达式的结果并非直接为 True 或 False 时,例如 None、数值类型中的 0、空字符串、空元组、空列表、空字典、空集合及结果为空的迭代对象等,它们都会被视为 False,而其他所有值则被视为 True。

1) 关系运算符

关系运算符用来断定两个操作数相互间的大小相对关系。Python 提供以下 6 种关系运算符:小于、小于或等于、大于或等于、大于、等于及不等于。在运用关系运算符时,一般被比较的操作数应属于同类型的可比较数据,以此防止产生错误,然而,整型和浮点型之间的比较在 Python 里是可行的。

【例 4-13】 根据变量 a、b、c、d、e 的值,试着判断变量之间的相互关系。

```
//第 4 章/Determine size.py
a = 5
b = 10
c = 3.14
d = "abc"
e = "abcd"
print(a < b)
print(b < c)
print(b == c)
print(b!= c)
print(c > d)
```

程序运行后的结果如图 4-39 所示。

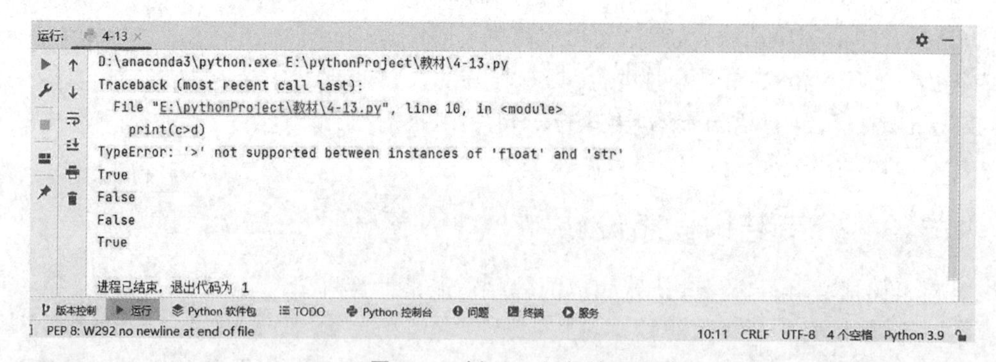

图 4-39 例 4-13 运行结果

总之,Python 里的关系运算符能够辅助对比两个操作数的大小关系,即便整型与浮点型能够直接展开比较,但比较之际仍需要留意操作数的数据类型。

2) 逻辑运算符

逻辑运算涉及多个布尔型值的运算,用于体现多个条件间的相互关联。Python 提供了 3 种逻辑运算符:取反运算(not)、与运算(and)、或运算(or)。以下是逻辑运算符的运算准则和注意事项:

(1) 取反运算(not)用于将 True 或与 True 等价的数据转换为 False,反之亦然。

(2) 与运算(and)要求两个操作数都为 True 时,运算结果才为 True。若有任一操作数为 False,则结果为 False。

(3) 或运算(or)在任一操作数为 True 时即返回值为 True。当两个操作数均为 False 时,结果为 False。

(4) 逻辑运算中存在短路现象,即在表达式"a 逻辑运算 b"中,例如 2 < 0 and 2 > 0,若计算 a 后已能确定整个表达式的结果,则不再计算 b,以提高程序的运行效率。

【例 4-14】 编写一个 Python 程序,要求用户输入一个数字。程序将根据输入的数字判断其是否满足以下条件,并输出相应的信息:

(1) 如果数字大于 0 且小于 10(不包含 0 和 10),则输出"数字在 0～10"。

(2) 如果数字小于 0 或大于 10,则输出"数字不在 0～10"。

(3) 如果数字等于 0 或 10,则输出"数字等于 0 或 10"。

```
//第 4 章/Conditional judgment.py

number = eval(input("请输入一个数字:"))
if number > 0 and number < 10:
    print("数字在 0～10 ")
elif number < 0 or number > 10:
    print("数字不在 0～10")
else:
    print("数字等于 0 或 10")
```

程序运行后的结果如图 4-40 所示。

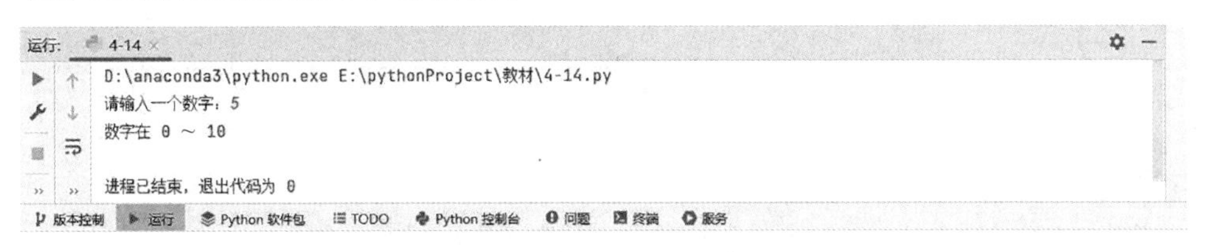

图 4-40 例 4-14 运行结果

3) 成员运算符

Python 里界定了序列数据类型及可迭代对象,此类数据结构内部涵盖了多个元素。当用户想要判别某个元素是否存在于这些序列或可迭代对象之内时,就得凭借成员运算符来实施检测。Python 给予了两种关键的成员运算符:in 与 not in,例如 print("a" in "abc", "a" not in "abc")得到的结果为 True、False。

4) 身份运算符

Python 的身份运算符用来对比两个操作数是否属于同一对象。Python 设定了两个身份运算符:is 与 is not。

a is b,判别 a、b 是否引用了同一对象,如果是,则返回值为 True,否则返回值为 False。

a is not b,确定 a、b 是否引用了不同的对象,如果是,则返回值为 True,否则返回值为 False。

例如执行以下代码得到结果为 True、False。

```
a = "xyz"
b = a
print(a is b)
c = "opq"
print(a is c)
```

5）条件运算符

在程序控制仅需按照条件选取各异的计算结果之际，可以运用条件运算符。Python 中条件运算符的格式如下：

```
表达式 1 if 条件表达式 else 表达式 2
```

执行时首先对条件表达式进行计算，若条件计算所得的结果为 True，就返回表达式 1 的计算结果；当条件计算结果为 False 时，则返回表达式 2 的计算结果。

【例 4-15】 编写程序实现从键盘输入 3 个数，输出其中最小的数。

```
x,y,z = eval(input("请输入 3 个数字(数字与数字以英文逗号连接):"))
min = x if x < y else y
min = min if min < z else z
print("输入的 3 个数中最小的是:",min)
```

程序运行后的结果如图 4-41 所示。

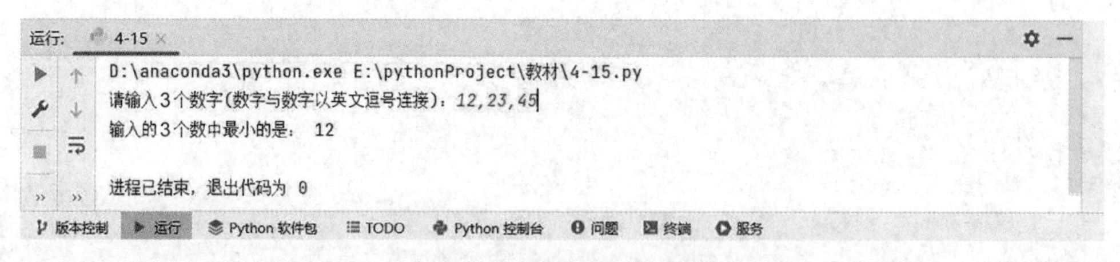

图 4-41 例 4-15 运行结果

2. 单分支结构

单分支结构的 if 语句的格式如下：

```
if 条件表达式:
    语句块
```

当条件表达式为真时，执行相应的语句块或单语句，当条件表达式不成立时，则跳出分支结构，执行分支结构后面的代码，如图 4-42 所示。这种结构允许在满足特定条件时执行特定操作。条件表达式通常是比较或逻辑表达式，但也可以是其他任何返回布尔值的表达式。需要注意：条件表达式后面必须跟随冒号，而语句块中的每行都应向右缩进，以保持代码的一致性和可读性。

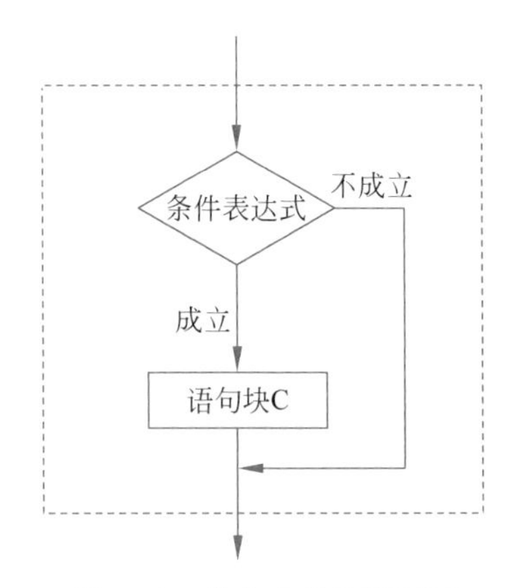

图 4-42　单分支结构流程图

【例 4-16】　编写程序实现从键盘输入年龄，如果年龄小于 18 岁，则输出“未成年人，可以免费入园游玩！”。

```
age = int(input("请输入您的年龄:"))
if age < 18:
    print("未成年人,可以免费入园游玩!")
```

程序运行后的结果如图 4-43 所示。

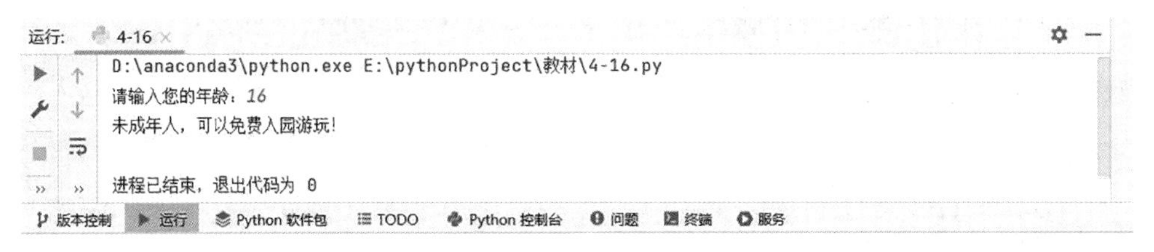

图 4-43　例 4-16 运行结果

3. 双分支结构

双分支结构语句的格式如下：

```
if 条件表达式:
    语句块 A
else:
    语句块 B
```

当条件表达式为真时，若结果为 True 或等价于 True，则执行语句块 A；若结果为 False 或等价于 False，则执行语句块 B，如图 4-44 所示。

需要注意的事项除了单分支结构的注意事项，还需注意以下事项：

（1）else 后必须加冒号。

（2）语句块 A 和语句块 B 的缩进方式要保持一致。

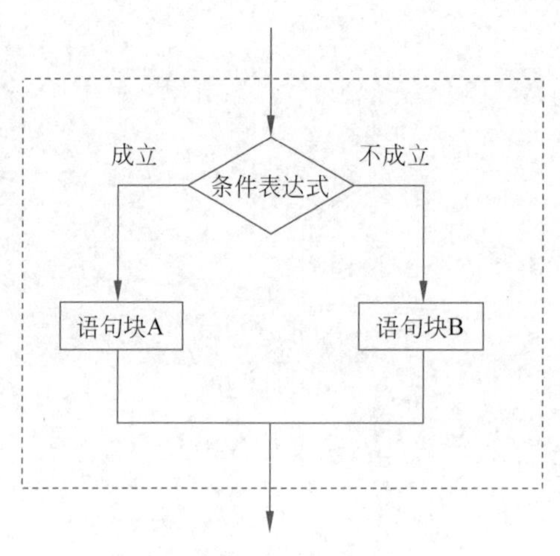

图 4-44　双分支结构流程图

【例 4-17】　编写程序实现从键盘输入年龄,如果年龄小于 18 岁,则输出“未成年人,可以免费入园游玩!”;如果年龄大于或等于 18 岁,则输出“成年人,请购票入园游玩!”。

```
age = int(input("请输入您的年龄:"))
if age < 18:
    print("未成年人,可以免费入园游玩!")
else:
    print("成年人,请购票入园游玩!")
```

程序运行后的结果如图 4-45 所示。

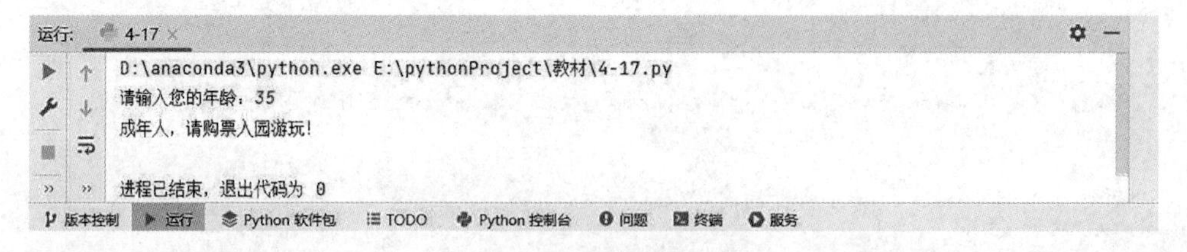

图 4-45　例 4-17 运行结果

4. 多分支结构

多分支结构语句的格式如下:

```
if 条件表达式 1:
    语句块 A
elif 条件表达式 2:
    语句块 B
elif 条件表达式 3:
    语句块 C
…
else:
    语句块 N
```

首先，对条件表达式 1 予以计算，若成立，就执行相对应的语句块 A，并结束多分支结构；若不成立，就继续评判条件表达式 2。依照这样的逻辑逐次核查，若某一条件表达式得以成立，就执行相应的语句块并结束结构。若所有条件表达式均未能成立，就执行 else 后的语句块 N，通过这种方式结束多分支结构，如图 4-46 所示。

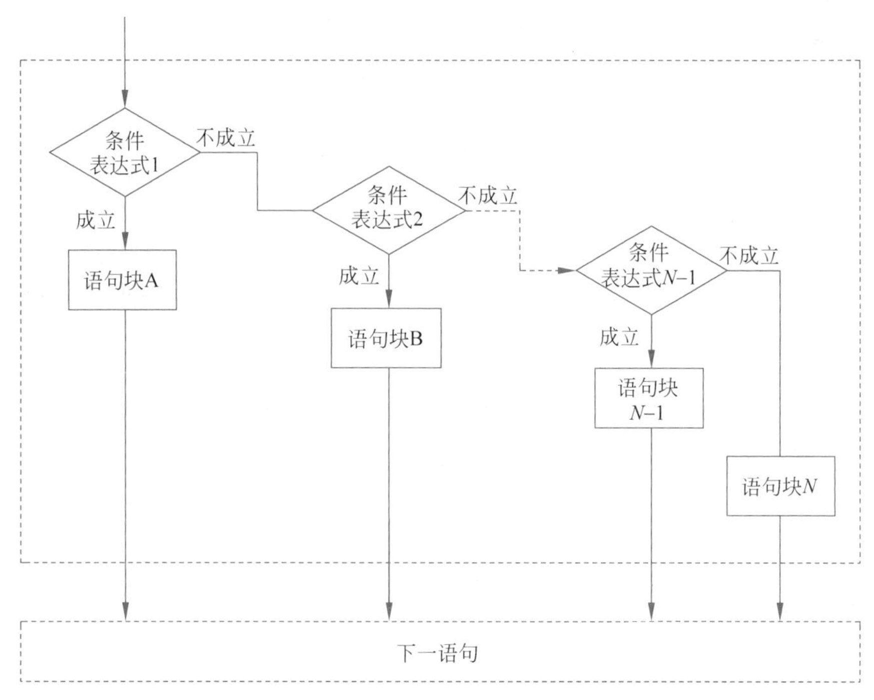

图 4-46 多分支结构流程图

需要留意以下几点：

（1）每个 elif 后面的表达式的后面都需添加冒号。

（2）else 子句通常置于最后，可根据情况省略，若省略 else，则当所有条件都无法满足时，将不会执行任何语句。

（3）所有语句块的缩进应保持一致，以保证代码结构的明晰和可读性。

【例 4-18】 编写程序实现从键盘输入一个百分制成绩，要求输出与它相应的成绩等级。90 分及以上为“优秀”，70～89 分为“良好”，60～69 分为“合格”，小于 60 分为“不合格”。

```
//第 4 章/Assessing grades.py

score = eval(input("请输入百分制成绩:"))
if score >= 90:
    print("优秀")
elif score >= 70 and score < 90:
    print("良好")
elif score >= 60 and score < 70:
    print("合格")
```

```
else:
    print("不合格")
```

程序运行后的结果如图 4-47 所示。

```
运行:  4-18 ×
请输入百分制成绩：91
优秀

进程已结束，退出代码为 0
版本控制  运行  Python 软件包  TODO  Python 控制台  问题  终端  服务
```

图 4-47　例 4-18 运行结果

5. 分支嵌套

控制结构的嵌套意为一个控制结构之中存在另一个控制结构。这里的选择嵌套具体指的是一个选择语句的内部涵盖了另一个选择结构。

【例 4-19】 编写程序满足以下要求：定义一个随机数字(范围在 1～10，随机生成)，通过 input()函数输入每次自己猜的数字，然后通过双分支结构进行判断，猜中、猜不中都要给出提示，总共有 3 次猜数的机会来猜这个随机数，要求：

(1) 被猜数字随机生成，范围为 1～10。

(2) 共有 3 次机会猜测数字，要求通过 3 层嵌套判断实现。

(3) 当猜不中时，要求提示所猜数和被猜数的关系(大了或小了)，方便下一次猜数。

代码如下：

```
//第 4 章/Branch Nesting.py

import random
num = random.randint(1,10)
guess = int(input('请输入一个 1～10 的数字:'))
if guess == num:
    print('真厉害,一次就猜中')
else:
    if guess > num:
        print('大了')
    else:
        print('小了')
    guess = int(input('请再次输入一个数字:'))
    if guess == num:
        print('一般般,两次就猜中')
    else:
        if guess > num:
            print('大了')
        else:
            print('小了')
        guess = int(input('请第 3 次输入一个数字:'))
        if guess == num:
```

```
        print('终于猜中')
    else:
        print('三次机会已用完,没有机会了!')
```

代码分析：

(1) 使用 random 模块中的 randint() 函数生成一个 1～10 的随机整数，并将其赋值给变量 num，表示程序随机生成的数字。

(2) 使用 input()函数输入所猜的数字，并通过 int()函数转换成整数并赋值给变量 guess。

(3) 使用双分支嵌套逐层完成了 3 次猜数，并根据所输入的数字给出了相应的提示。

4.3.3 循环结构程序设计

计算机的运行速度极快，每秒能执行亿级次的运算，用户不可能手动编写如此多的指令来指挥计算机。为此，将复杂的功能拆解成多个简单的重复任务，并让计算机反复执行这些任务，从而完成复杂功能。循环结构是实现计算机重复执行任务的基础方法，也是程序设计的核心架构之一。循环的本质在于重复执行某些操作。在 Python 语言中，实现循环结构主要有两种语句：while 语句和 for 语句。

1. while 循环

while 循环根据条件判断是否需要继续执行语句块，因此也称为条件循环。无论循环次数是否可知都可以使用 while 语句来重复执行代码块。

多分支结构语句的格式如下：

```
while 条件表达式:
循环体
[else:
语句块]
```

while 语句的执行流程是这样的：首先计算条件表达式的值。若该值为 True，则执行循环体内的语句块，随后返回条件处重新评估条件表达式的值，以决定是否继续执行循环体(循环体指 while 语句下需要重复执行的语句块)。若条件表达式的值为 False，则循环终止，程序将执行 while 语句循环体之后的代码，如果存在 else 分支，则会先执行 else 中的语句块，再退出循环；若没有 else 分支，则直接退出循环，具体流程如图 4-48 所示。

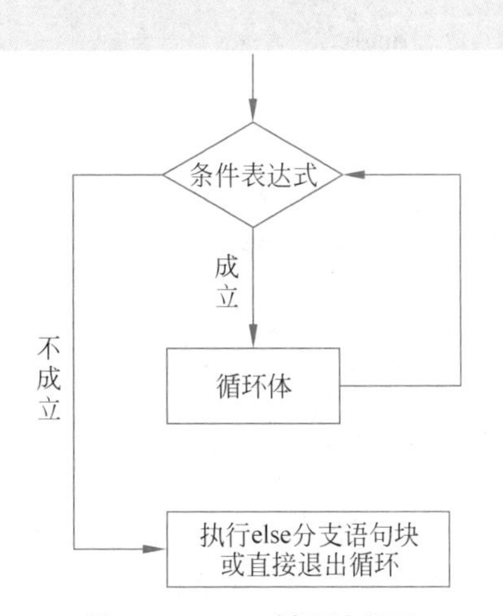

图 4-48 while 循环流程图

需要留意以下几点：

(1) 条件表达式可以是比较表达式或逻辑表达

式，但也可以是其他计算得出的表达式。

(2) 条件表达式后必须加上冒号以标识循环体的开始。

(3) 循环体内的所有语句相对于 while 语句所在行应向右缩进，并且缩进方式需保持一致。

(4) 由于先计算条件表达式再执行循环体，因此存在循环体一次都不被执行的可能性。如果条件表达式始终为 True，则循环将无限循环下去，这被称为死循环。当遇到死循环时，可以使用快捷键 Ctrl+C 中断程序。

(5) else 分支是可选的。若 while 循环的条件表达式最终为 False，并且存在 else 分支，则会先执行 else 中的语句块，再退出循环；若没有 else 分支，则直接退出循环。

【例 4-20】 编写程序求 1～50 的累加值，输出累加结果。

```
//第 4 章/Accumulated sum.py

sum = 0
i = 1
while i< = 50:
    sum += i
    i += 1
print("1～50 的累加值:",sum)
```

程序运行后的结果如图 4-49 所示。

图 4-49 例 4-20 运行结果

2. for 循环

在 for 循环结构中，循环的控制需要序列或可迭代对象参加，循环期间要对序列或者可迭代对象的元素逐个进行处理，所以又叫遍历循环。for 循环结构适用的状况主要包括循环次数已知，以及需要遍历处理序列或可迭代对象中的每个元素。

多分支结构语句的格式如下：

```
for 变量 in 序列:
    循环体
[else:
    语句块]
```

for 语句的执行流程是这样的：从遍历序列里逐个提取元素，放到循环变量里，循环的次数即为序列中元素的数量，每次循环中循环变量的值就是所遍历序列中提取出的当前元素值。可选的 else 部分执行模式和 while 语句相仿。倘若所有元素都被遍历完毕，结束执行循环体，就会执行 else 后的语句块；若是在循环体中执行了 break 语句而结束循环，那就不会执行 else 后的语句块，具体流程如图 4-50 所示。

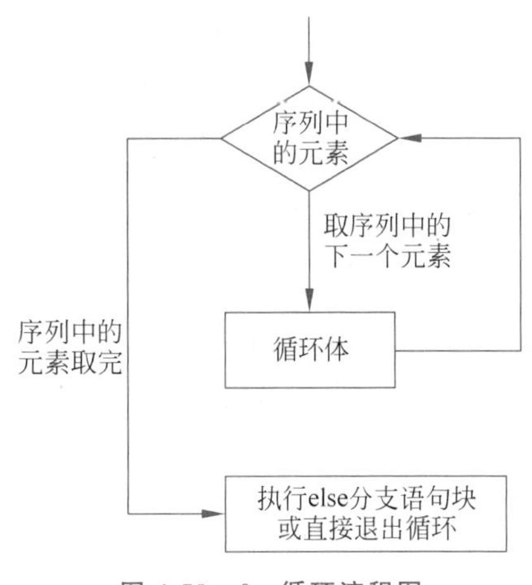

图 4-50　for 循环流程图

需要留意以下几点：

(1) for 循环的循环次数等同于序列或可迭代对象的元素个数。

(2) 若想要按照指定次数循环，可以运用 range()函数产生的 range 对象来配合控制循环。

【例 4-21】　分别用 for 循环遍历并打印字符串 python 和 range 函数产生的对象 range(2,15,3)中的所有元素，其中字符串的元素以 * 作为句末结尾符，range 对象以 # 作为句末结尾符。

```
//第 4 章/for Loop.py

str1 = "python"
for letter in str1:
    print(letter,end = " * ")
print()
for num in range(2,15,3):
    print(num,end = " # ")
```

程序运行后的结果如图 4-51 所示。

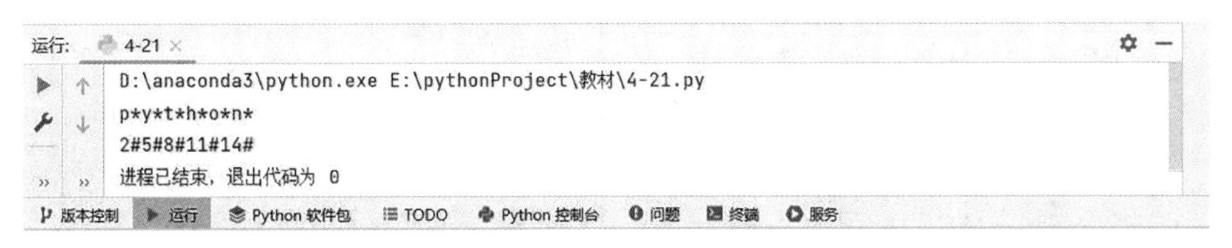

图 4-51　例 4-21 运行结果

3. 循环嵌套

循环语句可以嵌套使用。一个循环体中的语句包含另一个循环语句，被称作循环的嵌套。依据所处包含关系中的不同位置，一个循环嵌套包含外层循环及内层循环。内层循环能够继续进行循环嵌套，也就是多层循环。

使用循环嵌套需要留意以下几个问题：

(1) 外循环每执行一次，内循环执行一次完整的循环。

(2) 为了能够处理复杂的问题，可以使用不同的循环语句彼此嵌套。

(3) 在嵌套循环中，应当注意语句的缩进，错误的缩进会致使语句属于错误的循环层。

【例 4-22】 分别用 while 循环和 for 循环输出九九乘法表。

使用 while 循环：

```
//第 4 章/Multiplication Table while.py

row = 1
while row < 10:
    col = 1
    while col <= row:
        print(f'{col} * {row} = {row * col}\t', end = "")
        col += 1
    row += 1
    print()
```

使用 for 循环：

```
//第 4 章/Multiplication Table for.py
for row in range(1, 10):
    for col in range(1,row + 1):
        print(f'{col} * {row} = {row * col}\t',end = "")
    print()
```

程序运行后的结果如图 4-52 所示。

```
D:\anaconda3\python.exe E:\pythonProject\教材\4-22while.py
1*1=1
1*2=2	2*2=4
1*3=3	2*3=6	3*3=9
1*4=4	2*4=8	3*4=12	4*4=16
1*5=5	2*5=10	3*5=15	4*5=20	5*5=25
1*6=6	2*6=12	3*6=18	4*6=24	5*6=30	6*6=36
1*7=7	2*7=14	3*7=21	4*7=28	5*7=35	6*7=42	7*7=49
1*8=8	2*8=16	3*8=24	4*8=32	5*8=40	6*8=48	7*8=56	8*8=64
1*9=9	2*9=18	3*9=27	4*9=36	5*9=45	6*9=54	7*9=63	8*9=72	9*9=81

进程已结束，退出代码为 0
```

版本控制 运行 Python 软件包 TODO Python 控制台 问题 终端 服务

图 4-52 例 4-22 运行结果

4. 循环控制语句

和循环结构有关的语句还有 break、continue 与 pass 语句，它们能够改变循环执行的进程，其中，break 与 continue 语句只可应用于循环体内，pass 语句还能用于其他控制架构。

1) break 语句

在循环体中运用 break 语句，能够跳出包含该 break 语句的那一层循环，进而提前结束此循环。跳出循环后，接着执行当前层循环的后续语句。break 语句通常是和 if 语句、循环的 else 子句共同结合运用的。

【例 4-23】 用 while 循环实现例 4-19 的猜数游戏，本题的猜数范围为 1～1000，不限制猜数次数，一直到猜中为止，猜中后需要输出所用次数。

```
//第 4 章/Guess the number game.py
import random
num = random.randint(1,1000)
count = 0
while True:
    guess = int(input('请输入您猜的数字:'))
    count += 1
    if guess == num:
        print(f'真厉害,用了{count}次就猜中了')
        break
    else:
        if guess > num:
            print('大了')
        else:
            print("小了")
```

程序运行后的结果如图 4-53 所示。

图 4-53　例 4-23 运行结果

2）continue 语句

在循环体中运用 continue 语句，能够提前结束此次循环体代码的运行，不再运行循环体中本语句后的其他语句，跳回循环结构首行，重新判别循环条件，并依据重判结果决定是否继续循环。和 break 语句相似，continue 语句通常也与 if 语句联合使用。continue 语句只是结束这一次循环，而非终止整个循环的执行；break 语句则是让整个循环提前终止。

【例 4-24】　编写程序模拟用户登录功能，用户名为 supervip，密码为 888888。

```
//第 4 章/User login.py
while True:
    username = input('请输入用户名:')
    if username != 'supervip':
        print('用户名错误!')
        continue
    password = input('请输入密码:')
    if password == '888888':
```

```
        break
    else:
        print('密码错误!')
print('登录成功!')
```

程序运行后的结果如图 4-54 所示。

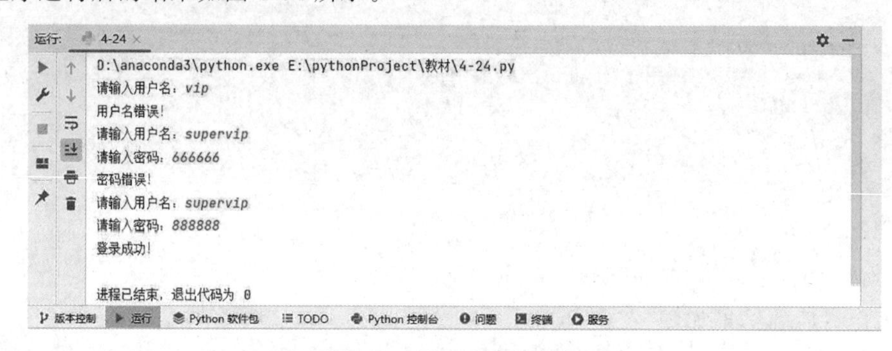

图 4-54　例 4-24 运行结果

3）pass 语句

pass 语句，也被称为空语句，在程序执行时不会执行任何具体操作，其主要应用场景在于确保控制结构的完整性。在编写代码时，有时会遇到某些位置需要至少存在一条语句，但实际上并无实际性的操作需要执行，这时就可以使用 pass 语句，起到占位的作用。特别是在模块化设计的过程中，pass 语句常被用来作为临时占位符。

4.4　Python 函数

在编程时，经常需要在程序的不同地方使用相同或类似的代码功能。尽管可以直接将代码块复制到相应位置，但这种做法会增加代码量，不利于代码的维护与复用。为解决这种问题，有效的方法是使用函数，或者使用类。通过函数或类，可以更有效地组织代码，提高代码的复用性，使代码更加清晰、更有条理、更加可靠。Python 中的函数可以分为两种大的类型，一种是标准库提供的内置函数，另一种是用户自己定义的函数，在本节中重点讨论用户如何自己去定义和调用函数。

12min

4.4.1　函数的定义与调用

1. 函数的定义

函数是预先定义好的、可重复使用的代码块，通常用于实现特定的独立功能。在调用函数之前，必须先进行定义。

在 Python 中，定义函数的基本语法如下：

```
def 函数名(形式参数列表):
函数体
```

在定义函数时，需遵循以下规则：

(1) 用 def 关键字作为函数的开头，后面紧跟函数名和一对圆括号()，即使函数没有参数，圆括号也不能省略。函数名应为合法的标识符。

(2) 圆括号后必须加上冒号。

(3) 圆括号内可以包含形式参数(简称形参)，形参可以有多个，也可以没有。多个参数之间用逗号分隔。

(4) 函数体必须缩进编写。

(5) 如果在程序的其他地方要用到函数的处理结果，则需要在函数体中加上 return 语句，用于返回函数的处理结果，return 语句的具体用法在后面会详细讨论。

2. 函数的调用

函数在定义之后，若未被调用，则函数中的代码将永远处于休眠状态，不会被执行。如果要激活并执行函数体内的代码段，则必须通过调用函数来实现。函数调用时，需要遵循如下的语法格式：

```
函数名(实际参数列表)
```

在调用函数的过程中，实际参数(简称实参)需要与形式参数一一对应，如果函数有多个参数，则参数之间应该用逗号分隔，即便调用的是无参函数，函数名后的一对圆括号也是必不可少的。通常情况下，实参的数量应与形参的数量相匹配，并且它们的数据类型应该一致，这样才能确保函数调用的正确性和有效性。

如何定义和调用函数，可以参考以下例子。

【例 4-25】 自定义函数 my_len()，实现库函数 len()的功能。

```
//第 4 章/len.py
str1 = "hello world"
def my_len(x):
    count = 0
    for i in x:
        count += 1
    return count
print("字符串 str1 的长度是:",my_len(str1))
```

程序运行后的结果如图 4-55 所示。

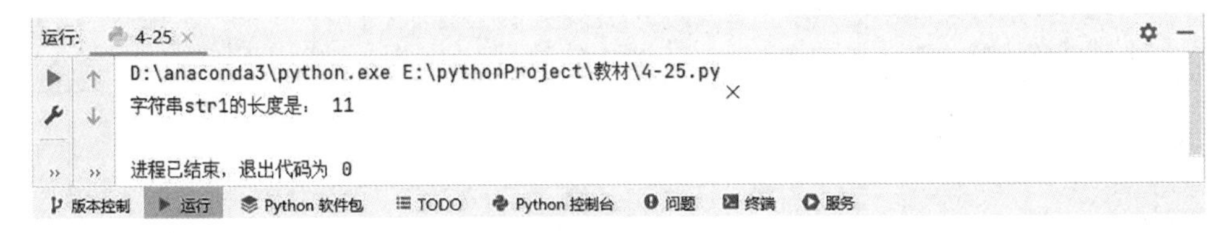

图 4-55　例 4-25 运行结果

3. 函数的返回值

如果在程序的其他地方需要用到函数的处理结果，则函数就要有返回值。返回值通过在函数体内使用 return 语句得到，语法格式如下：

```
return[函数返回值]
```

对于函数返回值，需遵循以下规则：

(1) 函数返回值是可选项，也就是在 return 后不带任何数据，等同于 return None，这种情况仅表示函数执行到此函数终止。

(2) 函数也可以没有 return 语句，函数的返回值也是 None。

(3) 函数可以有一条或多条 return 语句，多条 return 只要执行任何一条 return 语句，整个函数就会结束运行，并返回调用该函数的程序段继续执行。

【例 4-26】 自定义函数 check_number()，判断输入的数值是正数、负数还是零，要求能反复输入和判断，直到用户不想输入为止。

```
//第 4 章/Function return value.py

def check_number(number):
    if number > 0:
        return "正数"
    elif number < 0:
        return "负数"
    else:
        return "零"
while True:
    inputnum = eval(input("请输入一个数值:"))
    result = check_number(inputnum)
    print("输入的数据是:",result)
    choice = input("还需要继续检查吗?(Y/N)")
    if choice == "N" or choice == "n":
        break
```

程序运行后的结果如图 4-56 所示。

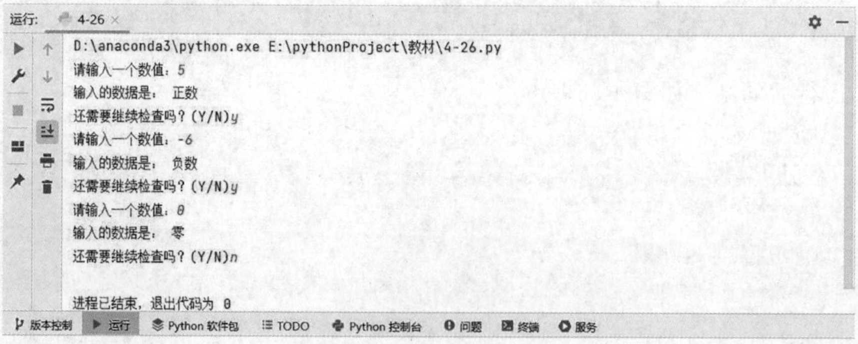

```
运行: 4-26
D:\anaconda3\python.exe E:\pythonProject\教材\4-26.py
请输入一个数值：5
输入的数据是： 正数
还需要继续检查吗？(Y/N)y
请输入一个数值：-6
输入的数据是： 负数
还需要继续检查吗？(Y/N)y
请输入一个数值：0
输入的数据是： 零
还需要继续检查吗？(Y/N)n

进程已结束，退出代码为 0
版本控制  运行  Python 软件包  TODO  Python 控制台  问题  终端  服务
```

图 4-56 例 4-26 运行结果

4.4.2 函数的参数传递

14min

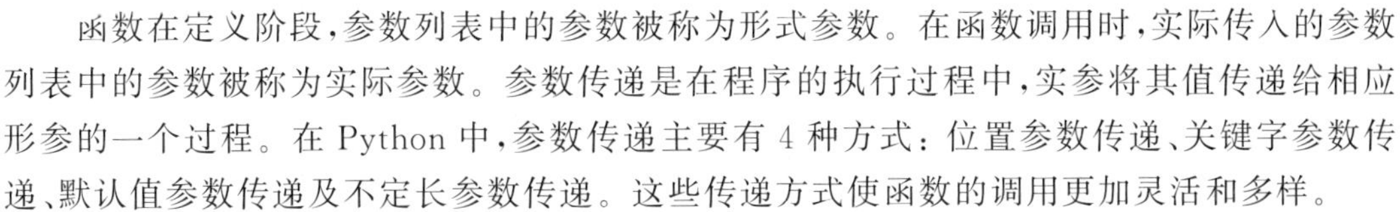

函数在定义阶段，参数列表中的参数被称为形式参数。在函数调用时，实际传入的参数列表中的参数被称为实际参数。参数传递是在程序的执行过程中，实参将其值传递给相应形参的一个过程。在 Python 中，参数传递主要有 4 种方式：位置参数传递、关键字参数传递、默认值参数传递及不定长参数传递。这些传递方式使函数的调用更加灵活和多样。

1. 位置参数传递

位置参数传递是指在调用函数时，按照参数在函数定义中的位置顺序给形参传递实际值的方式。具体来讲：在调用函数时，需要按照函数定义时形参的顺序依次传递参数值，位置与函数定义中形参的位置一一对应。

位置参数传递的特点：

（1）在调用函数时，实参的顺序需要与函数定义中的形参顺序一致。

（2）传递参数值时不需要指定参数名，只需按照位置顺序传递参数值。

（3）位置参数传递是最常见、最基本的参数传递方式。

【例 4-27】 定义一个函数 calculate_power(base, exponent)，实现位置参数传递。

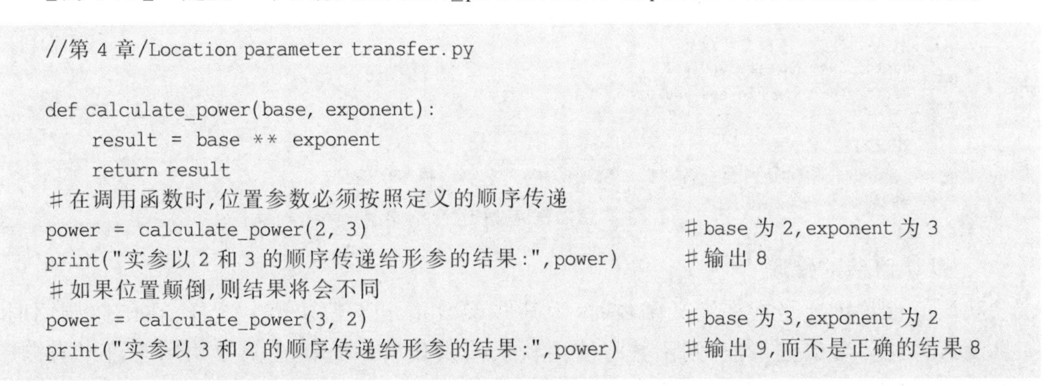

```
//第 4 章/Location parameter transfer.py

def calculate_power(base, exponent):
    result = base ** exponent
    return result
#在调用函数时,位置参数必须按照定义的顺序传递
power = calculate_power(2, 3)                          #base 为 2,exponent 为 3
print("实参以 2 和 3 的顺序传递给形参的结果:",power)      #输出 8
#如果位置颠倒,则结果将会不同
power = calculate_power(3, 2)                          #base 为 3,exponent 为 2
print("实参以 3 和 2 的顺序传递给形参的结果:",power)      #输出 9,而不是正确的结果 8
```

程序运行后的结果如图 4-57 所示。

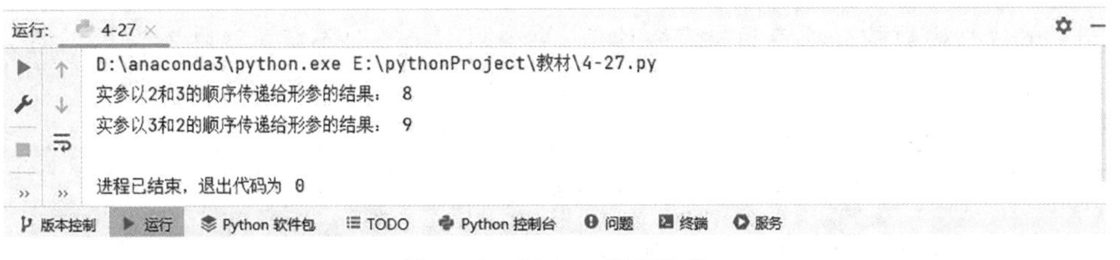

图 4-57 例 4-27 运行结果

2. 关键字参数传递

关键字参数传递是 Python 中另一种函数参数传递的方式，与位置参数传递相对应。在使用关键字参数传递时，在调用函数时提供的实参是以形参的名字（关键字）来指定的，而不是按照位置顺序来指定。这使在函数调用中可以更清晰地表明参数的具体含义，同时也

提高了函数调用的灵活性。

在使用关键字参数传递时应该特别关注以下几点：

（1）可以在调用函数时指定参数的名称，从而明确指定每个参数的值，不受参数顺序的影响。

（2）可以只给部分参数传递值，而不需要按照顺序传递所有参数。

【例 4-28】 定义一个函数 sayhello(name,message)，实现关键字参数传递。

```
//第 4 章/Keyword parameter passing.py

def sayhello(name, message):
    print(f"Hello, {name}! {message}")
#使用关键字参数传递,明确指定参数的名称
sayhello(name = "Mary", message = "How are you?")
sayhello("Jack", message = "How do you do?")
sayhello(message = "How old are you?", name = "Tom")
```

程序运行后的结果如图 4-58 所示。

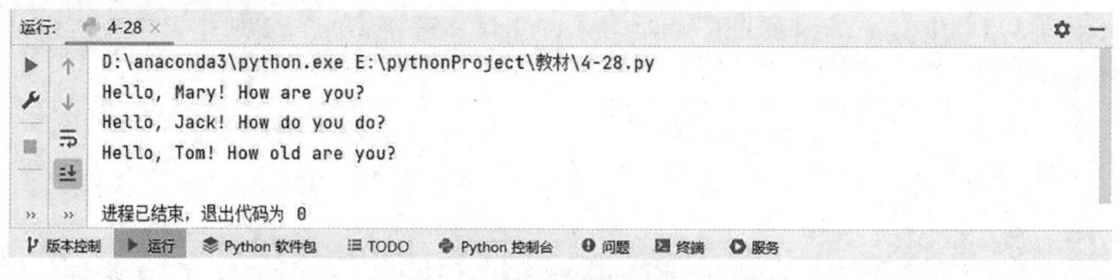

图 4-58 例 4-28 运行结果

3. 默认值参数传递

默认值参数传递是指在定义函数时，为某些参数指定了默认值。这样，在函数调用时，如果没有为这些参数提供值，则函数将使用默认值来代替。这使在函数调用时可以省略一些参数，同时也提高了函数的灵活性。

默认值参数传递的特点主要包括以下几点。

（1）可以为函数的某些参数指定默认值，使在调用函数时不必为这些参数提供值。

（2）如果在调用函数时没有为参数提供值，则函数将使用默认值进行计算。

（3）在调用函数时可以根据需要覆盖默认值，即将新的值传递给参数。

【例 4-29】 定义一个函数 sayhello(name,message)，实现默认值参数传递。

```
//第 4 章/Default value parameter transfer.py

def sayhello(name, message = "How are you?"):
    print(f"Hello, {name}! {message}")
#在调用函数时如果未指定 message 参数,则将使用默认值
sayhello("Mary")
#也可以覆盖默认值,将新的值传递给 message 参数
sayhello("Jack", "Nice to meet you!")
```

程序运行后的结果如图 4-59 所示。

图 4-59　例 4-29 运行结果

4. 不定长参数传递

不定长参数传递是指在函数定义时，允许函数接受任意数量的参数。这种参数传递方式在函数的定义时不需要明确指定参数的数量，从而使函数能够处理各种不同数量的参数输入。

在 Python 中，有以下两种类型的不定长参数传递。

(1) 不定长位置参数：使用星号(*)将参数收集到一个元组中。

(2) 不定长关键字参数：使用双星号(**)将参数收集到一个字典中。

【例 4-30】　定义两个函数 sum(* args)和 display_info(** kwargs)，分别实现两种不定长参数传递。

```
//第 4 章/Variable length parameter transfer.py

#不定长位置参数示例
def sum( * args):
    result = 0
    for num in args:
        result += num
    return result
print("不定长位置参数 1 的和:",sum(1, 2, 3))
print("不定长位置参数 2 的和:",sum(1, 2, 3, 4, 5))
print("------------------------------")
#不定长关键字参数示例
def display_info( ** kwargs):
    for key, value in kwargs.items():
        print(f"{key}: {value}")
print("不定长关键字参数分别是:")
display_info(name = "张三", age = 21, city = "成都")
```

程序运行后的结果如图 4-60 所示。

4.4.3　变量的作用域

变量的作用域是指在程序中变量能够被访问的范围，也是变量的有效范围。变量的作用域是由其首次出现的位置所决定的。在 Python 中，根据变量的作用域可以将变量分为局部变量和全局变量。

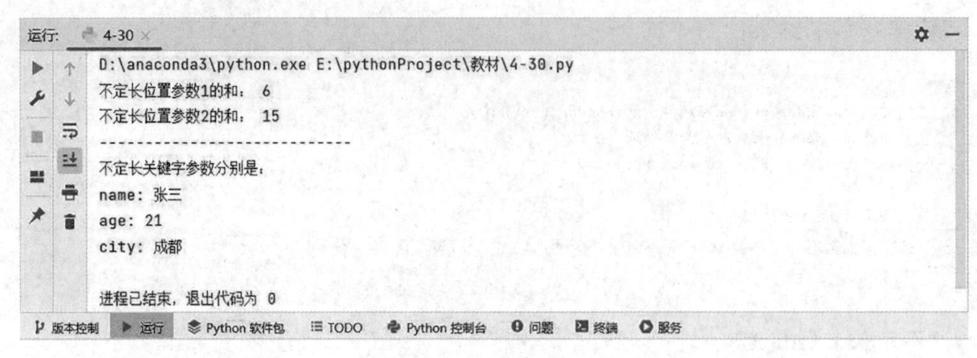

图 4-60 例 4-30 运行结果

1. 局部变量

局部变量是指在函数内部定义的变量,该变量的作用范围也在函数内部,即只能在该函数中使用,在该函数外是不能使用的。当函数被调用时,函数内部定义的局部变量被创建,用于临时保存数据,当函数调用结束后,在函数内部定义的变量就不能使用了。

【例 4-31】 定义一个函数 func(),在函数体内定义一个局部变量 x,在函数体内先后给局部变量 x 赋值并输出两次,最后在函数调用结束后再输出局部变量 x 的值。

```
//第 4 章/local variable.py
def func():
  x = 2
  print("局部变量 x 的初值:", x)
  x = 5
  print("局部变量 x 在函数内被修改后的值:", x)
func()
print("函数调用结束后 x 的值:",x)
```

程序运行后的结果如图 4-61 所示。

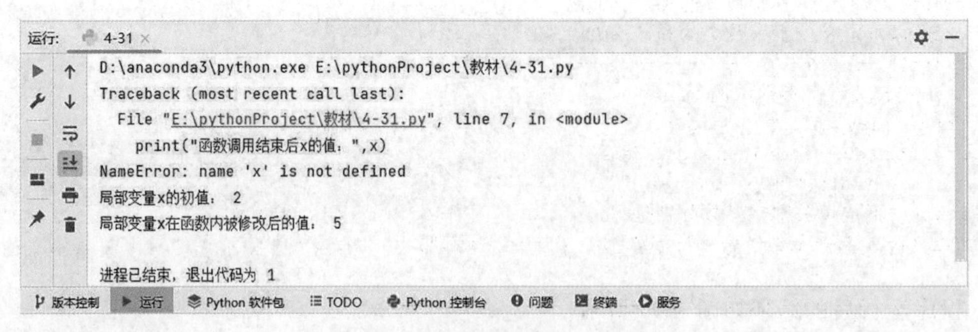

图 4-61 例 4-31 运行结果

2. 全局变量

全局变量是在函数外部定义的变量,其作用范围是从变量定义处直到整个程序结束,也指变量的作用域可以跨越多个函数。如果全局变量需要在函数内部使用,则需要在变量名前使用关键字 global。

【例 4-32】 修改例 4-31 中定义的函数 func(),使函数运行后不报错。

```
//第 4 章/Global variable.py

def func():
  global x
  x = 2
  print("局部变量 x 的初值:", x)
  x = 5
  print("局部变量 x 在函数内被修改后的值:", x)
func()
print("函数调用结束后 x 的值:",x)
```

程序运行后的结果如图 4-62 所示。

图 4-62 例 4-32 运行结果

4.4.4 代码模块化

在 Python 中,模块实际上是源代码文件。在模块中可以定义变量、函数和类等多种内容。通过导入模块,可以复用该模块的功能。使用模块的主要优势:一是提高了代码的可复用性,模块中的函数可以方便地被其他程序调用;二是避免了变量名和函数名的冲突,因为模块内部的变量和函数名具有局部作用域,不同模块中的同名变量不会产生冲突(但仍需注意避免与内置函数重名)。

虽然简单的程序可能只有一个程序文件,但大多数功能复杂的 Python 程序是由多个.py 文件共同组成的,包括一个主程序文件及多个模块。主程序文件是程序的入口点,而模块则作为子程序,通常包含许多自定义函数,例如,假设一个程序包含 main.py、module.py 两个文件,其中 main.py 是主程序,module.py 是一个模块。该模块文件不能直接运行,程序必须从 main.py 开始执行。当需要使用 module.py 文件中定义的函数时,只需导入相应的模块便可调用其中的函数。

module.py 文件中的内容如下:

```
//第 4 章/ module.py

def add(a, b):
    return a + b
def subtract(a, b):
```

```
    return a - b
def multiply(a, b):
    return a * b
def divide(a, b):
    if b != 0:
        return a / b
    else:
        raise ValueError("Cannot divide by zero")
```

main. py 文件中的内容如下:

```
//第 4 章/ main.py

import module
a = eval(input("请输入第 1 个操作数:"))
b = eval(input("请输入第 2 个操作数:"))
print("a + b = ",module.add(a,b))
print("a - b = ",module.subtract(a,b))
print("a * b = ",module.multiply(a,b))
print("a/b = ",module.divide(a,b))
```

运行 main. py,程序运行的结果如图 4-63 所示。

图 4-63 代码模块化

4.5 Python 组合数据类型

4.2.4 节已经讲解了 Python 的基本数据类型,基本数据类型只能描述事物的某一方面的属性,例如人的性别、年龄、职业等,无法综合性地描述该事物,为了不受这样的局限,Python 提供了一些内置的数据结构,也叫组合数据类型。组合数据类型是一种数据结构,它可以存储多个数据项或值,并允许这些数据项之间存在特定的关系或组织结构。组合数据类型通常用于表示和处理多个相关联的数据,以便对其进行管理、访问和操作。常见的组合数据类型有有序序列和无序序列,有序序列包括列表、元组、字符串,无序序列包括集合、字典。这些组合数据类型在 Python 中被广泛地应用,在处理各种数据和问题时发挥着重要作用,可以根据具体情况选择合适的数据类型来存储和管理数据,以提高代码的效率和可读性。

4.5.1 序列的通用操作

15min

序列是 Python 最基本的数据结构，它通过编号组织数据元素，构成有序集合。在序列中，每个元素都按照一定顺序排列，并且拥有一个代表其位置的数字，通常被称为索引或下标。序列支持多种操作，在本节将先行讲解序列的通用操作，如索引、切片、加、乘等，针对不同类型序列的具体操作将在后继节中讲解。

1. 索引

序列为每个元素分配了一个序号，即元素的位置，称为索引。正数第 1 个元素的索引为 0，正数第 2 个元素的索引为 1，倒数第 1 个元素的索引为 −1，以此类推。

【例 4-33】 编写一个简单的程序，正反向分别取出字符串变量中的前两个字母。

```
//第 4 章/Take out the string.py
str1 = "hello world"
print("字符串 str1 中的正向第 1 个字母是:",str1[0])
print("字符串 str1 中的正向第 2 个字母是:",str1[1])
print("字符串 str1 中的反向第 1 个字母是:",str1[-1])
print("字符串 str1 中的反向第 2 个字母是:",str1[-2])
```

程序运行后的结果如图 4-64 所示。

图 4-64 例 4-33 运行结果

2. 切片

可以使用切片来截取序列中的任何部分，从而得到一个新序列。

序列切片格式：

```
序列名[start_index:end_index:step]
```

表示从索引 start_index 对应的元素开始每 step 个元素取出来一个，直到取到索引 end_index(不含 end_index)对应的元素前结束，如果 step 为空，则默认值为 1。

【例 4-34】 编写一个程序，用 for 循环分别按照正向、反向依次取出字符串 str1 中的所有字母并输出到命令行，字符串 str1 正向每隔两个字母取一个字母并将得到的切片输出到命令行。

```
//第 4 章/Section.py

str1 = "hello world"
print("字符串 str1 中的字母正向依次是:")
for letter in str1:
    print(letter,end = " ")
print()
print("字符串 str1 中的字母反向依次是:")
for letter in str1[::-1]:
    print(letter,end = " ")
print()
print("字符串 str1 正向每隔两个字母取一个字母,得到的切片是:",str1[::2])
```

程序运行后的结果如图 4-65 所示。

```
D:\anaconda3\python.exe E:\pythonProject\教材\4-34.py
字符串str1中的字母正向依次是:
h e l l o   w o r l d
字符串str1中的字母反向依次是:
d l r o w   o l l e h
字符串str1正向每隔两个字母取一个字母,得到的切片是: hlowrd

进程已结束,退出代码为 0
```

版本控制 运行 Python 软件包 TODO Python 控制台 问题 终端 服务

图 4-65 例 4-34 运行结果

3. 加

序列连接操作,只有相同类型的序列才能进行连接操作,此操作实际上是创建了一个新序列并将原序列中的元素和新元素依次复制到新序列的内存空间中。

【例 4-35】 本例是序列的连接操作,分析程序报错的原因。

```
str1 = "hello"
str2 = "world"
print(str1 + str2)
print(str1 + 123)
```

程序运行后的结果如图 4-66 所示。

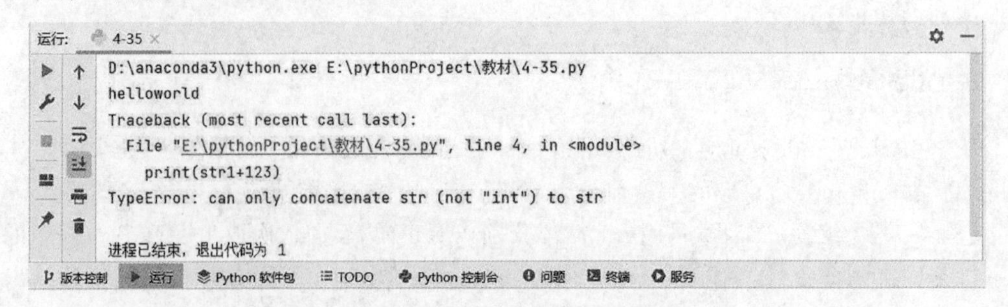

图 4-66 例 4-35 运行结果

分析以上程序报错的原因：

(1) str1="hello"和str2="world"表示定义了两个字符串变量str1和str2，分别赋值为hello和world。

(2) print(str1+str2)这一行将两个字符串连接起来，结果为helloworld并打印出来。

(3) print(str1+123)这一行尝试将一个字符串str1与一个整数相加，这会导致类型不匹配错误。Python不允许将字符串和整数直接相加，因为它们属于不同的数据类型。要想解决这个问题，可以将整数转换为字符串，然后进行连接。

4. 乘

序列重复操作，用序列乘数字会产生新的序列。新的序列是原序列的重复，例如print("hello" * 2)，程序运行后得到的结果为hellohello。

4.5.2 列表的创建与操作

7min

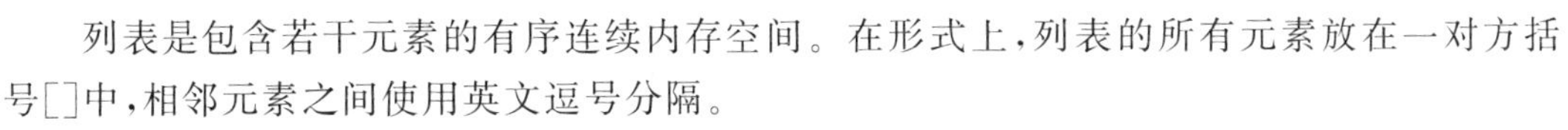

列表是包含若干元素的有序连续内存空间。在形式上，列表的所有元素放在一对方括号[]中，相邻元素之间使用英文逗号分隔。

1. 列表的创建

1) 通过赋值创建列表

使用格式：

```
列表变量名 = [元素 1,元素 2,元素 3, … ,元素 n - 1,元素 n]
```

【例4-36】 通过赋值创建不同列表元素的列表。

```
//第 4 章/Create List.py

list1 = [123,3.14, - 520,"football"]
list2 = ["hello","world","python"]
list3 = list2
print(list1,list2,list3,sep = "\n")
```

程序运行后的结果如图4-67所示。

图4-67 例4-36运行结果

从上述程序的运行结果可以得出：列表的元素类型可以不相同，既可以是任意基本数据类型，也可以是组合数据类型。

2）使用 list()函数创建列表

使用格式：

```
列表变量名 = list(iterable)
```

其中，iterable 为可迭代的对象，元组、字典、字符串、range 对象都是可迭代对象，这种方法也可以理解为把其他的组合数据类型转换为列表类型。

【例 4-37】 通过 list()将其他组合数据类型的对象转换为列表。

```
//第 4 章/Create List1.py
print(list())                                  #创建空列表
print(list((3.14,520,"200","hello")))          #将元组转换为列表
print(list(range(3, 21, 3)))                   #将 range 对象转换为列表
print(list('hello world'))                     #将字符串转换为列表
print(list({3.14,520,"200"}))                  #将集合转换为列表
```

程序运行后的结果如图 4-68 所示。

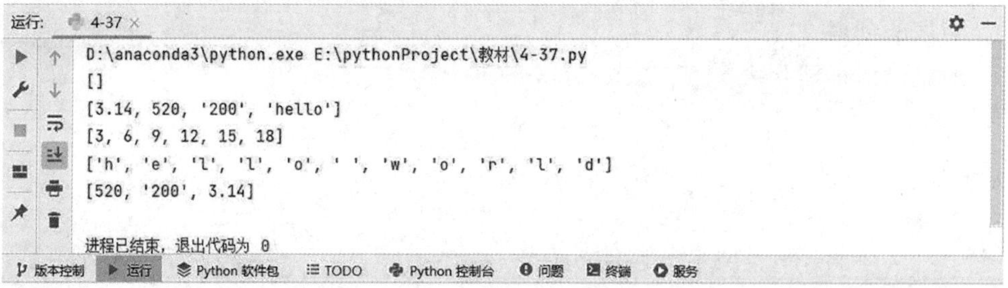

```
运行:  4-37 ×
D:\anaconda3\python.exe E:\pythonProject\教材\4-37.py
[]
[3.14, 520, '200', 'hello']
[3, 6, 9, 12, 15, 18]
['h', 'e', 'l', 'l', 'o', ' ', 'w', 'o', 'r', 'l', 'd']
[520, '200', 3.14]

进程已结束，退出代码为 0
版本控制  运行  Python 软件包  TODO  Python 控制台  问题  终端  服务
```

图 4-68 例 4-37 运行结果

2. 列表的常用操作函数

1）列表元素的添加函数：append()、extend()、insert()

append()函数可实现向列表的尾部追加一个元素；extend()函数用于将另一个列表中的所有元素追加到当前列表的尾部；insert()函数能够在列表的任意指定位置插入一个元素。3 个函数进行的操作都属于原地操作，不影响列表对象在内存中的起始地址。

【例 4-38】 编写一个程序，演示用上述 3 种函数给列表对象添加不同的元素。

```
//第 4 章/List function1.py

list1 = [1, 2, 3]
print(id(list1))                               #查看内存地址
list1.append(520)                              #在尾部追加元素
print(list1)
print(id(list1))
list1.extend([520,3.14,"hello"])               #在尾部追加多个元素
print(list1)
print(id(list1))                               #列表在内存中的地址不变
```

```
list1.append([520,3.14,"hello"])          #在尾部追加一个列表元素
print(list1)
print(id(list1))                          #列表在内存中的地址不变
list1.insert(len(list1),"world")          #在指定位置添加一个字符串"world"
print(list1)
print(id(list1))
```

程序运行后的结果如图 4-69 所示。

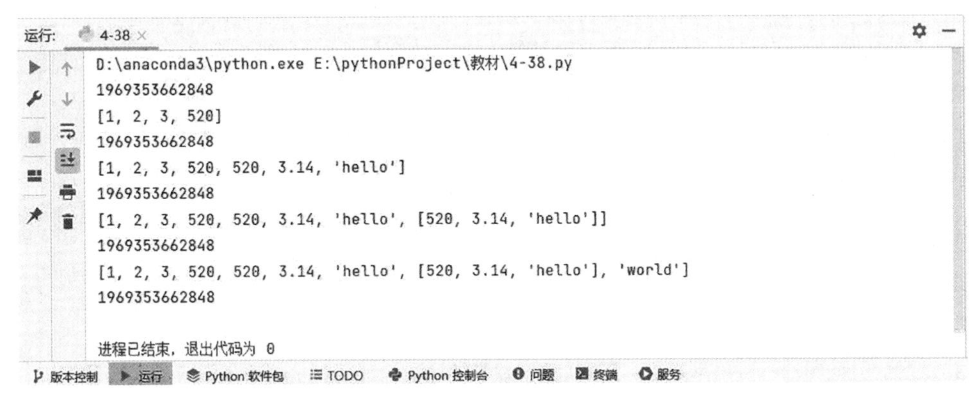

图 4-69 例 4-38 运行结果

2）列表元素的删除函数：pop()、remove()、clear()、del

pop()函数用于删除并返回指定位置(默认为最后一个)的元素；remove()函数用于删除列表中第 1 个值与指定值相等的元素；clear()函数用于清空列表。这 3 个函数进行的操作属于原地操作，执行后不影响列表对象的内存地址。另外，也可以使用 del 命令删除列表中指定位置的元素，这也属于原地操作。

【例 4-39】 编写一个程序，演示用上述 4 种函数删除列表的不同元素。

```
//第 4 章/List function2.py

x =[1, 2, 3, 520, 3.14, 'hello', 'world']
print(x.pop())                   #默认删除最尾部元素,并打印所删除元素
print(x.pop(0))                  #删除索引号为"0"的元素
print(x.clear())                 #清空列表 x 的所有元素
x = [1, 2, 3, 520, 3.14, 'hello', 'world']
x.remove(2)                      #删除首个值为 2 的元素
print(x)
del x[4]                         #删除指定位置上的元素
print(x)
```

程序运行后的结果如图 4-70 所示。

3）列表元素的统计函数：count()、index()

count()函数用于返回列表中指定元素出现的次数；index()函数用于返回指定元素在列表中首次出现的位置，如果该元素不在列表中，则抛出异常。除此之外，成员测试运算符

```
运行:  4-39 ×
D:\anaconda3\python.exe E:\pythonProject\教材\4-39.py
world
1
None
[1, 3, 520, 3.14, 'hello', 'world']
[1, 3, 520, 3.14, 'world']

进程已结束，退出代码为 0
```

图 4-70　例 4-39 运行结果

in 也可以用于测试列表中是否存在某个元素。

【例 4-40】　编写一个程序，演示用上述两种函数统计列表元素的情况。

```
//第 4 章/List function3.py
x = [1, 2, 3, 520, 3.14, 3,'hello', 'world']
print(x.count(3))                    #显示元素 3 在列表 x 中出现的次数
print(x.index(520))                  #显示元素 6 在列表 x 中首次出现的索引
print(9 in x)                        #显示元素 9 是否在列表 x 中
print(1 in x)
print(x.index(8))                    #如果列表中没有 8,则抛出异常
```

程序运行后的结果如图 4-71 所示。

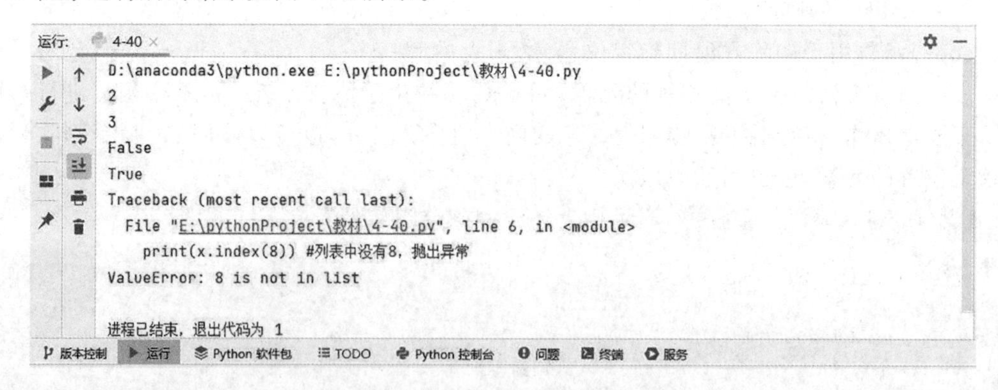

图 4-71　例 4-40 运行结果

4）列表元素的排序函数：sort()、sorted()、reverse()

sort()函数和 reverse()函数可以对列表分别进行原地排序和逆序排序，即用处理后的数据替换原来的数据，原来的顺序丢失。如果不想丢失原来的顺序，则可以使用 sorted()函数和 reversed()函数来排序，其中 sorted()函数返回新列表，sorted()函数默认进行升序排序，当参数 reverse=True 时可返回逆序排列的列表。

【例 4-41】　编写一个程序，演示用上述 3 种函数对列表元素进行排序的情况。

```
//第 4 章/List function4.py
x = [10, -1, -30, 12, 24, 52, 9, 7, 8, 19, 6]
```

```
x.sort()                              #列表的排序函数 sort()
print(x)
x=[10, -1, -30, 12, 24, 52, 9, 7, 8, 19, 6]
x.sort(reverse=True)
print(x)
x=[10, -1, -30, 12, 24, 52, 9, 7, 8, 19, 6]
x.reverse()                           #列表的翻转函数 reverse()
print(x,"列表 x 的地址:",id(x))
y=sorted(x)                           #用 sorted()函数排序后的列表 y 是新列表
print(y,"列表 y 的地址:",id(y))
y=sorted(x,reverse=True)              #reverse=True 时返回逆序排列的列表
print(y,"列表 y 的地址:",id(y))
print(x,"列表 x 的地址:",id(x))
```

程序运行后的结果如图 4-72 所示。

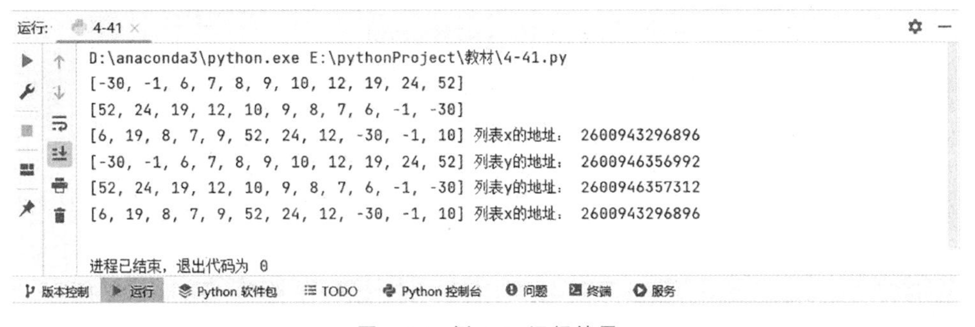

图 4-72 例 4-41 运行结果

5）列表的删除

del 不但可以用于删除列表中的元素，也可以删除列表。当一个列表不再使用时，可以使用 del 将其删除。使用 del 删除对象后，Python 会在恰当的时机调用垃圾回收机制来释放内存。

4.5.3 元组的创建与操作

元组和列表均为有序序列，但元组具有不可变性，即无法对其进行添加、删除或修改操作。虽然列表功能强大且使用灵活，但在进行插入、删除等操作时，特别是位于列表中间位置的操作会导致后续元素的索引发生变化，同时列表还需具备内存自动调整功能，因此其操作效率相对较低。相比之下，元组可视为简化版的列表，去除了列表中一些效率较低的功能，可视为轻量级列表。

1. 元组的创建

1）通过赋值创建元组

使用格式：

```
元组名=(元素1,元素2,元素3,…,元素n-1,元素n)
```

【例 4-42】 通过赋值创建包括不同元组元素的元组。

```
tuple1 = (123, 3.14, - 520, "football")
tuple2 = ("hello","world","python")
tuple3 = tuple2
print(tuple1,tuple2,tuple3,sep = "\n")
```

程序运行后的结果如图 4-73 所示。

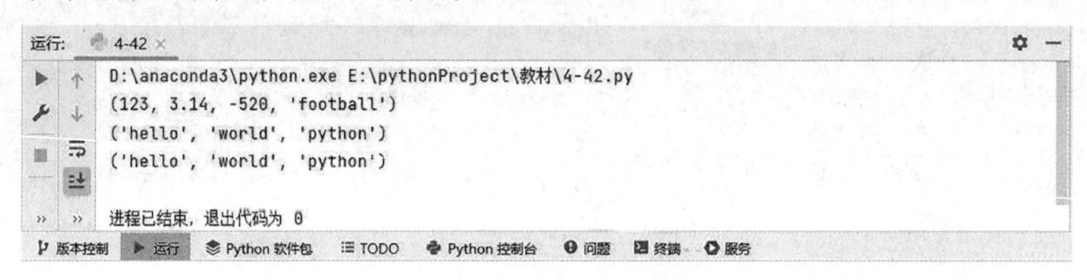

图 4-73 例 4-42 运行结果

从上述程序的运行结果可以得出：元组的元素类型可以不相同,既可以是任意基本数据类型,也可以是组合数据类型。

2）使用 tuple()函数创建元组

使用格式：

```
列表变量名 = tuple(iterable)
```

其中,iterable 为可迭代的对象,列表、字典、字符串、集合、range 对象都是可迭代对象,这种方法也可以理解为把其他的组合数据类型转换为元组类型。

【例 4-43】 通过 tuple()将其他组合数据类型的对象转换为元组。

```
print(tuple())                              #创建空元组
print(tuple[3.14,520,"200","hello"])        #将列表转换为元组
print(tuple(range(3, 21, 3)))               #将 range 对象转换为元组
print(tuple('hello world'))                 #将字符串转换为元组
print(tuple({3.14,520,"200"}))              #将集合转换为元组
```

程序运行后的结果如图 4-74 所示。

```
运行: 4-43
D:\anaconda3\python.exe E:\pythonProject\教材\4-43.py
()
tuple[3.14, 520, '200', 'hello']
(3, 6, 9, 12, 15, 18)
('h', 'e', 'l', 'l', 'o', ' ', 'w', 'o', 'r', 'l', 'd')
(520, 3.14, '200')

进程已结束, 退出代码为 0
```

图 4-74 例 4-43 运行结果

2. 元组的常用操作函数

元组属于不可变(Immutable)序列,不可以直接修改元组中元素的值,也无法直接为元组增加或删除元素。元组没有提供 append()、extend()和 insert()等方法,所以无法直接向元组中添加元素,但可以通过连接多个元组的方式向元组中添加新元素。同样,元组没有提供 remove()和 pop()方法,也不支持对元组元素进行删除操作,因此不能从元组中删除元素,只能使用 del 命令删除整个元组。

【例 4-44】 编写一个程序,演示不同元组的连接操作及元组的删除操作。

```
//第 4 章/Tuple function1.py

tuple1 = ('hello', 520, [23,120])
print(tuple1)
tuple2 = tuple1 + ('football','world')          # 连接多个元组
print(tuple2)
del tuple2
print(tuple2)                                   # 输出及被删除的元组会提示元组没有被定义
```

程序运行后的结果如图 4-75 所示。

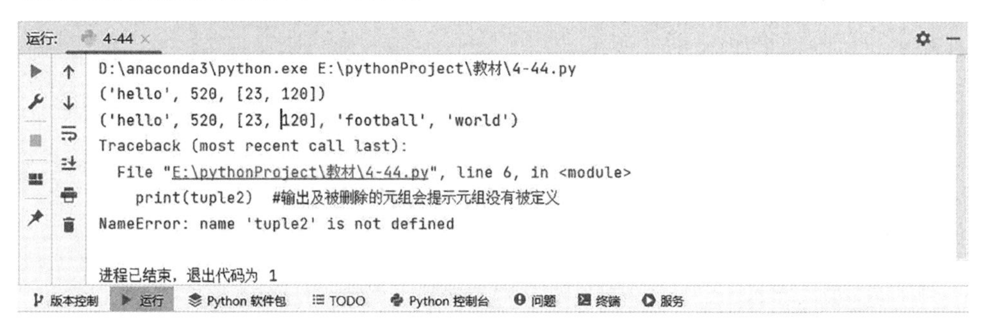

图 4-75 例 4-44 运行结果

4.5.4 字符串的创建与操作

字符串(String)属于不可变的有序序列,使用单引号、双引号、三单引号或者三双引号作为定界符,而且不同的定界符可以相互嵌套。Python 中没有独立的字符数据类型,字符即长度为 1 的字符串。

1. 字符串的创建

通过赋值创建字符串,只需给字符串变量赋值,例如在前面经常用到的 str1="hello"。

2. 常用字符串函数

常用的字符串函数有 len()、max()、sorted()、reversed()、any()、all()、eval()、zip()等,它们都可以应用于字符串,使用方法和列表及元组等序列类似。

【例 4-45】 编写一个程序,演示常用字符串函数的使用方法。

```
//第 4 章/String function1.py

#定义一个字符串
string = "hello world"
#使用 len() 函数获取字符串长度
print("字符串长度:", len(string))
#使用 max() 函数获取字符串中 ASCII 码值最大的字符
print("字符串中 ASCII 码值最大的字符:", max(string))
#使用 any() 函数判断字符串中是否有大写字母
has_uppercase = any(char.isupper() for char in string)
print("字符串中是否有大写字母:", has_uppercase)
#使用 eval() 函数执行字符串表达式
expression = "2 + 3 * 4"
result = eval(expression)
print("表达式计算结果:", result)
#使用 zip() 函数将两个字符串按位组合成元组
str1 = "abc"
str2 = "123"
zipped_strings = zip(str1, str2)
print("组合后的字符串:", list(zipped_strings))
```

程序运行后的结果如图 4-76 所示。

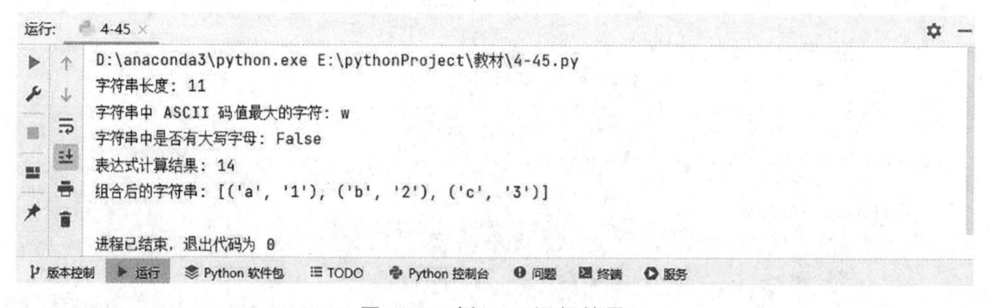

图 4-76 例 4-45 运行结果

3. 常用字符串方法

Python 为字符串对象提供了大量方法，可以运用这些方法实现字符串的查找、替换与排版操作，见表 4-5。因为字符串属于不可变序列，所以涉及字符串修改的方法均会返回经修改后的新字符串，而原字符串不会有任何改变。

表 4-5 常用字符串方法

方法	描述
str.split()	按照指定的字符将字符串分割成词，并返回列表；splitlines()方法则按照换行符将文本分割成行
str.upper()	返回字符串的大写形式
str.isalpha()	检测字符串是否只由字母组成
str.count()	计算指定字符串在整个字符串中出现的次数

续表

方　　法	描　　述
str. startswith()	判断是否以指定的字符串开始
str. isdigit()	检测字符串是否只由数字组成
str. strip()	删除字符串首尾的空白,空白包括空格、制表符、换行符等
str. rstrip()	删除字符串尾部的空白,空白包括空格、制表符、换行符等
str. zfill(width)	返回指定长度的字符串,原字符串右对齐,前面填充 0
str. format()	返回按照给定参数进行格式化后的字符串副本

【例 4-46】 编写一个程序,演示常用字符串方法的使用方法。

```
//第 4 章/String methods1.py

str = "I love python!"
print("字符串 str:",str)
print("字符串 str 的大写形式为",str.upper())
print("字符串 str 中字符 l 出现的次数为",str.count("l"))
print("字符串 str 的以空格为分隔符调用 split()函数的返回结果为",str.split())
print("字符串 str 的以 o 为分隔符调用 split()函数的返回结果为",str.split('o'))
print("判断字符串 str 是否以'I love'作为开始:",str.startswith('I love'))
print("判断字符串 str 是否是只由字母组成:",str.isalpha())
print("将 str 字符串插入字符串'JAVA'的元素之间,形成的新字符串为",str.join('JAVA'))
print("将 str 字符串中所有字符串'python'替换成字符串'java',形成的新字符串为",str.replace
('python','java'))
```

程序运行后的结果如图 4-77 所示。

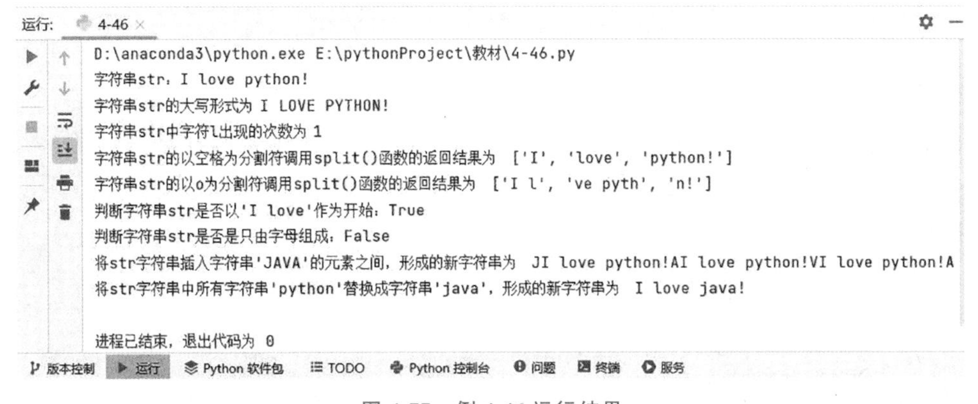

图 4-77 例 4-46 运行结果

4. 字符串格式化

字符串格式化是为了解决在同时输出字符串与变量时的格式排布问题。在字符串里结合变量时,需要运用字符串的格式化方法。Python 通常会采用两种格式化形式：%格式符形式及 format 方法。

1）%格式符形式

使用格式：

```
%[(name)][flags][width].[precision]typecode
```

参数解释如下。

name：变量名。

flags：旗帜位，其中，+表示右对齐；-表示左对齐；0 表示在数字左侧添加一个 0 进行填充。

width：占有宽度。

precision：精度。

typecode：类型符。

【例 4-47】 编写一个程序，演示字符串格式化%格式符形式的使用方法。

```
//第 4 章/String methods2.py
subject = 'Python'
print('The subject I like is: % -10s' % subject)          #左对齐
x = 52
print("%05d" % x)                                          #用零进行填充
y = 3.141
print("%.4f" % y)
z1 = "I am %s age %d" % ("Jack",18)
print(z1)
z2 = "I am %(name)s age %(age)d" % {"name":"Jack","age":18}
print(z2)
z3 = "I am \033[34m%(name)s\033[0m" % {"name":"张三"}
print(z3)
```

程序运行后的结果如图 4-78 所示。

图 4-78 例 4-47 运行结果

2）format 方法

使用格式：

```
:[fill][align][sign][#][0][width][,][.precision][type]
```

参数解释如下。

fill：空白处可以填充的字符。

align：对齐方式，其中<表示内容左对齐，>表示内容右对齐，＝表示填充字符，^表示内容居中。

sign：有无符号数字，其中＋表示正数加正号，负数加负号；－表示正数不变，负数加负号；空格表示正数加空格，负数加负号。

＃：对于二进制数、八进制数、十六进制数，如果加上＃，则分别显示0b、0o、0x，否则不显示。

，：为数字添加分隔符。

width：占有宽度。

precision：精度。

typecode：类型符。

【例 4-48】 编写一个程序，演示字符串格式化 format 方法的使用方法。

```
//第 4 章/String methods3.py
print("{:<10}".format("left"))              #左对齐
print("{:>10}".format("right"))             #右对齐
print("{:^10}".format("center"))            #居中对齐
print("{: = 10}".format( - 10))             #在填充空格之后，- 10 中的内容 10 右对齐
print("{: + }".format(100))                 #正数加正号
print("{: }".format(100))                   #正数加空格，负数加负号
print("{:#b}".format(10))                   #二进制数，显示 '0b1010'
print("{:,}".format(50000000))
print("{:>8.2f}".format(3.14159))           #浮点数，左对齐，保留两位小数
```

程序运行后的结果如图 4-79 所示。

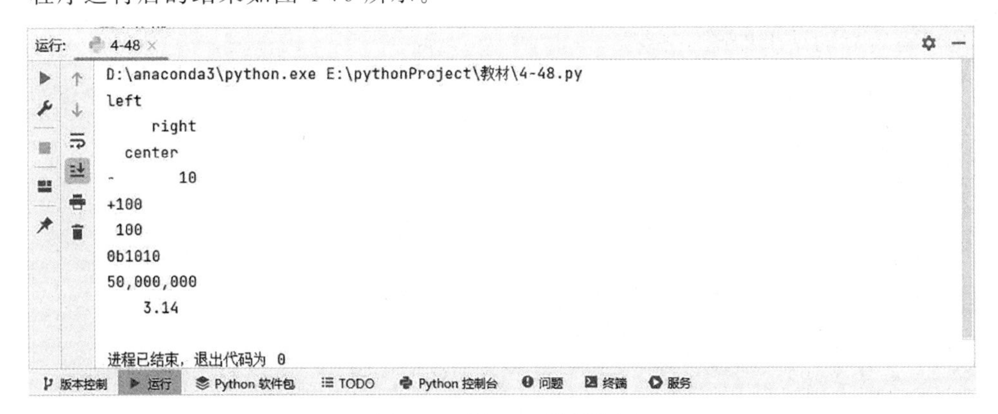

图 4-79　例 4-48 运行结果

4.5.5 集合的创建与操作

集合是一个无序的、不包含重复元素的可变序列，其定义方式是使用花括号作为边界标

识，元素间用逗号隔开。集合内的元素仅限于不可变类型的数据，例如整数、浮点数、字符串和元组等，而像列表、字典和集合这样的可变类型数据则无法被包含在内，因此，集合不支持嵌套结构。

1. 集合的创建

集合的创建可以通过以下方法实现。

(1) 使用{}创建集合，格式如下：

```
集合变量名 = {元素 1,元素 2,元素 3…,元素 n}
```

(2) 使用关键字 set 创建可变集合，格式如下：

```
集合变量名 = set(iterable)
```

iterable 为可迭代对象，可以是列表、元组、字典、字符串、range 对象等。

需要特别注意，集合和字典的定界符都是花括号{}，如果使用{}，则默认创建的是空字典，而不是空集合。

【例 4-49】 编写一个程序，演示使用不同的方法创建集合。

```
//第 4 章/Create Collection.py
s1 = {"python", "java", "c++"}
print(s1,type(s1))
s2 = set()                    #将 s2 定义为空集
print(s2,type(s2))
s3 = set(range(0,10,2))
print(s3,type(s3))
s4 = {}                       #如果使用{},则默认创建的是空字典,而不是空集合
print(s4,type(s4))
```

程序运行后的结果如图 4-80 所示。

图 4-80 例 4-49 运行结果

2. 集合的运算

Python 的集合数据类型提供了丰富的操作符，其中包括成员检查运算符 in，以及多种数学上的集合运算，如交集、并集、差集和对称差集等。此外，集合还支持比较运算符，如>、>=、<、<=、==、!=，尽管这些比较运算符在标准使用中不常用来判断集合的包含关系或是否相同，但它们在特定情境下可能有所应用。以下将通过示例来进一步说明这些操作。

【例 4-50】 编写一个程序，演示集合的成员检查运算符，差集、并集、交集及集合间的比较的使用。

```
//第 4 章/Set Operation.py

set1 = {1, 2, 3, 4, 5}
set2 = {1, 2, 3}
set3 = {3, 4, 5}
print("set1 与 set2 的差集是:",set1 - set2)
print("set2 与 set3 的交集是:",set2&set3)
print("set2 与 set3 的并集是:",set2|set3)
print("set2 是 set1 的子集?",set2.issubset(set1))
print("set1 是 set3 的子集?",set1.issubset(set3))
print("1 是 set2 的元素?",1 in set1)
print("8 是 set2 的元素?",8 in set1)
print("set2 小于 set1 吗?",set2 < set1)
print("set1 小于 set3 吗?",set1 < set3)
```

程序运行后的结果如图 4-81 所示。

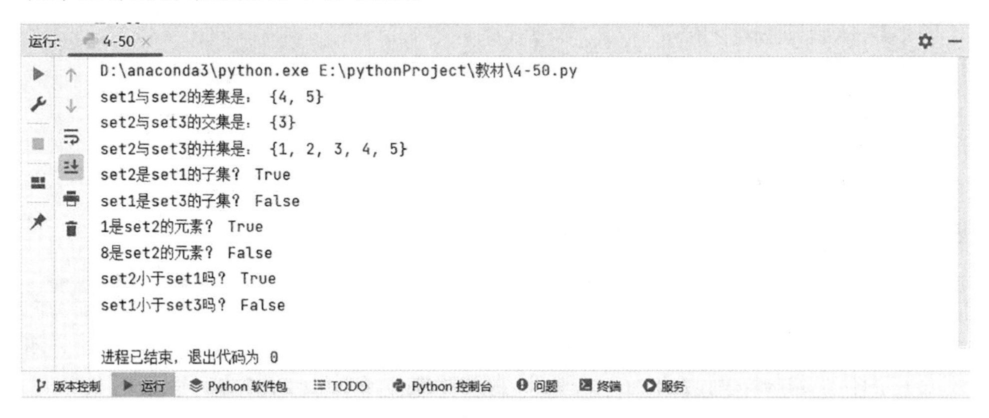

图 4-81 例 4-50 运行结果

3. 集合的常用操作函数

内置函数 len()、max()、min()、sum()、sorted()、zip()、enumerate()、all()、any()均可用于集合的操作。

【例 4-51】 编写一个程序，实现如下操作：定义一个空集合 konset，通过 for 循环遍历列表 mylist，mylist=[11, 23, 520, 11, 10, 6, 8, 6, 20]，将列表的元素添加至集合，输出 mylist 和 konset，分析两者元素的个数可以得到什么结论？同时求集合中的最大和最小元素，并对集合的元素进行升降序排序。

```
//第 4 章/Set Function1.py
mylist = [11, 23, 520, 11, 10, 6, 8, 6, 20]
konset = set()
for item in mylist:
```

```
    konset.add(item)
print(mylist)
print("列表有 %d 个元素" % len(mylist))
print(konset)
print("集合有 %d 个元素" % len(konset))
print("集合中最大的元素是:",max(konset))
print("集合中最小的元素是:",min(konset))
print("集合中的元素升序排序是:",sorted(konset))
print("集合中的元素降序排序是:",sorted(konset,reverse = True))
```

程序运行后的结果如图 4-82 所示。

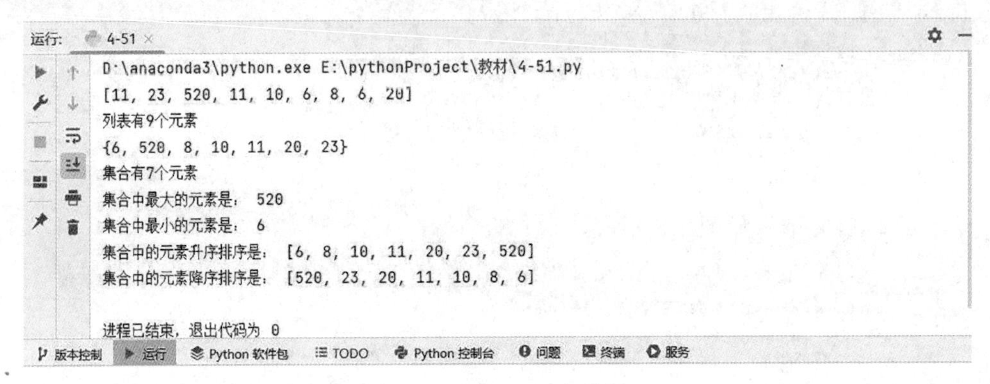

图 4-82　例 4-51 运行结果

4.5.6　字典的创建与操作

字典是 Python 中一种无序且可变的数据结构，由“键：值(key：value)”对组成。字典可以被视作一个特殊的列表，其中每个元素都是一个键-值对。键(key)是唯一的，用于标识和访问其对应的值(value)，两者之间存在映射关系。在定义字典时，每个键-值对使用冒号分隔，而不同的键-值对之间则用逗号分隔，整个字典则包含在花括号({})中。字典的键必须是不可变的数据类型(如整数、浮点数、字符串或元组等)，并且不允许重复，而对字典的所有操作，包括搜索、添加、修改或删除元素都是基于键来完成的。

1. 字典的创建

(1) 使用赋值运算符=可以将一个字典常量赋值给一个变量，从而创建一个字典变量。字典常量以花括号界定，花括号中可包含多个元素，每个元素都是键-值对(key：value)。key 与 value 之间用英文冒号隔开；多个键-值对之间用英文逗号隔开。

```
字典名 = {元素 1, 元素 2, …,元素 n}
```

(2) 可以使用内置类 dict 以不同形式创建字典。

```
字典名 = dict()
```

2. 字典元素的引用

字典一旦创建，就可以使用其存储的元素了。由于字典是无序的，因此不能像列表或元组那样通过索引来直接定位元素。相反，字典中的每个元素都通过键(key)和值(value)的映射关系进行关联。为了访问某个值，使用键作为“索引”来检索，而如果试图访问不存在的键，则会触发异常。这种基于键的访问机制是字典的核心特性之一。

【例 4-52】 编写一个程序，利用不同的方法创建字典，并完成字典元素的引用。

```
//第 4 章/Create a dictionary.py
x = {}                                              #空字典，空的花括号代表空的字典
print(x)
scores = {'Python':83,'Java':78,'C++':90}           #key 是字符串，value 是整数
print(scores)
#根据已有数据创建字典
keys = ('语文','数学','英语','生物')
values = (88,90,95,78)
dictionary = dict(zip(keys,values))
print(dictionary)
dict1 = dict(name = "张三",age = 18,sex = "男")      #以参数的形式创建字典
print(dict1)
for key in dict1:
    print(key,end = " ")
    print(dict1[key])                    #使用字典名[键]的格式可以引用相应"键"对应的"值"
print(dict1.get("age"))                  #使用字典对象的 get()方法也可以获得指定"键"对应的"值"
```

程序运行后的结果如图 4-83 所示。

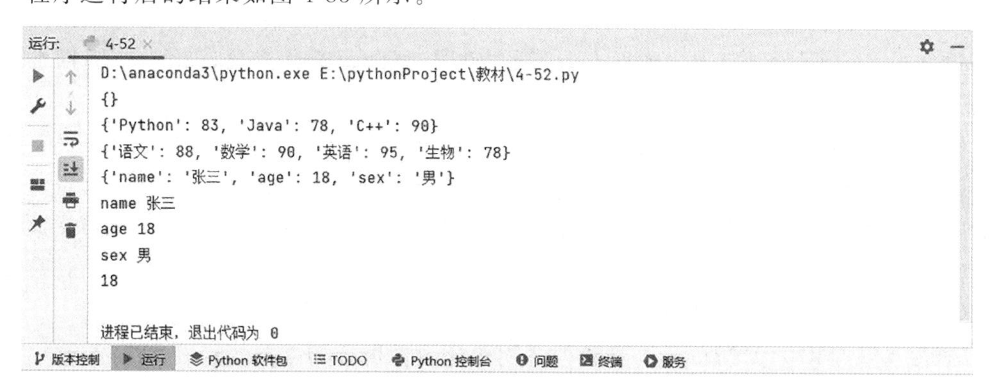

图 4-83　例 4-52 运行结果

3. 字典对象的常用方法

字典对象的常用方法见表 4-6。

表 4-6　字典对象的常用方法

方　法	描　述
dict.fromkeys(seq, value])	用于创建一个新字典，以序列 seq 中的元素作为字典的键，以 value 作为字典所有键对应的初始值

续表

方　法	描　述
dict.get(key, default=None)	返回指定键的值,如果键不在字典中,则返回默认值
key in dict	用于判断键是否存在于字典中,如果键在字典 dict 中,则返回 True,否则返回 False,而 not in 操作符刚好相反,如果键在字典 dict 中,则返回 False,否则返回 True
dict.items()	以列表形式(并非直接的列表,若要返回列表值,则需调用 list()函数)返回可遍历的(键,值)元组数组
dict.keys()	返回一个可迭代的对象,可以使用 list()来转换为列表,列表内容为字典中的所有键
dict.values()	返回一个可迭代的对象,可以使用 list()来转换为列表,列表内容为字典中的所有值
dict.setdefault(key,default-None)	和 get()方法类似,如果键不在字典中,则将添加键并将值设置为默认值
dict.update(dict2)	把字典参数 dict2 的 key:value(键:值)对更新到字典 dict 中
dict.pop(key[, default])	删除字典给定键 key 所对应的值,返回值为被删除的值。若 key 值不存在,则返回 default 值
dict.popitem()	随机返回并删除字典中的一个键-值对(一般删除末尾对)。如果字典为空,则调用此方法会抛出 KeyError 异常
dict.clear()	清空字典中的所有元素,但字典对象仍保留

(1) items()、keys()、values()。这 3 种方法都可以返回一个可迭代对象(可使用 list()将其转换为列表),其中 items()获取的是由字典元素的"键"和"值"构成的所有元组的可迭代对象,keys()返回的是字典中的所有元素的"键"构成的可迭代对象,values()返回的是由字典元素的"值"构成的可迭代对象。

(2) pop()、popitem()、clear()这 3 种方法可以实现对字典元素的删除。

(3) 字典方法 update()用于将另一个字典的"键-值对"一次性地全部添加到当前字典对象中,如果两个字典存在相同的"键",则以另一个字典中的"值"对当前字典进行更新。

(4) 对于字典的复制,可以直接使用复制运算符"="来实现,也可以使用字典方法 copy()来实现,但两者的意义不同。

【例 4-53】 编写一个程序,介绍字典对象常用方法的使用。

```
//第 4 章/Dictionary methods.py
#创建一个字典
my_dict = {'Python':83,'Java':78,'C++':90}
print("操作前 my_dict 的键 - 值对有:")
print(my_dict)
#使用 items() 方法遍历字典
for key, value in my_dict.items():
    print("my_dict 中的键有: % - 6s,该键对应的值是: % d" % (key,value))
#使用 pop() 方法移除并返回 "Java" 的值
Java_value = my_dict.pop("Java")
```

```
print(f"移除'Java'的值是：{Java_value}")
print("移除 Java 后 my_dict 的键－值对有：")
print(my_dict)
# 使用 update() 方法更新或添加字典项
new_items = {"语文": 88, "数学": 90}
my_dict.update(new_items)
print("更新后 my_dict 的键－值对有：")
print(my_dict)
```

程序运行后的结果如图 4-84 所示。

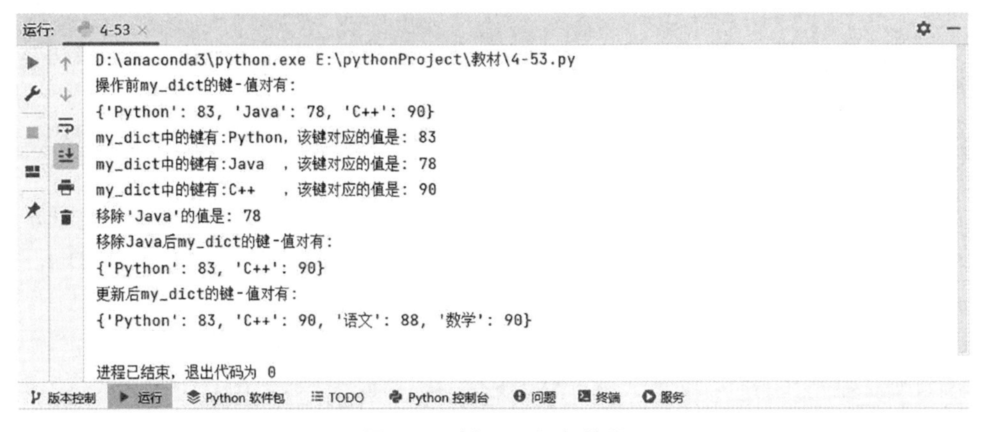

图 4-84　例 4-53 运行结果

4.6　面向对象程序设计

前面讲解的编程方法主要基于面向过程的程序设计。面向过程的编程方法侧重于结构化程序设计，其核心在于：一是使用顺序、选择和循环这 3 种基本结构来构建层次丰富的“结构化程序”，任何算法功能都能通过这 3 种结构的组合来实现；二是遵循“自顶而下，逐步求精”的设计思路，帮助设计者从全局出发，避免过早地陷入细节；三是引入“模块化”编程，根据功能将程序结构拆分成多个基本模块，使复杂的任务被分解为更易管理的子任务。

尽管结构化程序设计有这些特点，但它将数据与数据处理过程分隔成两个独立实体。一旦数据结构发生变动，所有相关处理过程都需要调整，降低了程序的可重用性，因此，使用面向过程的方法在软件开发和维护中越来越困难。

而面向对象程序设计则采取了一种不同的视角，它将现实世界看成一个由对象组成的集合。每个对象都能接收、处理并将数据传递给其他对象，它们既独立又相互关联。面向对象程序设计在大型项目中得到了广泛应用，因为它使程序更加易于分析和理解，同时也提升了设计和维护的效率。

10min

4.6.1 类与对象

从程序设计语言的视角来看,类被视作一种抽象的数据类型,它不直接占用内存空间,而对象则是类的具体实例,并且会占用实际的内存空间。在实际应用中,需要先定义类,然后基于该类创建对象。

1. 类的定义

类是一个抽象的数据类型,用于描述具有相同属性和方法的对象的集合,其定义的基本格式如下:

```
class 类名(父类名):
    类体
```

类名通常以大写字母开头,遵循标识符的命名规则。括号内的父类名表示该类继承自哪个类,如果不指定父类,则默认继承自 object 类,它是所有类的父类。在类体中,需要定义类的属性和方法。属性是用于描述对象状态的变量,而方法则是对象可以执行的函数。类的定义与函数的定义类似,必须先定义后使用,例如下面是定义一个 Student 类的示例,该类有 name、age、sex 共 3 个属性和一个 say_hi()方法:

```
//第 4 章/Create Class.py
class Student:                      #定义的类名为 Student,它的父类为默认的 object 类
    name = None                     #定义 Student 类的属性 name
    age = None                      #定义 Student 类的属性 age
    sex = None                      #定义 Student 类的属性 sex
    def say_hi(self):               #定义 Student 类的方法 say_hi()
        print(f"大家好,我是{self.name}")          #方法的定义和函数定义类似
```

在类的定义中将属性赋值为 None 是一种编程习惯,用于表明这些属性是类的属性,而不是实例的属性,并且它们在被实例化之前没有一个确定的值。

2. 类的使用

要使用类定义的功能,必须将类实例化,即创建类的对象。一般语法格式如下:

```
对象名 = 类名(参数列表)
```

创建对象后,如果要访问实例对象的属性和方法,则可以通过"."运算符来连接对象名和属性或方法,其一般格式如下:

```
对象名.属性名
对象名.方法名(参数列表)
```

例如,在创建完上面的 Student 类后,应使用 student1=Student()来创建一个 Student 类对象 student1,访问它的 name 属性可以使用 student1.name 来访问,调用其方法则使用 student1.say_hi()。类的使用例子如下:

```
//第 4 章/Create Object.py
class Student:                          #定义的类名为 Student,它的父类为默认的 object 类
    name = None                         #定义 Student 类的属性 name
    age = None                          #定义 Student 类的属性 age
    sex = None                          #定义 Student 类的属性 sex
    def say_hi(self):                   #定义 Student 类的方法 say_hi()
        print(f"大家好,我是{self.name}")        #方法的定义和函数的定义类似
student1 = Student()                    #用 Student 类创建了该类的一个实例对象 student1
student2 = Student()                    #用 Student 类创建了该类的一个实例对象 student2
```

4.6.2　属性

16min

属性在类中代表了对象的基本特性或数据值，它们通常被称为数据成员。属性实际上是类内部定义的变量，根据其定义的位置和访问权限，可以进一步分为实例属性和类属性。

1. 实例属性

实例属性是特定对象所独有的特性，与类本身或其他对象无关，例如，创建一个对象并将 name 指定为“张三”，将 sex 指定为“男”，以及将 age 指定为 18 时，这些属性仅属于该对象，不会影响其他对象。实例属性通常在__init__方法中定义，其作用是初始化实例对象，并使用"self.属性名 = 初始值"的形式进行初始化，当其他实例方法访问这些属性时，也需要通过 self 关键字来引用。__init__方法是类的构造函数，用于在对象创建时进行初始化操作，并且通常不返回任何值。使用实例属性的例子如下：

```
//第 4 章/Instance Properties.py

class UniversityStudent:
    def __init__(self,id,name,sex):
            self.id = id
            self.name = name
            self.sex = sex
#在构建类对象时,构造方法会自动运行,并且在构建类对象时参数会被自动传递给构造方法
student1 = UniversityStudent("01","张三","女")
student2 = UniversityStudent("02","李四","男")
print("学号:" + student1.id + " 姓名:" + student1.name + " 性别:" + student1.sex)
print("学号:" + student2.id + " 姓名:" + student2.name + " 性别:" + student2.sex)
student1.id = "05"
print("学号:" + student1.id + " 姓名:" + student1.name + " 性别:" + student1.sex)
student2.age = 18
print("学号:" + student2.id + " 姓名:" + student2.name + " 年龄:" + str(student2.age))
```

需要特别注意：

(1) 实例属性可以通过__init__()方法(也称为构造方法)来绑定(init 前后必须有两条下画线)，该方法有 4 个参数，第 1 个参数是 self，代表实例对象自身，另外还有 3 个参数，用于将具体值分别传给实例对象的 3 个实例属性。self 表示类对象本身的意思。

(2) 只有通过 self,成员方法才能访问类的成员变量,self 出现在形参列表中,但是不占用参数位置,无须理会。

(3) 不管是通过构造方法__init__()绑定或者外部直接添加的属性,它们都与实例紧密相关,称为实例属性。

(4) 构建类对象时,构造方法会自动运行,构建类对象时的参数会自动传递给构造方法。

2. 类属性

实例属性是特定于每个实例对象的独特特征,而类属性则是所有实例对象共享的,类似于全局变量,这种共享属性与 C++中的静态成员变量有相似之处。类属性在类的定义中,位于__init__方法之外,属于类本身,既可以通过类名直接访问,也可以通过任何实例对象进行访问,然而,尽管实例对象可以访问类属性,但通常建议直接通过类名来访问,以避免因误操作而导致类属性值的不一致。使用类属性的例子如下:

```
//第 4 章/Class Properties.py
class Student:
    count = 0
    def __init__(self,id,name,sex):
            self.id = id
            self.name = name
            self.sex = sex
            Student.count += 1
#在构建类对象时,构造方法会自动运行,并且在构建类对象时参数会被自动传递给构造方法
student1 = Student("01","张三","女")
#通过类名 Student 使用类属性,通过实例对象名 student1 使用实例属性 name
print("当前学生数为",Student.count,"该学生的姓名是:",student1.name)
student2 = Student("02","李四","男")
print("当前学生数为",Student.count,"该学生的姓名是:",student2.name)
```

程序运行后的结果如图 4-85 所示。

图 4-85 类属性的使用

如果要限制类中的某些属性,不让在类外部直接访问这些属性,则可以在属性的名称前加上两条下画线__,使其变成一个私有属性,只能在类内部访问。

4.6.3 方法

方法就是定义在类中的函数。根据使用场景的不同,方法可以分为实例方法、类方法和

静态方法。

1. 实例方法

实例方法从它的名称上可以看出，它是跟具体实例有关的，所以在使用时需要先生成实例，然后通过实例调用该方法。实例方法的第 1 个参数应当是 self，表示可以通过它来传递实例的属性和方法，其他参数与普通函数中的参数完全一样，形式如下：

```
def 实例方法名(self,[形参列表]):
    函数体
```

【例 4-54】 编写一个程序，定义一个学生类，该类拥有学号、姓名、课程 3 个实例属性，包含选课和显示选修课程两个实例方法。

```
//第 4 章/ Define a student class.py
class Student:
    def __init__(self,id,name):
        self.id = id
        self.name = name
        self.course = None
    def selectCourse(self,course):
        self.course = course
    def showCourse(self):
        print("选修课程:" + self.course)
#在构建类对象时,构造方法会自动运行,并且在构建类对象时参数会被自动传递给构造方法
student1 = Student("01","李四")
student1.selectCourse("Python")
print("学号:" + student1.id + " 姓名:" + student1.name)
student1.showCourse()
```

程序运行后的结果如图 4-86 所示。

图 4-86 例 4-54 运行结果

2. 类方法

类方法主要用于和类有关的操作，而不与具体的实例有关。注意，在类方法中访问对象的实例属性会导致错误。类方法的定义格式如下：

```
@classmethod
def 类方法名(cls,[形参列表]):
函数体
```

定义类方法时的注意事项：

(1) 方法上面带有装饰器@classmethod。

(2) 第1个参数必须是类本身，该参数名一般约定为cls，通过它来传递类的属性和方法。

(3) 类方法只能修改类属性，不能修改实例属性。

(4) 调用时既可以使用"类名.类方法名"，也可以使用"对象名.类方法名"。

【例4-55】 编写一个程序，定义一个学生类，该类拥有姓名实例属性和学生数类属性，包含一个显示学生总数的类方法。

```
//第4章/ Define a student class2.py
class Student:
    count = 0
    def __init__(self,name):
      self.name = name
      Student.count += 1
    @classmethod
    def showCount(cls):
        print("当前学生总数:",cls.count)
#在构建类对象时,构造方法会自动运行,并且在构建类对象时参数会被自动传递给构造方法
student1 = Student("张三")
student1.showCount()
student2 = Student("李四")
student2.showCount()
Student.showCount()
```

程序运行后的结果如图4-87所示。

图4-87 例4-55运行结果

3. 静态方法

静态方法是类中定义的一种特殊方法，它与类对象或实例对象的状态无关，主要用来执行与类或实例无关的操作。静态方法的行为与普通函数相似，但它们在类的命名空间内定义，使它们与类相关联。在Python中，通常使用@staticmethod装饰器来将一种方法标识为静态方法。静态方法的定义形式如下：

```
@staticmethod
def 静态方法名([形参列表])
函数体
```

定义静态方法时需要注意以下几点：

(1) 方法定义前需使用@staticmethod装饰器，以表明这是一个静态方法。

(2) 静态方法不需要特殊的第1个参数（如self用于实例方法或cls用于类方法），它们的参数列表完全取决于方法的需要。

(3) 调用静态方法时，既可以直接通过类名进行调用，也可以使用实例对象来调用，但推荐使用类名来调用静态方法，因为这样做可以更明确地表达方法的静态性质。调用方式如下：

```
ClassName.静态方法名(参数)
```

通过遵循上述定义和调用规则，可以确保静态方法可以正确地与类相关联，并在不依赖于类或实例对象的状态的情况下执行所需的操作。

【例4-56】 编写一个程序，定义一个类，使用静态方法实现对性别和成绩的合法性检查。

```
//第4章/Static method.py
class Checkmessage:
    def __init__ (self, sex, socre):
        self.sex = sex
        self.socre = socre
    @staticmethod
    def checkSex(sex):
        if sex == "男" or sex == "女":
            print("性别合法")
        else:
            print("性别非法")
    @staticmethod
    def checkScore(socre):
        if socre >= 0 and socre <= 100:
            print("成绩合法")
        else:
            print("成绩非法")
'''调用静态方法时,既可以直接通过类名进行调用,也可以使用实例对象来调用,
但推荐使用类名来调用静态方法,因为这样做可以更明确地表达方法的静态性质'''
user1 = Checkmessage("男",75)
user2 = Checkmessage("未知",88)
user1.checkSex("男")
user2.checkScore(80)
Checkmessage.checkSex("女")
Checkmessage.checkSex("未知")
Checkmessage.checkScore(90)
Checkmessage.checkScore(200)
```

程序运行后的结果如图4-88所示。

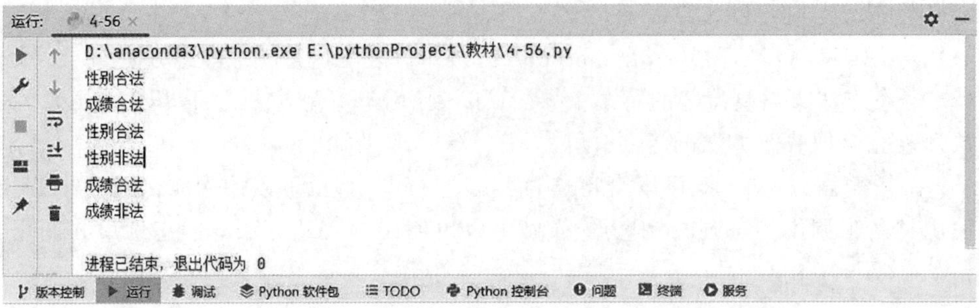
运行: 4-56
D:\anaconda3\python.exe E:\pythonProject\教材\4-56.py
性别合法
成绩合法
性别合法
性别非法
成绩合法
成绩非法
进程已结束，退出代码为 0
版本控制
运行
调试
Python 软件包
TODO
Python 控制台
问题
终端
服务

图 4-88　例 4-56 运行结果

4.6.4　封装、继承与多态

面向对象的三大特征是封装、继承和多态。这些特性有助于构建更加模块化和可重用的代码。在定义类时，将属性和方法写到类中，这就是封装的体现，封装使类的内部状态(属性)和行为(方法)对外部是不可见的，只能通过类进行访问和操作，从而增强了代码的安全性和可维护性。下面介绍另外两个特性。

1. 继承

继承是面向对象编程中实现代码复用的重要手段。通过继承，可以创建一个新的类(子类)，它继承自一个或多个已存在的类(父类或基类)，Python 语言中的所有类都继承自 object 类，所以 object 类是最顶层的基类。子类将自动获得父类的共有属性和方法，这使子类可以复用父类的代码，无须重写相同的逻辑。同时，子类也可以添加自己特有的属性和方法，以扩展功能。在定义子类时，需要使用父类的名字(可以有一个或多个，多个父类称为多重继承)作为子类定义的一部分。子类定义的格式如下：

```
class 子类名(父类 1, 父类 2, ...):
    类体
```

类体包括子类特有的属性和方法，在继承关系中，被继承的类称为父类或基类，而继承的类称为子类或派生类。通过继承，可以建立类的层次结构，实现代码的复用和扩展。

【例 4-57】 定义一个汽车类和一个公交车类，汽车类包含品牌、颜色两个属性及启动和停止两种方法，公交车类继承汽车类，有自己的属性公交线路，同时还有自己的进站方法。

```
//第 4 章/ Inherit.py
class AutoMobile:
    def __init__(self, brand, color):
        self.brand = brand
        self.color = color
    def start(self):
        print("启动汽车")
    def stop(self):
```

```
        print("停止汽车")
class Bus(AutoMobile):
    def __init__ (self, brand, color, route):
        super().__init__ (brand, color)          #调用父类的__init__方法
        self.route = route
    def enters(self, n):
        print("%s的%s品牌%d路公交车,上车收费%d元" % (self.color, self.brand, self.
route, n))
bus1 = Bus("吉利", "黄色", 35)          #创建一个Bus对象,并设置品牌、颜色和路线编号
bus1.start()                            #启动汽车
bus1.enters(3)                          #假设上车收费3元
bus1.stop()                             #停止汽车
```

程序运行后的结果如图4-89所示。

图4-89 例4-57运行结果

2. 多态

在面向对象编程中,多态是另一个重要的概念,它允许不同的类拥有相同名称的方法,但每个类中的实现方式可以各不相同。当不同的类对象调用这些同名方法时,将执行各自类中定义的特定代码逻辑,这种灵活性正是多态性的一种典型体现。

【例4-58】 创建一个交通模拟系统,包含汽车(AutoMobile)和公交车(Bus)两种交通工具的类。汽车类包含品牌、颜色和移动方法,而公交车类继承自汽车类,增加了路线属性和特定的移动行为。编写一个函数drive_vehicle,该函数接受任何交通工具对象并调用其移动方法,以展示多态性在交通模拟中的应用。

```
//第4章/Polymorphic.py
class AutoMobile:
    def __init__ (self, brand, color):
        self.brand = brand
        self.color = color
    def move(self):
        print(f"启动{self.color}的{self.brand}汽车并开始移动...")
class Bus(AutoMobile):
    def __init__ (self, brand, color, route):
        super().__init__(brand, color)
        self.route = route
```

```
    def move(self):
        print(f"启动 {self.color} 的 {self.brand}公交车并开始按照:{self.route}移动...")
    #创建不同类型的对象
car = AutoMobile("BYD", "蓝色")
bus = Bus("吉利", "白色", "35 号线路")
#使用多态性调用 move 方法
def drive_vehicle(vehicle):
    vehicle.move()
#调用 drive_vehicle 函数,传入不同类型的对象
drive_vehicle(car)
drive_vehicle(bus)
```

程序运行后的结果如图 4-90 所示。

```
运行:  4-58 ×
D:\anaconda3\python.exe E:\pythonProject\教材\4-58.py
启动 蓝色 的 BYD 汽车并开始移动...
启动 白色 的 吉利公交车并开始按照: 35号线路移动...

进程已结束,退出代码为 0
版本控制  运行  调试  Python 软件包  TODO  Python 控制台  问题  终端  服务
```

图 4-90 例 4-58 运行结果

4.7 本章小结

本章全面地介绍了 Python 编程的基础知识,从 Python 的简介、安装和使用开始,逐步深入到 Python 的基础语法、程序控制结构、函数、组合数据类型及面向对象程序设计等多方面。首先,通过 PyCharm 集成开发环境的安装与使用,为读者提供了良好的编程环境。随后,深入地讲解了 Python 编程的核心概念,如程序格式框架、标识符和关键字、基本输入和输出函数、数据类型及其运算等,为后续的编程实践打下了坚实的基础。

在程序控制结构部分,本章详细地介绍了顺序结构、分支结构和循环结构的设计方法,使读者能够编写出结构清晰、逻辑严密的程序。同时,通过函数的定义与调用、参数传递、变量作用域等内容,引导读者实现了代码的模块化,提高了代码的复用性和可维护性。

在组合数据类型方面,本章对序列、列表、元组、字符串、集合和字典等多种数据类型详尽地进行了讲解,使读者能够灵活地运用这些数据类型进行数据处理和存储。最后,通过面向对象程序设计的内容,介绍了类与对象的属性和方法,以及封装、继承与多态等概念,使读者能够掌握面向对象编程的思想和方法,为后续的深入学习打下坚实的基础。由于篇幅限制,虽然本章讲解的内容注重打牢读者理论基础,但本章的习题都来自历届蓝桥杯比赛,有利于学有余力的读者通过习题继续巩固所学知识,以提高学习效果。

4.8　习题

1. 题目描述

计算在区间 1 到 n 的所有整数中，数字 $x(0\leqslant x\leqslant 9)$ 共出现了多少次？例如，在 1 到 11 中，即在 1、2、3、4、5、6、7、8、9、10、11 中，数字 1 出现了 4 次。

输入格式：两个整数 n，x 之间用一个空格隔开。

输出格式：1 个整数，表示出现的次数。

输入样例：11 1

输出样式：4

2. 题目描述

BMI 是国际上常用的衡量人体胖瘦程度的一个标准，其算法是 m/h^2，其中 m 是指体重(单位为 kg)，h 是指身高(单位为 m)。不同体型范围与判定结果如下。

① 小于 18.5：体重过轻，输出 Underweight；②大于或等于 18.5 且小于 24：正常体重，输出 Normal；③大于或等于 24：肥胖，不仅要输出 BMI 值(使用 cout 的默认精度)，换行后还要输出 Overweight。

现在给出体重和身高数据，需要根据 BMI 判断体形状态并输出对应的判断。在输出时，采用四舍五入法保留六位有效数字输出，如果小数部分存在后缀 0，则不要输出后缀 0。需要注意，保留六位有效数字不是保留六位小数，例如 123.4567 应该输出为 123.457，5432.10 应该输出为 5432.1。

输入格式：共一行。第 1 行，共两个浮点数，m 和 h 分别表示体重(单位为 kg)和身高(单位为 m)。

输出格式：输出一行一个字符串，表示根据 BMI 的对应判断。特别地，对于 Overweight 情况的特别处理可参照题目所述。

3. 题目描述

输入年份和月份，输出这一年的这一月有多少天。需要考虑闰年。

输入格式：输入两个正整数，分别表示年份 y 和月份 m，以空格隔开。

输出格式：输出一行一个正整数，表示这个月有多少天。

4. 题目描述

为了丰富人民群众的生活，支持某些社会公益事业，北塔市设置了一项彩票。该彩票的规则如下：

(1) 每张彩票上印有 7 个各不相同的号码，并且这些号码的取值范围为 1～33。

(2) 每次在兑奖前都会公布一个由 7 个各不相同的号码构成的中奖号码。

(3) 共设置 7 个奖项，特等奖和一等奖至六等奖。

兑奖规则如下。

特等奖：要求彩票上的 7 个号码都出现在中奖号码中。

一等奖：要求彩票上有6个号码出现在中奖号码中。

二等奖：要求彩票上有5个号码出现在中奖号码中。

三等奖：要求彩票上有4个号码出现在中奖号码中。

四等奖：要求彩票上有3个号码出现在中奖号码中。

五等奖：要求彩票上有2个号码出现在中奖号码中。

六等奖：要求彩票上有1个号码出现在中奖号码中。

注：兑奖时并不考虑彩票上的号码和中奖号码中的各个号码出现的位置。例如，中奖号码为23 31 1 14 19 17 18，则彩票12 8 9 23 1 16 7由于其中有两个号码(23和1)出现在中奖号码中，所以该彩票中了五等奖。

现已知中奖号码和小明买的若干张彩票的号码，请你写一个程序帮助小明判断他买的彩票的中奖情况。

输入格式：

输入的第1行只有一个自然数n，表示小明买的彩票张数；

第2行存放了7个介于1～33的自然数，表示中奖号码；

在随后的n行中每行都有7个介于1～33的自然数，分别表示小明所买的n张彩票。

输出格式：

依次输出小明所买的彩票的中奖情况(中奖的张数)，首先输出特等奖的中奖张数，然后依次输出一等奖至六等奖的中奖张数。

5. 题目描述

因为151既是一个质数又是一个回文数(从左到右和从右到左看是一样的)，所以151是回文质数。

写一个程序来找出范围$[a,b]$($5 < a < b < 100\,000\,000$)内的所有回文质数。

输入格式：第1行输入两个正整数a和b。

输出格式：输出一个回文质数的列表，一行一个。

6. 题目描述

本题为上古NOIP原题，不保证存在靠谱的做法能通过该数据范围下的所有数据。

本题为搜索题，本题不接受hack数据。

单词接龙是一个与成语接龙相类似的游戏，现在已知一组单词，并且给定一个开头的字母，要求给出以这个字母开头的最长的“龙”(每个单词都最多在“龙”中出现两次)，在两个单词相连时，其重合部分合为一部分，例如beast和astonish，如果接成一条龙，则变为beastonish，另外相邻的两部分不能存在包含关系，例如at和atide间不能相连。

输入格式：输入的第1行为一个单独的整数，表示单词数，以下n行每行有一个单词，输入的最后一行为一个单个字符，表示“龙”开头的字母。可以假定以此字母开头的“龙”一定存在。

输出格式：1个整数，表示出现的次数。

7. 题目描述

你是一只小跳蛙，你特别擅长在各种地方跳来跳去。

这一天，你和朋友小 F 一起出去玩耍时，遇到了一堆高矮不同的石头，其中第 i 块石头的高度为 h_i，地面的高度是 $h_0=0$。你估计着，从第 i 块石头跳到第 j 块石头上耗费的体力值为 $(h_i-h_j)^2$，从地面跳到第 i 块石头耗费的体力值是 $(h_i)^2$。

为了给小 F 展现你超级跳的本领，你决定跳到每个石头上各一次，并最终停在任意一块石头上，并且小跳蛙想耗费尽可能多的体力值。

当然，你只是一只小跳蛙，只会跳，不知道怎么跳才能让本领更充分地展现。

不过你有救啦，小 F 给你送来了一个写着 AK 的计算机，可以使用计算机程序帮你解决这个问题，万能的计算机会告诉你怎么跳。

那就请你(会写代码的小跳蛙)写下这个程序，为你 NOIP AK 踏出坚实的一步吧！

输入格式：

输入一行一个正整数 n，表示石头个数。

输入第 2 行 n 个正整数，表示第 i 块石头的高度 h。

输出格式：

输出一行一个正整数，表示可以耗费的体力值的最大值。

8. 题目描述

小 A 有 n 个糖果盒，第 i 个盒中有 a_i 颗糖果。小 A 每次可以从其中一盒糖果中吃掉一颗，他想知道，要让任意两个相邻的盒子中糖的个数之和都不大于 x，至少得吃掉几颗糖。

输入格式：

输入的第 1 行是两个用空格隔开的整数，代表糖果盒的个数 n 和给定的参数 x。

第 2 行有 n 个用空格隔开的整数，第 i 个整数代表第 i 盒糖的糖果数量 a_i。

输出格式：

输出一行一个整数，代表最少要吃掉的糖果的数量。

第5章 算法与数据结构

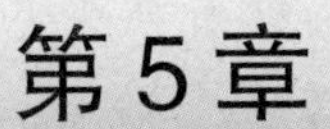

CHAPTER 5

通过第4章Python编程基础的讲解，读者了解了用程序逻辑来描述生活中的常用逻辑。每种逻辑的实现过程，一定是按部就班地完成某个事务。本章讲解计算机解决问题的算法，并讲解以什么数据结构进行实现。

第5章思维导图如图5-1所示。

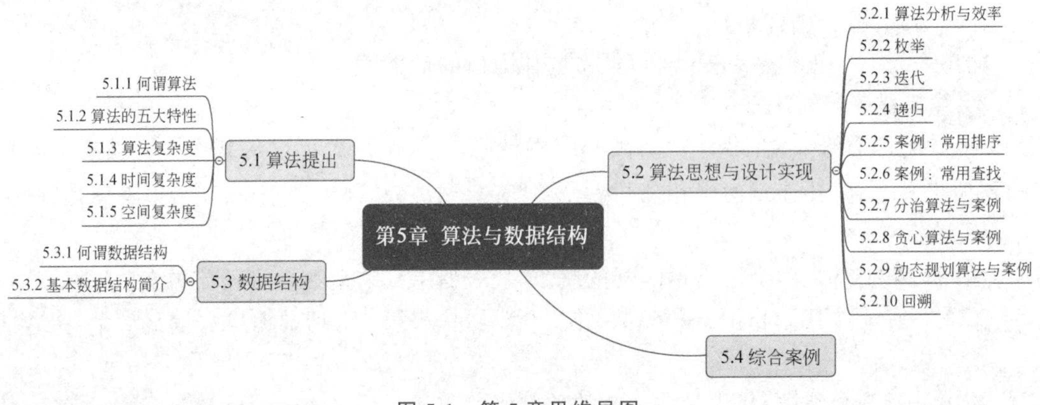

图5-1 第5章思维导图

5.1 算法提出

算法是一组有序的操作步骤，用于解决特定问题或执行特定任务。它是一种在计算机科学和数学中广泛应用的概念，但也可以在日常生活中找到各种各样的例子。本节将从计算机专业应用的角度出发，结合Python语言编程方式，深入浅出、循序渐进地讲解计算机科学领域算法的思想和实现。

5.1.1 何谓算法

算法(Algorithm)是指解题方案的准确而完整的描述，是一系列解决问题的清晰指令，算法代表着用系统的方法描述解决问题的策略机制。算法能够根据一定规范的输入，在有限时间内获得所要求的输出。不同的算法可能用不同的时间、空间或效率来完成同样的任务。一个算法的优劣可以用空间复杂度与时间复杂度来衡量。以下是3个日常生活中常见事务的操作步骤(通常叫作方法、办法)示例。

(1) 煮咖啡的方法。

步骤1：将水倒入水壶中。

步骤2：将咖啡滤纸放入咖啡壶的过滤篮中。

步骤3：将咖啡粉倒入滤纸中。

步骤4：打开咖啡壶的电源开关。

步骤5：等待几分钟，直到咖啡滴入壶中。

步骤6：关闭电源开关，将壶中的咖啡倒入杯子。

步骤7：加入糖和牛奶，根据口味调整。

该算法描述了如何制作一杯咖啡的步骤，它们按照特定的顺序执行以获得最终的咖啡。

(2) 驾驶车辆的方法。

步骤1：坐进车内，插入钥匙或按下启动按钮。

步骤2：踩下刹车踏板，将挡位选择到“驾驶”。

步骤3：释放手刹。

步骤4：加速，同时注意交通信号、标志和其他车辆。

步骤5：根据需要转向方向盘，维持车辆在正确的车道上。

步骤6：遵守交通规则，如停车、减速、加速等。

该算法描述了驾驶一辆汽车的基本步骤，以确保安全和有效地到达目的地。

(3) 做三明治的方法。

步骤1：准备所需的食材，如面包、火腿、生菜、酱等。

步骤2：将两片面包放在工作台上。

步骤3：在一片面包上放置火腿、生菜和酱。

步骤4：将另一片面包盖在顶部，制成三明治。

步骤5：根据需求，用刀将三明治切成两半或更多块。

步骤6：将制成的三明治放在盘子上，准备食用。

该算法描述了如何制作一份简单的三明治，指导了每个步骤的顺序和执行方法。

算法是计算机处理信息的本质，因为计算机程序本质上是用一个算法告诉计算机按照确切的步骤来执行一个指定的任务。一般地，当算法在处理信息时会从输入设备或数据的存储地址读取数据，把结果写入输出设备或某个存储地址以便以后再调用。

算法是独立存在的一种解决问题的方法和思想。对于算法而言，实现的语言并不重要，重要的是思想。

算法可以有不同的语言描述版本(如C描述、C++描述、Java描述、Python描述等)，本书用Python语言进行描述。

5.1.2 算法的五大特性

一个正确的算法应该具有以下5个重要的特征。

(1) 输入性：一个算法有零个或多个输入，以刻画运算对象的初始情况，所谓零个输入是指算法本身定出了初始条件。

(2) 输出性：一个算法有一个或多个输出，以反映对输入数据加工后的结果，没有输出的算法是毫无意义的。

(3) 有穷性：算法的有穷性是指算法必须能在执行有限个步骤之后终止。

(4) 确切性：算法的每个步骤必须有确切的定义。

(5) 可行性：也称为有效性，即算法中执行的任何计算步骤都可以被分解为基本的可执行的操作步，即每个计算步都可以在有限时间内完成。

5.1.3 算法复杂度

算法复杂度旨在计算在输入数据量 N 的情况下，算法的时间使用和空间使用情况；体现算法运行使用的时间和空间随数据大小 N 而增大的速度。

1. 评价角度

算法复杂度主要可从时间、空间两个角度评价。

(1) 时间复杂度：假设各操作的运行时间为固定常数，统计算法运行的计算操作的数量，以代表算法运行所需时间。

(2) 空间复杂度：统计在最差情况下，算法运行所需使用的最大空间。

2. 输入数据大小 *N* 的定义

输入数据大小 N 指算法处理的输入数据量。根据不同算法，具有不同定义，例如排序算法中 N 代表需要排序的元素数量。

搜索算法中 N 代表搜索范围的元素总数，例如数组大小、矩阵大小、二叉树节点数、图节点和边数等。

接下来，本节将分别从概念定义、符号表示、常见种类、时空权衡、示例解析、示例题目等角度入手，讲解时间复杂度和空间复杂度。

5.1.4 时间复杂度

时间复杂度指输入数据大小为 N 时，算法运行所需花费的时间。需要注意以下几点：

(1) 统计的是算法的计算操作数量，而不是运行的绝对时间。计算操作数量和运行绝对时间呈正相关关系，并不相等。算法运行时间受到编程语言、计算机处理器速度、运行环境等多种因素影响，例如，同样的算法使用 Python 或 C++实现、使用 CPU 或 GPU、使用本地 IDE 或 OJ 平台(如洛谷等)提交，运行时间都不同。

(2) 体现的是计算操作随数据大小 N 变化时的变化情况。假设算法运行总共需要1次操作或100次操作，此两种情况的时间复杂度都为常数级 $O(1)$；需要 N 次操作或 $100N$

次操作的时间复杂度都为$O(N)$。

1. 时间复杂度符号表示

根据输入数据的特点，时间复杂度具有最差、平均、最佳 3 种情况，分别使用O、Θ、Ω这 3 种符号表示。以下借助一个查找算法的例 5-1 以帮助理解。

【例 5-1】 输入长度为N的整数数组 nums，判断此数组中是否有数字 7，若有，则返回值为 True，否则返回值为 False。

解题算法：线性查找，即遍历整个数组，如果遇到 7，则返回值为 True。

代码如下：

```
//第 5 章/ Find 7.py
#数组线性查找数字 7
def find_seven(nums):
    for num in nums:
        if num == 7:
            return True
    return False
```

(1) 最佳情况$\Omega(1)$：nums=[7, a, b, c, …]，即当数组的首个数字为 7 时，无论 nums 有多少元素，线性查找的循环次数都为 1 次。

(2) 最差情况$O(N)$：nums=[a, b, c, …] 且 nums 中所有数字都不为 7，此时线性查找会遍历整个数组，循环N次。

(3) 平均情况Θ：需要考虑输入数据的分布情况，计算所有数据情况下的平均时间复杂度；例如本例，需要考虑数组长度、数组元素的取值范围等。

注意：大O是最常使用的时间复杂度评价渐进符号，后续讲述求解算法的时间复杂度的具体步骤时会详细说明。

---

2. 符号种类

常见各类时间复杂度种类及符号见表 5-1(未一一列举，可查阅相关参考文献，不再赘述)。

表 5-1 常见的时间复杂度

执行次数函数举例	阶	说 明	执行次数函数举例	阶	说 明
13	$O(1)$	常数阶	$7\log_2 N+23$	$O(\log N)$	对数阶
$2N+3$	$O(N)$	线性阶	2^N	$O(2^N)$	指数阶
$3N^2+2N+1$	$O(N^2)$	平方阶			

根据从小到大的顺序排列，常见的算法时间复杂度种类及优先级，以及计算操作数量随输入数据量变化曲线如图 5-2 所示。

3. 求解算法的时间复杂度的具体步骤

(1)找出算法中的基本语句：算法中执行次数最多的那条语句就是基本语句，通常是最内层循环的循环体。

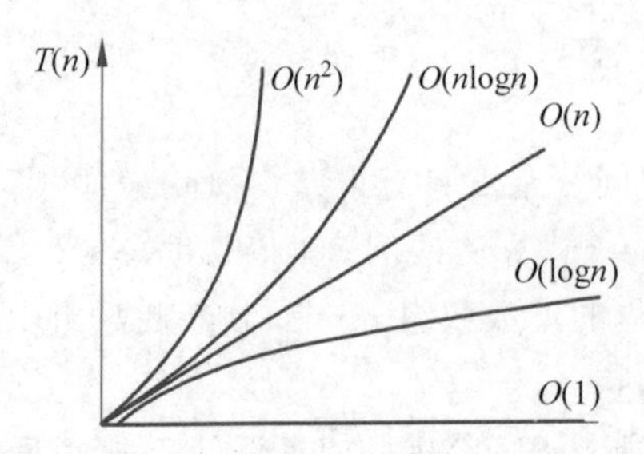

图 5-2　不同输入数量 n 获得的不同时间复杂度

(2) 计算基本语句的执行次数的数量级：只需计算基本语句执行次数的数量级，这就意味着只要保证基本语句执行次数的函数中的最高次幂正确，就可以忽略所有低次幂和最高次幂的系数。这样能够简化算法分析，并且使注意力集中在最重要的一点上：增长率。

(3) 用大 O 表示算法的时间性能：将基本语句执行次数的数量级放入大 O 后的括号中。

如何推导大 O 阶呢？下面是基本的推导方法：

(1) 用常数 1 取代运行时间中的所有加法常数。

(2) 在修改后的运行次数函数中，只保留最高阶项。

(3) 如果最高阶项存在且不是 1，则去除与这个项相乘的常数。

简单地讲，也就是保留求出次数的最高次幂，并且把系数去掉，如 $T(n)=n^2+n+1=O(n^2)$。

4. 案例分析

现在列举一些不同符号种类的示例，一起来体会各种场景下如何求解对应算法的时间复杂度。每道例题中的输入数据大小为 N，计算操作数量为 count。图 5-3～图 5-5 中每个深灰色方块代表一个单元计算操作。

【例 5-2】　常数 $O(1)$，运行次数与 N 大小呈常数关系，即不随输入数据大小 N 的变化而变化，代码如下：

```
#输入普通数据大小 N
def algorithm(N):
    a = 1
    b = 2
    x = a * b + N
    return 1
```

增加循环操作，无论 a 取多大都与输入数据大小 N 无关，因此时间复杂度仍为 $O(1)$，代码如下：

```
#增加循环操作
def algorithm(N):
    count = 0
    a = 10000
```

```
    for i in range(a):
        count += 1
    return count
```

其时间复杂度如图 5-3 所示。

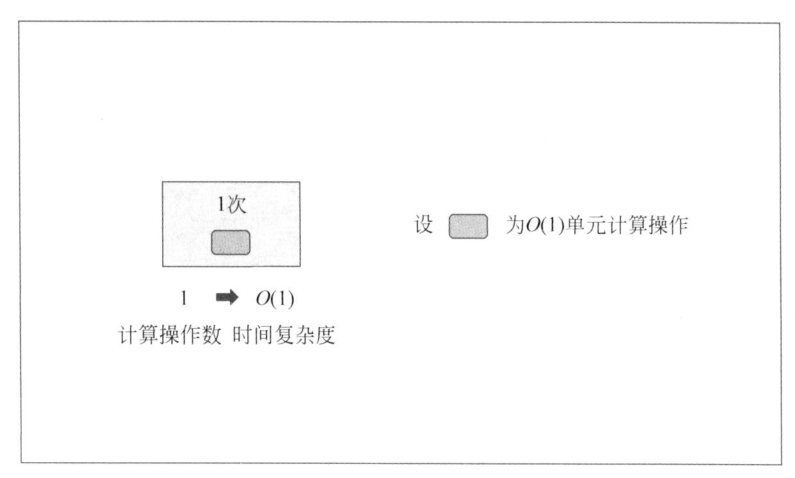

图 5-3　常数 $O(1)$ 时间复杂度

【例 5-3】　线性 $O(N)$，循环运行次数与 N 大小呈线性关系，时间复杂度为 $O(N)$，代码如下：

```
#单循环
def algorithm(N):
  count = 0
  for i in range(N):
      count += 1
   return count
```

改为两层循环，但第 2 层与 N 大小无关，因此整体仍与 N 呈线性关系，代码如下：

```
#两层循环
def algorithm(N):
    count = 0
    a = 10000
    for i in range(N):
        for j in range(a):
            count += 1
    return count
```

其时间复杂度如图 5-4 所示。

【例 5-4】　平方 $O(N^2)$，两层循环相互独立，并且都与 N 呈线性关系，因此总体与 N 呈平方关系，时间复杂度为 $O(N^2)$，代码如下：

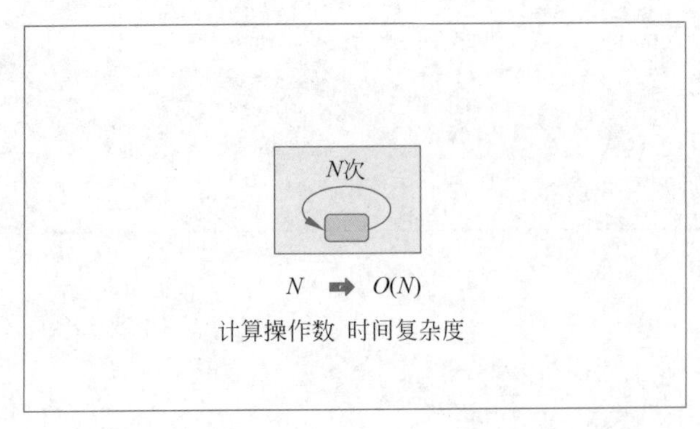

图 5-4 线性 $O(N)$时间复杂度

```
#两层循环相互独立
def algorithm(N):
    count = 0
    for i in range(N):
        for j in range(N):
            count += 1
    return count
```

以冒泡排序为例,其包含两层独立循环:第 1 层复杂度为 $O(N)$,第 2 层平均循环次数为$\frac{N}{2}$,复杂度为 $O(N)$,推导过程如下:$O\left(\frac{N}{2}\right)=O\left(\frac{1}{2}\right)O(N)=O(1)O(N)=O(N)$,因此,冒泡排序的总体时间复杂度为 $O(N^2)$,代码如下:

```
//第 5 章/ Bubble sorting.py
#冒泡排序算法的时间复杂度为 O(N2)
def bubble_sort(nums):
    N = len(nums)
    for i in range(N - 1):
        for j in range(N - 1 - i):
            if nums[j] > nums[j + 1]:
                nums[j], nums[j + 1] = nums[j + 1], nums[j]
    return nums
```

其时间复杂度如图 5-5 所示。

5.1.5 空间复杂度

空间复杂度(Space Complexity)是对一个算法在运行的过程中临时占用存储空间大小的量度。一个算法在计算机存储器上所占用的存储空间,包括存储算法本身所占用的存储空间、算法的输入及输出数据所占用的存储空间和算法在运行的过程中临时占用的存储空间这 3 方面。算法的输入及输出数据所占用的存储空间是由要解决的问题决定的,是通过参数表由调用函数传递而来的,它不随算法的不同而改变。存储算法本身所

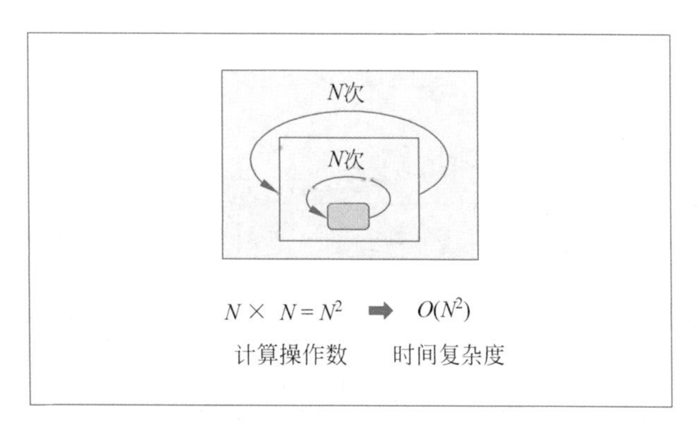

图 5-5 平方 $O(N^2)$ 时间复杂度

占用的存储空间与算法书写的长短成正比，要压缩这方面的存储空间，就必须编写出较短的算法。

算法在运行的过程中临时占用的存储空间随算法的不同而异，有的算法只需占用少量的临时工作单元，而且不随问题规模的大小而改变，这种算法是节省存储的算法；有的算法需要占用的临时工作单元数与解决问题的规模 N 有关，它随着 N 的增大而增大，当 N 较大时，将占用较多的存储单元。

例如当一个算法的空间复杂度为一个常量时，即不随被处理数据量 N 的大小而改变，可表示为 $O(1)$；当一个算法的空间复杂度与以 2 为底的 N 的对数成正比时，可表示为 $O(\log_2 N)$；当一个算法的空间复杂度与 N 呈线性比例关系时，可表示为 $O(N)$。若形参为数组，则只需为它分配一个存储由实参传送来的一个地址指针的空间，即一个机器字长空间；若形参为引用方式，则只需为其分配存储一个地址的空间，用它来存储对应实参变量的地址，以便由系统自动引用实参变量。

1. 空间类型

空间复杂度涉及的空间类型有以下几种。

(1) 输入空间：存储输入数据所需的空间大小。

(2) 暂存空间：算法在运行的过程中，存储所有中间变量和对象等数据所需的空间大小。

(3) 输出空间：算法运行返回时，存储输出数据所需的空间大小。

通常情况下，空间复杂度指在输入数据大小为 N 时，算法运行所使用的暂存空间＋输出空间的总体大小，如图 5-6 所示。

2. 空间复杂度符号表示

通常情况下，空间复杂度用于统计算法在“最差情况”下使用的空间大小，以体现算法运行所需预留的空间量，使用符号大 O 表示。

最差情况有两层含义，分别为最差输入数据、算法运行中的最差运行点。

输入整数 N，在取值范围 $N \geqslant 1$ 的情况下。

(1) 最差输入数据：当 $N \leqslant 10$ 时，数组 nums 的长度恒定为 10，空间复杂度为 $O(10)=$

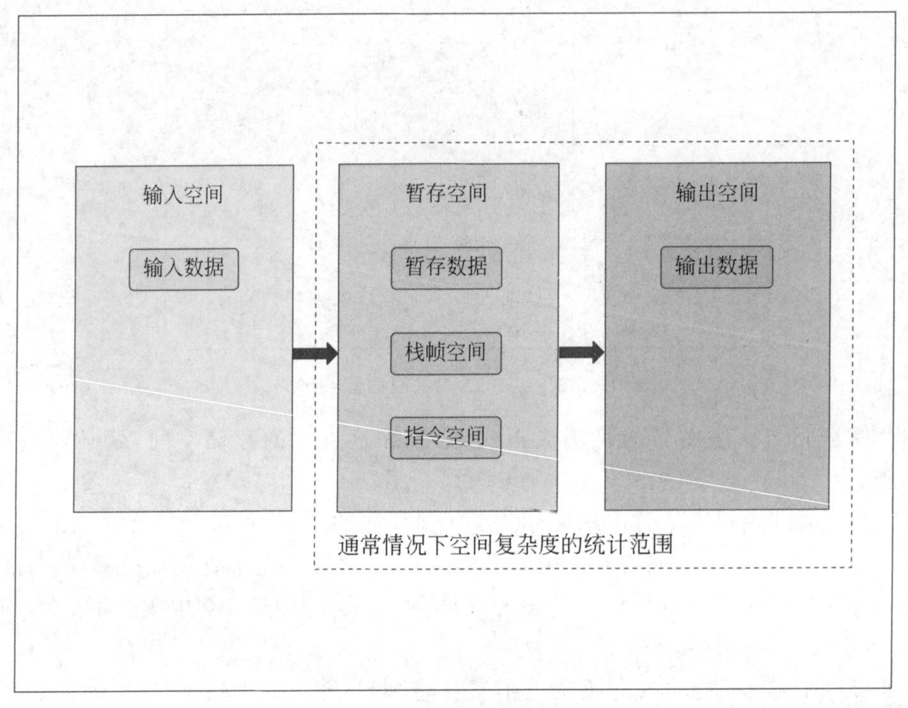

图 5-6 空间复杂度的统计范围

$O(1)$；当 $N>10$ 时，数组 nums 的长度为 N，空间复杂度为 $O(N)$，因此，空间复杂度应为最差输入数据情况下的 $O(N)$。

(2) 最差运行点：在执行 nums=[0] * 10 时，算法仅使用 $O(1)$ 大小的空间，而当执行 nums=[0] * N 时，算法使用 $O(N)$ 的空间，因此，空间复杂度应为最差运行点的 $O(N)$。

代码如下：

```
#空间复杂度最差运行点示例
def algorithm(N):
    num = 5                 #O(1)
    nums = [0] * 10         #O(1)
    if N > 10:
        nums = [0] * N      #O(N)
```

3. 符号种类

根据从小到大的顺序排列，常见的算法空间复杂度种类及优先级，以及内存空间使用随输入数据量变化的曲线如图 5-7 所示。

4. 案例分析

求解算法的空间复杂度和时间复杂度的步骤基本一致，这里不再一一赘述。同样列举一些不同符号种类的示例，每道例题中设输入数据的大小为正整数 N，节点类 Node、函数 test()，代码如下：

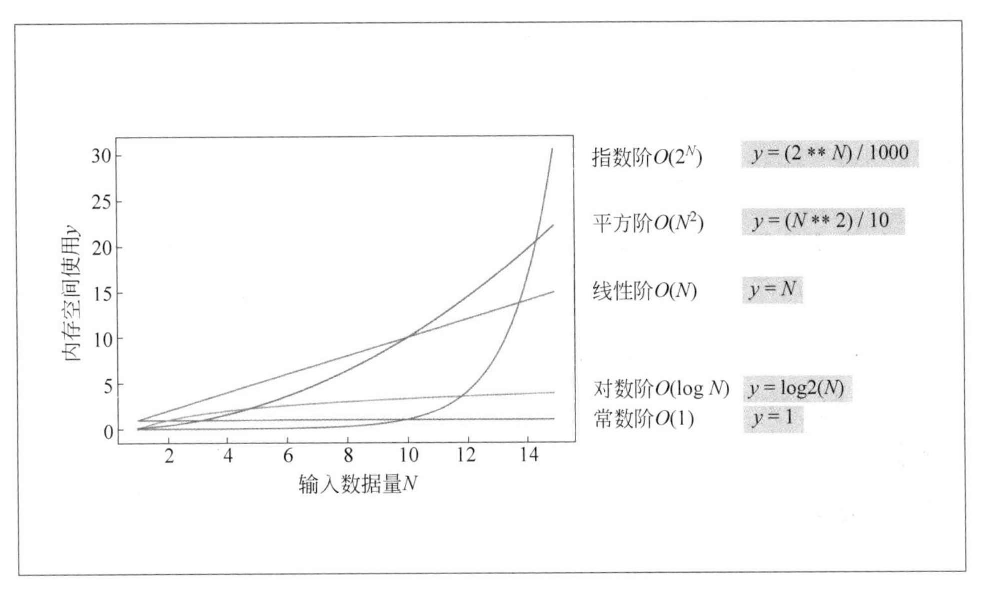

图 5-7 不同输入数量 N 获得的不同空间复杂度

```
#自定义节点类 Node
class Node:
    def __init__(self, val):
        self.val = val
        self.next = None

#函数 test()
def test():
    return 0
```

【例 5-5】 常数 $O(1)$，普通常量、变量、对象、元素数量等与输入数据大小 N 无关的集合皆使用常数大小的空间，代码如下：

```
#使用常数大小的空间
def testSpace(N):
    num = 0
    nums = [0] * 10000
    node = Node(0)
    dic = { 0 : '0' }
```

再例如以下函数内，虽然内嵌函数 test()调用了 N 次，但每轮调用后 test()已返回，无累计栈帧空间使用，因此空间复杂度仍为 $O(1)$，代码如下：

```
#循环中调用内嵌函数 test(),空间复杂度仍为 O(1)
def testSpace(N):
    for i in range(N):
        test()
```

【例 5-6】 线性 $O(N)$，元素数量与 N 呈线性关系的任意类型集合（常见于一维数组、链表、哈希表等）皆使用线性大小的空间，代码如下：

```
#元素数量与 N 呈线性关系的集合
def testSpace(N):
    nums_1 = [0] * N
    nums_2 = [0] * (N //2)
    nodes = [Node(i) for i in range(N)]
    dic = {}
    for i in range(N):
        dic[i] = str(i)
```

改为递归，调用期间会同时存在 N 个未返回的 testSpace() 函数，因此使用 $O(N)$ 大小的栈帧空间，代码如下：

```
#递归会使用 O(N)大小的栈帧空间
def testSpace(N):
    if N <= 1: return 1
    return algorithm(N - 1) + 1
```

其空间复杂度如图 5-8 所示。

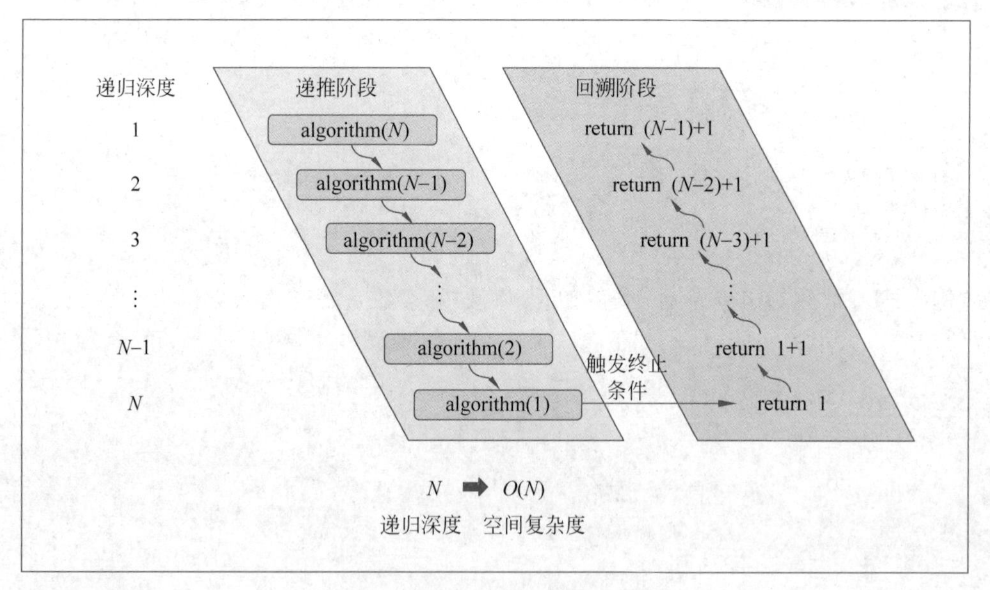

图 5-8 线性 $O(N)$ 空间复杂度

5. 复杂度均衡

对于算法的性能，需要从时间和空间的使用情况来综合评价。优良的算法应具备两个特性，即时间和空间复杂度皆较低，而实际上，对于某个算法问题，同时优化时间复杂度和空间复杂度是非常困难的。降低时间复杂度，往往是以提升空间复杂度为代价的，正所谓“鱼与熊掌不可兼得”，需根据实际应用的需求进行灵活设计。

5.2 算法思想与设计实现

本节从算法设计的要求出发，介绍算法分析效率的度量方法，然后举一些常用的算法实例，进行校验和分析总结。

5.2.1 算法分析与效率

算法作为计算机程序设计的核心，其性能与效率直接关系到程序运行的速度和资源的利用情况，因此，对算法进行深入分析与优化，是每个计算机专业人士必须掌握的技能。本节旨在帮助读者理解算法分析的基本概念，掌握效率评估指标，学会分析时间复杂度和空间复杂度，探讨优化策略，并通过实际案例来加深理解。

1. 算法设计的要求

1）确定性

确定性指的是算法至少应该有输入、输出和加工处理无歧义性，能正确地反映问题的需求，能够得到问题的正确答案。确定性大体分为 4 个层次：

（1）算法程序无语法错误。

（2）算法程序对于合法的输入产生满足要求的输出。

（3）对于非法输入能够产生满足规格的说明。

（4）算法程序对于故意犯难的测试输入都有满足要求的输出结果。

2）可读性

程序便于阅读、理解和交流。

3）健壮性

当输入数据不合法时，算法也能做出相关处理，而不是产生异常、崩溃或者莫名其妙的结果。此外，算法的时间效率高和存储量低。

2. 算法效率的度量方法

1）事后统计方法

主要通过设计好的测试程序和数据，利用计算机计时器对不同算法编制的程序的运行时间进行比较，从而确定算法效率的高低，但这种方法有很大缺陷，一般不予采纳。

2）事前分析估算方法

在计算机程序编制前，依据统计方法对算法进行估算。

一个用高级语言编写的程序在计算机上运行时所消耗的时间主要取决于以下因素：

（1）算法采用的策略及方法（算法好坏的根本）。

（2）编译产生的代码质量（由软件来支持）。

（3）问题的输入规模（由数据决定）。

（4）机器执行指令的速度（看硬件的性能）。

3）算法效率度量指标

(1) 时间复杂度(Time Complexity)决定了运行时间的长短。一个算法所花费时间与算法中语句的执行次数成正比。

(2) 空间复杂度(Space Complexity)决定了计算时所需的空间资源的多少，是对一个算法在运行的过程中临时占用存储空间大小的度量。

4）算法存储空间

一个算法在计算机存储上所占用的存储空间包括3方面：

(1) 存储算法本身所占用的存储空间(与算法书写的长短成正比)。

(2) 算法的输入及输出数据所占用的存储空间(由要解决的问题决定，是通过函数调用而来的，不随算法的不同而改变)。

(3) 算法在运行的过程中临时占用的存储空间(因算法而异，有的算法只需占用少量的临时工作单元，而且不随问题规模的大小而改变，这种算法被称为就地(in-place)进行的，是节省存储的算法)。

7min

5.2.2 枚举

枚举算法也叫穷举算法，顾名思义，也就是穷尽列举。枚举思想的应用场景十分广泛，也非常容易理解。简单来讲，枚举就是将问题所有可能的解，按照不重复、不遗漏的原则依次列举出来，然后一一代入问题中进行检验，从而从一系列可能解中获得能够解决问题的精确解。枚举虽然看起来简单，但是其实仍有一些容易被人忽视的点。

比方说待解决问题的"可能解/候选解"的筛选条件，"可能解"之间相互的影响，穷举"可能解"的代价，"可能解"的穷举方式等。很多时候实际上不必去追求高大上的复杂算法结构，反而大道至简，采用枚举法就能够很好地规避系统复杂性带来的冗余，同时或许在一定程度上还能够对空间进行缩减。枚举思想的流程如图5-9所示。通过实现事先确定好的"可能解"，然后逐一在系统中进行验证，根据验证结果来对"可能解"进行分析和论证。这是一种很明显的结果导向型的思想，简单粗暴地试图从最终结果反向分析"可能解"的可行性。

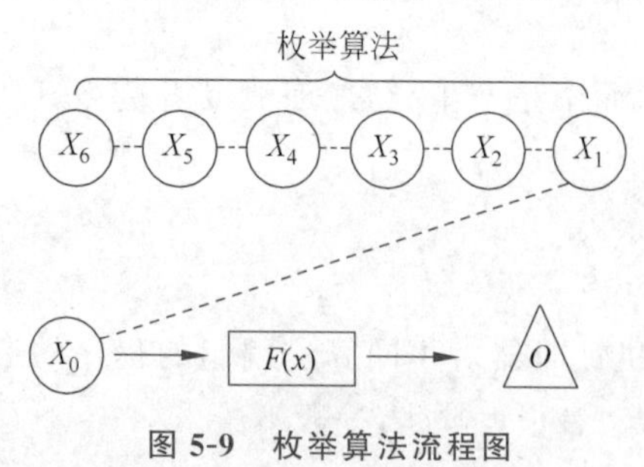

图5-9 枚举算法流程图

不过，枚举思想的劣势当然也很明显。在实际的运行程序中，能够直接通过枚举方法进行求解的问题少之又少，而当"可能解"的筛选条件不清晰时，会导致"可能解"的数量和范围无法准确地进行判断，这样枚举就失去了意义，然而当"可能解"的规模比较小，同时依次验证的过程容易实施时，枚举思想不失为一种方便快捷的方式。只不过在具体使用时，还可以针对应用场景对"可能解"的验证进行优化。

这种优化可以从两个方向入手：

(1) 问题的简化，尽可能对需要处理的问题在模型结构上进行精简。这种精简具体可体现在问题中的变量数目,减少变量的数据,从而能够从根本上降低可能解的组合。

(2) 对筛选"可能解"的范围和条件进行严格判断,尽可能地剔除大部分无效的"可能解"。虽说如此,但是一般而言大部分枚举不可用的场景是由于"可能解"的数量过多,无法在有限空间或有限时间内完成所有可能性的验证。不过实际上枚举思想最接近人的思维方式,在更多的时候是用来帮助读者去"理解问题",而不是"解决问题"的。

枚举算法的常见应用例如选择排序、顺序查找法。

5.2.3 迭代

迭代算法(Iterative Method)是指无法使用公式一次求解,而需要使用迭代,例如用循环取重复执行程序某些代码单元来得到答案,本质思想是递推。

递推思想跟枚举思想一样,它们都是接近人类思维方式的思想,甚至在实际生活中具有比枚举思想更多的应用场景。人脑在遇到未知的问题时,大多数人第一直觉会从积累的"先验知识"出发,试图从"已知"推导"未知",从而解决问题,说服自己。事实上,迭代就是一种递推的算法思想。递推思想的核心就是从已知条件出发,逐步推算出问题的解。

相比之下,人脑在对不同维度的问题进行推导时具有更高的自由度。比方说,人脑可以很容易地从"太阳从东边升起"推出"太阳从西边落下",然后大致推出"现在的时间",但是对于计算机而言并没有那么容易,需要设置一系列的限制条件,才能避免计算机推出"太阳、月亮、星星"从"南、北、东边"发生"落下、飞走、掉落"的可能性。计算机在运用递推思想时,大多是重复性的推理。比方说,从"今天是 1 号"推出"明天是 2 号"。这种推理的结构十分类似,往往通过继而往复的推理就可以得到最终的解。

迭代算法每次推导的结果可以作为下一次推导的开始,流程如图 5-10 所示。

迭代算法的常见应用如冒泡排序矩阵相加、相乘、转置元素、链表等。

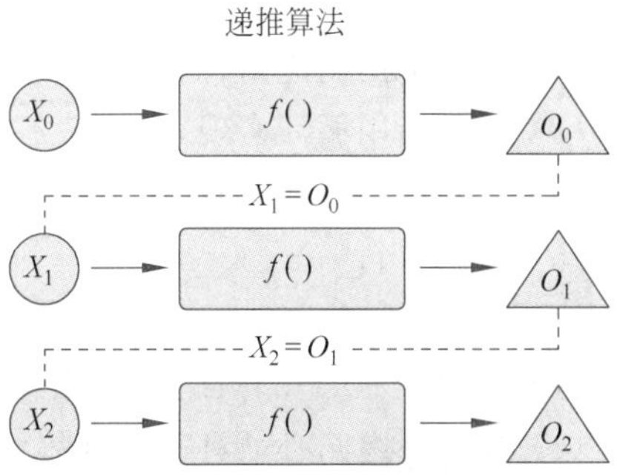

图 5-10　迭代(递推)算法流程图

5.2.4 递归

1. 什么是递归算法

在计算机中,程序调用自身的编程技巧称为递归算法。那么再通俗一点来讲就是:在某个 Python 文件中,有一个函数,这个函数可以在自己的函数体内根据条件自己调用自己,这样自身调用自身的过程或者行为,称为递归。

2. 经典案例

【例 5-7】 使用递归求斐波那契数列。

需求:使用递归算法,求指定位数的斐波那契数列。

分析:

(1) 斐波那契数列是典型的兔子数列,第1位和第2位为1,从第3位开始,前两项的和等于第3项。

(2) 可以将指定位数 n 看作列表的长度,而列表的第1位和第2位为1,然后从第3位开始每个元素的值为前两项元素的和。

(3) 那么递归的出口就是1或者2,出口返回的值为1,然后递归调用函数的参数为 $(n-1)+(n-2)$,也就是第3项的值,或者说本例求的指定位数的值。

参考代码如下:

```
//第5章/Feibo.py
#使用递归求斐波那契数列
def func(n):
    if n == 1 or n == 2:
        return 1
    else:
        return func(n-1) + func(n-2)
if __name__ == '__main__':
    result = func(5)
    print(result)
```

3. 使用递归的原因

使用递归算法有以下优点:

(1) 如果不使用递归,而使用循环,则代码量会较大。

(2) 如果使用循环实现,则程序不容易理解,但是使用递归就会很好理解。

(3) 如果使用循环,则程序的性能可能更高,如果使用递归,则程序更容易理解,所以如何选择更重要。

4. 递归的特征

递归作为一种常用算法,其特点如下:

(1) 要实现递归必须有一个函数。

(2) 在这个函数体内要自己调用自己。

(3) 递归必须有一个深度,也就是判断条件,这个判断条件需要判断次数。

(4) 到达一定的深度后必须返回一个值,哪怕是空值(NULL)也可以,其目的是结束递归。

(5) 未到达一定深度时,可以返回该函数,但同时也可以不返回,这根据需求而定,但是必须不断地调用函数自身。

5. 递归的其他案例

【例5-8】 使用递归算法求 n!

需求:用户输入一个数字,计算该数字的阶乘,并打印出来。

分析:

(1) 可以将用户输入的数字看成一个列表,那么该列表的长度就是 n。

(2) 此时知道了列表的第 1 个元素为 1，最后一个元素为 n，那么需计算 n 的阶乘 $n!$。

(3) 做 $n-1$，找到前边的元素的值。

(4) 当 $n==1$ 时，就到了该列表的第 1 个位置了，所以就不能再往前了。

(5) 因为程序不知道第 1 个元素的值，所以设置为返回一个 1，来告诉程序。

(6) 根据递归的出口值，以及函数递归的规律，进行计算。

(7) 返回阶乘结果。

参考代码如下：

```
//第 5 章/Factorial.py
#使用递归算法求 n!
#函数参数的作用是求取第几个数字的阶乘
def func(n):
    #因为只知道任何数字的阶乘最后都要 * 1,所以这就是递归深度或者说次数
    if n == 1:
        #返回 1,将 1 返给调用它的程序,也就是下面的函数调用
        return 1
    else:
        #因为 n!= n * n-1 * ... * 1,所以 5!= 5 * 4!
        return n * func(n-1)


if __name__ == '__main__':
    #求 5 的阶乘,传入一个递归参数值 5
    result = func(5)
    #打印结果
    print(result)
```

【例 5-9】 使用递归求岁数。

需求：

有 5 个人坐在一起。

问第 5 个人多少岁？他说比第 4 个人大 2 岁。

问第 4 个人岁数，他说比第 3 个人大 2 岁。

问第 3 个人，又说比第 2 人大两岁。

问第 2 个人，说比第 1 个人大两岁。

最后问第 1 个人，他说是 10 岁。

请问第 5 个人多大？

解：

(1) 因为是 5 个人，所以可以声明一个长度为 5 的列表。

(2) 列表中存储 1～5 个人的年龄，第 5 个元素为 10，而剩下的人的年龄都是在他后边的人的年龄的基础上加 2。

(3) 将这个假设的列表反转，将第 5 个人的年龄变为第 1 个，也就是 10 在第 1 个索引位置，而剩下人的年龄都变为它前边人的年龄加 2。

(4) 将第 1 个人和他的年龄作为递归的深度和返回的值。

(5) 而剩下人都是 $n-1$,获得前一个元素的值,在此基础上加 2。

(6) 最后返回的就是第 5 个人的年龄,反转过来其实就是第 1 个人的年龄。

```
//第 5 章/Use recursion to calculate age.py
#使用递归求岁数
def func(n):
    #当递归到第 1 个人的年龄时,说明到了指定深度
    if n == 1:
        #返回第 1 个人的年龄 10
        return 10
    else:
        #如果没有到达递归深度,就继续获得上一个人的年龄,并在此基础上加 2,最后返回的就
#是第 5 个人的年龄,反转过来就是第 1 个人的年龄
        return 2 + func(n - 1)

if __name__ == '__main__':
    #长度为 5
    age = func(5)
    print(age)
```

5.2.5 案例:常用排序

排序算法(Sorting Algorithm)是一种能将一串数据依照特定顺序进行排列的一种算法。

1. 排序算法的稳定性

(1) 稳定排序算法会让原本有相等值的纪录维持其相对次序。也就是如果一个排序算法是稳定的,当有两个相等值的记录 R 和 S 且在原本的列表中 R 出现在 S 之前,在排序过的列表中 R 也将在 S 之前。当相等的元素无法分辨时,例如整数,稳定性并不是一个问题,然而,假设以下的数对将要以它们的第 1 个数字来排序,例如(4, 1) (3, 1) (3, 7) (5, 6),在这种状况下,有可能产生两种不同的结果,一个是让相等值的记录维持相对的次序,而另外一个则没有,例如(3, 1) (3, 7) (4, 1) (5, 6),维持次序;(3, 7) (3, 1) (4, 1) (5, 6),次序被改变。

(2) 不稳定排序算法可能会在相等的值中改变纪录的相对次序,但是稳定排序算法从来不会如此。不稳定排序算法可以被特别地实现为稳定,做这件事情的一种方式是人工扩充值的比较,如此在其他方面对相同值的两个对象进行比较(例如上面的比较中加入第 2 个标准:第 2 个值的大小),就会被决定使用原先数据次序中的条目,然而,要记住这种次序通常牵涉额外的空间复杂度。

2. 排序效率

常用排序算法的排序效率见表 5-2。

表 5-2 常用排序算法的排序效率

排序方法	平均情况	最好情况	最坏情况	辅助空间	稳定性
冒泡排序	$O(N^2)$	$O(N)$	$O(N^2)$	$O(1)$	稳定
选择排序	$O(N^2)$	$O(N^2)$	$O(N^2)$	$O(1)$	不稳定

续表

排序方法	平均情况	最好情况	最坏情况	辅助空间	稳定性
插入排序	$O(N^2)$	$O(N)$	$O(N^2)$	$O(1)$	稳定
希尔排序	$O(N\log N)\sim O(N^2)$	$O(N^{1.3})$	$O(N^2)$	$O(1)$	不稳定
堆排序	$O(N\log N)$	$O(N\log N)$	$O(N\log N)$	$O(1)$	不稳定
归并排序	$O(N\log N)$	$O(N\log N)$	$O(N\log N)$	$O(N)$	稳定

3. 冒泡排序

冒泡排序(Bubble Sort)是一种简单的排序算法,它通过不断地交换“大数”的位置达到排序的目的。因为不断地出现“大数”类似于水泡不断出现,因此被形象地称为冒泡排序算法。它重复地遍历要排序的数列,一次比较两个元素,如果它们的大小顺序有误,则把它们交换过来。遍历数列的工作是重复地进行,直到没有元素再需要交换,也就是说该数列已经排序完成。冒泡排序也是多年来各大高校计算机类相关专业学生必掌握的基本排序算法。

极端情况下,数列本来已经排序好的,只需运行一遍便可完成排序。

冒泡排序算法的操作步骤如下:

(1) 比较相邻的元素。如果第1个元素比第2个元素大(升序),就交换它们。

(2) 对每对相邻元素做同样的工作,从开始的第一对到结尾的最后一对。这步做完后,最后的元素会是最大的数。

(3) 针对所有的元素重复以上步骤,除了最后一个。

(4) 每次对越来越少的元素重复上面的步骤,直到没有任何一对元素需要比较。

排序过程如图5-11所示。

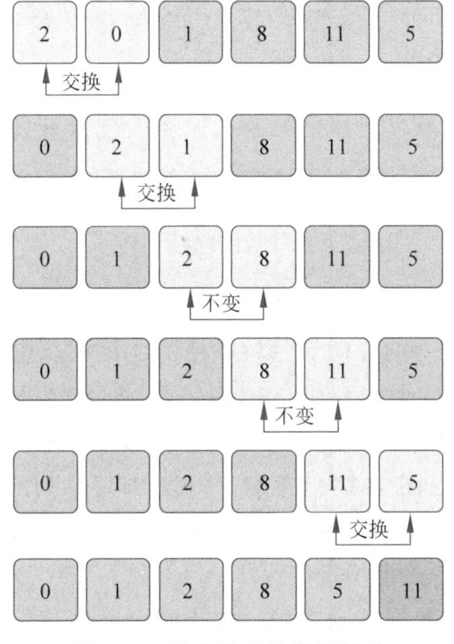

图5-11 冒泡排序元素值操作

参考代码如下：

```
//第 5 章/Bubble sorting2.py
#自定义冒泡排序函数
def bubble_sort(alist):
    #"冒泡排序"
    n = len(alist)
    for j in range(n-1):                    #控制轮数
        count = 0                           #记录每轮中的比较次数
        for i in range(n-1-j):              #每轮遍历中的元素比较次数,逐渐减少
            if alist[i] > alist[i+1]:
                alist[i], alist[i+1] = alist[i+1], alist[i]
                count += 1
        #优化时间复杂度,若该轮没有交换元素,即代表列表已是有序,则无须再进行下一轮比较
        #可直接退出
        if count == 0:
            return

#以下注释为双重循环过程中 j 和 i 的取值运行过程
#j: 0    i: range(n-1-0) = n-1
#j: 1    i: range(n-1-1) = n-2
#j: 2    i: range(n-1-2) = n-3
#...
#j: n-2 i: range(n-1-(n-2)) = 1

if __name__ == "__main__":
    li = [1, 21, 4, 2, 56, 2, 34, 67]
    bubble_sort(li)
    print(li)        #输出冒泡排序后的列表为[1, 2, 2, 4, 21, 34, 56, 67]
```

冒泡排序算法的时间复杂度如下。

(1) 最优时间复杂度：$O(N)$(如果第 1 次遍历发现没有任何可以交换的元素,则排序结束)。

(2) 最坏时间复杂度：$O(N^2)$。

(3) 稳定性：稳定。

4. 选择排序

选择排序(Selection Sort)的算法算是枚举法的应用,也就是反复从未排序的数列中取出最小(大)的元素,加入另一个数列中,最后的结果即为已排序的数列,其具体工作原理如下：

(1) 在未排序序列中找到最小(大)元素,存放到排序序列的起始位置。

(2) 从剩余未排序元素中继续寻找最小(大)元素,然后放到已排序序列的末尾。

(3) 以此类推,直到所有元素均排序完毕。

选择排序的主要优点与数据移动有关。如果某个元素位于正确的最终位置,则它不会被移动。选择排序每次交换一对元素,它们当中至少有一个将被移到其最终位置上,因此对

n 个元素的数列进行排序总共进行至多 $n-1$ 次交换。在所有的完全依靠交换去移动元素的排序方法中，选择排序属于非常好的一种。理论上选择排序的时间复杂度为 $O(n^2)$，但 Python 中较为特殊，因为在 Python 列表中寻找最小的那个数不需要逐个比较，使用 min() 函数就可以一步到位地得到最小的数，所以使用 Python 版的选择排序，时间复杂度是 $O(n)$，因此理论上 Python 版本的排序算法中选择排序算法是最快的，参考代码如下：

```
//第 5 章/Select sorting.py
#经典选择排序算法
def selected_sort(alist):
    n = len(alist)
    #需要进行 n-1 次选择操作
    for i in range(n-1):
        #记录最小位置
        min_index = i
        #从 i+1 位置到末尾,选择出最小的元素
        for j in range(i+1, n):
            if alist[j] < alist[min_index]:
                min_index = j
        #如果选择出的元素不在正确位置,则进行交换
        if min_index != i:
            alist[i], alist[min_index] = alist[min_index], alist[i]

#测试选择排序
alist = [54, 226, 93, 17, 77, 31, 44, 55, 20]
selected_sort(alist)
print(alist)
```

在 Python 中，也可以使用内置的 min() 函数，提高选择排序的效率，代码如下：

```
//第 5 章/Select sorting2.py
#使用内置的 min()函数进行选择排序
import random
import timeit

def random_list(n):
    return [random.randint(0, 100) for i in range(n)]

def selection_sort(i_list):
    if len(i_list) <= 1:
        return i_list
    #一个长度为 n 的数列需要排序 n-1 轮
    for i in range(0, len(i_list) - 1):
        if i_list[i] != min(i_list[i:]):
            #使用 min()找到列表剩余元素中的最小值
            min_index = i_list.index(min(i_list[i:]), i)
            i_list[i], i_list[min_index] = i_list[min_index], i_list[i]
        #print("第%s轮的排序结果:%s" % (i+1, i_list))
```

```
    return i_list

#测试以上排序算法
if __name__ == "__main__":
    i_list = random_list(20)
    print(i_list)
    print(selection_sort(i_list))
    print(timeit.timeit("selection_sort(i_list)", "from __main__ import selection_sort, i_
list", number = 100))
```

选择排序算法的时间复杂度如下。

(1) 最优时间复杂度：$O(n^2)$。

(2) 最坏时间复杂度：$O(n^2)$。

(3) 稳定性：不稳定(考虑升序每次选择最大的情况)。

5. 快速排序

快速排序(Quick Sort),又称划分交换排序(Partition Exchange Sort),是目前公认的最佳排序法。它通过一趟排序将要排序的数据分割成独立的两部分,其中一部分的所有数据都比另外一部分的所有数据要小,然后按此方法对这两部分数据分别进行快速排序,整个排序过程可以递归进行,以此达到整个数据变成有序序列。

快速排序的操作步骤如下：

(1) 从数列中挑出一个元素,称为基准(Pivot)。

(2) 重新排序数列,将所有比基准值小的元素摆放在基准前面,将所有比基准值大的元素摆在基准的后面(相同的数可以摆到任一边)。在这个分区结束后,该基准就处于数列的中间位置。这种操作称为分区(Partition)操作。

(3) 递归地(Recursive)把小于基准值元素的子数列和大于基准值元素的子数列排序。

递归的最底部情形是数列的大小是 0 或 1,也就是永远都已经被排序好了。虽然一直递归下去,但是这个算法总会结束,因为在每次的迭代(Iteration)中,它至少会把一个元素摆到它最后的位置。

快速排序算法的代码如下：

```
//第 5 章/Quick sorting.py
#快速排序参考代码实现
def quick_sort(alist, start, end):
    #递归的退出条件
    if start >= end:
        return
    #设定起始元素为要寻找位置的基准元素
    mid_value = alist[start]
    #low 为从左往右的游标
    low = start
    #high 为从右往左的游标
```

```
        high = end
        # 当 low 与 high 未重合时
        while low < high:
            # 当 low 与 high 未重合时,若 high 指向的元素不比基准元素小,则 high 向左移动一位
            while low < high and alist[high] >= mid_value:
                high -= 1
            # 若 high 指向的元素比基准元素小,则退出循环,交换元素位置
            alist[low] = alist[high]
            # 当 low 与 high 未重合时,若 low 指向的元素比基准元素小,则 low 向右移动一位
            while low < high and alist[low] < mid_value:
                low += 1
            # 若 low 指向的元素比基准元素大,则退出循环,交换元素位置
            alist[high] = alist[low]
        # 当 low 与 high 重合时,退出循环,此时所指位置为基准元素的正确位置
        # 将基准元素放到该位置
        alist[low] = mid_value
        # 对基准元素左边的子序列进行递归快速排序
        quick_sort(alist, start, low - 1)
        # 对基准元素右边的子序列进行递归快速排序
        quick_sort(alist, low + 1, end)

# 测试快速排序
alist = [54, 226, 93, 17, 77, 31, 44, 55, 20]
quick_sort(alist, 0, len(alist) - 1)
print(alist)
```

快速排序算法的时间复杂度如下。

(1) 最优时间复杂度：$O(N\log N)$。

(2) 最坏时间复杂度：$O(N^2)$。

(3) 稳定性：不稳定。

5.2.6 案例：常用查找

查找算法也叫搜索算法，常用于判断某个数是否在数列中，或者某个数在数列中的位置。影响查找时间长短的主要因素有算法、数据存储的方式及结构。

查找和排序算法一样，如果以查找过程中被查找的表格或数据是否变动来分类，则可以分为静态查找(Static Search)和动态查找(Dynamic Search)。静态查找是指数据在查找过程中，该查找数据不会有添加、删除或更新等操作，例如符号表查找就属于一种静态查找。动态查找则是指所查找的数据，在查找过程中会经常性地添加、删除或更新，例如在网络上查找近期最热门的电影就是一种动态查找。

查找的几种常见方法：顺序查找、二分查找、二叉树查找、哈希查找等。

1. 顺序查找

顺序查找是最简单、最直接的查找算法。顾名思义，顺序查找就是将数列从头到尾按照顺序查找一遍，一定程度上运用了 5.2.2 节中枚举算法的“穷举性”，是适用于小数据量的查

找方法。

此算法的优点是数据在查找前不需要进行任何处理与排序；缺点是查找速度较慢。

代码如下：

```
//第 5 章/Sequential Search Algorithm.py
#顺序查找算法
def sequential_search(i_list, target):
    for i in range(len(i_list)):
        if i_list[i] == target:
            return i
    return -1

if __name__ == "__main__":
    li = [1, 22, 44, 55, 66]
    print(sequential_search(li, 0))            #-1
    print(sequential_search(li, 1))            #0
    print(sequential_search(li, 66))           #4
    print(sequential_search(li, 67))           #-1
```

顺序查找算法的时间复杂度如下。

(1) 最优时间复杂度：$O(1)$。

(2) 最坏时间复杂度：$O(N)$。

2. 二分查找

二分查找又称折半查找，实际上是不断地对有序数据集进行对半分割，并检查每个分区的中间元素。其优点是比较次数少、查找速度快、平均性能好；缺点是要求待查表为有序表，并且插入删除困难。因此，二分查找方法适用于不经常变动而查找频繁的有序列表。

二分查找法的操作步骤如下：

(1) 首先，假设表中元素是按升序排列的，将表中间位置记录的关键字与查找关键字比较，如果两者相等，则查找成功。

(2) 否则利用中间位置记录将表分成前、后两个子表，如果中间位置记录的关键字大于查找关键字，则进一步查找前一子表，否则进一步查找后一子表。

(3) 重复以上过程，直到找到满足条件的记录，此时查找成功；或直到子表不存在为止，此时查找不成功。

例如从序列中查找值 47 的图解操作流程，如图 5-12 所示。

方法一：非递归实现二分查找。

代码如下：

```
//第 5 章/Binary Search Algorithm1.py
#非递归实现二分查找
def binary_search(li, element):
    start_index = 0
```

```
    end_index = len(li) - 1
    while end_index >= start_index:
        mid_index = (start_index + end_index) //2
        if element == li[mid_index]:
            return mid_index            #如果最终查找成功,则返回目标的索引值
        elif element > li[mid_index]:
            start_index = mid_index + 1
        else:
            end_index = mid_index - 1
    return -1                           #如果最后未找到,则返回-1

if __name__ == "__main__":
    li = list(range(100))
    print(binary_search(li, 0))         #0
    print(binary_search(li, 99))        #99
    print(binary_search(li, 100))       #-1
```

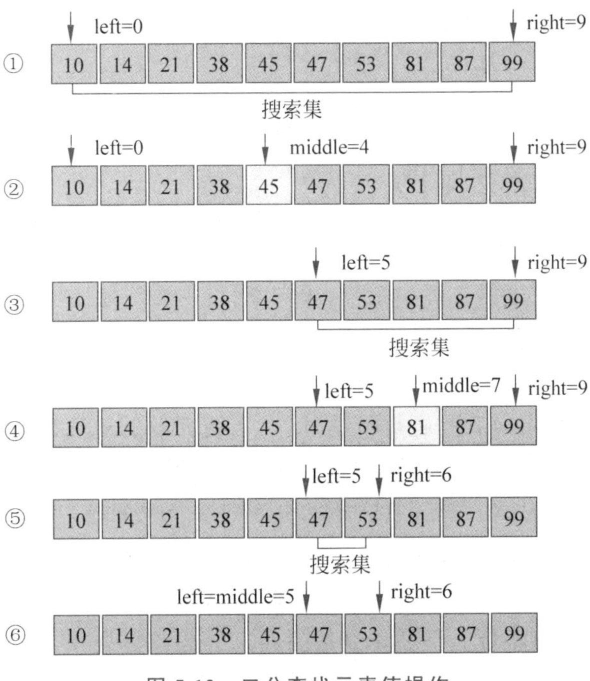

图 5-12 二分查找元素值操作

方法二：递归实现二分查找。

代码如下：

```
//第 5 章/Binary Search Algorithm2.py
#递归实现二分查找
def binary_search(li, start_index, end_index, element):
    if end_index >= start_index:
```

```
        mid_index = (start_index + end_index) //2
        if element == li[mid_index]:
            return mid_index                    #如果最终查找成功,则返回目标的索引值
        elif element > li[mid_index]:
            return binary_search(li, mid_index + 1, end_index, element)
        else:
            return binary_search(li, start_index, mid_index - 1, element)
    #未找到该元素
    return -1                                   #如果最后未找到,则返回-1

if __name__ == "__main__":
    li = list(range(100))
    print(binary_search(li, 0, len(li) - 1, 0))             #0
    print(binary_search(li, 0, len(li) - 1, 99))            #99
    print(binary_search(li, 0, len(li) - 1, 100))           #-1
```

二分查找算法的时间复杂度如下。

(1) 最优时间复杂度：$O(1)$。

(2) 最坏时间复杂度：$O(\log N)$。

5.2.7 分治算法与案例

分治，即分而治之。分治算法的核心步骤只有两步，一是分，二是治。在实际的运用中，分治算法主要包括两个维度的处理，一是自顶向下，将主要问题逐层级划分为子问题；二是自底向上，将子问题的解逐层递增融入主问题的求解中。

分治算法所采用的思想很像是一种向下管理的思想，从最高级层层划分，将子任务划分给不同的子模块，进而可以对大问题进行拆分，对系统问题的粒度进行细化，寻求最底层的最基本的解。这样的思路在很多领域有运用，例如几何数学中的正交坐标、单位坐标、基的概念等都是通过将复杂问题依照相同的概念，分割成多个子问题，直到这些子问题足够简单到可以解决，最后将各个子问题的解合并，从而得到原问题的最终解。

1. 基本算法思想

分治算法的基本思想是将一个计算复杂的问题分为规模较小，计算简单的小问题进行求解，然后综合各个小问题，得到最终问题的答案。分治算法的执行过程如下：

(1) 对于一个规模为 N 的问题，若该问题可以容易地解决，则直接解决，否则执行下面的步骤。

(2) 将该问题分解为 I 个规模较小的子问题，这些子问题互相独立，并且原问题形式相同。

(3) 递归地解子问题。

(4) 将各子问题的解合并得到原问题的解。

注意：使用分治算法需要待求解问题能够化简为若干个小规模的相同问题，通过逐步划分，达到一个易于求解的阶段而直接进行求解，然后在程序中可以使用递归算法来进行求解。

分治算法还引申出了一系列的问题，为什么分，怎么分，怎么治，治后如何。

为什么分？这个很好解释，由于主要问题的规模过大，无法直接求解，所以需要对主要问题按粒度进行划分。

怎么分？遵循计算机最擅长的高密度重复性运算，划分出来的子问题需要相互独立并且与原问题结构特征相同，这样能够保证解决子问题后，主问题也能够顺势而解。

怎么治？这就涉及最基本子问题的求解，约定最小的子问题是能够轻易得到解决的，这样的子问题划分才具有意义，所以在治的环节就需要对最基本的子问题进行简易求解。

治后如何？子问题的求解是为主问题而服务的。当最基本的子问题得到解后，需要层层向上递增，逐步获得更高层次问题的解，直到获得原问题的最终解。

2. 经典案例

【例 5-10】 寻找假币问题。

一个袋子里有 30 枚硬币，其中一枚是假币，并且假币和真币一模一样，肉眼很难分辨，目前只知道假币比真币质量小一点。请问如何区分出假币？

代码如下：

```
//第 5 章/ Find counterfeit coins.py
#分治算法寻找假币
l_weight = [0.5] * 30                                    #硬币质量列表
l_weight[2] = 1
l_idx = list(range(len(l_weight)))                       #硬币索引

def find_money(l_weight,l_idx):
    n = len(l_idx)
    if n == 1:
        return l_idx[0] + 1
    if n % 2 == 0:                                       #钱币数为偶数
        idx_before = l_idx[0]
        idx_medium = l_idx[n //2]
        idx_last = l_idx[ -1] + 1
        if sum(l_weight[idx_before:idx_medium]) >
sum(l_weight[idx_medium:idx_last]):                      #分成两堆后,前一堆质量更大
            return find_money(l_weight, list(range(idx_before, idx_medium)))
        else:                                            #分成两堆后,后一堆质量更大
            return find_money(l_weight, list(range(idx_medium, idx_last)))
    else:                                                #钱币数为奇数
        idx_before = l_idx[0]
        idx_medium = l_idx[n //2]
        idx_last = l_idx[ -1]
```

```
        if sum(l_weight[idx_before:idx_medium]) ==
sum(l_weight[idx_medium:idx_last]):            # 分成两堆后,前一堆质量更大
            return idx_last + 1
        elif sum(l_weight[idx_before:idx_medium]) >
sum(l_weight[idx_medium:idx_last]):
            return find_money(l_weight, list(range(idx_before, idx_medium)))
        else:                                  # 分成两堆后,后一堆质量更大
            return find_money(l_weight, list(range(idx_medium, idx_last)))

# 测试
r = find_money(l_weight, l_idx)
print(r)
```

5.2.8 贪心算法与案例

算法的存在不是单纯地为了对问题求解,更多的是提供一种"策略"。所谓"策略"是解决问题的一种方式,一个角度,一条思路,所以贪心思想是有价值的。

从贪心二字可得知,这个算法的目的就是"贪得最多",但是这种贪心是"目光短浅"的,这就导致贪心算法无法从长远出发,只看重眼前的利益。具体点讲,贪心算法在执行的过程中,每次都会选择当前最大的收益,但是总收益却不一定最大,所以这种降智的思路带来的好处就是选择简单,不需要纠结,不需要考虑未来。

贪心算法的实现过程就是从问题的一个初始解出发,每次都做出当前最优的选择,直至遇到局部极值点。优点是它每次做选择的速度很快,同时判断条件简单,能够比较快速地给出一种差不多的解决方案。缺点也很明显,贪心所带来的局限性很明显,也就是无法保证最后的解是最优的,很容易陷入局部最优的情况。

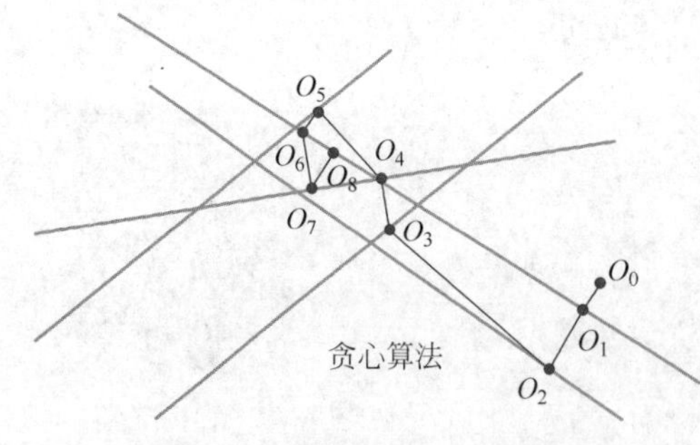

图 5-13　贪心算法求多直线交点

对多条直线的交点进行求解,如图 5-13 所示。很显然,图中的直线是不存在统一交点的,但是可以通过算法求得统一交点的最优解。若采用贪心算法,那么在进行迭代时,每次都会选择离此时位置最近的直线进行更新。这样一来,在经过多次迭代后,交点的位置就会在某一片区域无限轮回跳转,而这片区域也就是能得出的大致的最优解区域。

1. 基本算法思想

信心算法在对问题求解时,总是做出在当前看来是最好的选择。也就是说,不从整体最优上加以考虑,它所做出的仅是在某种意义上的局部最优解。贪心算法不是使所有问题都可以得到整体最优解,但对范围相当广泛的许多问题它能产生整体最优解或者整体最优解的近似解。

贪心算法通常以自顶向下的方式进行，以迭代的方式做出相继的贪心选择，每做一次贪心选择就将所求问题简化为规模更小的子问题。

2. 经典案例

【例 5-11】 买东西找零问题：买东西结束后，以兑换最少个数的硬币进行找零。

例如有面值 1 元、5 元、10 元、25 元的硬币，求解兑换 63 元零钱所需的最少硬币数。

贪心算法策略：每次以最多数量的最大面值的硬币来迅速减少找零面值，若有余额，再到下一个最大面值的硬币，还用尽量多的数量，逐面值查找，直到面值为 1 结束。

贪心策略的思想就是不断地利用面值最大的硬币去尝试，如果尝试失败，则再尝试较小面值的硬币，该例中使用 25 元的硬币去尝试，选择 2 枚 25 元的硬币后，剩下 13 元，选择面值为 10 元的硬币 1 枚，最后用 3 枚 1 元的硬币，因此最少的硬币数为 6 枚。这种思想类似于中学时做过的天平实验，不断地用大点的砝码去尝试，以便使天平尽快平衡。

但是贪心策略拥有明显的弊端，优先使用最大面值的硬币，未必能取得最好的结果。在该例中如果存在 21 元的面值，则最优的解法应该是 3 枚 21 元面值的硬币，而非 6 枚。

接下来，使用递归的思想解决找零兑换的问题。

1）方法一：递归解法实现贪心策略

找零兑换思路：

（1）大的找零问题，可以分解为更小的找零问题。

（2）找零问题存在最小问题解，即当该面值等于硬币的最小面值时返回硬币数 1，结束最小规模子程序。

（3）能够通过不断缩减规模使子程序向最小规模问题上演进。

因此可以使用递归解决问题，最重要的问题是解决如何缩进规模。可以采用面值缩减法，代码如下：

```
//第 5 章/ Greedy Strategy1.py
#递归解法实现贪心策略"最少找零"
def recMc(coinValueList, change):
    '''
    找零问题复杂版
    :param coinValueList: 面值列表
    :param change: 钱
    :return: 最少硬币数
    '''
    minCoins = change
    if change in coinValueList:
        return 1
    else:
        for i in [c for c in coinValueList if c <= change]:
            numCoins = 1 + recMc(coinValueList, change - i)
            if numCoins < minCoins:
                minCoins = numCoins
    return minCoins
```

这是最基本的递归方法,但是该方法的缺点明显,重复计算的次数太多了,例如某个更小规模的最小硬币数已经计算出来了,但是在上级往下递归的过程中,还是在不停地往下调用,导致效率极低,在普通计算机上,该程序需要用十几秒左右才可以得到结果。

2）方法二：带记忆的递归解法实现贪心策略

上述方法一实现的贪心找零重复计算的次数太多、效率低下。最简单的解决办法就是将更小规模的硬币数计算出来后,用列表记录下来,下次递归到该面值时直接查记录表(相当于将重复面值记忆下来,不再计算)就可以得到该规模问题的解,并返回,从而避免更深层的调用,代码如下：

```
//第 5 章/ Greedy Strategy2.py
#带记忆的递归解法实现贪心策略"最少找零",减少重复计算,提高效率
def recMc_pro(coinValueList, change, knownResults):
    '''
    找零问题改进版,使用一个列表存放子问题的解,避免重复地进行递归调用
    :param coinValueList: 面值列表
    :param change: 钱
    :return: 最少硬币数
    '''
    minCoins = change
    if change in coinValueList:
        knownResults[change] = 1                #记录最优解
        return 1
    elif knownResults[change] > 0:
        return knownResults[change]             #查表成功,直接使用最优解
    else:
        for i in [c for c in coinValueList if c <= change]:
            numCoins = 1 + recMc_pro(coinValueList, change - i, knownResults)
            if numCoins < minCoins:
                minCoins = numCoins
                #找到最优解,记录到表中
                knownResults[change] = minCoins
    return minCoins
```

改进后的递归方法,极大地加快了程序的运行,仅需 200 多次递归即可返回最优解。

5.2.9 动态规划算法与案例

在 5.2.7 节讲到分治算法思想最重要的一点是分解出的子问题是相互独立且结构特征相同的。这一点并不是所有问题都能满足,许多问题划分的子问题往往是相互重叠且互相影响的,那么很难使用分治算法有效而又干净地对子问题进行划分。

顺理成章地,动态规划算法应运而生。动态规划同样需要将问题划分为多个子问题,但是子问题之间往往不是互相独立的。

1. 基本算法思想

动态规划的主要做法是：如果一个问题的答案与子问题相关,就能将大问题拆解成多

个小问题,其中与分治法最大不同的地方是可以让每个子问题的答案被存储起来,以供下次求解时直接取用。这样的做法不但能减少再次计算的时间,还可以将这些解组合成大问题的解,故而使用动态规划可以解决重复计算问题。

动态规划是在目前看来非常不接近人类思维方式的一种算法。主要原因在于人脑在演算的过程中很难对每次决策的结果进行记忆。动态规划在实际操作中,往往需要额外的空间对每个阶段的状态数据进行保存,以便下次决策时使用。动态规划主要用来解决多阶段决策问题,但是在实际问题中往往很难有统一的处理方法,必须结合问题的特点来进行算法设计,这也是这种算法很难真正掌握的原因。

最优化原理是什么呢?即当前子问题的解可看作前多个阶段问题的完整总结,因此这就需要在子问题求解的过程中进行多阶段决策,同时当前阶段之前的决策都能够构成一种最优的子结构。这就是所谓的最优化原理。一个最优化策略不论过去状态和决策如何,对前面的决策所形成的状态而言,余下的其他决策必须构成最优策略。同时,这样的最优策略是针对已做出决策的总结,对后来的决策没有直接影响,只能借用目前最优策略的状态数据。这也被称为“无后效性”。

不同于递归的方法,递归是将大问题分解成小问题,最后从小问题逐步返回大问题的解。动态规划是从最小问题出发,通过不断地解决小问题,直接解决大问题。

【例5-11】中最少找零兑换问题,如果使用动态规划算法来解,则应该如何进行算法设计呢?

2. 经典案例

【例5-12】 假设面值表仍为[1, 5, 10, 25],需要兑换零钱11元,请使用动态规划算法实现。

算法分析:从最小的问题开始,在兑换1元的情况下,需要最少1枚1元的硬币,兑换2元需要两个1元硬币,同理兑换3元需要3个1元硬币,兑换4元需要4个1元硬币,到兑换5元时,可以最少用5元硬币一个,兑换6元最少用5元硬币1个和1元硬币1个…,从而建立了一个找零兑换表,见表5-3,查阅该表即可得到任意的兑换结果。

表5-3 动态规划找零兑换表

1	2	3	4	5	6	7	8	9	10	11
1										
1	2									
1	2	3								
1	2	3	4							
1	2	3	4	1						

代码如下:

```
//第5章/ Dynamic Programming.py
#动态规划算法实现最少找零问题
def dynamic(change_list, change):
```

```
    '''
    以动态规划方法解决找零钱的问题
    :param change_list: 面值表,如本例[1, 5, 10, 21, 25]
    :param change: 钱
    :return: 兑换的零钱最小数量
    '''
    #创建一个记录表,将表的长度记录为 change + 1
    record_list = [0] * (change + 1)
    for change in range(1, change + 1):
        #零钱数在表中,直接记录并返回硬币数 1
        if change in change_list:
            record_list[change] = 1
        else:
        #如果不在表中,查上一次的最少硬币数,减去上次的 change 值,再次查表,加上硬币数
            #创建了一个缓存,避免只用 cent = 1 去测试
            temp = []
            #循环计算,要防止 cent 超过当前的 change,否则会出现表里查不到
            for cent in [cents for cents in change_list if cents <= change]:
                last_num = record_list[change - cent]
                temp.append(last_num + record_list[cent])
            record_list[change] = min(temp)
            #清空缓存
            temp.clear()
    return record_list[change]
```

上述代码引入了一个缓存的技巧,在存放每个面值的情况下对应的最优数量,并对当前 change 取最优的结果。总体来看就是维护记录表每个面值情况下的最优解,在计算后不断地查看表,确认怎么能加出更少的结果。

3. 动态规划和贪心算法的区别

和贪心算法相比动态规划主要有以下不同:

(1) 动态规划算法自底向上,父问题的解依赖于子问题的最优解,解出子问题再逐层向上递归。

(2) 贪心算法自顶向下,每次都考虑当前最优解。

(3) 贪心算法每步的最优解一定包含上一步的最优解,上一步之前的最优解则不保留。动态规划:全局最优解中一定包含某个局部最优解,但不一定包含前一个局部最优解,因此需要记录之前的所有局部最优解。

(4) 如果把所有的子问题看成一棵树,贪心从根出发,每次向下遍历最优子树即可(通常这个"最优"是基于当前情况下显而易见的"最优");不需要知道一个节点的所有子树情况,于是构不成一棵完整的树。动态规划则自底向上,从叶子向根,构造子问题的解,对每个子树的根,求出下面每个叶子的值,最后得到一棵完整的树,并且最终选择其中的最优值作为自身的值,得到答案。

根据以上区别,不难看出,贪心算法不能保证求得的最后解是最佳的,一般复杂度低,而动态规划算法本质上是穷举法,可以保证结果是最佳的,复杂度高。

5.2.10 回溯

回溯算法也可称作试探算法。简单来讲，回溯的过程就是在搜索的过程中寻找问题的解，当发现不满足求解问题时，就回溯（不再递归到下一层，而是返回上一层，以节省时间），尝试别的路径，避免无效搜索，是一种走不通就退回再走的方法。

这样看起来，回溯算法很像是一种行进中的枚举算法，在行进的过程中对所有可能性进行枚举并判断。常用的应用场景就在对树结构、图结构及棋盘落子的遍历上。

回溯思想在许多大规模的问题的求解上可以得到有效的运用。回溯能够对复杂问题进行分步调整，从而在中间的过程中尽可能地运用枚举思想进行遍历。这样往往能够清晰地看到问题解决的层次，从而可以更好地理解问题的最终解结构，如图 5-14 所示。

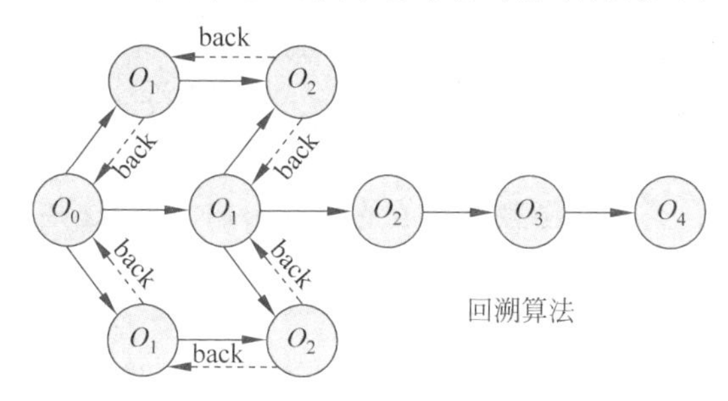

图 5-14 回溯算法求解过程

假设目的是从 O_0 到达 O_4，需要对所有节点进行回溯遍历路径。那么回溯算法的过程，则需要在前进的每步对所有可能的路径进行试探。比方说，O_0 节点前进的路径有三条，分别是上、中、下条的 O_1。回溯过程的开始，先走上面的 O_1，然后能够到达上面的 O_2，但是这时是一条死路。那么就需要从 O_2 退回到 O_1，而此时 O_1 的唯一选择也走不通，所以还需要从 O_1 退回到 O_0，然后继续试探中间的 O_1。回溯算法的过程就是不断地进行这样的试探、判断、退回并重新试探，直至找到一条完整的前进路径。只不过在这个过程中，可以通过剪枝等限制条件降低空间的复杂度，从而避免重复无效的试探。比方说上下的 O_2 节点，在经过 O_0-O_1-O_2 的试探之后，就已经验证了该节点不可行性，下次就无须从 O_1 开始重复对 O_2 进行试探。

回溯算法的常见应用例如经典的八皇后问题。

5.3 数据结构

如何用 Python 中的类型来保存一个班的学生信息？如何快速地通过学生姓名获取其信息呢？

实际上当读者在思考这个问题时，已经用到了数据结构。列表和字典都可以存储一个班的学生信息，但是想要在列表中获取一名同学的信息时，就要遍历这个列表，其（最坏）时间复杂度为 $O(N)$，而使用字典存储时，可将学生姓名作为字典的键，将学生信息作为值，进而查询时不需要遍历便可快速地获取学生信息，其时间复杂度为$O(1)$。

为了解决问题，需要将数据保存下来，然后根据数据的存储方式来设计算法以实现数据的处理，那么数据的存储方式不同就会导致需要不同的算法进行处理。希望算法解决问题的效率越高越好，于是就需要考虑数据究竟如何保存的问题，这就是数据结构。数据结构是为算法服务的，具体选择什么样的数据结构，与期望支持的算法(操作)有关。

在上面的问题中读者可以选择 Python 中的列表或字典来存储学生信息。列表和字典就是 Python 内建的封装好的两种数据结构。

5.3.1 何谓数据结构

1. 概念

数据是一个抽象的概念，将其进行分类后得到程序设计语言中的基本类型。如 Java 语言中的 int、float、char 等。数据元素之间不是独立的，存在特定的关系，这些关系便是结构。数据结构指数据对象中数据元素之间的关系。

以 Python 语言来讲，它提供了很多现成的数据结构类型，这些由系统自己定义好的不需要读者自己去定义的数据结构就叫作 Python 的内置数据结构，例如列表、元组、字典，而有些数据组织方式，在 Python 系统里没有直接定义，需要读者自己去定义这些数据的组织方式，这些数据组织方式称为 Python 的扩展数据结构，例如栈和队列等。

2. 数据结构和算法的区别

数据结构是为实现对计算机数据进行有效使用的各种数据组织形式，服务于各类计算机操作。不同的数据结构具有各自对应的适用场景，旨在降低各种算法计算的时间与空间复杂度，达到最佳的任务执行效率。它与算法的主要区别如下：

(1) 数据结构只是静态地描述了数据元素之间的关系。

(2) 高效的程序需要在数据结构的基础上设计和选择算法。

(3) 算法是为了解决实际问题而设计的，数据结构是算法实现的容器。

本节将逐一介绍各数据结构的基本特点，以及 Python 语言中各数据结构的初始化与构建方法。

5.3.2 基本数据结构简介

常见的数据结构可分为线性数据结构与非线性数据结构，如图 5-15 所示。具体为数组、链表、栈、队列、树、图、散列表、堆。

1. 数组

数组是将相同类型的元素存储于连续内存空间的数据结构，其长度不可变。构建此数组需要在初始化时给定长度，并对数组的每个索引元素赋值，如图 5-16 所示。

列表也叫作可变数组，是经常使用的数据结构，其基于数组和扩容机制实现，相比普通数组更加灵活。常用操作有访问元素、添加元素、删除元素，代码如下：

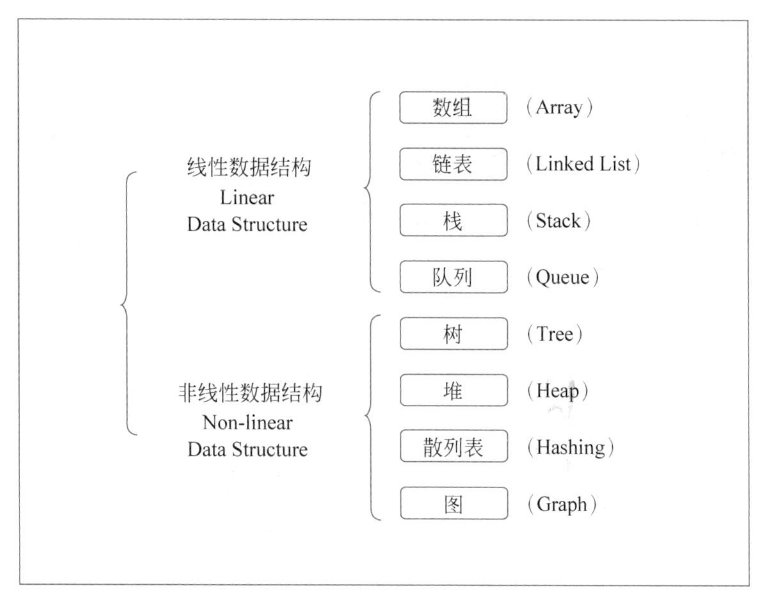

图 5-15 常见的数据结构

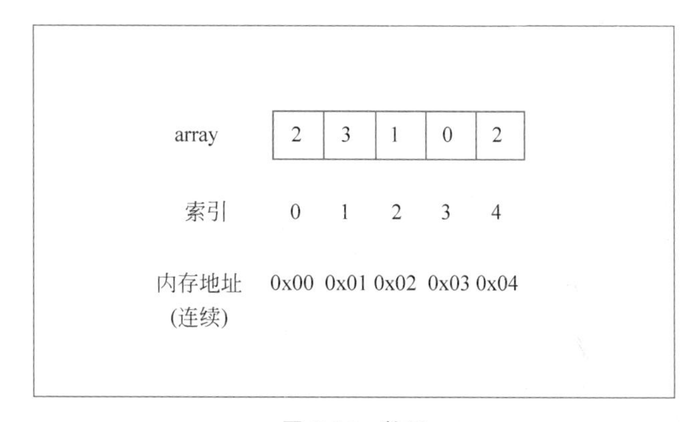

图 5-16 数组

```
#初始化可变数组示例
array = []

#向尾部添加元素
array.append(2)
array.append(3)
array.append(1)
array.append(0)
array.append(2)
```

2. 链表

链表以节点为单位，每个元素都是一个独立对象，在内存空间的存储是非连续的。链表的节点对象具有两个成员变量：值 val，后续的节点引用 next 成员属性。创建链表的代码如下：

```
#创建链表类
class ListNode:
    def __init__(self, x):
        self.val = x                    #节点值
        self.next = None                #后继节点引用
```

如图 5-17 所示，建立此链表需要实例化每个节点，并构建各节点的引用指向。

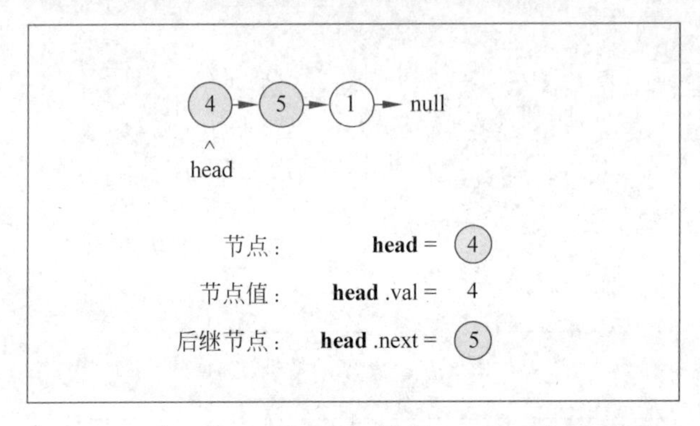

图 5-17 链表

其代码如下：

```
#实例化节点
n1 = ListNode(4)            #节点 head
n2 = ListNode(5)
n3 = ListNode(1)

#构建引用指向
n1.next = n2
n2.next = n3
```

3. 栈

栈是一种具有先进后出(FILO)特点的抽象数据结构，可使用数组或链表实现。通过常用的进栈 push()和出栈 pop()操作，展示了栈的先进后出特性，代码如下：

```
//第 5 章/ FILO.py
#栈的特点:先进后出(FILO)
stack = []                      #Python 可将列表作为栈使用
stack.append(1)                 #元素 1 入栈
stack.append(2)                 #元素 2 入栈
stack.pop()                     #出栈 -> 元素 2
stack.pop()                     #出栈 -> 元素 1
```

以上代码的栈结构，如图 5-18 所示。

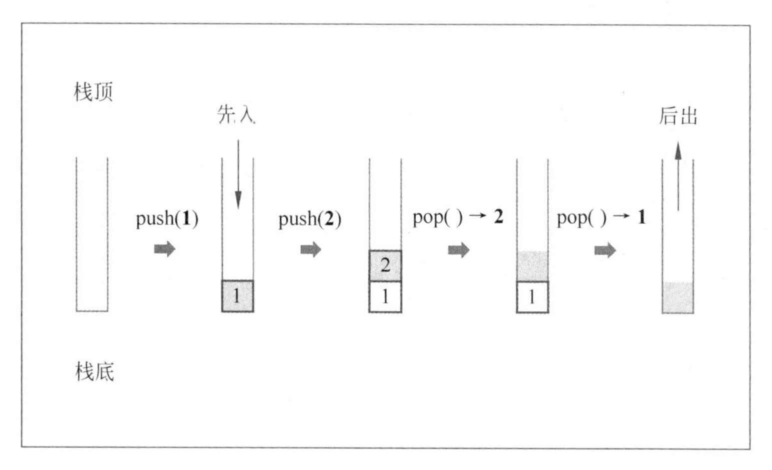

图 5-18 栈

4. 队列

队列是一种具有先进先出(FIFO)特点的抽象数据结构，可使用链表实现。通过常用操作入队 push()和出队 pop()操作，展示了队列的先进先出特性，代码如下：

```
//第 5 章/ FIFO.py
#队列的特点:先进先出(FIFO)
from collections import deque
queue = deque()                          #创建队列

queue.append(1)                          #元素 1 入队
queue.append(2)                          #元素 2 入队
queue.popleft()                          #出队 -> 元素 1
queue.popleft()                          #出队 -> 元素 2
```

以上代码的队列结构，如图 5-19 所示。

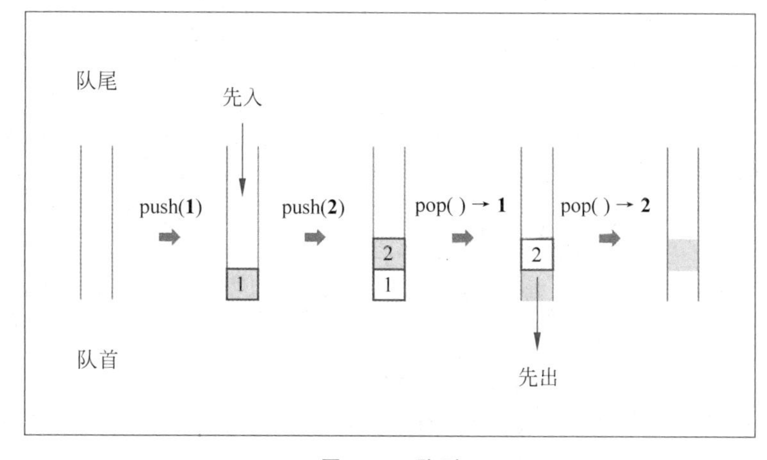

图 5-19 队列

5. 树

树是一种非线性数据结构,根据子节点数量可分为二叉树和多叉树,最顶层的节点称为根节点 root。以二叉树为例,每个节点包含 3 个成员变量:值 val、左子节点 left、右子节点 right。建立二叉树需要实例化每个节点,并构建各节点的引用指向,代码如下:

```
//第 5 章/ TreeNode.py
#自定以二叉树
class TreeNode:
    def __init__(self, x):
        self.val = x                          #节点值
        self.left = None                      #左子节点
        self.right = None                     #右子节点

#初始化节点
n1 = TreeNode(3)                              #根节点 root
n2 = TreeNode(4)
n3 = TreeNode(5)
n4 = TreeNode(1)
n5 = TreeNode(2)

#构建引用指向
n1.left = n2
n1.right = n3
n2.left = n4
n2.right = n5
```

以上代码的树结构如图 5-20 所示。

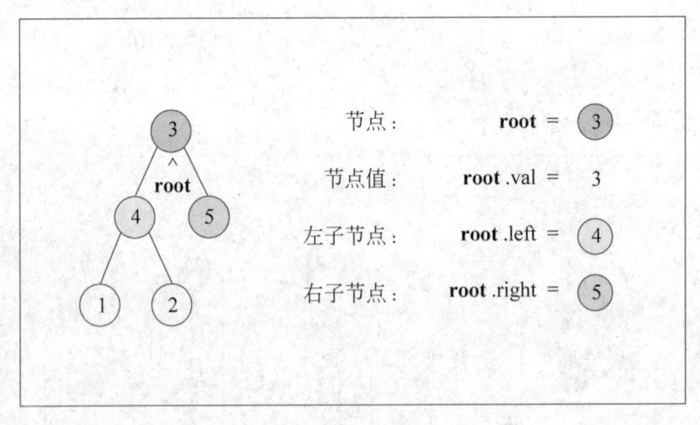

图 5-20 二叉树

6. 图

图是一种非线性数据结构,由节点(顶点)vertex 和边 edge 组成,每条边连接一对顶点。根据边的方向有无,图可分为有向图和无向图。本节以无向图为例进行介绍,如图 5-21 所示,此无向图的顶点和边集合分别如下。

(1) 顶点集合：vertices = {1，2，3，4，5}。

(2) 边集合：edges = {(1，2)，(1，3)，(1，4)，(1，5)，(2，4)，(3，5)，(4，5)}。

代码如下：

```
#自定义图数据结构
vertices = [1, 2, 3, 4, 5]
edges = [[1, 2],[1, 3],[1, 4],[1, 5],[2, 4],[3, 5],[4, 5]]
```

以上代码的图结构，如图 5-21 所示。

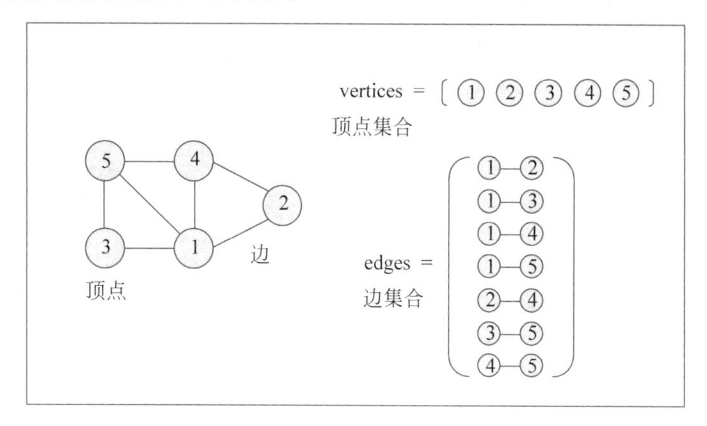

图 5-21　图结构

7. 散列表

散列表是一种非线性数据结构，Python 自带的字典数据类型本质上就是一种散列表。可以通过哈希函数将指定的键 key 映射至对应的值 value，以实现高效的元素查找。

设想一个简单应用场景：小凤、小玉、小牛的学号分别为 10001、10002、10003。现需要通过姓名查找学号，则可通过建立姓名为 key、学号为 value 的散列表满足此需求，代码如下：

```
//第 5 章/ Create a hash table.py
#初始化散列表
dic = {}

#添加 key -> value 键 - 值对
dic["小凤"] = 10001
dic["小玉"] = 10002
dic["小牛"] = 10003

#从姓名查找学号
dic["小凤"]# -> 10001
dic["小玉"]# -> 10002
dic["小牛"]# -> 10003
```

【例 5-13】 使用哈希函数设计从学号查找姓名。

算法：将三人的姓名存储至以下数组中，各姓名在数组中的索引分别为 0、1、2。

此时，构造一个简单的哈希函数(%为取余运算符)，求取公式和封装函数如下所示。

$$\text{hash}(\text{key})=(\text{key}-1)\%10000$$

这样便构建了以学号为 key、姓名对应的数组索引为 value 的散列表。利用此哈希函数，则可在 $O(1)$时间复杂度下通过学号查找到对应的姓名，代码如下：

```
//第 5 章/ Hash function.py
#使用哈希函数设计从学号查找姓名
names = [ "小凤", "小玉", "小牛" ]

def hash(id):
    index = (id - 1) % 10000
    return index

#测试
names[hash(10001)]              //小凤
names[hash(10002)]              //小玉
names[hash(10003)]              //小牛
```

8. 堆

堆是一种基于完全二叉树的数据结构，可使用列表实现。以堆为原理的排序算法称为堆排序，基于堆实现的数据结构为优先队列。堆分为大顶堆和小顶堆，大(小)顶堆为任意节点的值不大于(小于或等于)其父节点的值。

注意：完全二叉树定义是设二叉树深度为 k，若二叉树除第 k 层外的其他各层(第 1 至 $k-1$ 层)的节点达到最大个数，并且处于第 k 层的节点都连续集中在最左边，则将此二叉树称为完全二叉树。

包含 1、4、2、6、8 元素的小顶堆，如图 5-22 所示。将堆(完全二叉树)中的节点按层编号，即可映射到右边的数组存储形式。

通过优先队列的压入 push()和弹出 pop()操作，即可完成堆排序，实现代码如下：

```
//第 5 章/Operation of the Heap.py
#堆的元素压入和弹出示例
from heapq import heappush, heappop

#初始化小顶堆
heap = []

#元素入堆
heappush(heap, 1)
heappush(heap, 4)
```

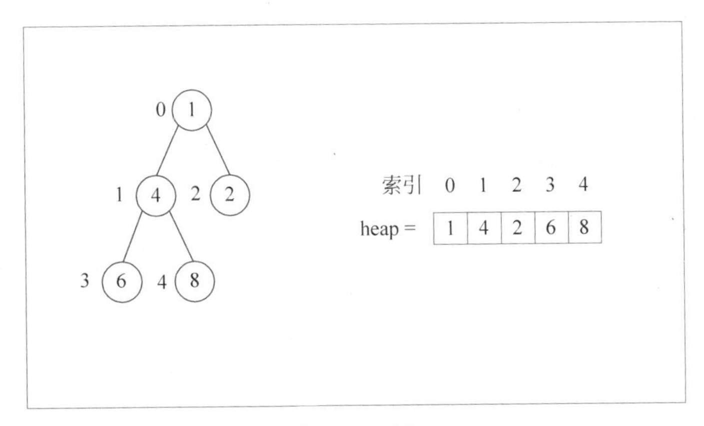

图 5-22 堆

```
heappush(heap, 2)
heappush(heap, 6)
heappush(heap, 8)

#元素出堆(从小到大)
heappop(heap)             # -> 1
heappop(heap)             # -> 2
heappop(heap)             # -> 4
heappop(heap)             # -> 6
heappop(heap)             # -> 8
```

5.4 综合案例

本章前 4 节对算法及数据结构各方面进行了讲解和实践，现在从时间复杂度出发，综合分析一个算法案例，以此巩固及加深对算法设计思想的理解，从而更好地评估在今后实际项目开发工作中程序设计的效率。

案例需求：如果 $a+b+c=1000$，并且 $a^2+b^2=c^2$（a、b、c 为自然数），如何求出所有 a、b、c 可能的组合？

1. 案例实现

(1) 第 1 种算法，代码如下：

```
//第 5 章/Comprehensive case algorithm 1.py
#综合案例的第 1 种算法
import time
start_time = time.time()
#三重循环
for a in range(1001):
    for b in range(1001):
        for c in range(1001):
```

```
            if a + b + c == 1000 and a ** 2 + b ** 2 == c ** 2:
                print("a:{}, b:{}, c:{}".format(a, b, c))
#测试
end_time = time.time()
print("用时: %f 秒" % (end_time - start_time))
print("完成!")

#运行结果
'''
a:0, b:500, c:500
a:200, b:375, c:425
a:375, b:200, c:425
a:500, b:0, c:500
用时: 620 秒
完成!
'''
```

(2) 第 2 种算法,代码如下:

```
//第 5 章/Comprehensive case algorithm 1.py
#综合案例的第 2 种算法
import time
start_time = time.time()

#两重循环
for a in range(1001):
    for b in range(1001):
        c = 1000 - a - b
        if a ** 2 + b ** 2 == c ** 2:
            print("a:{}, b:{}, c:{}".format(a, b, c))

#测试
end_time = time.time()
print("用时: %f 秒" % (end_time - start_time))
print("完成!")

#运行结果
'''
a:0, b:500, c:500
a:200, b:375, c:425
a:375, b:200, c:425
a:500, b:0, c:500
用时: 3 秒
完成!
'''
```

2. 算法分析和效率评估

1) 执行时间

(1) 执行时间反映的是算法效率。对于同一问题,给出了两种解决算法,在两种算法的实现中，对程序执行的时间进行了测算，发现两段程序执行的时间相差悬殊(620秒相比于3秒)，由此可以得出结论：实现算法程序的执行时间可以反映出算法的效率，即算法的优劣。

(2) 单靠时间值的可信度。假设将第2次尝试的算法程序运行在一台配置古老且性能低下的计算机中，情况会如何？很可能运行的时间并不会比在新的计算机中运行算法一的执行时间短多少，因此，单纯依靠运行时间来比较算法的优劣并不一定是客观准确的。程序的运行离不开计算机环境(包括硬件和操作系统)，这些客观原因会影响程序运行的速度并反映在程序的执行时间上。那么如何才能客观地评判一个算法的优劣呢？

2) 使用大 O 记法

(1) 什么是大 O 记法？5.1.4节中讲到时间复杂度，可以用算法所需的步骤数量来衡量其效率。那么，如何判定所需步骤数量的标准呢？此时可以使用称为“大 O 记法”的分析方法。从数学上理解，如果将时间复杂度记为 $T(n)$：假设存在函数 g，使算法A处理规模为 n 的问题。

示例所用时间为 $T(n)=O(g(n))$，则称 $O(g(n))$ 为算法A的渐近时间复杂度，简称时间复杂度，记为 $T(n)$，而“大 O 记法”记为 $g(n)$：对于单调的整数函数 f，如果存在一个整数函数 g 和实常数 $c>0$，使对于充分大的 n，总有 $f(n)<=c*g(n)$，意思是函数 g 是 f 的一个渐近函数(忽略常数)，记为 $f(n)=O(g(n))$。也就是说，在趋向无穷的极限意义下，函数 f 的增长速度受到函数 g 的约束，亦即函数 f 与函数 g 的特征相似。

通俗的理解是：当解决问题的计算步骤跟 n 相关时，把旁支末节(次要项和常数项)全部忽略掉，只留下最关键的特征(最高次项)，也就是大 O 记法。

(2) 以上述引入的示例，稍加修改，用大 O 记法分析，代码如下：

```
//第5章/Comprehensive case algorithm 3.py
#本综合案例代码注释中:幂运算符用^表示,如a^2
#场景1:a+b+c=1000,并且a^2+b^2=c^2(a,b,c为自然数)
for a in range(1001):                   #基本计算步骤为1000次
    for b in range(1001):               #1000次
        for c in range(1001):           #1000次
            if a + b + c == 1000 and a**2 + b**2 == c**2:    #1次
                print("a:{}, b:{}, c:{}".format(a, b, c))    #1次
#场景2:如果改为a+b+c=2000,并且a^2+b^2=c^2(a,b,c为自然数)呢?
```

简单划分上述场景示例中的计算步骤数量：

场景1：$T=1000*1000*1000*2$

场景2：$T=2000*2000*2000*2$

即 $T(n)=n*n*n*2 = n\hat{}3*2$

当使用大 O 记法时，去掉相关系数2，只会留下 n^3，记为 $g(n)=n^3$。此时，可说 $T(n)=g(n)$，因此，即使相关系数有所变化，如 $T(n)=n*n*n*2=n^3*10$，也认为两者(n^3*2 与 n^3*10)效率“差不多”。

3）适当考虑最坏时间复杂度

在分析算法时，存在以下几种可能的考虑：

(1) 算法完成工作最少需要多少基本操作，即最优时间复杂度。

(2) 算法完成工作最多需要多少基本操作，即最坏时间复杂度。

(3) 算法完成工作平均需要多少基本操作，即平均时间复杂度。

对于最优时间复杂度，其价值不大，因为它没有提供什么有用信息，其反映的只是最乐观最理想的情况，没有参考价值。最坏时间复杂度提供了一种保证，表明算法在此种程度的基本操作中一定能完成工作，而平均时间复杂度是对算法的一个全面评价，因此它完整全面地反映了这个算法的性质，但这种衡量并没有保证，不是每个计算都能在这个基本操作内完成，而且，对于平均情况的计算，也会因为应用算法的实例分布可能并不均匀而难以计算，因此，主要关注算法的最坏情况，亦即最坏时间复杂度。

4）从时间复杂度的几条基本计算规则来分析算法效率

时间复杂度的几条基本计算规则如下：

(1) 基本操作，即只有常数项，认为其时间复杂度为 $O(1)$。

(2) 顺序结构，时间复杂度按加法进行计算。

(3) 循环结构，时间复杂度按乘法进行计算。

(4) 分支结构，时间复杂度取各分支中的最大值。

(5) 判断一个算法的效率时，往往只需关注操作数量的最高次项，其他次要项和常数项可以忽略。

(6) 在没有特殊说明时，所分析的算法的时间复杂度都是指最坏时间复杂度。

那么，使用上述计算规则，对本综合案例的第 1 种算法的核心部分进行分析，计算其时间复杂度，代码如下：

```
//第 5 章/ Calculate the time complexity1.py
#使用时间复杂度的基本计算规则标注第 1 种算法的每行代码复杂度特性
for a in range(0, 1001):                    #循环
    for b in range(0, 1001):                #循环
        for c in range(0, 1001):            #循环
            if a**2 + b**2 == c**2 and a+b+c == 1000:
                print("a, b, c: %d, %d, %d" % (a, b, c))      #分支

#其时间复杂度:T(n) = O(n*n*n) = O(n^3)
```

同理，对本综合案例的第 2 种算法的核心部分进行分析，计算其时间复杂度，代码如下：

```
//第 5 章/ Calculate the time complexity2.py
#使用时间复杂度的基本计算规则标注第 2 种算法的每行代码复杂度特性
for a in range(n):                          #循环
    for b in range(n):                      #循环
        c = 1000 - a - b                    #基本操作
```

```
        if a**2 + b**2 == c**2:        #分支:要么进入分支中的print,要么退出
            print("a:{}, b:{}, c:{}".format(a, b, c))        #基本操作
```

其时间复杂度：$T(n)=n*n*(1+\max(1,0))=n^2*2=O(n^2)$。

综上所述，由此可见尝试的第2种算法（3秒）要比第1种算法的时间（620秒）复杂度好得多（时间上短很多），效率更高。

5.5 本章小结

本章在明确算法特性的重要前提下，从时间、空间两个复杂度展开算法的分析设计和效率衡量。讲解了时间复杂度是如何衡量算法运行时间，以及空间复杂度是如何衡量算法所需内存空间。特别是在算法分析方法中，全章主要篇幅和案例特别以时下算法设计中最流行的大O记法（Big O Notation）来表示时间复杂度和空间复杂度，并以此比较不同算法的时间执行效率及空间占用效率。

实践方面，在算法思想和设计实现方面，讲解如何设计并优化算法以降低时间复杂度，熟悉了各种常用算法，如迭代和递归、排序和查找、枚举和回溯，还有分治、贪心、动态规划经典的三大算法的时间复杂度，并根据实际情况选择合适的算法设计。除了详细研究算法，本章还从选择合适的数据结构方面，根据问题的需求选择合适的数据结构以优化空间复杂度，例如使用散列表（字典）进行快速查找和存储键-值对，使用列表进行动态数组操作，使用堆实现优先队列等。根据需求定制数据结构以更好地满足空间效率的要求，例如通过自定义类实现特定功能的数据结构。

最后通过一个综合案例，从时间复杂度灵活运用大O记法进行算法效率分析及计算，在实际开发应用中选择更优秀的算法设计。算法和数据结构是一个不断发展和深化的领域，建议本书读者保持持续谦逊的态度，时刻关注最新的算法和技术发展，只有通过大量的实践和应用来加深对算法和数据结构的理解，编写代码来实现各种算法，并解决实际问题，从中总结和改进，才能设计好算法、用好数据结构，提高计算机应用程序的代码质量和运行效率。毕竟，算法是程序的灵魂。

5.6 习题

1. 计算列表中的最大值和最小值，给定一个整数列表 lst=[100,20,−3,4,500,250,3344]，找出列表中的最大值和最小值。

2. 反转字符串 s='abcde1254188'为'8814521edcba'。

3. 检查一个字符串是否是回文（正读和反读都一样），例如字符串'aba'、'13431'等。

4. 合并两个已排序的列表，并保持结果列表的排序，例如 lst1=[1,3,5,7,11]，lst2=[−3,4,9,10]，合并后为新列表 lst=[−3,1,3,4,5,7,9,10,11]。

5. 实现一个栈,包括入栈(push)、出栈(pop)和不删除获取首元素(peek)操作。

6. 实现一个队列,包括入队(enqueue)、出队(dequeue)和不删除获取首元素(peek)操作。

7. 出售金鱼问题。第1次卖出全部金鱼的一半加二分之一条金鱼;第2次卖出剩余金鱼的三分之一加三分之一条金鱼;第3次卖出剩余金鱼的四分之一加四分之一条金鱼;第4次卖出剩余金鱼的五分之一加五分之一条金鱼;现在还剩下11条金鱼。问这鱼缸里原有多少条金鱼?请用Python递归算法求解,并求出时间复杂度。

8. 一年一度的欧洲冠军联赛马上就要打响,在初赛阶段采用循环制,设共有n队参加,初赛共进行$n-1$天,每队要和其他各队进行一场比赛。要求每队每天只能进行一场比赛,并且不能轮空。请按照上述需求安排循环比赛日程表,决定每天各队的对手。请用Python分治算法求解,并求出时间复杂度。

9. 一辆汽车加满油后可行驶n千米。旅途中有若干个加油站。设计一个有效算法,指出应在哪些加油站停靠加油,使沿途加油次数最少。对于给定的$n(n\leqslant 5000)$和$k(k\leqslant 1000)$个加油站位置,编程计算最少加油次数。请用Python贪心算法求解,并求出时间复杂度。

10. 一位购物美女,她有一个可以装10kg商品的背包,她到一个商场想最大价值地买走想要的商品,请你用动态规划算法帮她实现。items表示商品列表,values表示跟items中各种商品对应的价格,weight_things表示跟items中各种商品对应的质量,请用Python动态规划算法求解这个“0-1背包问题”,并求出时间复杂度。存放数据的初始代码如下:

```
items = ['手表','手机','平板','计算机','相机','眼镜','耳机']
values = [1500, 3500, 3800, 4000, 2000, 1200, 1000]
weight_things = [2, 4, 5, 8, 3, 1, 1]
```

数据库原理及应用

第6章

CHAPTER 6

数据库是存放数据的仓库，数据库的管理与现实中的仓库管理类似。现实仓库需要依据一定的规则来进行设计，并且设定专门的仓库管理员来高效地管理仓库。类比到数据库，数据库的设计需要依据一定的体系结构模型，并且需要专门的数据库管理系统(Database Management System，DBMS)来管理。与普通的"数据仓库"不同的是，数据库依据"数据结构"来组织数据。本章将详细介绍数据库相关概念、关系数据库标准语言、数据库的安全及数据处理新技术。

本章思维导图如图6-1所示。

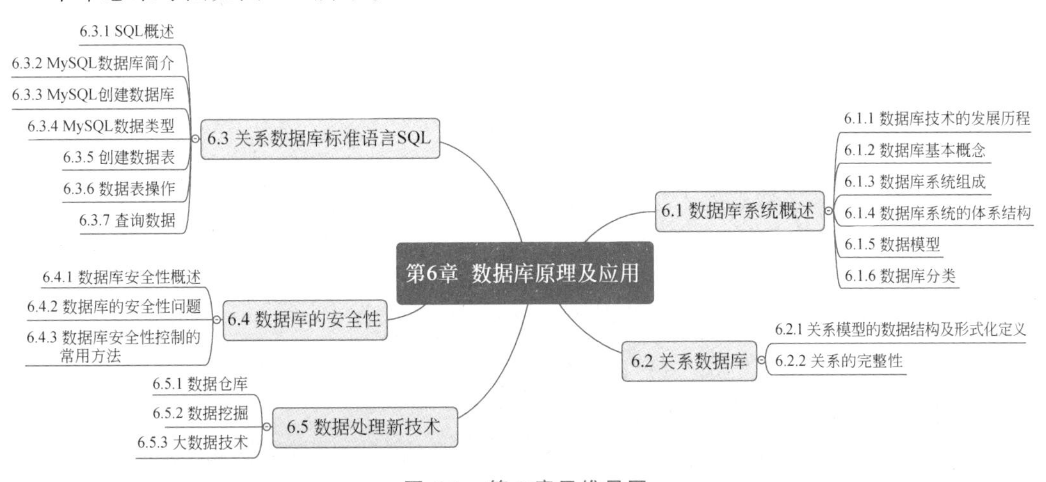

图6-1 第6章思维导图

6.1 数据库系统概述

随着计算机技术的不断发展和成熟，其用途越来越广泛。数据处理成为计算机最主要的应用之一。数据库是数据管理的技术，是计算机科学的重要分支。今天，信息资源已成为各个部门的重要财富和资源。建立一个满足各级部门信息处理要求的行业有效的信息系统也成为一个企业或组织生存和发展的重要需求，因此，作为信息系统核心和基础的数据库技术得到越来越广泛的应用,从小型单项事务处理系统到大型信息系统,从联机事务处理到联机分析处理,从一般企业管理到计算机辅助设计(Computer-Aided Design,CAD)与计算机辅助制造(Computer Aided Manufacturing,CAM)、计算机集成制造系统(Computer Integrated Manufacturing System,CIMS)、办公信息系统(Office Information System,OIS)、地理信息系统(GIS)等,越来越多新的应用领域采用数据库存储和处理信息资源。大数据时代,数据库是进行科学研究和决策管理的主要技术手段,学习数据库是计算机应用者非常重要的环节。对于一个国家来讲,数据库的建设规模、数据库信息量的大小和使用频度已成为衡量国家信息化程度的重要标志。

6.1.1 数据库技术的发展历程

数据库是数据管理需求下的产物。数据管理是数据库的核心任务,内容包括对数据的分类、组织、编码、储存、检索和维护。随着计算机硬件和软件的发展,数据库技术也不断发展。数据管理经过了人工管理、文件系统和数据库系统三大阶段。

1. 人工管理阶段

人工管理阶段是指现代计算机初次出现的时期(20 世纪 50 年代)。这一时期的计算机主要用于科学计算。从硬件看,没有磁盘等直接存取的存储设备;从软件看,没有操作系统和管理数据的软件,数据处理方式是批处理。这个时期数据管理的主要特点如下。

1) 数据不保存

该时期的计算机主要应用于科学计算,一般不需要将数据长期保存,只是在进行计算时将数据输入,计算完后既不保存原始数据,也不保存计算结果。

2) 没有对数据进行管理的软件系统

程序员不仅要规定数据的逻辑结构,而且要在程序中设计物理结构,包括存储结构、存取方法、输入/输出方式等,因此程序中存取数据的子程序随着存储的改变而改变,数据与程序不具有一致性。

3) 没有文件的概念

数据的组织方式必须由程序员自行设计。

4) 一组数据对应一个程序,数据是面向应用的

即使两个程序用到相同的数据。也必须各自定义、各自组织,数据无法共享、无法相互利用和互相参照,从而导致程序和程序之间存在大量重复的数据。

2. 文件系统阶段

随着计算机处理数据的应用规模越来越大,需要处理的数据越来越多,人工管理阶段对数据的管理方式已经越来越跟不上数据管理的发展,文件系统应运而生。这一时期从 20 世纪 50 年代后期开始直到 20 世纪 60 年代中期。文件系统阶段是计算机技术及数据管理技术发展到一定程度的产物。在这一时期计算机不仅用于科学计算,还被用于大量数据的管理,而且计算机软硬件有了长足的发展。在硬件方面,外存储器有了磁盘、磁鼓等直接存取的存储设备。在软件方面,操作系统中已经有了专门用于管理数据的软件,称为文件系统。

这个时期数据管理的主要特点如下。

1）数据需要长期保存在外存上供反复使用

由于计算机大量地被用于数据处理，经常对文件进行查询、修改、插入和删除等操作，所以数据需要长期保留，以便反复操作。

2）程序之间有了一定的独立性

操作系统提供了文件管理功能和访问文件的存取方法。程序和数据之间有了数据存取的接口，程序可以通过文件名和数据打交道，不必再寻找数据的物理存放位置。至此，数据有了物理结构和逻辑结构的区别，但此时程序和数据之间的独立性还不充分。

3）文件的形式已经多样化

由于已经有了直接存取的存储设备，文件也就不再局限于顺序文件，还有了索引文件、链表文件等，因而，对文件的访问既可以是顺序访问，也可以是直接访问。

4）数据的存取基本上以记录为单位

在文件系统中，记录是数据的基本单位，它代表着具有相同性质和结构的数据集合。在文件系统阶段，数据存储时，数据被组织成记录的形式存储在文件中。每个记录都是一个独立的数据实体，包含了完整的数据集合。数据访问时，程序通过文件系统访问数据，通常是以记录为单位进行的。例如，程序可以按顺序访问文件中的每个记录，或者通过特定的索引机制快速定位到某个记录进行读取或写入操作。数据处理时，也是以记录为单位进行的。程序可以对记录中的字段进行各种操作，如计算、比较、排序等，以实现特定的数据处理需求。

3. 数据库系统阶段

数据库系统阶段是从20世纪60年代后期开始的。在这一阶段，数据库中的数据不再是面向某个应用或某个程序的，而是面向组织整体或系统整体应用的。数据库系统阶段，数据管理的主要特点如下。

1）采用复杂的结构化的数据模型

数据库系统不仅要描述数据本身，还要描述数据之间的联系。这种联系是通过存取路径来实现的。

2）较高的数据独立性

数据和程序彼此独立，数据存储结构的变化最好不影响用户程序的使用。

3）最低的冗余度

数据库系统中的重复数据被减少到最低程度，这样，在有限的存储空间内可以存放更多的数据并缩短存取时间。

4）统一的数据控制功能

数据库系统中的数据由数据库管理系统统一管理和控制。

数据库系统具有数据的安全性，以防止数据丢失和被非法使用；具有数据的完整性，以保护数据的正确、有效和相容；具有数据的并发控制，避免并发程序之间相互干扰；具有数据的恢复功能，在数据库被破坏或数据不可靠时，系统有能力把数据库恢复到最近某个时刻的正确状态。

6.1.2 数据库基本概念

要学好数据库,应该先明白与数据库相关的基本术语和概念,数据、数据库系统、数据库管理系统是基础的术语,是理解数据库的入门知识。

1. 数据

数据是描述事物特征的符号记录,是对客观事物的符号化表达。在数据库中,数据以一定的格式和结构存储在表中,用于表示和记录不同实体的信息。数据可以是数字、文本、日期、图像等各种形式,它们通过数据库管理系统进行组织、存储、检索和处理。

1) 数据的特点

(1) 结构化:数据按照预定义的结构存储在表中,每个数据项都有其对应的数据类型和字段。

(2) 共享性:数据库中的数据可以被多个用户共同访问和使用,实现数据共享和协同工作。

(3) 独立性:数据与数据的存储和处理操作相互独立,数据库系统的改变不会影响数据的逻辑结构。

(4) 持久性:数据库中的数据是持久的,即使在系统关闭或断电后,数据也能够被保留。

2) 数据概念包括的内容

(1) 数据类型:数据可以分为不同的类型,如整型、浮点型、字符型、日期型等,每种类型都有其特定的存储格式和操作规则。

(2) 数据实体:数据库中的数据实体代表了现实世界中的一个具体对象或事物,如人员、产品、订单等,每个实体都有其对应的属性和特征。

(3) 数据字段:数据字段是数据实体中的一个特定属性,用于描述该实体的某方面特征,如姓名、年龄、价格等。

(4) 数据记录:数据记录是数据表中的一行,包含一组相关的数据字段,用于表示一个完整的数据项。

通过对数据概念的详细讲解,可以更好地理解和应用数据库中的数据,实现对数据的有效管理和利用。

2. 数据库

数据库(Database,DB)是按照数据结构来组织、存储和管理数据的仓库,能够被多个用户共享。数据库是一个逻辑上的概念,它可以用来存储和组织大量的数据,并提供对数据的高效访问和管理。数据库可以包含多个数据表、视图、索引、存储过程等,并定义了数据之间的关系和约束。数据库主要有以下特点。

1) 数据结构

数据库中的数据以一定的结构存储,通常以表的形式存在,表由行和列组成,每列对应一种数据类型,用于存储特定类型的数据。

2）数据共享

数据库可以被多个用户共同访问和使用，不同用户可以在同一时间对数据库进行读取、更新和删除操作，实现数据的共享和协同工作。

3）数据独立性

数据库系统实现了数据的逻辑独立性和物理独立性，用户可以通过逻辑视图来访问数据，而不需要了解数据的物理存储结构。

4）数据安全性

数据库提供了对数据的安全性管理，包括用户认证、权限控制、数据加密等功能，确保数据不被未授权的用户访问和篡改。

5）数据一致性

数据库保证了数据的一致性，即使在多用户并发访问的情况下，数据库也能够保持数据的完整性和一致性。

3. 数据库管理系统

数据库管理系统（DBMS）是一种软件系统，用于管理和组织数据。它允许用户创建、访问和管理数据库，提供一种有效的方式来存储、检索和操作数据。DBMS 提供了一种结构化的方法来管理大量数据，并且能够确保数据的安全性、一致性和完整性。

DBMS 的主要功能包括数据的存储、检索、更新和删除，以及数据的安全性管理并发控制、备份和恢复等。它还提供了一个标准化的接口，使用户可以通过结构化查询语言（Structured Query Language，SQL）或其他查询语言来访问和操作数据库。

DBMS 可以分为关系数据库管理系统（Relational Database Management System，RDBMS）和非关系数据库管理系统（NoSQL DBMS）两大类。关系数据库管理系统以表格的形式存储数据，使用 SQL 进行数据操作，如 Oracle、MySQL 和 SQL Server 等，而非关系数据库管理系统则以键-值对、文档、列族等形式存储数据，适用于大数据和分布式系统，如 MongoDB、Cassandra 和 Redis 等。

DBMS 的优势包括数据的集中管理、数据的安全性和一致性、数据的易于访问和共享及对数据进行复杂查询和分析的能力。它在企业、科研机构、政府部门等各个领域有广泛的应用，是信息管理和数据处理的重要工具。

总之，数据库管理系统是一种关键的软件系统，对于有效管理和组织数据具有重要作用，它为用户提供了一种有效的方式来存储、检索和操作数据。

4. 数据库系统

数据库系统是一个组织化的数据集合，以及用于管理和操作这些数据的软件系统。它是一个用于存储、检索、更新和管理数据的系统，可以帮助用户有效地组织和处理大量的数据。

数据库系统的主要目标是提供一种结构化的方法来管理数据，确保数据的安全性、一致性和完整性，并且使用户能够方便地访问和操作数据。数据库系统通常包括数据库、数据库管理系统、数据库应用程序和数据库管理员等组成部分。

数据库系统的重要特点如下。

1）数据组织

数据库系统以一种结构化的方式组织数据，通常采用表格、关系、键-值对等形式来存储数据，以便检索和操作。

2）数据一致性

数据库系统通过实施事务管理和并发控制来确保数据的一致性，避免数据的冲突和不一致。

3）数据安全性

数据库系统提供了数据的安全性管理功能，包括用户权限控制、数据加密、备份和恢复等功能，以确保数据不受损坏或泄露。

4）数据共享和访问

数据库系统可以支持多用户同时访问和操作数据，提供了数据共享功能，使多个用户可以方便地访问和共享数据。

5）数据完整性

数据库系统通过实施数据约束和验证规则来确保数据的完整性，防止无效或不合法的数据被存储到数据库中。

数据库系统在各个领域都有着广泛的应用，包括企业管理、科研机构、政府部门、互联网应用等。它为用户提供了一种有效的方式来存储、检索和操作数据，是信息管理和数据处理的重要工具。随着数据量的不断增长和数据处理需求的提高，数据库系统的重要性也日益凸显。

6.1.3 数据库系统组成

数据库系统通常由数据库、数据库用户、软件系统和硬件系统组成。数据库系统的组成示意图如图 6-2 所示。

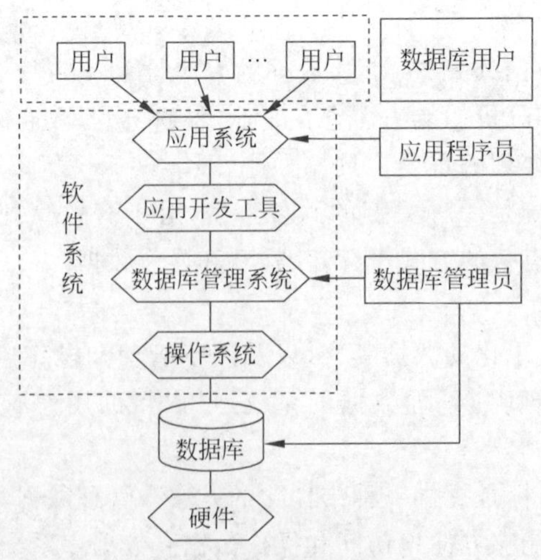

图 6-2 数据库系统组成

数据库：数据库是一个组织化的数据集合，它是数据库系统的核心部分，用于存储和管理数据。数据库通常采用表格、关系、键-值对等形式来组织数据，以便检索和操作。

数据库管理系统：数据库管理系统是用于管理数据库的软件系统，它提供了数据的存储、检索、更新和删除功能，以及数据的安全性管理并发控制、事务管理等功能。常见的DBMS包括Oracle、MySQL、SQL Server、PostgreSQL等。

数据库应用程序：数据库应用程序是通过DBMS访问和操作数据库的软件程序，可以包括各种类型的应用，如企业资源规划、客户关系管理、在线交易处理(OLTP)系统、数据仓库等。

数据库管理员(Database Administrator，DBA)：数据库管理员负责管理和维护数据库系统，包括数据库的设计、安全性管理、性能调优、备份和恢复等工作。数据库管理员需要具备数据库系统的专业知识和技能，以确保数据库系统可以正常运行。

数据库设计工具：数据库设计工具是用于设计数据库结构的软件，包括实体-关系图(ER图)、数据库模型工具等，它们可以帮助数据库管理员和开发人员设计和维护数据库结构。

数据库服务器：数据库服务器是运行DBMS的硬件设备，它可以是单台服务器或者分布式系统，用于存储和管理数据库，并提供数据访问和处理功能。

数据库备份和恢复系统：数据库备份和恢复系统用于定期备份数据库，并在需要时恢复数据，以确保数据的安全性和完整性。

这些组成部分共同构成了一个完整的数据库系统，它们协同工作，为用户提供了高效、安全、可靠的数据管理和访问服务。

6.1.4 数据库系统的体系结构

1. 数据库系统的内部体系结构

美国国家标准学会(American National Standards Institute，ANSI)所属标准计划和要求委员会在1975年公布的研究报告中，把数据库系统内部的体系结构从逻辑上分为外模式、模式和内模式三级模式结构和二级映像功能，即ANSI/SPARC体系结构。三级模式结构和二级映像功能如图6-3所示。

1) 模式

在数据库系统中，模式(Schema)是指数据库的逻辑结构和组织方式的描述，包括数据表、字段、关系、约束等元素的定义。数据库系统中的模式主要包括以下几方面。

数据表结构：描述了数据库中的数据表的结构，包括表名、字段名、字段类型、字段长度、默认值等信息。数据表结构定义了数据库中存储数据的基本单位，以及数据之间的关系。

数据关系：描述了数据表之间的关系，包括主键、外键、唯一键等约束条件。数据关系定义了数据表之间的联系和依赖关系，确保数据的一致性和完整性。

索引和约束：描述了数据库中的索引和约束条件，包括主键索引、唯一索引、外键约

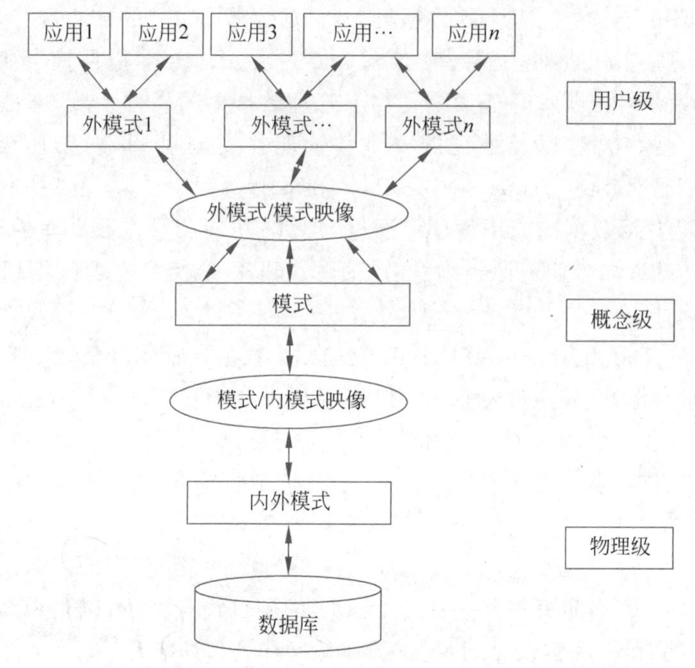

图 6-3 数据库系统的三级模式和二级映像功能

束、检查约束等。索引和约束提高了数据的检索效率和完整性,保证数据的一致性和正确性。

视图和存储过程:描述了数据库中的视图和存储过程的定义,包括视图的查询语句、存储过程的逻辑处理等。视图和存储过程提供了对数据的不同视角和处理方式,方便用户访问和操作数据。

安全权限:描述了数据库中的用户权限和安全设置,包括用户的登录权限、数据访问权限、操作权限等。安全权限保护了数据库中的数据不被未授权的用户访问和修改,确保数据的安全性和机密性。

总之,数据库系统中的模式描述了数据库的逻辑结构和组织方式,包括数据表结构、数据关系、索引和约束、视图和存储过程、安全权限等元素的定义,为数据库的设计、管理和操作提供了基础和指导。

2) 三级模式结构的外部模式

外部模式(External Schema):也称为用户模式,描述了用户对数据库的逻辑视图,包括用户能够看到和操作的数据和关系。外部模式定义了用户的数据访问权限和数据展现方式,使用户能够根据自己的需求来访问和操作数据库。外部模式主要包括以下几方面。

数据视图:外部模式定义了用户对数据库的数据视图,即用户能够看到和操作的数据的逻辑结构和内容。数据视图可以是一张表、一个视图或者一个查询结果集,根据用户的需求和权限来定义。

数据操作权限:外部模式描述了用户对数据库的数据操作权限,包括读取、插入、更新、删除等操作。外部模式定义了用户能够执行的数据操作，以及对数据的访问控制和权限管理。

数据展现方式：外部模式还描述了用户对数据库数据的展现方式，包括数据的格式、显示顺序、筛选条件等。外部模式定义了用户在界面上看到的数据展现形式，以及用户与数据库交互的方式。

数据约束：外部模式可以包括数据约束的描述，例如数据的完整性约束、唯一性约束、外键约束等。外部模式定义了用户对数据进行访问和操作时需要遵守的规则和限制。

总之，外部模式是用户对数据库的逻辑视图的描述，定义了用户能够看到和操作的数据结构、权限、展现方式和约束条件，以满足用户对数据库的需求和操作要求。

3）三级模式结构的概念模式

概念模式(Conceptual Schema)：也称为全局模式，是数据库系统中的中间层，它描述了数据的整体结构和关系，是数据库的逻辑结构描述。概念模式定义了数据库中存储的数据的实体、属性和它们之间的关系，以及数据的约束条件。概念模式是数据库系统设计的核心部分，独立于具体的应用程序和用户需求。

概念模式通常由实体-关系模型或其他逻辑数据模型表示，它描述了数据库中的数据模型，包括数据的实体、属性和关系，以及数据之间的约束和规则。概念模式不涉及具体的存储结构或实现细节，而是关注数据的逻辑结构和关系。

概念模式在数据库系统中起着重要的作用，它为数据库的设计、管理和应用提供了基础。通过概念模式的定义，数据库管理员和应用程序开发人员可以理解数据库中存储的数据结构和关系，进行数据库设计和查询操作。概念模式也可以作为数据库系统的文档，帮助用户了解数据库的结构和内容。

总之，概念模式是数据库系统中的逻辑数据模型，描述了数据的整体结构和关系，是数据库设计和管理的基础。它提供了数据库的抽象视图，帮助用户理解和操作数据库中的数据。

4）三级模式结构的内部模式

内模式(Internal Schema)：也称为内部模式、存储模式，是数据库系统的最底层逻辑模型，它描述了数据在物理存储介质上的存储方式和组织结构，是数据库在物理存储上的表示，与数据库管理系统的实现和性能密切相关。内模式定义了数据的存储方式、索引结构、数据分布方式等细节，涉及数据库在硬件和操作系统层面的具体实现。

内模式通常由数据库管理系统管理，它与具体的存储设备和管理系统相关联。内模式描述了数据在磁盘或其他存储介质上的存储方式，包括数据的物理组织、存储格式、索引结构等。内模式还包括数据的物理存储位置、数据的分布方式、数据的备份和恢复策略等方面的细节。

内模式与概念模式和外模式相对应，它是概念模式的物理实现，负责将概念模式中定义的数据结构映射到实际的存储结构。内模式的设计和优化影响着数据库系统的性能和可靠性，数据库管理员通常需要根据应用需求和硬件条件对内模式进行调优和优化。

总之,内模式是数据库系统的物理存储结构描述,定义了数据在物理存储介质上的存储方式和组织结构。它与具体的存储设备和管理系统相关联,负责将概念模式中定义的数据结构映射到实际的存储结构,影响着数据库系统的性能和可靠性。

5)两级映像

外部模式/概念模式映像:描述了外部模式与概念模式之间的映射关系,即用户视图如何映射到全局模式。外部模式/概念模式映像定义了用户视图与整个数据库系统的逻辑结构之间的对应关系。

概念模式/内部模式映像:描述了概念模式与内部模式之间的映射关系,即全局模式如何映射到物理存储结构。概念模式/内部模式映像定义了数据库的逻辑结构与物理存储结构之间的对应关系,确保数据在磁盘上的正确存储和检索。

2. 数据库的外部结构

从最终用户角度来看,数据库系统的外部体系结构分为单用户结构、主从式结构、分布结构、客户机/服务器结构和浏览器/服务器结构。

1)单用户结构

单用户结构的数据库系统又称桌面型数据库系统,其主要特点是将应用程序、DBMS和据库都装在一台计算机上,由一个用户独占使用,不同计算机间不能共享数据。

DBMS提供较弱的数据库管理工具及较强的应用程序和界面开发工具,开发工具与数据集成为一体,既是数据库管理工具,同时又是数据库应用程序和界面的前端工具。

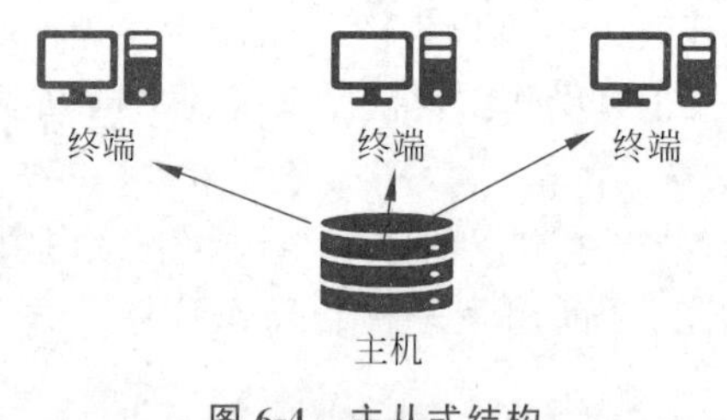

图6-4 主从式结构

2)主从式结构

主从式结构的数据库系统示意图如图6-4所示。

主从式结构的数据库系统是一个大型主机连接多终端的多用户结构的系统。在这种结构中,应用程序、DBMS和数据库都集中存放在一个大型主机上。所有处理任务都由大型主机来完成,而连接于主机上的终端,只是作为主机的输入/输出设备,各个用户通过主机的终端并发地存取和共享数据资源,而主机则通过分时的方式轮流为每个终端用户服务。在每个时刻,每个用户都感觉自己独占主机的全部资源。

主从式结构的主要优点是结构简单、易于管理与维护;缺点是所有处理任务都由主机完成,对主机的性能要求较高。当终端数量太多时,主机的处理任务和数据吞吐任务过重,易形成瓶颈,使系统性能下降;另外,当主机遭受攻击而出现故障时,整个系统无法使用,因此,主从式结构对主机的可靠性要求较高。

3)分布式结构

分布式结构的数据库系统示意图如图6-5所示。

分布式结构的数据库系统是分布式网络技术与数据库技术相结合的产物,数据在物理上是分布的,数据不集中存放在一台服务器上,而是分布在不同地域的服务器上;所有数据

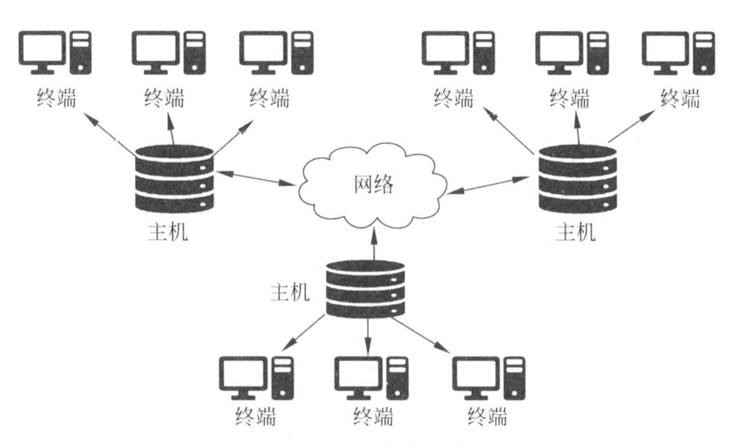

图 6-5　分布式结构

在逻辑上是一个整体；用户不关心数据的分片存储，也不关心物理数据的具体分布，这些完全由网络数据库在分布式文件系统的支持下完成。

这种数据库系统的优点是可以利用多台服务器并发地处理数据，从而提高计算型数据处理任务的效率；缺点是数据的分布式存储给数据处理任务的协调与维护带来困难。同时，当用户需要经常访问过程数据时，系统效率会明显地受到网络流量的制约。

4）客户机/服务器结构

客户机/服务器(Client/Server，C/S)结构的数据库系统示意图如图 6-6 所示。

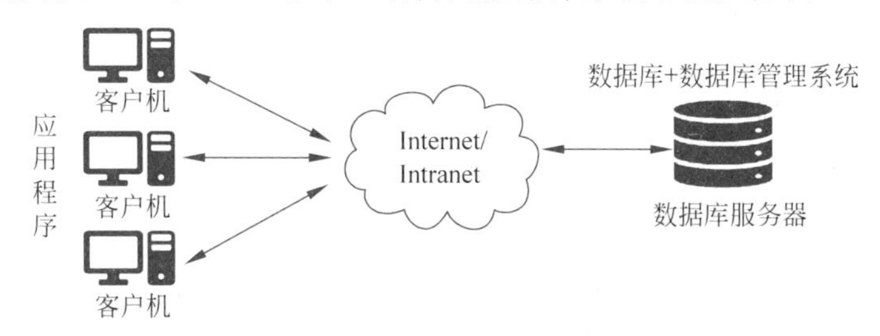

图 6-6　客户机/服务器结构数据库系统

在客户机/服务器结构中，DBMS 和数据库存放于数据库服务器上，DBMS 应用开发工具和应用程序存放于客户机上。客户机负责管理用户界面、接收用户数据、处理应用逻辑；负责生成数据库服务请求，并将该请求发送给服务器，数据库服务器进行处理后，将处理结果返给客户机，客户机将结果按一定格式显示给用户，因此，这种客户机/服务器模式又称富客户机(Rich Client)模式，是一种两层结构。

在客户机/服务器结构的数据库系统中，服务器只将处理的结果返给客户机，大大地降低了网络上的数据传输量；应用程序的运行和计算处理工作由客户机完成，减少了与服务器不必要的通信开销，减轻了服务器的负载。但是，这种结构维护升级很不方便，需要在每个客户机上安装客户机程序，而且当应用程序修改后，就必须在所有安装应用程序的客户机上升级此应用程序。

5）浏览器/服务器结构

浏览器/服务器(Browser/Server，B/S)结构的数据库系统示意图如图 6-7 所示。

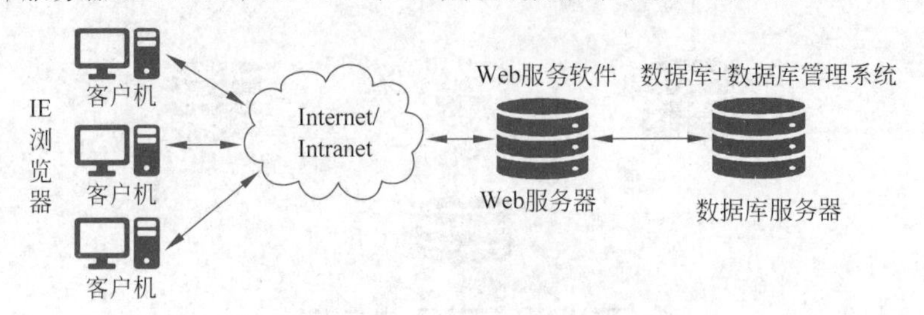

图 6-7 浏览器/服务器结构的数据库系统

客户机仅安装通用的浏览器软件，实现用户的输入/输出，应用程序不是安装在客户机上，而是安装在介于客户机和数据库服务器之间的另外一个称为应用服务器的服务器上，即将客户机运行的应用程序转移到应用服务器上，这样，应用服务器充当了客户机和数据库服务器的中介，架起了用户界面与数据库之间的桥梁，因此，浏览器/服务器模式又称瘦客户机(Thin Client)模式，是一种三层结构。

6.1.5 数据模型

1. 数据模型的概念

数据模型是描述数据、数据关系、数据约束和数据操作的概念工具。它提供了一种结构化的方式来组织和表示数据，用来帮助人们理解数据的组织方式、数据之间的关系及如何对数据进行操作和管理。

2. 数据模型的分类

数据模型可以分为 3 种主要类型：概念模型、逻辑模型和物理模型。

1）概念模型

概念模型是对现实世界中的数据和数据关系进行抽象和概括的模型。它描述了数据的实体、属性和实体之间的关系，以及数据之间的约束。概念模型通常用实体-关系图(ER 图)来表示，帮助人们理解数据之间的逻辑关系。

2）逻辑模型

逻辑模型是对概念模型的进一步细化和具体化，将概念模型转换为数据库管理系统可以理解和实现的模型。逻辑模型描述了数据的组织结构、数据类型、键和索引等信息，通常用关系模型(如关系数据库中的表)或其他数据模型(如面向对象数据模型)来表示。

3）物理模型

物理模型是对数据在计算机系统中的存储和访问方式进行描述的模型。它定义了数据在存储介质上的存储方式、索引结构、分区策略等具体实现细节。物理模型通常与特定的数据库管理系统和硬件平台相关联，用来优化数据访问性能和存储效率。

数据模型在数据库设计和在开发过程中起着关键作用，帮助数据库管理员和开发人员理解数据需求、设计数据库结构和实现数据操作功能。不同的数据模型适用于不同的应用场景和需求，选择合适的数据模型对于建立高效、可靠的数据库系统至关重要。

3. 数据模型的组成要素

数据模型的组成要素通常包括实体、属性、关系、约束与操作。

1）实体（Entity）

实体是数据模型中的基本单位，可以是现实世界中的人、物、地点等具体事物，也可以是抽象概念。每个实体都由一组属性来描述它的特征和属性。

2）属性（Attribute）

属性是描述实体特征的具体信息，用来表示实体的某种特性或属性。属性可以是单值的，也可以是多值的，可以是简单的数据类型，也可以是复杂的数据结构。

3）关系（Relationship）

关系描述了不同实体之间的联系和连接方式。通过关系，可以表达实体之间的逻辑关联性，帮助人们理解数据之间的关系。

4）约束（Constraint）

约束是对数据的限制条件，用来确保数据的完整性、一致性和准确性。常见的约束包括主键约束、唯一性约束、外键约束、检查约束等。

5）操作（Operation）

操作描述了对数据进行操作和管理的方式，包括数据的增、删、改、查操作，以及数据的查询和分析操作等。数据模型可以定义数据操作的规则和逻辑，以确保数据的有效使用和管理。

这些组成要素共同构成了数据模型，帮助人们理解数据的组织结构、数据之间的关系及如何对数据进行操作和管理。不同的数据模型可以使用不同的方式来表示这些要素，如关系模型、面向对象模型、文档模型等，适用于不同的数据需求和应用场景。选择合适的数据模型对于建立高效、可靠的数据库系统至关重要。

6.1.6 数据库分类

数据库可以根据其数据模型、结构、功能及应用领域等不同特点进行分类。以下是一些常见的数据库分类描述。

1. 按数据模型分类

数据库按数据模型分为关系数据库与非关系数据库。

1）关系数据库

关系数据库（Relational Database Management System，RDBMS）是一种使用关系模型来组织和管理数据的数据库管理系统。关系数据库采用表格（表）的形式来存储数据，每个表包含多行（记录）和列（字段），行表示实体的具体数据记录，列表示数据的属性。关系数据库中使用 SQL 语言建立不同表之间的关系（Relationship），进行数据操作，实现数据的关联和查询。关系数据库的主要特点如下。

数据结构：关系数据库使用表格（表）来组织数据，每个表包含多行（记录）和列（字段），行和列的交叉点称为单元格，用于存储具体的数据值。

数据操作：关系数据库支持标准化的 SQL 语言进行数据操作，包括数据的增、删、改、查(CRUD)操作，以及数据的查询、筛选、排序等操作。

数据完整性：关系数据库通过约束(Constraint)来确保数据的完整性和一致性，包括主键约束、唯一性约束、外键约束、检查约束等，防止数据错误和不一致。

事务管理：关系数据库支持事务(Transaction)管理，保证数据操作的原子性、一致性、隔离性和持久性，确保数据的完整性和可靠性。

数据查询：关系数据库通过 SQL 查询语言实现数据的复杂查询和分析，支持多表连接、子查询、聚合函数等功能，方便用户对数据进行灵活分析和提取。

数据安全：关系数据库提供用户和权限管理功能，可以对不同用户和角色设置不同的权限，保护数据的安全性和隐私性。

一些常见的关系数据库管理系统包括 Oracle Database、MySQL、SQL Server、PostgreSQL、SQLite 等。关系数据库被广泛地应用于企业级应用系统、金融行业、医疗行业、电子商务等领域，是构建可靠、高效的数据管理系统的重要工具。

2) 非关系数据库

非关系数据库(NoSQL，Not Only SQL)是一种不同于传统关系数据库的数据库管理系统，包括文档数据库、键-值对数据库、列族数据库等，主要特点是不使用传统的表格结构来存储数据，而是采用更灵活的数据模型和存储方式。NoSQL 数据库通常用于存储大规模、高并发、非结构化或半结构化数据，适用于需要高性能、高可扩展性和灵活性的场景。非关系数据库的主要特点如下。

数据模型：NoSQL 数据库支持多种数据模型，如键值存储(Key-Value Store)、文档数据库(Document Store)、列族数据库(Column Family Store)、图数据库(Graph Database)等，每种模型都有不同的优势和适用场景。

灵活性：NoSQL 数据库不要求严格的数据结构，可以存储半结构化或非结构化数据，适用于数据结构频繁变化或不固定的场景。

高性能：NoSQL 数据库通常具有高度的可扩展性和并发性能，能够处理大规模数据和高并发访问，适用于大数据处理和实时数据分析。

分布式架构：NoSQL 数据库通常采用分布式架构，数据可以水平扩展到多个节点，提高系统的可用性和容错性。

适用场景：NoSQL 数据库适用于互联网应用、大数据分析、实时数据处理、物联网等领域，特别是对于需要处理大量半结构化数据和快速增长的数据量的场景。

CAP 理论：NoSQL 数据库通常遵循 CAP 理论(Consistency、Availability、Partition Tolerance)，在一致性、可用性和分区容错性之间做出权衡。

一些常见的 NoSQL 数据库包括 MongoDB(文档数据库)、Cassandra(列族数据库)、Redis(键值存储)、Neo4j(图数据库)等。NoSQL 数据库在现代应用系统中发挥着重要作用，为处理大规模数据和高并发访问提供了有效的解决方案。选择合适的数据库类型取决于具体的业务需求和数据特点。

2. 按结构分类

数据库按结构分为层次数据库、网状数据库与关系数据库。对关系数据库已进行了介绍，此处对层次数据库与网状数据库进行详细介绍。

1）层次数据库

层次数据库是一种早期的数据库模型，它采用树状结构来组织和表示数据之间的层次关系。在层次数据库中，数据以树状结构存储，其中每个节点可以有多个子节点，但每个子节点只能有一个父节点。这种层次结构适合表示具有明确层次关系的数据，例如组织结构、部门关系等。层次数据库的主要特点如下。

树状结构：层次数据库使用树状结构表示数据之间的层次关系，每个节点可以有多个子节点，但只能有一个父节点。

数据访问：在层次数据库中，通常通过指定路径或层次关系来访问数据，例如通过指定节点的父节点或子节点来获取相关数据。

数据操作：层次数据库支持基本的数据操作，包括数据的增加、删除、修改和查询，通常使用类似于树的遍历算法来操作数据。

数据完整性：层次数据库通常通过指定的层次关系来保持数据的完整性，确保数据之间的层次关系正确并且一致。

性能：层次数据库在处理具有明确层次关系的数据时性能较高，因为可以通过层次结构快速地定位和访问相关数据。

应用场景：层次数据库适用于需要表示层次关系的数据，例如组织结构、产品分类、部门关系等场景。

尽管层次数据库在一些特定场景下具有优势，但由于其固定的树状结构和限制性较强，难以应对复杂和动态的数据模型，因此，随着关系数据库和非关系数据库的发展，层次数据库的应用逐渐减少，被更灵活和更高效的数据库模型所取代。

2）网状数据库

网状数据库中的数据以类似于网络的方式进行组织和存储。在网状数据库中，数据之间可以通过多对多的关系相互连接，形成一个复杂的网络结构。每个数据实体都可以有多个父节点和子节点，这种结构使网状数据库非常灵活，能够更好地表示现实世界中复杂的关系和结构。

在网状数据库中，数据通常以记录（Record）的形式存储，每条记录包含一个或多个字段（Field），字段之间通过指针或链接进行连接。这种连接方式使数据之间的关系可以更加灵活地定义和管理。同时，网状数据库也提供了一种灵活的查询语言，可以方便地对数据进行检索和分析。

尽管网状数据库具有很好的灵活性和表达能力，但由于其复杂的结构和查询语言，使其在实际应用中并不常见。现在更多的数据库系统采用关系模型或文档模型等更简单和易用的数据模型。

3. 按功能分类

1）联机事务处理数据库

联机事务处理(Online Transaction Processing，OLTP)数据库是一种用于处理日常业务交易和操作的数据库系统。OLTP 数据库主要用于支持企业的日常业务活动，如销售订单处理、库存管理、客户管理等。这种数据库系统通常需要高并发性、快速的数据读写能力和可靠的事务处理机制。

OLTP 数据库的主要特点如下。

(1) 高并发性：OLTP 数据库需要支持大量用户同时访问和操作数据，因此需要具有高并发性能，从而能够快速响应用户请求。

(2) 快速的数据读写：由于 OLTP 数据库处理的是大量的短期事务，因此需要具有快速的数据读写能力，能够快速插入、更新和删除数据。

(3) 事务处理：OLTP 数据库需要具有可靠的事务处理机制，确保数据的一致性和完整性。这意味着数据库必须支持事务的原子性、一致性、隔离性和持久性(ACID 原则)。

(4) 数据规范化：为了避免数据冗余和提高数据的一致性，OLTP 数据库通常采用数据规范化的设计，将数据分解为多个表，并通过外键建立表与表之间的关系。

OLTP 数据库通常用于支持企业的在线交易系统，如电子商务平台、银行系统、航空订票系统等。知名的 OLTP 数据库系统包括 Oracle Database、Microsoft SQL Server、MySQL 等。OLTP 数据库与 OLAP(Online Analytical Processing，联机分析处理)数据库相对应，后者主要用于数据分析和决策支持。

2）联机分析处理数据库

联机分析处理数据库是一种用于支持数据分析和决策支持的数据库系统。与 OLTP 数据库专注于处理日常业务交易不同，OLAP 数据库主要用于对大规模数据进行复杂分析和查询操作。OLAP 数据库通常包含大量历史数据，并提供多维数据分析和数据挖掘功能。

OLAP 数据库的主要特点如下。

多维数据模型：OLAP 数据库采用多维数据模型，通过多维数据立方体(Data Cube)来组织和表示数据。数据立方体包含多个维度(如时间、产品、地区等)和度量(如销售额、利润等)，用户可以通过不同维度进行数据分析和查询。

(1) 复杂查询和分析：OLAP 数据库支持复杂的查询和分析操作，如数据切片、数据切块、数据旋转、数据透视等，以便用户能够从不同角度对数据进行分析和挖掘。

(2) 高性能计算：由于 OLAP 数据库需要处理大量数据和复杂计算操作，因此需要具有高性能的计算能力和查询优化机制，以保证查询的效率和响应速度。

(3) 决策支持：OLAP 数据库主要用于支持企业的决策制定和战略规划，向决策者提供全面、准确的数据分析和报告。

OLAP 数据库通常用于数据仓库系统、商业智能平台、数据挖掘应用等领域。知名的 OLAP 数据库系统包括 Microsoft Analysis Services、IBM Cognos、SAP Business Objects

等。OLAP数据库与OLTP数据库相对应,前者专注于数据分析和决策支持,后者则专注于日常业务交易处理。

4. 按应用领域分类

1) 企业级数据库

企业级数据库是一种用于支持企业级应用和业务需求的大型、高性能数据库系统。这种数据库系统通常具有高可靠性、高可用性、高安全性和高扩展性,能够处理大规模数据和复杂的业务逻辑。企业级数据库通常用于支持企业的核心业务系统,如企业资源规划、客户关系管理、供应链管理等。企业级数据库的主要特点如下。

(1) 高可靠性:企业级数据库需要具有高可靠性,能够保证数据的完整性和可靠性,防止数据丢失或损坏。通常采用数据冗余、故障恢复和备份恢复机制来确保数据的安全性。

(2) 高可用性:企业级数据库需要具有高可用性,能够保证系统24/7不间断地运行,避免因系统故障而导致业务中断。通常采用集群、负载均衡和容错机制来提高系统的可用性。

(3) 高性能:企业级数据库需要具有高性能的数据处理能力,能够快速地响应用户请求,支持大规模数据的读写和复杂查询操作。通常采用索引、分区、缓存等技术来提高数据库的性能。

(4) 高安全性:企业级数据库需要具有高安全性,能够保护数据不被未经授权的访问和篡改。通常采用访问控制、加密、审计等技术来确保数据的安全性。

(5) 高扩展性:企业级数据库需要具有高扩展性,能够支持系统进行水平和垂直扩展,以应对不断增长的数据量和用户访问量。通常采用分布式数据库、云数据库等技术来实现数据库的扩展。

知名的企业级数据库系统包括Oracle Database、Microsoft SQL Server、IBM DB2、SAP HANA等。这些数据库系统提供了丰富的功能和工具,能够满足企业各种复杂的数据管理和分析需求。企业级数据库是企业信息化建设中重要的基础设施之一,对企业的运营和发展起着至关重要的作用。

2) 云数据库

云数据库是一种基于云计算技术的数据库服务,将数据库系统部署在云平台上,用户通过互联网访问和使用数据库服务。云数据库提供了一种灵活、可扩展、高可用、高性能的数据库解决方案,能够满足不同用户的数据存储和管理需求。云数据库的主要特点如下。

(1) 灵活性:用户无须购买、部署和维护数据库服务器,可以根据实际需求动态地调整数据库规模和配置,实现按需付费。

(2) 可扩展性:云数据库支持水平和垂直扩展,能够根据用户需求快速地扩展数据库规模,以满足不断增长的数据量和用户访问量。

(3) 高可用性:云数据库通常部署在多个数据中心,提供多活和容灾机制,保证数据库系统的高可用性和数据的持久性。

(4) 高性能:云数据库采用分布式架构和高性能存储设备,能够支持大规模数据的读写和复杂查询操作,提供高性能的数据处理能力。

(5) 安全性：云数据库提供多层次的安全防护措施，包括数据加密、访问控制、审计日志等，确保用户数据的安全性和隐私保护。

云数据库主要包括关系数据库(如 MySQL、PostgreSQL、SQL Server 等)、NoSQL 数据库(如 MongoDB、Redis、Cassandra 等)和数据仓库(如 Amazon Redshift、Google BigQuery 等)等类型。用户可以根据自身需求选择合适的云数据库服务，快速部署和管理数据库系统，降低数据库运维成本，提升数据处理效率。

知名的云数据库服务提供商包括 Amazon Web Services(AWS)的 Amazon RDS、Microsoft Azure 的 Azure SQL Database、Google Cloud 的 Cloud SQL 等，它们提供了丰富的数据库服务和管理工具，帮助用户构建稳定、高效的云数据库解决方案。云数据库已经成为企业数字化转型和云化部署的重要组成部分，为用户提供了更加便捷和可靠的数据存储和管理服务。

3) 物联网数据库

物联网数据库是专门用于存储和管理物联网设备产生的海量数据的数据库系统。随着物联网技术的不断发展和普及，越来越多的设备和传感器被连接到互联网，它们会产生大量实时数据，需要进行有效收集、存储、分析和应用。物联网数据库应运而生，为物联网应用提供了强大的数据管理和分析能力。

物联网数据库的主要特点如下。

(1) 海量数据处理：物联网设备产生的数据量巨大，物联网数据库需要具有高性能的数据处理能力，能够快速地存储和处理海量数据。

(2) 实时性要求：物联网应用对数据的实时性要求较高，物联网数据库需要支持实时数据的采集、存储和查询，保证数据的及时性。

(3) 多样化数据类型：物联网设备产生的数据类型多样，包括结构化数据、半结构化数据和非结构化数据，物联网数据库需要支持多样化的数据类型。

(4) 设备管理和连接：物联网数据库需要支持设备的管理和连接，包括设备注册、身份认证、数据传输等功能，确保设备和数据库之间的安全连接。

(5) 数据分析和挖掘：物联网数据库需要提供数据分析和挖掘功能，帮助用户从海量数据中挖掘有价值的信息和洞见，支持智能决策和业务优化。

物联网数据库通常采用分布式数据库、时序数据库、NoSQL 数据库等技术，以满足物联网应用对数据存储和处理的需求。物联网数据库可以用于智慧城市、智能家居、工业互联网、智能交通等各种物联网场景，为用户提供全面的数据管理和分析解决方案。

知名的物联网数据库系统包括 InfluxDB、MongoDB、Cassandra、AWS IoT Core 等，它们提供了丰富的功能和工具，能够满足不同物联网应用的数据管理和分析需求。物联网数据库是物联网系统中至关重要的组成部分，对于实现智能化、自动化的物联网应用具有重要意义。

5. 按存储方式分类

1) 内存数据库

内存数据库是一种将数据存储在内存中的数据库系统，相比于传统的磁盘存储数据库，内存数据库具有更快的数据访问速度和更高的性能。内存数据库的主要特点如下。

(1) 高性能：由于数据存储在内存中，所以内存数据库具有更快的数据读写速度和更短的响应时间，适合对实时性要求较高的应用场景。

(2) 实时性：内存数据库能够提供实时数据处理和分析能力，支持快速的数据查询和计算，满足实时业务需求。

(3) 数据持久化：内存数据库通常会将数据持久化到磁盘中，以保证数据的持久性和可靠性，即使发生系统故障或断电情况也能够恢复数据。

(4) 内存优化技术：内存数据库采用了各种优化技术，如数据压缩、索引优化、并发控制等，以提升数据访问效率和系统性能。

(5) 实时分析：内存数据库支持实时数据分析和挖掘，能够帮助用户从海量数据中快速地获取有价值的信息和洞见。

内存数据库适用于需要高性能、实时数据处理和分析的应用场景，如金融交易系统、实时监控系统、广告推荐系统等。内存数据库可以提供更快速、更高效的数据管理和处理能力，帮助用户实现业务优化和创新。

知名的内存数据库系统包括 Redis、Memcached、Apache Ignite、SAP HANA 等，它们提供了丰富的功能和工具，支持多种数据模型和应用场景。内存数据库已经成为许多企业在处理实时数据和应用中的首选技术，为用户提供了高性能、高可靠性的数据存储和处理解决方案。

2) 磁盘数据库

磁盘数据库是一种将数据存储在磁盘上的数据库系统，相比于内存数据库，磁盘数据库的主要特点如下。

(1) 数据持久化：磁盘数据库将数据持久化地存储在磁盘中，确保数据在发生系统故障或断电的情况下不会丢失，具有较高的数据可靠性。

(2) 大容量存储：由于磁盘容量通常比内存大得多，磁盘数据库能够存储更多的数据，适合处理大规模数据集。

(3) 数据安全性：磁盘数据库通常提供数据加密、访问控制、备份恢复等安全功能，确保数据的机密性和完整性。

(4) 数据持续性：磁盘数据库支持长期存储和数据历史记录，可以满足数据长期保存和回溯分析的需求。

(5) 磁盘优化技术：磁盘数据库采用了各种优化技术，如索引优化、查询优化、存储压缩等，以提升数据访问效率和系统性能。

磁盘数据库适用于需要长期存储、大规模数据处理和历史数据分析的应用场景，如企业数据仓库、大数据分析平台、日志分析系统等。磁盘数据库能够提供稳定、可靠的数据存储和管理能力，支持用户进行复杂的数据分析和查询操作。

知名的磁盘数据库系统包括 MySQL、PostgreSQL、Oracle Database、Microsoft SQL Server 等，它们提供了丰富的功能和工具，支持多种数据模型和应用场景。磁盘数据库是企业数据管理和分析的重要基础，为用户提供了可靠、高效的数据存储和处理解决方案。

以上是一些常见的数据库分类描述，不同类型的数据库在不同场景下有各自的优势和适用性，选择合适的数据库类型对于构建高效、可靠的数据管理系统至关重要。

9min

6.2 关系数据库

关系数据库的发展历程可以追溯到20世纪70年代初。在这个时期，IBM的工程师Edgar F. Codd提出了关系数据库的概念，并在1970年发表了一篇名为《关系模型的数据库管理系统》的论文，正式提出了关系数据库的理论基础。

随后，IBM开发了第1个商用关系数据库管理系统，名为IBM System R。System R在1977年推出，并在商业上取得了成功，为关系数据库的发展奠定了基础。

在20世纪80年代，关系数据库的概念逐渐被广泛接受，并开始在企业和组织中得到广泛应用。各大数据库厂商纷纷推出了自己的关系数据库产品，如Oracle、Microsoft SQL Server、Sybase等。

随着计算机技术的不断发展和数据库管理系统的不断完善，关系数据库的功能不断增强，性能不断提升，成为企业和组织管理数据的主流选择。随着云计算、大数据和人工智能等新技术的兴起，关系数据库也在不断演进和发展，为关系数据库的未来发展带来了更多可能性。

6.2.1 关系模型的数据结构及形式化定义

关系模型是数据库系统中常用的数据模型，它基于关系代数和关系演算理论。在关系模型中，数据以表格的形式表示，每个表格被称为一个关系(Relation)，每行代表一个记录(Tuple)，每列代表一个属性(Attribute)。关系模型的数据结构包括表格、行和列，而其形式化定义可以通过关系代数和关系演算来描述。

关系代数是一种用于操作关系的形式化语言，包括一系列操作符(如选择、投影、连接并集、差集等)，通过这些操作符可以对关系进行查询和操作。关系演算是另一种形式化的语言，用于描述关系之间的操作和约束条件，包括元组关系演算和域关系演算两种形式。

总体来讲，关系模型的数据结构是基于表格形式的，而其形式化定义可以通过关系代数和关系演算来描述。下面围绕关系数据模型的数据结构展开介绍。

1. 关系的基本术语

关系数据库的特点在于将每个具有相同属性的数据独立地存储在一张表中。用户可以新增、删除和修改表中的数据，而不影响表中的其他数据。关系的示例见表6-1。

表6-1 员工信息表

工　号	姓　名	性　别	部　门	电　话
20230101	赵礼	男	人事部	13600121135
20230102	王丽	女	财务部	13600121136
20230103	张刚	女	行政部	13600121137

1) 关系模式(Relational Scheme)

它由一个关系名及它所有的属性名构成。它对应二维表的表头，是二维表的构成框架

(逻辑结构),其格式为:关系名(属性名 1,属性名 2,…,属性名 n)在 MySQL 中对应的表结构为表名(字段名 1,字段名 2,…,字段名 n)。

2) 关系(Relation)

表示多个实体之间的相互关联,每张表称为该关系模式的一个具体关系。它包括关系名、表的结构和表的数据(元组)。

3) 元组(Tuple)

二维表的一行称为关系的一个元组,对应一个实体的数据。

4) 属性(Attributes)和分量

二维表中的每列称为关系的一个属性。列中的每个元素的值称为分量。

5) 域(Domain)

属性所对应的取值变化范围叫属性的域。

6) 实体标识符(Identifier)

能唯一标识实体的属性或属性集,称为实体标识符。有时也称为关键码(Key),或简称为键。

7) 主关键字(Primary Key)

能唯一标识关系中不同元组的属性或属性组称为该关系的候选关键字。被选用的候选关键字称为主关键字。

8) 外部关键字(Foreign Key)

如果关系 R 的某一(些)属性 A 不是 R 的候选关键字,而是另一关系 S 的候选关键字,则将 A 称为 R 的外来关键字。

2. 关系的形式化定义

1) 域

域(Domain)是一组具有相同数据类型的值的集合,又称为值域(用 D 表示),例如,整数、实数和字符串的集合都是域。

域中所包含的值的个数称为域的基数(用 m 表示),例如,以表 6-1 所示的员工信息表为例:

$$D_1=\{赵礼,王丽,张刚\},m_1=3;$$

$$D_2=\{男,女\},m_2=2;$$

其中,D_1、D_2 分别表示员工关系中的姓名域和性别域。

2) 笛卡儿积

给定一组域 $D_1,D_2,\cdots D_n$。它们包含的元素可以完全不同,也可以部分或全部相同,其笛卡儿积(Cartesian ProDuct)为

$$D_1 \times D_2 \times \cdots \times D_n=\{(D_1,D_2,\cdots,D_n) \mid D_i \in D_i, i=1,2,\cdots,n\}。$$

笛卡儿积是一个集合。对于笛卡儿积,有以下几点需要注意。

(1) 每个元素$(D_1,D_2,\cdots,D_n)$中的每个值 D_i 叫作一个分量(Component),分量来自相应的域($D_i \in D_i$)。

(2) 每个元素($D_1,D_2,\cdots,D_n$)叫作一个 n 元组(n-Tuple),简称元组(Tuple),但元组是有序的,相同分量 D_i 的不同排序所构成的元组不同,例如,以下 3 个元组是不同的:$(1,2,3)\neq(2,3,1)\neq(1,3,2)$。

(3) 若 $D_i(i=1,2,\cdots,n)$为有限集,D 中的集合元素的个数称为 D 的基数,用 $m_i(i=1,2,\cdots,n)$表示,则笛卡儿积 $D_1\times D_2\times\cdots\times D_n$ 的基数 M[即元组($D_1,D_2,\cdots,D_n$)的个数]为所有域的基数的累乘之积,例如,上述员工信息关系中的姓名域 D_1 和性别域 D_2 的笛卡儿积为 $D_1\times D_2=${(赵礼,男)、(王丽,女),(张刚,男),(赵礼,女),(王丽,男),(张刚,女)},其中,赵礼、王丽、张刚、男、女都是分量,(赵礼,男)、(王丽,女)等是元组,$D_1\times D_2$ 的基数 $M=m_1\times m_2=3\times2=6$,即集合中元组的个数为 6。

(4) 笛卡儿积可用二维表的形式表示,例如,笛卡儿积 $D_1\times D_2$ 的表示形式见表 6-2。

表 6-2 笛卡儿积 $D_1\times D_2$ 的二维表形式

姓　名	性　别	姓　名	性　别
赵礼	男	王丽	男
赵礼	女	张刚	男
王丽	女	张刚	女

可以看出,笛卡儿积是一个集合,集合也可以用二维表来表示,表的每列由对应的域构成,表的每行就是集合的一个元组。

3. 关系的性质

在关系数据库中,关系的性质是指关系模型中的一些基本特征和约束条件,以确保数据的完整性、一致性和有效性。关系数据库中的关系主要具有以下性质。

1) 唯一性(Uniqueness)

每个关系中的元组是唯一的,即每个元组在关系中都是独一无二的。这意味着关系中的任何两个元组都不会完全相同,不会存在重复数据。

2) 原子性(Atomicity)

关系中的每个属性都是原子的,即属性的值不可再分解。这意味着每个属性只能包含一个单一的值,而不是复合值。

3) 有序性(Ordering)

关系中的元组是有序的,即元组在关系中的顺序是有意义的。虽然关系数据库中的数据存储是无序的,但查询结果可以按照特定的排序规则返回有序的结果。

4) 固定的属性(Fixed Attributes)

每个关系都有一个固定的属性集合,即关系模式。关系模式定义了关系中包含的属性及其数据类型,任何元组都必须包含这些属性,并且属性的值必须符合定义的数据类型。

5) 唯一标识(Primary Key)

每个关系必须有一个唯一的标识符,即主键。主键是一个或多个属性的组合,用于唯一标识关系中的每个元组。主键的值不能重复,并且不能为空。

6）参照完整性(Referential Integrity)

关系数据库中的不同关系之间可以建立关联，即外键。外键是一个或多个属性，用于建立关系之间的连接。参照完整性要求外键的值必须存在于被引用关系的主键中，以确保数据的一致性和有效性。

7）实体完整性(Entity Integrity)

关系中的主键属性不能为空，即主键不能包含空值。实体完整性要求每个元组都必须有一个唯一的标识符，并且该标识符不能为空。

这些性质是关系数据库设计中的基本原则，通过这些性质可以确保数据库中的数据结构合理、数据完整性高、数据一致性强。

4. 关系模式

在关系数据库中，关系的模式是指描述关系结构的元数据，即定义了关系中包含的属性及这些属性的数据类型和约束条件。关系的模式通常由关系名和属性组成，用于描述关系的结构和特征。

关系的模式主要包括以下几方面。

1）关系名(Relation Name)

关系模式的第1个要素是关系的名称，用于唯一标识该关系。关系名通常是一个具有描述性的名称，以反映关系所代表的实体或概念。

2）属性(Attributes)

关系模式包含了关系中的属性，每个属性描述了关系中的一个特征或数据项。属性的数据类型定义了属性的取值范围，如整数、字符、日期等。属性还可以有约束条件，如唯一性约束、非空约束等。

3）主键(Primary Key)

关系模式中还包含了主键，用于唯一标识关系中的每个元组。主键属性或属性组合的取值必须唯一且不能为空。

4）外键(Foreign Key)

如果关系与其他关系存在关联，则关系模式中还会包含外键，用于建立不同关系之间的连接。外键是一个或多个属性，用于引用其他关系的主键，以建立关系之间的关联。

5）约束条件(Constraints)

关系模式中还可以包含其他约束条件，如唯一性约束、非空约束、默认值约束等，用于限制数据的取值范围和确保数据的一致性和完整性。

关系的模式是数据库设计的重要组成部分，它定义了数据库中数据的结构和特征，为数据库操作提供了基础。通过关系模式，用户可以了解数据库中包含的数据结构，以便进行数据查询、插入、更新和删除等操作。

在关系数据库中，关系模式是型，关系是值。关系模式(Relation Schema)是对关系的描述。关系模式可以形式化地表示为R(U,D,DOM,F)。从此式可以看出，一个关系模式应当是一个五元组，其中，R为关系名；U为组成该关系的属性名集合；D为属性组U中属性所来自的域；DOM 为属性向域的映像集合；F 为属性间数据的依赖关系集合。属性间的数据依赖 F 将在后续章节中进行讨论，而域名 D 及属性向域的映像 DOM 常常直接说明为属性的类型、长度，因此，关系模式通常可简记为 R(U)或 R(A_1，A_2，…，A_n)，其中，A_1，A_2，…，A_n 为各属性名。

关系是关系模式在某一时刻的状态或内容。也就是说，关系模式是型，即关系头，而关系是值，即关系体。关系模式是关系的框架(或者称为表框架)，是对关系结构的描述，它是静态的、稳定的，而关系是动态的、随时间不断变化的，它是关系模式在某一时刻的状态或内容，这是因为关系的各种操作在不断地更新数据库中的数据，但在实际中，人们常常把关系模式和关系统称为关系，读者可以通过上下文加以区别。

例如，在表 6-1 所示的员工信息表中，其关系模式可表示为员工信息(工号，姓名，性别，部门，职称，电话)。

6.2.2 关系的完整性

关系的完整性是指关系数据库中数据的一致性、有效性和正确性。关系的完整性由实体完整性、参照完整性和用户定义的完整性规则组成，它们共同确保数据库中的数据符合预期的要求。

1. 实体完整性(Entity Integrity)

实体完整性要求关系中的主键属性不能为空，即主键不能包含空值。每个元组必须具有一个唯一的标识符，并且该标识符不能为空。实体完整性确保了每个实体(元组)在关系中都有唯一标识，并且没有缺失或重复的数据。

2. 参照完整性(Referential Integrity)

参照完整性要求外键的值必须存在于被引用关系的主键中。外键建立了不同关系之间的连接，确保了数据的一致性和有效性。如果外键的值在被引用关系中不存在，就会违反参照完整性，从而导致数据不一致。

3. 用户定义的完整性规则(User-defined Integrity Rules)

除了实体完整性和参照完整性，用户还可以定义自己的完整性规则，用于进一步限制数据的取值范围和确保数据的正确性。这些规则包括唯一性约束、非空约束、默认值约束等，用户可以根据具体的业务需求定义这些规则。

通过实体完整性、参照完整性和用户定义的完整性规则，关系数据库可以确保数据的一致性、有效性和正确性。任何违反完整性规则的操作都会被数据库系统拒绝，以保证数据的质量和可靠性。维护数据的完整性是数据库设计和管理中非常重要的一部分，它有助于避免数据错误和不一致，提高数据的可靠性和可用性。

12min

6.3 关系数据库标准语言 SQL

6.3.1 SQL 概述

SQL(Structured Query Language，结构化查询语言)是一种用于管理关系数据库系统的标准化语言。SQL 由 IBM 的 Edgar F. Codd 在 20 世纪 70 年代初提出，并在 ANSI（American National Standards Institute）和 ISO（International Organization for Standardization）进行标准化。

SQL 的标准化过程经历了多个版本，最早的版本是 ANSI SQL-86，随后是 ANSI SQL-89、ANSI SQL-92、ANSI SQL：1999、ANSI SQL：2003、ANSI SQL：2008、ANSI SQL：2011 和 ANSI SQL：2016。每个版本都引入了新的功能，并且进行了改进，以适应不断发展的数据库技术和需求。

SQL 的标准化使不同数据库系统之间可以更轻松地进行数据交换和迁移，同时也提高了开发人员的工作效率和数据管理的一致性。虽然各个数据库系统可能会有一些特定的扩展功能和语法，但大部分基本的 SQL 语法和操作是符合标准的。

SQL 的标准化促进了数据库技术的发展和应用，使数据库系统更加稳定、可靠和易于使用。同时，SQL 也成为开发人员和数据分析师必备的技能之一，被广泛地应用于各种行业和领域。经过多年的发展和完善，已成为关系数据库管理系统（RDBMS）中最常用的查询语言，为数据库开发和管理提供了统一的标准和方法。

1. SQL 的功能

SQL 是一种用于管理关系数据库的标准化语言，其主要功能包括以下几种。

1）数据查询（Query）

SQL 可以用来从数据库中检索数据，用户可以根据特定条件筛选所需的数据，以满足不同的需求，包括选择特定列、过滤数据、排序结果等。SELECT 语句是 SQL 中用于查询数据的基本语句。

2）数据操作（Manipulation）

SQL 可以用来对数据库中的数据进行增加、删除、修改和更新操作，以确保数据的完整性和准确性。

3）数据定义（Definition）

SQL 可以用来定义数据库中的表结构、字段属性、索引等元数据，以便数据的存储和管理。

4）数据控制（Control）

SQL 可以用来控制用户对数据库的访问权限，包括用户的认证、授权和权限管理等功能。

5）数据管理（Management）

SQL 可以用来管理数据库的备份、恢复、性能优化、事务处理等功能，以确保数据库的稳定性和可靠性。

6）数据完整性（Integrity）

SQL 可以通过约束（Constraint）来保证数据的完整性，包括主键约束、外键约束、唯一约束、非空约束等。

7）数据安全（Security）

SQL 可以通过用户认证、访问控制、加密等功能来保护数据库中的数据安全，防止未经授权的访问和数据泄露。

总体来讲,SQL 是一种功能强大、灵活且易于学习和使用的数据库语言,可以帮助用户有效地管理和操作数据库中的数据,提高数据的可靠性、安全性和可用性。绝大多数的关系数据库管理系统(如 Oracle、MySQL、SQL Server、PostgreSQL 等)支持 SQL 语言。通过学习和掌握 SQL 语言,用户可以有效地管理和操作数据库,实现各种数据处理需求。

2. SQL 的特点

SQL 语法简单,命令少,简捷易用,因此成为标准并被业界和用户接受。SQL 主要具有以下特点。

1) SQL 是一种一体化的语言

SQL 包括数据定义、数据查询、数据操纵和数据控制等方面的功能,可以完成数据库活动中的全部工作。

2) SQL 是一种非过程化的语言

用 SQL 进行数据操作,只需提出“做什么”,而不需要知道“怎么做”,因此,用户不需要关心具体的操作过程,也不必了解数据的存取路径,即用户只需描述清楚“做什么”,SQL 就可将要求交给系统,全部工作由系统自动完成。

3) SQL 是一种面向集合的语言

SOL 采用集合操作方式,每个命令的操作对象都可以是元组的集合,结果也可以是元组的集合。

4) SQL 既是自含式语言,又是嵌入式语言

SQL 作为自含式语言,可以独立地使用交互命令,适用于终用户端、应用程序员和 DBA;作为嵌入式语言,可嵌入高级语言中使用,以供应用程序员开发应用程序。

6.3.2 MySQL 数据库简介

1. MySQL 简介

MySQL 是一种关系数据库管理系统,由瑞典 MySQL AB 公司开发,目前由 Oracle 公司维护和开发。MySQL 是一种开源软件,采用了双授权政策,既可以免费使用,也可以付费使用。MySQL 被广泛地应用于 Web 应用程序的开发中,是许多大型网站和应用程序的首选数据库管理系统。

MySQL 因为其功能强大、灵活性强、应用编程接口丰富及系统结构精巧,受到了广大自由软件爱好者甚至是商业软件用户的青睐。

2. MySQL 的特点

MySQL 主要具有以下特点。

1) 支持多种操作系统

MySQL 可以在多种操作系统上运行,包括 Windows、Linux、UNIX 等。

2) 支持多种编程语言

MySQL 可以与多种编程语言结合使用,如 PHP、Java、Python 等。

3）支持多种存储引擎

MySQL 支持多种存储引擎，如 InnoDB、MyISAM 等，用户可以根据需求选择合适的存储引擎。

4）支持事务处理

MySQL 支持事务处理，可以保证数据的完整性和一致性。

5）提供丰富的功能

MySQL 提供了丰富的功能，如索引、触发器、存储过程等，可以满足不同需求的数据库应用。

总体来讲，MySQL 是一种功能强大、性能优秀的关系数据库管理系统，适用于各种规模的应用程序开发。

3. MySQL 的优缺点

1）优点

(1) 成本低。MySQL 是开放源码软件，总体拥有成本低。通过 Linux 作为操作系统，Apache 作为 Web 服务器，MySQL 作为数据库，PHP 作为服务器端脚本解释器就可以建立起一个稳定、免费的网站系统。这 4 个软件都是免费或开放源码软件(FLOSS)，用户不用花一分钱。

(2) 使用 C 和 C++编写，并使用了多种编译器进行测试，保证源代码的可移植性。

(3) 支持 AIX、FreeBSD、HP-UX、Linux、macOS、NovellNetware、OpenBSD、OS/2Wrap、Solaris、Windows 等多种操作系统。

(4) 为多种编程语言提供了 API。这些编程语言包括 C、C++、Python、Java、Perl、PHP、Eiffel、Ruby 等。

(5) 支持多线程，充分利用 CPU 资源。

(6) 优化的 SQL 查询算法，有效地提高了查询速度。

(7) 提供 TCP/IP、ODBC 和 JDBC 等多种数据库连接途径。

(8) 提供用于管理、检查、优化数据库操作的管理工具。

(9) 可以处理拥有上千万条记录的大型数据库。

2）缺点

与其他的大型数据库(例如 Oracle、DB2、SQL Server 等)相比，MySQL 总体规模小、功能有限。

4. MySQL 的启用

安装好 MySQL 数据库系统后，就可以运行该软件，以便对数据进行、存储、查询等操作了。首先是启用 MySQL，具体操作如下。

1）启用 MySQL 服务

按快捷键 WIN+R，此时会弹出运行对话框，如图 6-8 所示。输入 services. msc 后，单击“确定”按钮，当弹出“服务”对话框后选中 MySQL80，再单击“启动”按钮，如图 6-9 所示，即可完成 MySQL 服务启用。

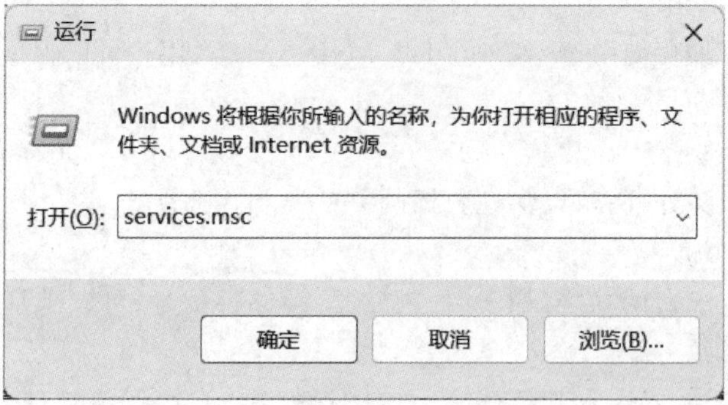

运行
Windows 将根据你所输入的名称，为你打开相应的程序、文件夹、文档或 Internet 资源。
打开(O):
services.msc
确定
取消
浏览(B)...

图 6-8　运行对话框

服务
文件(F)
操作(A)
查看(V)
帮助(H)
服务(本地)
MySQL80
启动此服务
名称
描述
状态
启动类型
登录为
MySQL80
自动
网络服务
扩展
标准

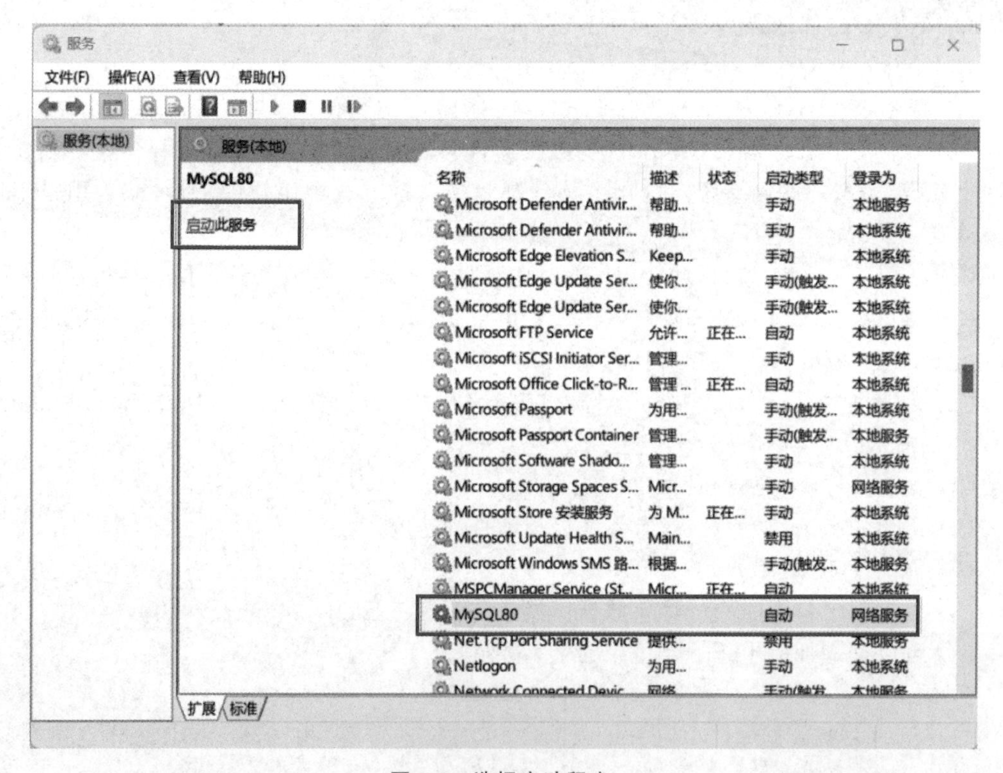

图 6-9　选择启动程序

2）运行 MySQL 软件

按快捷键 WIN+R，此时会弹出“运行”对话框，如图 6-8 所示。输入 cmd 命令，单击“确定”按钮后会弹出 MS-DOS 窗口，在命令提示符处，输入 mysql -u root -p，如图 6-10 所示。

单击 Enter 键后，在 Enter password 命令提示符处，输入安装 MySQL 时设置的 root 用户密码，即可进入 MySQL 运行环境，如图 6-11 所示。

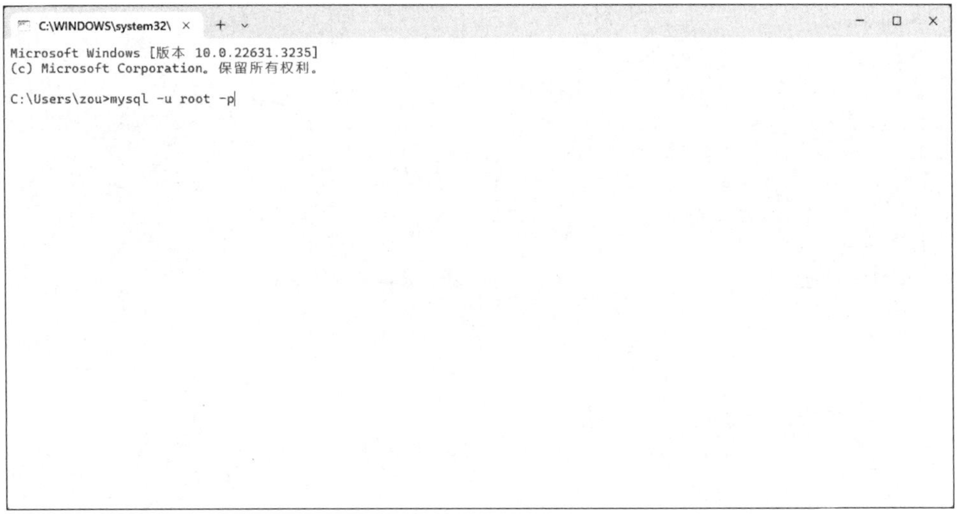

```
C:\WINDOWS\system32\
Microsoft Windows [版本 10.0.22631.3235]
(c) Microsoft Corporation。保留所有权利。

C:\Users\zou>mysql -u root -p
```

图 6-10 启动 MySQL 命令

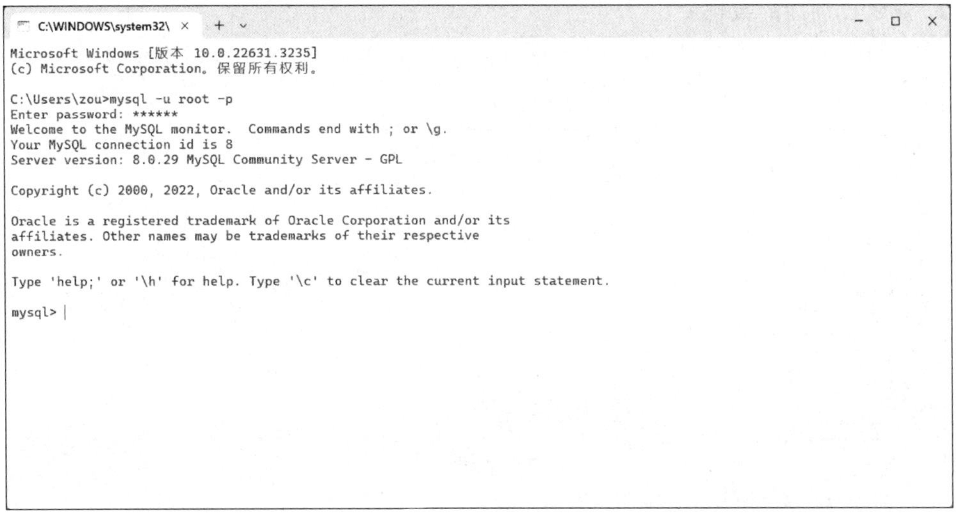

```
C:\WINDOWS\system32\
Microsoft Windows [版本 10.0.22631.3235]
(c) Microsoft Corporation。保留所有权利。

C:\Users\zou>mysql -u root -p
Enter password: ******
Welcome to the MySQL monitor.  Commands end with ; or \g.
Your MySQL connection id is 8
Server version: 8.0.29 MySQL Community Server - GPL

Copyright (c) 2000, 2022, Oracle and/or its affiliates.

Oracle is a registered trademark of Oracle Corporation and/or its
affiliates. Other names may be trademarks of their respective
owners.

Type 'help;' or '\h' for help. Type '\c' to clear the current input statement.

mysql> |
```

图 6-11 输入密码

6.3.3 MySQL 创建数据库

1. 创建数据库

在 MySQL 中创建数据库，语法格式如下：

```
CREATE DATABASE database_name
```

其中，database_name 是要创建的数据库的名称，例如，要创建一个名为 my_database 的数据库，可以执行命令 CREATE DATABASE my_database，如图 6-12 所示。

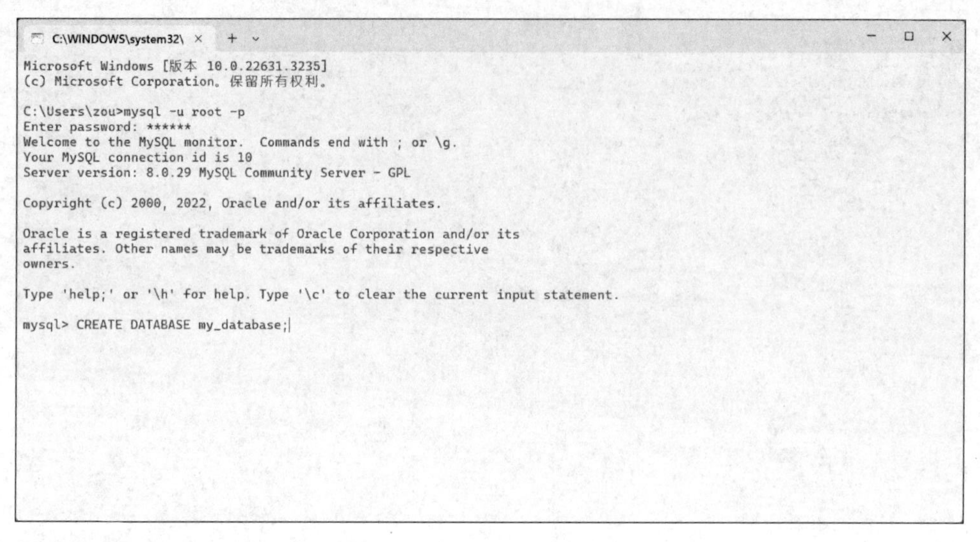

图 6-12 创建 MySQL 数据库

2. 查看已创建的数据库

要在 MySQL 中查看已创建的数据库，输入命令 SHOW DATABASES，如图 6-13 所示。

图 6-13 查看 MySQL 数据库

6.3.4 MySQL 数据类型

MySQL 常用的数据类型有数值类型、字符串类型、日期时间类型。整数类型见表 6-3。

表 6-3 整数型

类 型	大 小	范围(有符号)	范围(无符号)	用 途
tinyint	1 字节	128～127	0～255	小整数值
smallint	2 字节	−32 768～32 767	0～65 535	大整数值
mediumint	3 字节	−8 388 608～8 388 607	0～16 777 215	大整数值
int 或 integer	4 字节	−2 147 483 648～2 147 483 647	0～4 294 967 295	大整数值
bigint	8 字节	−9 223 372 036 854 775 808～9 223 372 036 854 775 807	0～18 446 744 073 709 551 615	极大整数值

小数类型见表 6-4。

表 6-4 小数型

类 型	大 小	范围(有符号)	范围(无符号)	用 途
float	4 字节	−3402823466E+38～1.175494351E−38	0～255	小整数值
double	8 字节	−32 768～32 767	0～65 535	大整数值
decimal	DEC	−8 388 608～8 388 607	0～16 777 215	大整数值

字符串类型见表 6-5。

表 6-5 字符串型

类 型	大 小	用 途
char(n)	0～255 字节	定长字符串
varchar(n)	0～65 535 字节	变长字符串
tinytext	0～255 字节	短文本符串
text	0～65 535 字节	长文本数据
mediumtext	0～16 777 215 字节	中等长文本数据
longtext	0～4 294 967 295 字节	极大文本数据

日期时间类型见表 6-6。

表 6-6 日期时间型

类 型	大 小	范 围	格 式	用 途
date	4 字节	1000-01-01～9999-12-31	YYYY-MM-DD	日期值
time	4 字节	−838:59:59～838:59:59	HH:MM:SS	时间值或持续时间
year	4 字节	1901～2155	YYYY	年份
datetime	8 字节	1000-01-01 00:00:00～9999-12-31 23:59:59	YYYY-MM-DD HH:MM:SS	混合日期和时间值
timestamp	9 字节	1970-01-01 00:00:00～2038-01-19 03:14:07	YYYY-MM-DD HH:MM:SS	混合日期和时间值、时间戳

6.3.5 创建数据表

创建好 my_database 数据库后，接下来在该数据库里创建数据表。以学生成绩表为例创建 MySQL 数据表,见表 6-7。

表 6-7　学生成绩表(student)

字　段　名	数 据 类 型	长　　度	主键/外键	备　　注
student_id	char	8	主键	学号
student_name	varchar	10		姓名
class_id	char	2	外键	班级编号
score	int	4		分数

在 my_database 数据库中创建学生成绩表,操作如下。

1. 调用数据库

调用 my_database 数据库,操作如下:

```
USE my_database;
```

2. 创建数据表

使用 CREATE TABLE 创建 student 数据表,见表 6-7,命令如下:

```
CREATE TABLE student(
student_id char(8) PRIMARY KEY COMMENT '学号',
student_name varchar(10) COMMENT '姓名',
class_id char(8) NOT NULL COMMENT '班级编号',
score int(4) NOT NULL COMMENT '分数');
```

操作及结果如图 6-14 所示。

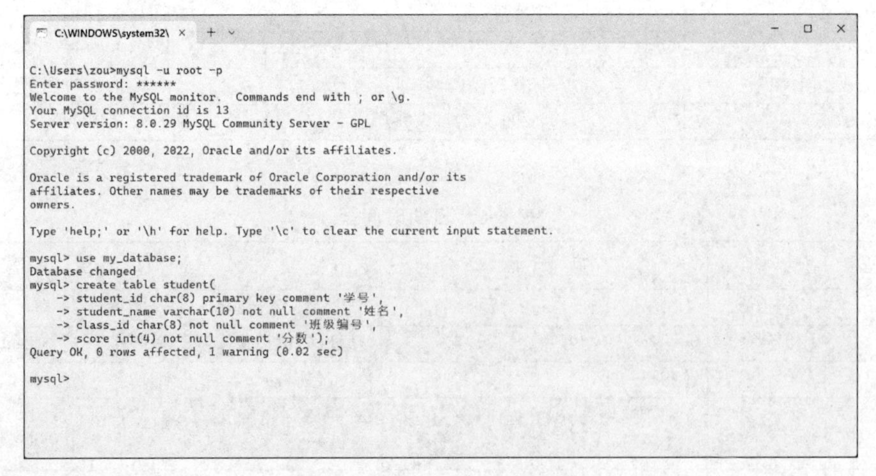

图 6-14　创建 student 数据表

3. 查看数据表

查看数据表,命令如下:

```
SHOW TABLES;
```

4. 查看数据表结构

查看 student 数据表结构,命令如下:

```
DESCRIBE student;
```

操作及结果如图 6-15 所示。

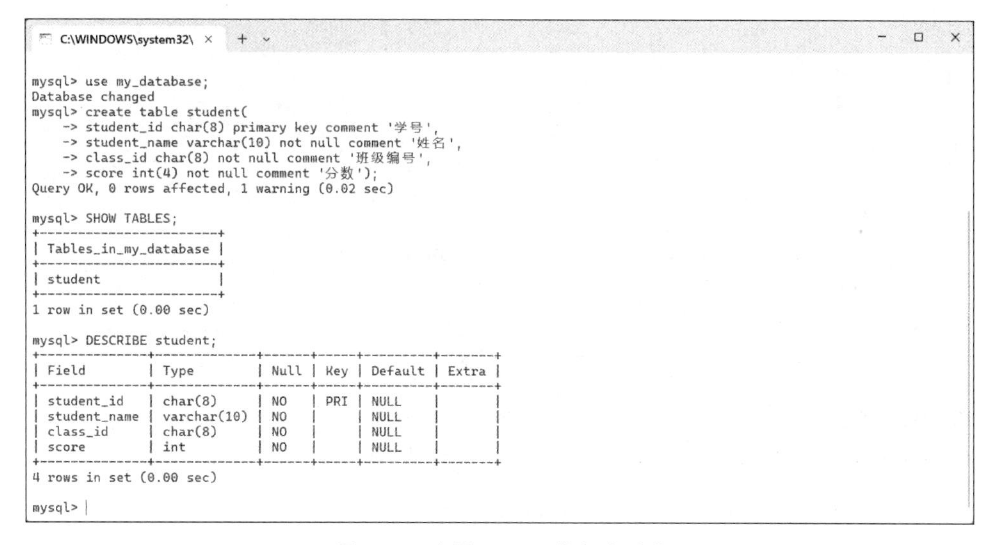

图 6-15 查看 student 数据表结构

5. 添加字段

MySQL 允许在已有的表中添加字段,语法格式如下:

```
ALTER TABLE 表名 ADD 新字段名数据类型;
```

6. 删除字段

删除字段的语法格式如下:

```
ALTER TABLE 表名 DROP 字段名;
```

6.3.6 数据表操作

数据表操作主要包括插入数据、修改数据、删除数据、查询数据。本节结合 student 数据表介绍插入数据、修改数据和删除数据操作。

1. 插入记录

使用 insert 语句向 student 表中依次插入多条记录,操作如下:

```
INSERT INTO student VALUES
('20211101','李娅','2',83), ('20211102','王丹','2',90), ('20211103','赵露','1',78);
```

操作及结果如图 6-16 所示。

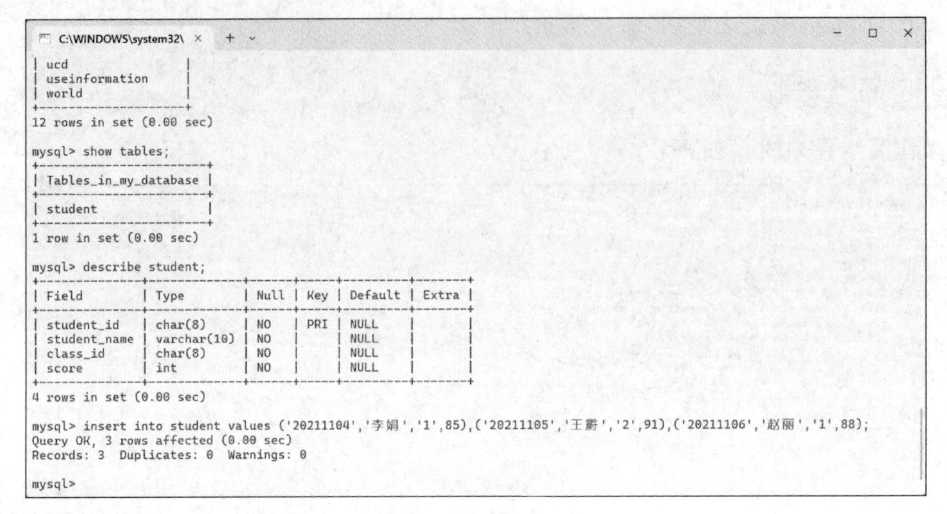

图 6-16 插入记录

2. 修改记录

使用 UPDATE 语句,可以对已有的数据进行修改,语法结构如下:

```
UPDATE 表名 SET 字段名 1 = 值 1,字段名 2 = 值 2,……,
[WHERE 条件表达式];
```

如果要将 student 表中学号(student_id)为"20211102"的学生姓名修改为'赵莉莉',则代码如下:

```
UPDATE student SET student_name = '赵莉莉' WHERE student_id = '20211102';
```

3. 删除记录

使用 DELETE 语句可删除记录,使用 TRUNCATE 语句可清空表记录。

使用 DELETE 语句可删除记录的语法结构如下:

```
DELETE FROM 表名[WHERE 条件表达式]
```

如果要将 student 表中学号(student_id)为"20211104"的记录删除,则代码如下:

```
DELETE FROM student WHERE student_id = '20211104';
```

6.3.7 查询数据

如果要在 MySQL 中执行数据查询操作,则可以使用以下命令。

```
SELECT 字段名 1,字段名 2,…
FROM 数据表名
```

```
[WHERE 条件表达式];
[group by 字段名]
[having 聚合函数(字段名)]
[order by]字段名;
```

1. 查询表中全部字段的全部记录

查询 student 数据表中的所有数据，操作命令如下：

```
SELECT *
FROM student;
```

2. 查询表中特定字段的记录

查询 student 数据表中特定字段的数据，操作命令如下：

```
SELECT student_id, student_name, score
FROM student;
```

3. 查询满足条件的记录

查询 student 数据表中 score＞85 的记录，应添加 WHERE 子句，操作命令如下：

```
SELECT *
FROM student
WHERE score > 85;
```

操作及结果如图 6-17 所示。

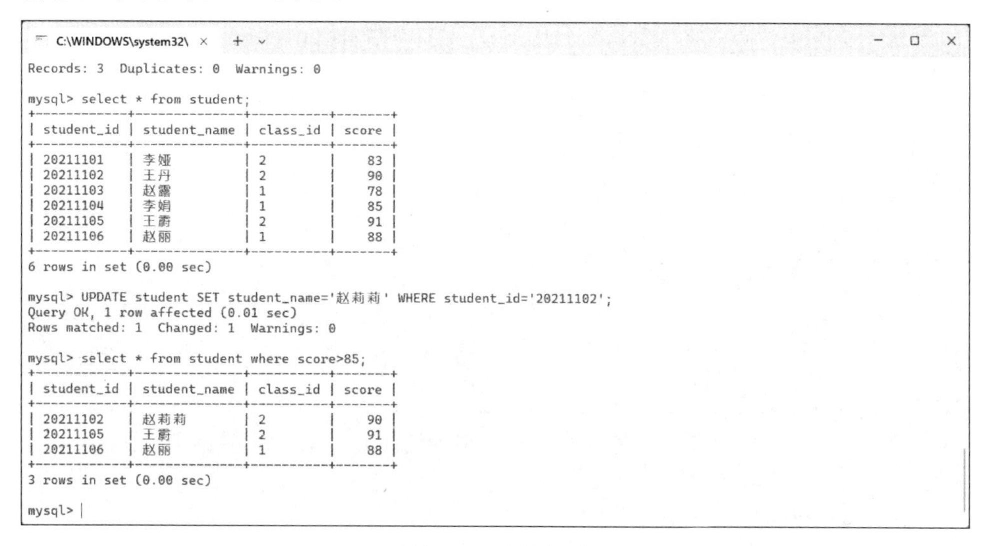

图 6-17　查询记录

4. 聚合查询

如果要在 MySQL 中执行聚合查询操作，则可以使用以下命令。

```
SELECT 聚合函数(字段名)
FROM 表名;
```

查询 student 数据表中学生成绩的平均分,应使用 AVG()函数,操作命令如下:

```
SELECT AVG(score) as '平均分'
FROM student;
```

5. 分组查询

如果要在 MySQL 中执行分组查询操作,则可以使用以下命令。

```
SELECT 字段名 1,字段名 2…
FROM 表名
GROUP BY 字段名;
```

查询 student 数据表中各班平均成绩,应使用 AVG()函数,操作命令如下:

```
SELECT class_id, AVG(score) AS 班平均分
FROM student
GROUP BY class_id;
```

操作及结果如图 6-18 所示。

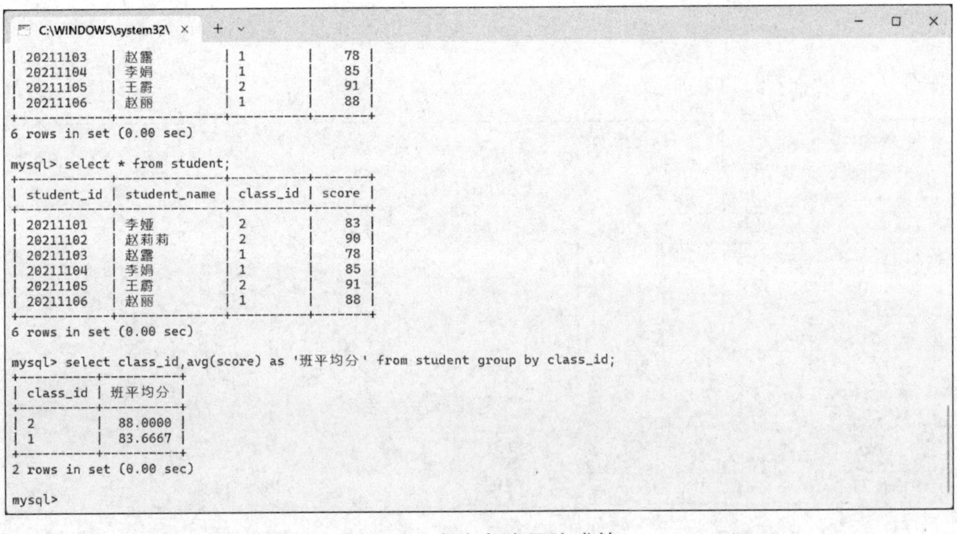

```
C:\WINDOWS\system32\
| 20211103    | 赵露         | 1        |    78 |
| 20211104    | 李娟         | 1        |    85 |
| 20211105    | 王爵         | 2        |    91 |
| 20211106    | 赵丽         | 1        |    88 |
+-------------+--------------+----------+-------+
6 rows in set (0.00 sec)

mysql> select * from student;
+-------------+--------------+----------+-------+
| student_id  | student_name | class_id | score |
+-------------+--------------+----------+-------+
| 20211101    | 李娅         | 2        |    83 |
| 20211102    | 赵莉莉       | 2        |    90 |
| 20211103    | 赵露         | 1        |    78 |
| 20211104    | 李娟         | 1        |    85 |
| 20211105    | 王爵         | 2        |    91 |
| 20211106    | 赵丽         | 1        |    88 |
+-------------+--------------+----------+-------+
6 rows in set (0.00 sec)

mysql> select class_id,avg(score) as '班平均分' from student group by class_id;
+----------+----------+
| class_id | 班平均分 |
+----------+----------+
| 2        |  88.0000 |
| 1        |  83.6667 |
+----------+----------+
2 rows in set (0.00 sec)

mysql>
```

图 6-18 查询各班平均成绩

6.4 数据库的安全性

数据库安全是指保护数据库系统中的数据不受未经授权的访问、篡改、泄漏或破坏的一系列措施和策略。数据库系统信息受到威胁的主要体现在未经授权的访问、数据泄露、数据

篡改、拒绝服务攻击、SQL 注入、数据库漏洞利用、数据损坏、数据未加密传输。为了保护数据库系统的安全，需要采取一系列安全措施和策略，确保数据库中的数据不受未经授权的访问、篡改或破坏。

6.4.1 数据库安全性概述

数据库安全性是指保护数据库系统中的数据不受未经授权的访问、篡改、泄露或破坏的一系列措施和策略。数据库安全性主要包括以下内容。

1. 访问控制

通过身份验证和授权机制限制用户对数据库的访问权限，确保只有经过授权的用户或角色才能访问特定的数据。

2. 数据加密

对数据库中的敏感数据进行加密存储和传输，防止数据在存储和传输过程中被窃取或篡改。

3. 安全补丁和更新

及时安装数据库系统的安全补丁，以及及时进行更新，修复已知漏洞，提高系统的安全性。

4. 日志监控

记录和监控数据库系统的操作日志，以及时发现异常行为或安全事件，追踪数据访问和修改的操作者。

5. 数据备份和恢复

定期对数据库进行备份，确保数据可及时恢复，防止数据丢失或损坏。

6. 参数设置

对数据库系统的参数进行合理设置和配置，降低安全风险，提高系统的安全性。

7. 审计和合规性

定期进行数据库安全审计，确保数据库系统符合相关法律法规和行业标准，保护用户隐私和数据安全。

8. 强化安全意识

加强员工的安全意识培训，提高他们对数据库安全的重视程度，减少人为因素对数据库安全性的影响。

综合以上措施，可以有效地提高数据库系统的安全性，保护数据库中的数据不受威胁和损害。数据库安全性是信息安全的重要组成部分，对于保护用户数据、维护业务稳定和可靠运行具有重要意义。

6.4.2 数据库的安全性问题

据 2022 年的数据泄露调查分析报告和对发生的信息安全事件进行技术分析，信息泄露呈现两个趋势：

一是黑客通过B/S应用，以Web服务器为跳板，窃取数据库中的数据；传统解决方案对数据库访问协议没有任何控制能力，例如黑客使用SQL注入对数据库进行攻击就是一个典型手段。

二是数据泄露常常发生在内部，运维人员直接接触敏感数据，以防外为主的网络安全方案无法保证数据不外泄。

数据库在泄露事件中成为主角，一方面，安全建设中忽略了数据库安全问题；另一方面，在传统的信息安全防护体系中数据库处于被保护的核心位置，不易被外部黑客攻击，同时数据库自身已经具备强大的安全措施，常常被忽视安全防御。

1. 事前诊断

一是主动发现外部黑客攻击漏洞，提前防止外部攻击，实现非授权的从外到内的检测；模拟黑客使用的漏洞发现技术，在没有授权的情况下，对目标数据库的安全性深入地进行探测分析；收集外部人员可以利用的数据库漏洞的详细信息。

二是分析内部不安全配置，防止越权访问：通过只读账户，实现由内到外的检测；提供现有数据的漏洞透视图和数据库配置安全评估，避免内外部的非授权访问。

三是监控数据库安全状况，防止数据库安全状况恶化，对数据库建立安全基线，对数据库进行定期扫描，对所有安全状况发生的变化进行报告和分析。

2. 事中控制

DBCoffer基于主动防御机制，可以防止明文存储引起的数据泄密、突破边界防护的外部黑客攻击、内部高权限用户的数据窃取、逃开应用系统非法访问数据库，从根源上防止敏感数据泄露。DBCoffer通过独创的、已获专利的三层视图技术和密文索引等核心技术，突破了传统数据库安全加固产品的技术瓶颈，实现了数据高度安全、应用完全透明、密文高效访问。

3. 事后分析

DBFirewall基于主动防御机制，实现数据库的访问行为控制、危险操作阻断、可疑行为审计；通过SQL协议分析，根据预定义的禁止和许可策略让合法的SQL操作通过，阻断非法违规操作，形成数据库的外围防御圈，实现SQL危险操作的主动预防、实时审计；面对来自外部的入侵行为，提供SQL注入禁止和数据库虚拟补丁包功能；通过虚拟补丁包，数据库系统不用升级、打补丁，即可完成对主要数据库漏洞的防控。

6.4.3 数据库安全性控制的常用方法

数据安全性控制是确保数据在存储、传输和处理过程中不受未经授权的访问、篡改或泄漏的一系列方法和技术。以下介绍数据安全性控制的常用方法。

1. 访问控制

通过身份验证和授权机制限制用户对数据的访问权限，确保只有经过授权的用户才能访问数据。常见的方法包括基于角色的访问控制(RBAC)、基于属性的访问控制(ABAC)等。

2. 数据加密

对数据进行加密处理，包括数据存储加密、数据传输加密和数据处理加密。常用的加密算法包括对称加密算法(如 AES)、非对称加密算法(如 RSA)和哈希算法(如 SHA-256)。

3. 数据备份和恢复

定期对数据进行备份，并确保备份数据的安全存储。在数据丢失或损坏时，可及时恢复数据，保障数据的完整性和可用性。

4. 安全审计和监控

记录数据访问和操作的日志，监控系统的运行状态和安全事件。通过审计和监控可及时发现异常行为和安全威胁，并采取相应的应对措施。

5. 数据脱敏

对敏感数据进行脱敏处理，例如使用数据掩码、数据替换或数据混淆等方法，以降低数据泄露的风险。

6. 安全策略和规范

建立和执行数据安全策略和规范，包括访问控制策略、加密策略、备份策略等，确保数据安全控制得到有效执行。

7. 强化安全意识

加强员工的安全意识培训，提高他们对数据安全的重视程度，减少人为因素对数据安全的影响。

综合以上方法，可以建立完善的数据安全控制机制，保护数据不受威胁和损害。数据安全控制是信息安全管理的核心内容之一，对于保护数据资产和维护业务正常运行至关重要。

6.5 数据处理新技术

11min

数据仓库和数据挖掘是两个密切相关的领域，通常结合使用来帮助组织更好地理解和利用其数据。

数据仓库是一个用于集中存储和管理组织内各种数据的数据库系统。数据仓库通常从多个不同的数据源中提取数据，并将其清洗、转换和加载到数据仓库中，以支持分析和决策制定。数据仓库的设计通常采用星状模式或雪花模式，以便更好地支持数据查询和分析。数据仓库可以存储历史数据，支持复杂的查询和报表生成，帮助组织进行商业智能和数据分析。

数据挖掘是通过分析大量数据来发现隐藏在数据背后的模式、关系和趋势的过程。数据挖掘技术包括分类、聚类、关联规则挖掘、异常检测等多种方法，用于从数据中提取有用的信息。数据挖掘可以帮助组织发现新的商机、改进营销策略、优化业务流程等，提高组织的竞争力和效率。数据挖掘通常需要在数据仓库中进行，因为数据仓库存储了大量结构化和清洗过的数据，方便进行数据挖掘分析。

6.5.1 数据仓库

数据仓库(Data Warehouse)是一个集中存储和管理大量结构化数据的数据库系统，旨在支持决策制定和进行商业智能。数据仓库通常用于整合来自不同数据源的数据，并进行清洗、转换和加载(ETL)以提供一致的、易于分析的数据视图。

1. 数据仓库的特点和功能

1) 集成性

数据仓库整合了来自多个数据源的数据，包括企业内部系统、外部数据源等，使用户可以在一个统一的平台上进行数据查询和分析。

2) 主题性

数据仓库以主题为中心组织数据，而不是以应用程序为中心，这有助于用户更好地理解数据并进行跨部门分析。

3) 时间性

数据仓库存储历史数据，支持时间序列分析和趋势预测，帮助组织了解数据如何随着时间的变化而变化。

4) 非易失性

数据仓库的数据一般是只读的，保持数据的完整性和一致性，避免数据被随意修改和删除。

5) 冗余度低

数据仓库通过数据清洗、转换和加载等过程，消除数据中的冗余信息，提供高质量的数据。

2. 数据仓库的架构

数据仓库通常采用三层架构，其示意图如图 6-19 所示。

1) 数据源层

包括各种数据源，如企业内部系统、外部数据源等。

2) 数据存储层

包括数据仓库和数据集市，用于存储清洗、转换后的数据。

3) 数据访问层

包括报表、查询工具等，用于用户查询、分析数据并生成报表。

3. 数据仓库的优势

1) 支持决策制定

数据仓库提供了高质量、一致性的数据视图，帮助决策者做出基于数据的决策。

2) 提高数据分析效率

数据仓库存储了大量的结构化数据，支持复杂的查询和分析，提高了数据分析的效率和准确性。

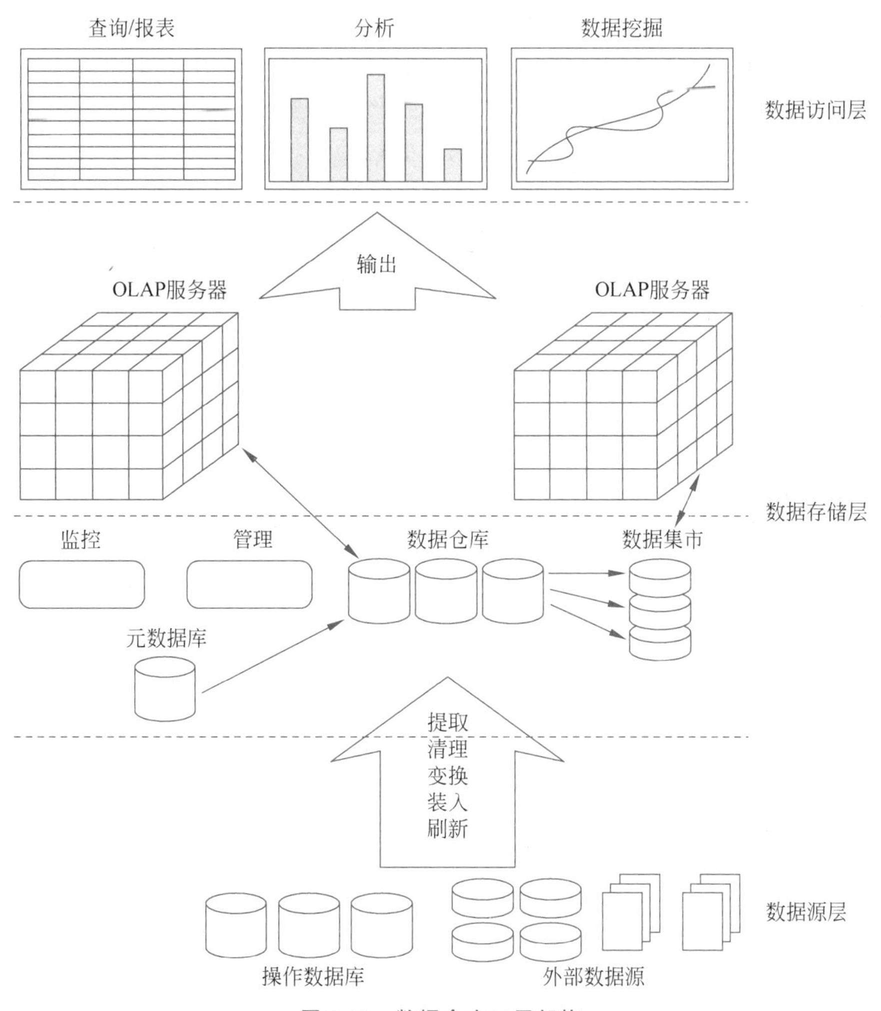

图 6-19　数据仓库三层架构

3）支持商业智能

数据仓库与 BI 工具结合使用，帮助组织进行数据挖掘、报表生成、数据可视化等，提升商业智能水平。

数据仓库在企业中扮演着重要的角色，帮助组织管理和分析数据，从而提升业务决策的质量和效率。

6.5.2　数据挖掘

数据挖掘是指从大量数据中发现潜在的、先前未知的有用信息和模式的过程。数据挖掘技术结合了数据库管理、统计学、人工智能和机器学习等领域的知识和技术，旨在帮助人们更好地理解数据、发现规律、预测趋势，并做出有效决策。

数据挖掘的主要任务包括分类、聚类、关联规则挖掘、异常检测和预测建模等。

1. 分类

将数据集中的实例划分到不同的类别中,构建分类模型,用于预测新数据的类别。

2. 聚类

将数据集中的实例划分为不同的组,使同一组内的实例相似度高,不同组之间的实例相似度低。

3. 关联规则挖掘

发现数据集中不同属性之间的关联关系,用于发现数据之间的潜在规律。

4. 异常检测

识别数据集中的异常值或异常模式,帮助发现潜在的问题或异常情况。

5. 预测建模

基于历史数据构建预测模型,用于预测未来事件或趋势。

数据挖掘技术在各个领域都有广泛的应用,如市场营销、金融风险管理、医疗诊断、社交网络分析等。通过数据挖掘,可以更好地利用数据资源,发现隐藏在数据背后的价值,指导业务决策和改进工作流程。

数据挖掘是一项强大的工具,可以从海量数据中提取有用信息,促进科学研究和商业发展。

6.5.3 大数据技术

大数据技术是指用于处理大规模数据集的技术和工具。随着互联网的发展和智能设备的普及,每天都会产生大量数据,这些数据包含着宝贵的信息和洞见。传统的数据处理技术已经无法有效地处理这些海量数据,因此大数据技术应运而生。

大数据技术的主要特点包括3方面:数据量大、数据类型多样、数据处理速度快。为了应对这些挑战,大数据技术提供了一系列解决方案,包括分布式存储系统(如Hadoop、Spark)、数据处理框架(如MapReduce)、数据挖掘和机器学习算法等。

大数据技术的应用非常广泛,涵盖了各个领域,如商业、金融、医疗、科学研究等。通过大数据技术,企业可以更好地理解客户需求、优化业务流程、提高决策效率;科研机构可以加快科研进展、发现新知识;政府部门可以更好地管理城市和资源。

总体来讲,大数据技术提供了处理和分析海量数据的能力,帮助人们更好地理解世界和做出更明智的决策。

1. 大数据管理系统

大数据管理系统是指用于存储、处理和分析大规模数据集的软件系统。这些系统通常包括数据存储、数据处理和数据分析等功能模块,能够帮助用户有效地管理和利用海量数据。大数据管理系统通常具有高可扩展性、高性能和高可靠性等特点,可以处理包括结构化数据、半结构化数据和非结构化数据在内的各种类型的数据。

在大数据管理系统中,数据存储模块负责存储海量数据,通常采用分布式存储技术来实现数据的高可靠性和高可扩展性。数据处理模块则负责对数据进行处理和计算,常见的数据处理技术包括并行计算、分布式计算和流式计算等。数据分析模块则用于对数据进行分析和挖掘，以提取有价值的信息和见解。

大数据管理系统通过结合存储、处理和分析功能，帮助用户更好地管理和应用大规模数据，从而支持数据驱动的决策和业务发展。常见的大数据管理系统包括 Hadoop、Spark、Hive 等。

2. Hadoop 概述

Hadoop 是一个开源的分布式存储和计算框架，用于处理大规模数据集。它最初由 Apache 软件基金会开发，是目前应用最广泛的大数据管理系统之一。

Hadoop 的核心组件包括 Hadoop Distributed File System （HDFS）和 MapReduce。HDFS 是 Hadoop 的分布式文件系统，用于存储大规模数据集，具有高可靠性和高扩展性等特点。MapReduce 是 Hadoop 的分布式计算框架，用于并行处理和计算存储在 HDFS 中的数据。

除了 HDFS 和 MapReduce，Hadoop 生态系统还包括许多其他组件，如 YARN（用于资源管理和作业调度）、Hive（用于数据仓库查询和分析）、Spark（用于快速大规模数据处理）、HBase（用于实时读写大数据集）等。这些组件共同构成了一个完整的大数据管理和分析平台。

Hadoop 的优势在于其高可靠性、高可扩展性和成本效益。它可以在廉价的硬件上构建大规模的集群，处理 PB 级别的数据。同时，Hadoop 提供了容错机制，能够自动处理节点故障，确保数据的可靠性和可用性。

总体来讲，Hadoop 作为一种开源的大数据管理系统，为用户提供了存储和计算大规模数据的解决方案，被广泛地应用于云计算、数据分析、机器学习等领域。

3. Hadoop 的核心组件

1）Hadoop Distributed File System（HDFS）

HDFS 是 Hadoop 的分布式文件系统，用于存储大规模数据集。HDFS 将数据分布存储在集群的各个节点上，实现了数据的高可靠性和高扩展性。HDFS 被设计为能够在廉价的硬件上构建大规模集群，并能够容忍节点故障，确保数据的可靠性和可用性。HDFS 的主要特点包括以下几点。

（1）分布式存储：HDFS 将大规模数据集分成多个块（Block），并将这些块分布存储在集群的各个节点上。这种分布式存储方式能够实现数据的高可靠性和高扩展性。

（2）容错性：HDFS 具有强大的容错机制，能够自动处理节点故障。当一个节点发生故障时，HDFS 会自动将存储在该节点上的数据复制到其他节点，确保数据的可靠性。

（3）高吞吐量：HDFS 的设计目标之一是提供高吞吐量的数据访问。通过并行读取和写入数据块，HDFS 能够实现高效的数据访问。

（4）数据冗余：为了确保数据的可靠性，HDFS 会对数据块进行多次复制存储。在默认情况下，每个数据块会被复制到集群中的多个节点上，以防止数据丢失。

（5）简单的命名空间：HDFS 采用类 UNIX 文件系统的命名空间，用户可以通过类似文件系统路径的方式访问和管理存储在 HDFS 中的数据。

总体来讲,HDFS 是 Hadoop 的核心组件之一,为 Hadoop 提供了可靠的分布式存储解决方案。它被广泛地应用于大数据处理领域,为用户提供了存储大规模数据集的能力,并支持高吞吐量的数据访问。

2) MapReduce

MapReduce 是 Hadoop 的分布式计算框架,用于并行处理和计算存储在 HDFS 中的数据。MapReduce 将计算任务分解为多个小任务,并在集群的各个节点上并行执行,最后将结果合并输出。MapReduce 将计算任务分解为两个阶段: Map 阶段和 Reduce 阶段,分别由用户编写的 Map 函数和 Reduce 函数来实现。MapReduce 的主要特点包括以下几点。

(1) 并行处理: MapReduce 框架能够将大规模数据集分成多个数据块,并在集群的各个节点上并行执行 Map 和 Reduce 任务。这种并行处理方式能够加快数据处理速度,提高计算效率。

(2) 容错机制: MapReduce 框架具有强大的容错机制,能够自动处理节点故障和任务失败。当一个节点或任务发生故障时,MapReduce 框架会重新执行失败的任务,确保计算的正确性。

(3) 数据局部性: MapReduce 框架会尽可能地将计算任务分配给存储数据的节点,以减少数据传输的开销。这种数据局部性的设计能够提高计算效率,减少网络通信开销。

(4) 可扩展性: MapReduce 框架可以很容易地扩展到数千甚至数万台服务器,处理 PB 级别的数据。用户可以根据需求灵活地扩展集群规模,以应对不断增长的数据处理需求。

(5) 编程简单: MapReduce 框架提供了简单而灵活的编程模型,用户只需编写 Map 和 Reduce 函数,就可以实现复杂的数据处理任务。同时,MapReduce 框架隐藏了并行计算和数据分布的细节,简化了分布式计算的开发过程。

总体来讲,MapReduce 是 Hadoop 生态系统的核心组件之一,为用户提供了一种高效的分布式计算框架,能够处理大规模数据集的计算任务。MapReduce 被广泛地应用于数据处理、数据分析、机器学习等领域,成为大数据处理的重要工具之一。

3) YARN

YARN(Yet Another Resource Negotiator)是 Hadoop 2. x 版本引入的资源管理器,用于管理和调度集群中的计算资源。YARN 的设计目标是将资源管理和作业调度分离,使 Hadoop 集群可以更灵活地支持不同类型的计算框架和应用程序。YARN 的主要组件包括以下几种。

(1) ResourceManager(资源管理器): 负责整个集群的资源管理和作业调度。ResourceManager 接收客户端提交的作业请求,为每个作业分配资源,并监控作业的执行状态。

(2) NodeManager(节点管理器): 在集群的每个节点上运行,负责管理节点的资源和任务执行。NodeManager 会向 ResourceManager 汇报节点的资源使用情况,并接收和执行 ResourceManager 分配的任务。

(3) ApplicationMaster(应用程序管理器):为每个作业分配一个独立的ApplicationMaster,负责作业的执行和资源管理。ApplicationMaster与NodeManager协作,监控作业的进度,处理任务的失败重试等。

YARN的优势主要包括以下几点。

(1) 多框架支持:YARN支持多种计算框架,如MapReduce、Spark、Tez等,使Hadoop集群可以同时运行不同类型的作业和应用程序。

(2) 高效资源管理:YARN通过资源隔离和动态资源分配,能够更好地利用集群资源,提高资源利用率和作业执行效率。

(3) 灵活性和可扩展性:YARN将资源管理和作业调度分离,使用户可以根据需求定制作业调度策略,并灵活地扩展集群规模以满足不断增长的计算需求。

总体来讲,YARN是Hadoop生态系统的重要组件之一,为用户提供了高效的资源管理和作业调度机制,使Hadoop集群可以更好地支持各种计算框架和应用程序,实现更灵活、更高效的大数据处理。

4) Hive

Hive是基于Hadoop的数据仓库工具,提供了类似于SQL的查询语言HiveQL,使用户可以通过简单的SQL语句在Hadoop集群上进行数据查询和分析。Hive将结构化数据映射到Hadoop分布式文件系统(HDFS)上,并提供了类似于关系数据库的查询接口,使用户可以方便地进行数据处理和分析。Hive的主要组件包括以下几种。

(1) Metastore:用于存储Hive表的元数据信息,包括表结构、数据存储位置等。Metastore可以使用内置的Derby数据库或外部的MySQL等数据库来存储元数据。

(2) HiveQL:类似于SQL的查询语言,用户可以通过HiveQL编写SQL查询语句,对Hive中的数据进行查询、过滤、聚合等操作。

(3) Hive Thrift Server:提供了一个JDBC/ODBC接口,使外部应用程序可以通过标准的数据库连接方式访问Hive,方便将Hive集成到其他应用系统中。

Hive的优势主要包括以下几种。

(1) SQL接口:Hive提供了类似于SQL的查询语言HiveQL,使用户可以使用熟悉的SQL语法进行数据查询和分析,降低了学习成本。

(2) 扩展性:Hive支持用户自定义函数(UDF)、用户自定义聚合函数(UDAF)等扩展功能,用户可以根据需要编写自定义函数来进行数据处理。

(3) 优化器:Hive内置了查询优化器,可以自动优化查询计划,提高查询性能。用户也可以手动指定查询优化参数来进一步优化查询性能。

(4) 与Hadoop生态系统集成:Hive与Hadoop生态系统紧密集成,可以直接读取HDFS中的数据,与Hadoop的其他组件(如MapReduce、Spark)无缝协作,实现复杂的数据处理任务。

总体来讲,Hive是一个强大的数据仓库工具,为用户提供了方便的数据查询和分析功能,被广泛地应用于数据仓库、数据分析、数据挖掘等领域,成为Hadoop生态系统中重要的组件之一。

5) Spark

Spark 用于快速地进行大规模数据处理,支持内存计算和迭代计算,比 MapReduce 更高效。

Spark 是一个快速、通用、可扩展的大数据处理引擎,最初由加州大学伯克利分校的 AMPLab 开发,后来成为 Apache 软件基金会的顶级项目。Spark 提供了丰富的 API,包括支持多种编程语言(如 Scala、Java、Python、R 等)的 API,以及用于数据处理、机器学习、图形计算等领域的高级库。Spark 的主要特点包括以下几点。

(1) 快速: Spark 采用内存计算和弹性数据集(Resilient Distributed Dataset,RDD)的概念,能够在内存中高效地进行数据处理和计算,比传统的 MapReduce 计算速度更快。

(2) 通用: Spark 支持多种数据处理模式,包括批处理、交互式查询、流处理和机器学习等,使用户可以在同一个平台上满足多种数据处理需求。

(3) 可扩展: Spark 可以轻松地扩展到大规模集群上,并且能够与 Hadoop 集群集成,充分利用 Hadoop 的资源管理和存储能力。

Spark 的核心组件包括以下几种。

(1) Spark Core: 提供了 Spark 的基本功能,包括 RDD、任务调度、内存管理等。

(2) Spark SQL: 用于处理结构化数据的模块,支持 SQL 查询、DataFrame 等。

(3) Spark Streaming: 用于实时数据处理的模块,支持对流式数据进行处理和分析。

(4) MLlib: 提供了机器学习算法库,支持常见的机器学习任务。

(5) GraphX: 用于图计算的模块,支持对大规模图数据进行分析和处理。

Spark 的主要优势包括以下几种。

(1) 高性能: Spark 采用内存计算和 RDD 的概念,能够在内存中高效地进行数据处理和计算,比传统的 MapReduce 计算速度更快。

(2) 多模式支持: Spark 支持批处理、交互式查询、流处理和机器学习等多种数据处理模式,使用户可以在同一个平台上实现多种数据处理需求。

(3) 易用性: Spark 提供丰富的 API 和高级库,支持多种编程语言,使用户可以方便地进行数据处理和分析。

总体来讲,Spark 是一个功能强大、灵活多样、性能优越的大数据处理引擎,被广泛地应用于大数据处理、实时数据处理、机器学习等领域,成为大数据处理领域的热门技术之一。

6) HBase

HBase 是一个开源的、分布式的、面向列的 NoSQL 数据库,用于实时读写大数据集,提供高可靠性和高性能的 NoSQL 数据库解决方案。最初由 Facebook 开发,后来成为 Apache 软件基金会的顶级项目。HBase 建立在 Hadoop 文件系统(HDFS)之上,利用 Hadoop 的分布式文件存储和计算能力,提供了高可靠性、高性能、可扩展性强的数据存储解决方案。HBase 的主要特点包括以下几点。

(1) 分布式存储: HBase 将数据分散存储在集群的多台机器上,实现了数据的分布式存储和处理，保证了数据的高可靠性和高可用性。

(2) 面向列：HBase是一种面向列的数据库，数据以列族的形式存储，可以根据需要动态地添加列，支持灵活的数据模型设计。

(3) 高性能：HBase采用了稀疏、压缩、缓存等技术，能够在大规模数据存储和查询时保持高性能。

(4) 强一致性：HBase提供了强一致性的数据读写操作，保证了数据的一致性和准确性。

(5) 支持随机读写：HBase支持随机读写操作，能够快速地进行数据查询和更新。HBase适用于需要存储大量结构化数据、需要快速随机读写操作、需要横向扩展能力的场景，常用于互联网应用、实时数据处理、日志分析等领域。

HBase的架构包括以下几种。

(1) HMaster：负责管理HBase集群的元数据信息、负载均衡和故障恢复等。

(2) RegionServer：负责存储数据和处理读写请求，每个RegionServer管理多个Region。

(3) ZooKeeper：用于协调HBase集群中的各个组件，保证集群的一致性和可靠性。

总体来讲，HBase是一个强大的分布式NoSQL数据库，具有高可靠性、高性能、可扩展性等优点，被广泛地应用于大数据存储和处理领域，成为大数据生态系统中重要的组件之一。

7) NoSQL

NoSQL是非关系数据库，是一种用于存储和检索大量非结构化或半结构化数据的数据库技术。与传统的关系数据库管理系统(RDBMS)不同，NoSQL数据库采用了不同的数据模型和存储机制，以满足大规模数据处理和分布式计算的需求。

NoSQL数据库通常具有以下特点。

(1) 灵活的数据模型：NoSQL数据库支持多种数据模型，如键值存储、文档数据库、列族数据库和图数据库，可以根据应用需求选择合适的数据模型。

(2) 分布式架构：NoSQL数据库通常被设计为分布式架构，可以水平扩展以处理大规模数据和高并发访问。

(3) 高可用性和容错性：NoSQL数据库通常具有自动故障转移、数据复制和数据恢复等功能，以确保数据的高可用性和容错性。

(4) 适用于大数据处理：NoSQL数据库适用于存储和处理大规模数据集，能够快速地进行数据读写操作。

(5) 无固定模式：NoSQL数据库通常没有固定的模式要求，可以根据需要灵活地添加、修改和删除数据字段。

常见的NoSQL数据库包括MongoDB(文档数据库)、Cassandra(列族数据库)、Redis(键值存储数据库)、Neo4j(图数据库)等。企业在选择使用NoSQL数据库时，需要根据自身的业务需求、数据特点和技术实力来选择适合的数据库类型和实现方案。

8）云数据库

云数据库是指部署在云计算平台上的数据库服务，用户可以通过互联网访问和管理这些数据库，而无须关心数据库的硬件设备和基础设施。云数据库提供了一种灵活、可扩展、高可用和安全的数据库解决方案，适用于各种规模的企业和应用场景。

云数据库的主要特点包括以下几点。

（1）弹性扩展：云数据库可以根据实际需求进行弹性扩展，用户可以根据业务负载的变化自动增加或减少数据库资源，以确保性能和可用性。

（2）高可用性：云数据库通常具有高可用性架构，包括数据备份、故障转移、自动恢复等功能，确保数据的高可用性。

6.6 本章小结

本章详细介绍了数据库系统的基础知识，包括数据库的发展、基本概念、组成、体系结构等，然后介绍了关系数据库与SQL标准语言，同时也对数据库的安全性与数据处理的新技术进行了探讨。通过本章的学习，读者应对数据库的概念、本质、实现原理及相关操作有一个基本的了解，为后续深入学习、应用数据库打下良好基础。

6.7 习题

一、填空题

1. 在数据库中表也是由行和列组成的，在数据库表中行称为（　　），列称为（　　）。

2. 有3张表，它们的记录行数分别是10行、2行和6行，3张表进行交叉连接后，结果集中共有（　　）行数据。

3. 数据管理技术经历了人工管理、文件系统和（　　）三个阶段。

4. 在MySQL中，创建任何数据库之前，用户都可以用（　　）语句来查看已经存在的数据库。

5. 用二维表结构表示实体及实体间联系的数据模型称为（　　）数据模型。

6. 数据库系统的组成可以分为3部分：（　　）、（　　）、人员体系。

7. 数据库是存储和管理数据的仓库，但数据库并不能直接存储数据，而是将数据存储到（　　）中。

二、选择题

1. 在数据库系统中，用（　　）描述全部数据的整体逻辑结构。

A. 外模式　　B. 存储模式　　C. 内模式　　D. 概念模式

2. 数据库系统的核心是（　　）。

A. 数据模型　　B. 数据库管理系统

C. 数据库　　D. 数据库管理员

3. 对于现实世界中事物的特征，在实体-联系模型中使用(　　)。
   A. 属性描述　B. 关键字描述　C. 二维表描述　D. 实体描述
4. 在 SQL 语句 SELECT 中，DISTINCT 表示查询结果中(　　)。
   A. 属性名均不相同　B. 属性值均不相同
   C. 列均不相同　D. 去掉重复行
5. 条件"between 20 and 30"表示年龄在 20 到 30 岁之间，并且(　　)。
   A. 包括 20 岁不包括 30 岁　B. 不包括 20 岁包括 31 岁
   C. 包括 20 岁和 30 岁　D. 不包括 20 岁和 30 岁
6. select 语句的完整语法复杂，但至少包括的部分是(　　)。
   A. 仅 select　B. select，from　C. select，group　D. select into
7. 现实世界中客观存在并能相互区别的事物称为(　　)。
   A. 实体　B. 实体集　C. 字段　D. 记录
8. 以下聚合函数用于求数据总和的是(　　)。
   A. MAX　B. SUM　C. COUNT　D. AVG
9. 下列描述正确的是(　　)。
   A. 一个数据库只能包含一个数据表　B. 一个数据库可以包含多个数据表
   C. 一个数据库只能包含两个数据表　D. 一个数据表可以包含多个数据
10. NoSQL 是(　　)类型的数据库。
   A. 非关系数据库　B. 关系数据库
   C. 分布式型数据库　D. 内存数据库

第7章 计算机网络

CHAPTER 7

现代社会,计算机网络具有极其重要的意义,它打破了时间和空间限制,促进了信息传播,推动着经济发展,如电子商务和在线交易等创造了巨大的经济价值,提升了工作效率,实现了远程办公和资源共享等,丰富教育资源以促进教育公平,加强社交联系让人们随时保持联系,助力科学研究使科研人员可以方便地交流合作,改善生活质量,提供在线娱乐等便利,推动全球化进程,促进创新并为新商业模式等提供基础平台,同时在国防、情报等领域对保障国家安全至关重要。本章将从计算机网络概述、网络技术、网络体系结构等方面详细讲解计算机网络的相关知识。

本章思维导图如图7-1所示。

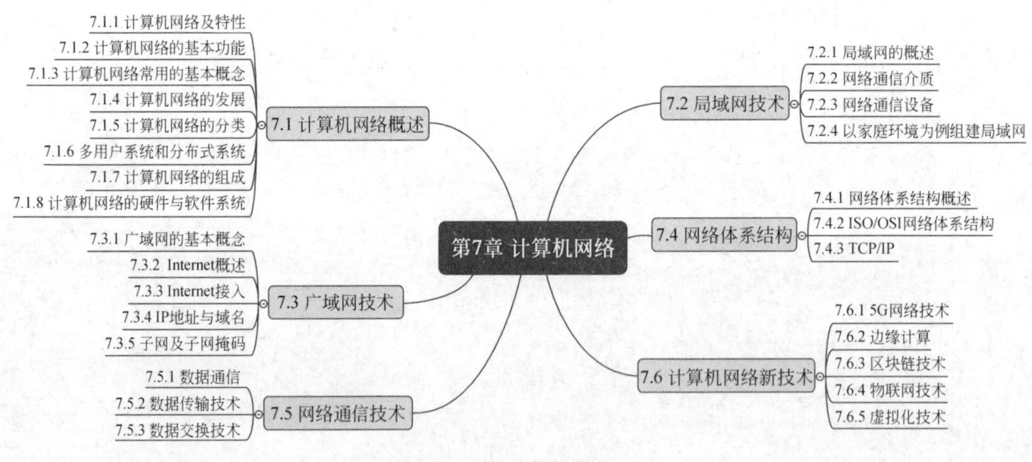

图7-1 第7章思维导图

7.1 计算机网络概述

计算机网络是现代信息技术的重要基石,它将分布在不同地理位置的计算机及相关设备通过通信线路连接起来,构建成一个庞大而复杂的系统。本节将从常用的基本概念、网络的发展、分类、组成等方面详细讲解计算机网络的基础知识。

7.1.1 计算机网络及特性

计算机网络是指将分布在不同位置的多台计算机通过通信设备连接起来的系统,在网络操作系统和网络协议的支持下,实现相互之间传递数据和共享资源。通过计算机网络,用户可以在不同地点的计算机之间进行数据交换、通信和资源共享,实现信息的传递和协作。计算机网络的特性主要包括以下几方面。

1. 连接性

计算机网络提供了连接多台计算机的基础设施,使这些计算机可以相互之间进行通信和数据传输。这种连接性可以是有线的,也可以是无线的。

2. 资源共享

通过计算机网络,用户可以共享各种资源,如打印机、文件、数据库等。这种资源共享提高了工作效率和协作能力。

3. 数据传输

计算机网络提供了数据传输的通道,使用户可以快速、方便地传输数据,包括文档、图片、音频、视频等各种类型的数据。

4. 远程访问

计算机网络使用户可以通过远程访问的方式连接到其他计算机或网络,从而实现远程控制、远程管理等功能。

5. 信息交流

计算机网络促进了信息的快速传播和交流,使用户可以通过电子邮件、即时通信等方式进行沟通和交流。

总体来讲,计算机网络是一种基础设施,通过连接多台计算机和相关设备,实现数据传输、资源共享和信息交流,为现代社会的信息化和数字化提供了重要支持。计算机网络的发展和应用对促进经济、科技和社会的发展具有重要意义。

7.1.2 计算机网络的基本功能

计算机网络的基本功能包括数据通信、资源共享、远程访问、信息传播、应用服务、数据存储和安全保护等,这些功能共同构成了计算机网络的基本特性,为用户提供了丰富的网络服务和功能。

1. 数据通信

计算机网络的基本功能之一是实现数据通信,即在网络中的不同节点之间传输数据。通过网络传输的数据既可以是实时的,也可以是存储和转发的。

2. 资源共享

计算机网络提供了资源共享功能,使多台计算机可以共享打印机、文件、数据库等资源。用户可以通过网络访问共享资源,提高工作效率和资源利用率。

3. 远程访问

计算机网络支持远程访问功能,用户可以通过网络连接到远程计算机或网络,实现远程控制、远程管理等操作。这种功能方便了用户在不同地点之间进行数据交流和资源管理。

4. 信息传播

计算机网络促进了信息的传播和交流,用户可以通过网络传递文档、图片、音频、视频等各种类型的信息。信息传播功能有助于加快信息的传播速度和扩大信息的传播范围。

5. 应用服务

计算机网络支持各种应用服务,如电子邮件、网页浏览、文件传输、视频会议等。用户可以通过网络访问这些应用服务,实现各种功能和满足各种需求。

6. 数据存储

计算机网络提供了数据存储功能,用户可以将数据存储在网络中的服务器或云存储中,实现数据的备份、共享和访问。

7. 安全保护

计算机网络需要提供安全保护功能,包括数据加密、访问控制、防火墙等措施,保护网络不受未经授权的访问和攻击。

7.1.3 计算机网络常用的基本概念

网络的基本概念构成了计算机网络的基础,理解基本概念有助于深入学习和应用计算机网络技术。

1. 节点

在计算机网络中,节点指的是网络中的各种设备,如计算机、服务器、路由器等。每个节点都有自己的唯一标识符,称为网络地址。

2. 连接

连接是指网络中各个节点之间传输数据的通道,可以通过有线或无线方式实现。

3. 协议

协议是计算机网络中节点之间通信的规则和约定。常见的网络协议包括 TCP/IP、HTTP 等。协议规定了数据传输的格式、传输速率、错误处理等细节。

4. 拓扑结构

拓扑结构描述了计算机网络中节点之间的物理或逻辑连接方式。常见的拓扑结构包括总线型、星状、环状、网状型等。

5. 传输介质

传输介质是指数据在计算机网络中传输的物理媒介,可以是电缆、光纤、无线信号等。

6. 网络设备

网络设备是用于连接和管理计算机网络的硬件设备,如路由器、交换机、集线器等。

7. 网络地址

在计算机网络中,每个节点都有一个唯一的网络地址,用于标识该节点在网络中的位置。

8. 安全性

网络安全是计算机网络中的一个重要的概念，包括数据加密、访问控制、防火墙等措施，用于保护网络不受未经授权的访问和攻击。

7.1.4 计算机网络的发展

计算机网络的发展历史可以追溯到20世纪60年代，随着计算机技术的发展和需求的增长，人们开始探索如何将不同计算机连接起来进行数据通信和资源共享。

1. 早期阶段

20世纪50年代至70年代初，为计算机网络起步阶段。在这个阶段，主要是为了实现远程数据传输和资源共享，出现了一些早期的网络技术，如ARPANET(美国国防部高级研究计划局网)、AT&T的电话网等。

2. 互联网发展阶段

20世纪70年代末至90年代初，为互联网的发展阶段。在这个阶段，TCP/IP成为主流协议，互联网开始迅速发展，出现了一些重要的网络设备和技术，如路由器、域名系统等。

3. 商用互联网普及阶段

20世纪90年代初至21世纪初，为商用互联网普及阶段。在这个阶段，互联网开始向公众开放，出现了大量的互联网服务提供商和内容提供商，人们开始广泛地使用互联网进行信息检索、收发电子邮件、在线购物等活动。

4. 移动互联网时代

2000年至今，为移动互联网时代。随着移动通信技术的发展和智能手机的普及，移动互联网成为主流，人们可以随时随地地通过移动设备访问互联网，出现了大量移动应用和服务。

5. 物联网和5G时代

近年来，物联网和5G技术快速发展。物联网将各种设备连接到互联网，实现智能化和自动化，而5G网络提供了更高的带宽和更低的时延，推动了物联网、智能交通、智能医疗等领域的发展。

6. 未来发展方向

未来，计算机网络技术将不断进步和创新，5G和6G网络技术将进一步提高网络速度和带宽。边缘计算技术将加强边缘计算能力，满足更多实时应用需求。量子通信技术将提供更加安全和高效的通信方式。网络智能化技术将更加注重网络自动化、智能化和智能决策。

这些阶段的发展反映了计算机网络技术的不断演进和创新，推动了信息社会的发展和变革。

7.1.5 计算机网络的分类

由于计算机网络自身的特点，其分类方法有很多种。根据不同的分类原则，可以得到不同类型的计算机网络。

1. 按拓扑结构分类

当组建计算机网络时,要考虑网络的布线方式,这会涉及网络拓扑结构的内容。网络拓扑结构指网络中计算机线缆,以及其他组件的物理布局。拓扑结构影响着整个网络的设计、功能、可靠性和通信费用等许多方面,是决定局域网性能优劣的重要因素之一。局域网常用的拓扑结构有总线型结构、环状结构、星状结构、树状结构。

1) 总线型拓扑结构

总线型拓扑结构是指网络上的所有计算机都通过一条电缆相互连接起来。在总线上,任何一台计算机在发送信息时,其他计算机必须等待,而且计算机发送的信息会沿着总线向两端扩散,从而使网络中的所有计算机都会收到这些信息,但是否接收,还取决于信息的目标地址是否与网络主机地址相一致,若一致,则接收;若不一致,则不接收。总线型拓扑结构,如图 7-2 所示。

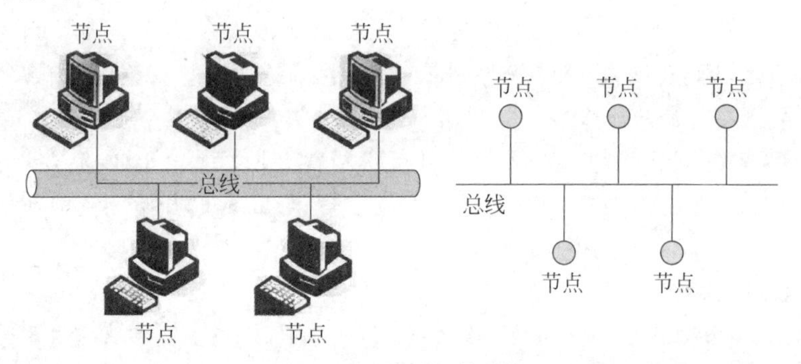

图 7-2 总线型拓扑结构

信号反射和终结器:在总线型网络中,信号会沿着网线发送到整个网络。当信号到达线缆的端点时,将产生反射信号,这种发射信号会与后续信号发送冲突,从而使通信中断。为了防止通信中断,必须在线缆的两端安装终结器,以吸收端点信号,防止信号反弹。

特点:其中不需要插入任何其他连接设备。网络中的任何一台计算机发送的信号都沿一条共同的总线传播,而且能被其他所有的计算机接收。有时又将这种网络结构称为点对点拓扑结构。

优点:连接简单、易于安装、成本低。

缺点:传送数据的速度缓慢:共享一条电缆,只能有其中的一台计算机发送信息,其他用于接收。维护困难:因为网络一旦出现断点,整个网络就将瘫痪,而且故障点很难查找。

2) 星状拓扑结构

每个节点都由一个单独的通信线路连接到中心节点上。中心节点控制全网的通信,任何两台计算机之间的通信都要通过中心节点来转接,因此,中心节点是网络的瓶颈。星状拓扑结构又称为集中控制式网络结构,是目前使用最普遍的拓扑结构,处于中心的网络设备既可以是集线器(Hub),也可以是交换机。星状拓扑结构如图 7-3 所示。

优点:结构简单、便于维护和管理,因为当某台计算机或某条线缆出现问题时,不会影

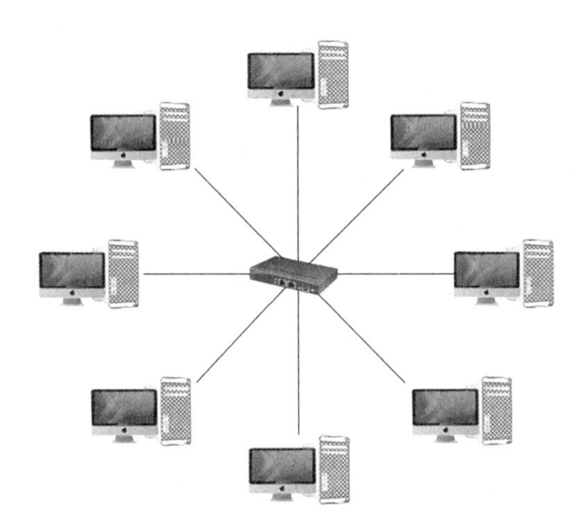
图 7-3 星状拓扑结构

响其他计算机的正常通信，维护比较容易。

缺点：通信线路专用，电缆成本高；中心节点是全网络的瓶颈，如果中心节点出现故障，则会导致网络瘫痪。

3）环状拓扑结构

环状拓扑结构以一个共享的环状信道连接所有设备，称为令牌环。在环状拓扑结构中，信号会沿着环状信道按一个方向传播，并通过每台计算机，而且，每台计算机会对信号进行放大，信号放大后传给下一台计算机。同时，在网络中有一种特殊的信号称为令牌。令牌按顺时针方向传输。当某台计算机要发送信息时，必须先捕获令牌，再发送信息。发送信息后再释放令牌。环状拓扑结构如图 7-4 所示。

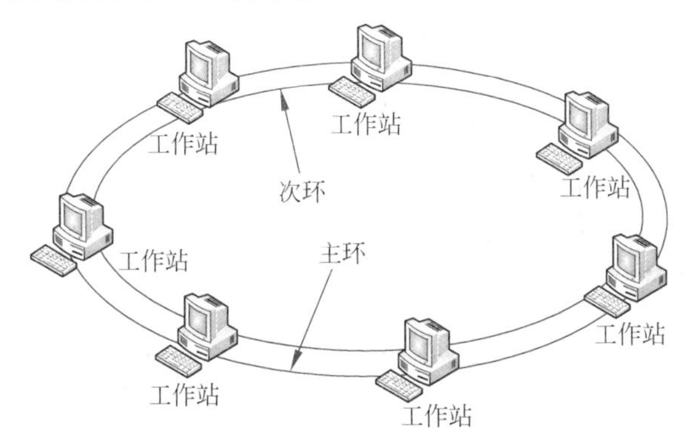

图 7-4 环状拓扑结构

环状结构有两种类型，即单环结构和双环结构。令牌环（Token Ring）是单环结构的典型代表，光纤分布式数据接口（FDDI）是双环结构的典型代表。环状结构的显著特点是每个节点的用户都与两个相邻节点的用户相连。

优点：电缆长度短，环状拓扑网络所需的电缆长度和总线拓扑网络相似，但比星状拓扑结构要短得多。当增加或减少工作站时，仅需简单地进行连接。可使用光纤；它的传输速度很高，十分适用一环状拓扑的单向传输。传输信息的时间是固定的，从而便于实时控制。

缺点：当节点过多时会影响传输效率。某环处断开会导致整个系统失效，节点的加入和撤出过程复杂。检测故障困难：因为不是集中控制，所以故障检测需要在网络的各个节点进行，故障检测不是很容易。

4）树状拓扑结构

树状拓扑结构是星状拓扑结构的扩展，它由根节点和分支节点所构成，其示意图如图 7-5 所示。

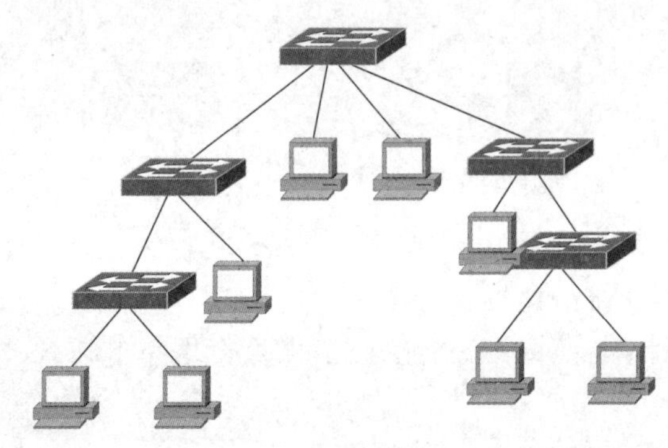

图 7-5 树状拓扑结构

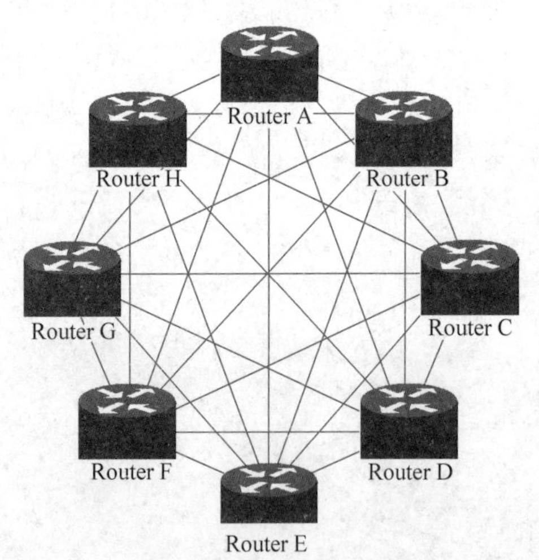

图 7-6 网状拓扑结构

优点：结构比较简单，成本低。扩充节点方便灵活。

缺点：对根节点的依赖性大，一旦根节点出现故障，将导致全网不能工作；电缆成本高。

5）网状结构与混合型结构

网状结构是指将各网络节点与通信线路连接成不规则的形状，每个节点至少与其他两个节点相连，或者说每个节点至少有两条链路与其他节点相连，网状结构示意图如图 7-6 所示。大型互联网一般采用这种结构，如我国的教育科研网 CERNET、Internet 的主干网采用网状结构。

优点：可靠性高；因为有多条路径，所以可以选择最佳路径，降低时延，改善流量分配，提高网络性能，但路径选择比较复杂。

缺点：结构复杂，不易管理和维护；线路成本高；适用于大型广域网。

混合型结构是由以上几种拓扑结构混合而成的，如环星状结构，它是令牌环网和 FDDI 网常用的结构。再如总线型和星状的混合结构等。

2．按覆盖范围分类

按网络所覆盖的地理范围的不同，计算机网络可分为局域网（LAN）、城域网（MAN）、广域网(WAN)。

1) 局域网

局域网是将较小地理区域内的计算机或数据终端设备连接在一起的通信网络。局域网覆盖的地理范围比较小,一般在几十米到几千米之间。它常用于组建一个办公室、一栋楼、一个楼群、一个校园或一个企业的计算机网络。局域网主要用于实现短距离的资源共享。局域网的特点是分布距离近、传输速率高、数据传输可靠等。局域网连接示意图如图7-7所示。

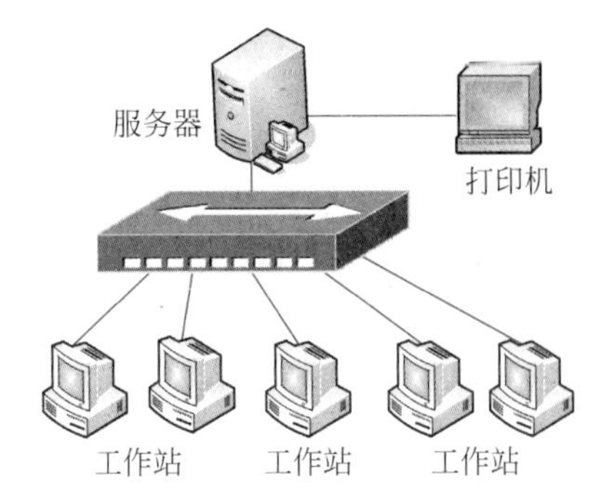

图7-7 局域网连接

2) 城域网

城域网是一种大型的网络,它的覆盖范围介于局域网和广域网之间,一般为几千米至几万米。城域网的覆盖范围在一座城市内,它将位于一座城市之内不同地点的多个计算机局域网连接起来,从而实现资源共享。城域网所使用的通信设备和网络设备的功能要求比局域网高,以便有效地覆盖整个城市的地理范围。一般在一个大型城市中,城域网可以将多个学校、企事业单位、公司和医院的局域网连接起来共享资源。城域网链接示意图如图7-8所示。

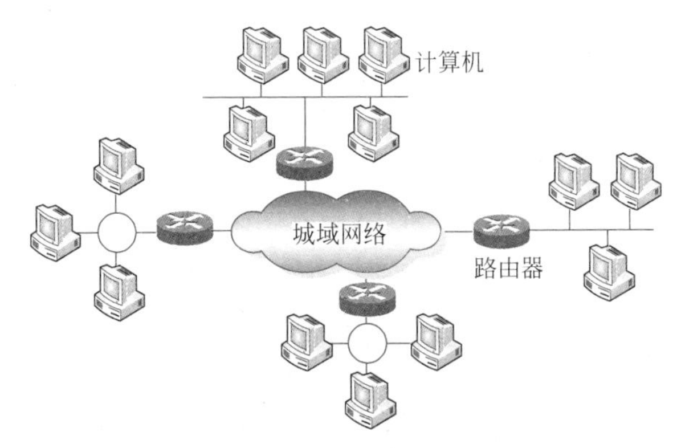

图7-8 城域网链接

3) 广域网

广域网是在一个广阔的地理区域内进行数据、语音、图像信息传输的计算机网络。由于远距离数据传输的带宽有限,因此广域网的数据传输速率比局域网要慢得多。广域网可以覆盖一座城市、一个国家,甚至于全球。因特网是广域网的一种,但它不是一种具体独立的网络,它将同类或不同类的物理网络(局域网、广域网与城域网)互联,并通过高层协议实现不同类网络间的通信。广域网链接示意图如图7-9所示。

3. 网络中计算机所处的地位

如果按照网络中计算机所处的地位,则可将计算机网络分为对等网和基于客服机、服务器模式的网络。

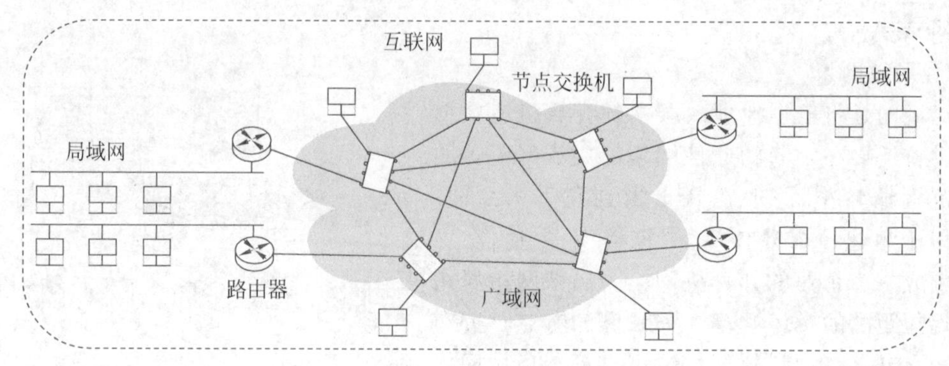

图 7-9　广域网链接

1）对等网

在对等网中，所有的计算机的地位是平等的，没有专用的服务器。每台计算机既作为服务器，又作为客户机；既为别的计算机提供服务，也从别的计算机获得服务。由于对等网没有专用的服务器，所以在管理对等网时，只能分别管理，不能统一管理，管理起来很不方便。对等网一般应用于计算机较少、安全不高的小型局域网。

2）基于客户机/服务器模式的网络

在这种网络中有两种角色的计算机，一种是服务器，另一种是客服机。服务器一方面负责保存网络的配置信息，另一方面负责为客户机提供各种各样的服务。因为整个网络的关键配置都保存在服务器中，所以管理员在管理网络时只需修改服务器的配置，就可以实现对整个网络的管理了。同时，当客户机需要获得某种服务时会向服务器发送请求，服务器接到请求后会向客户机提供相应服务。服务器的种类很多，有邮件服务器、Web 服务器、目录服务器等，不同的服务器可以为客户提供不同的服务。在构建网络时，一般选择配置较好的计算机，在其上安装相关服务，它就成了服务器。客户机主要用于向服务器发送请求，获得相关服务。如客户机向打印服务器请求打印服务，以及向 Web 服务器请求 Web 页面等。

4. 按传播方式分类

如果按照传播方式的不同进行分类，则可将计算机网络分为"广播式网络"和"点-点式网络"两大类。

1）广播式网络

广播式网络是指网络中的计算机或者设备使用一个共享的通信介质进行数据传播，网络中的所有节点都能收到任一节点发出的数据信息。目前，在广播式网络中的传输方式主要有以下 3 种。

(1) 单播：采用一对一的发送形式，将数据发送给网络所有目的节点。

(2) 组播：采用一对一组的发送形式，将数据发送给网络中的某一组主机。

(3) 广播：采用一对所有的发送形式，将数据发送给网络中的所有目的节点。

2）点-点式网络(Point-to-point Network)

点-点式网络是两个节点之间的通信方式是点对点的。如果两台计算机之间没有直接连接的线路，则它们之间的分组传输就要通过中间节点进行接收、存储、转发，直至目的节点。点-点传播方式主要应用于 WAN 中，通常采用的拓扑结构有星状、环状、树状、网状型。

5. 按传输介质分类

传输介质在计算机网络中起到了承载和传输数据的作用，它决定了数据的传输速度、距离及网络的稳定性等特性。计算机网络按传输介质分类，主要根据网络中使用的物理介质（或称为传输媒介）来区分不同类型的网络。

1）有线网（Wired Network）

有线网是相对于无线网而言的一种网络连接方式，它依赖于物理线缆来传输数据。具体来讲，有线网通常指的是通过网线（如双绞线、同轴电缆、光纤等）将计算机或其他设备与网络交换机、路由器等设备连接起来，从而接入互联网或局域网。这种连接方式具有稳定性高、传输速度快、安全性较好等特点。在企业、学校、家庭等场景中，有线网常被用于构建稳定可靠的网络环境，满足用户对于高速、大容量数据传输的需求。

（1）双绞线：其特点是比较经济、安装方便、传输率和抗干扰能力一般，被广泛地应用于局域网中。

（2）同轴电缆：俗称细缆，现在逐渐被淘汰。

（3）光纤电缆：特点是光纤传输距离长、传输效率高、抗干扰性强，是高安全性网络的理想选择。

2）无线网（Wireless Network）

无线介质网络不依赖物理线缆来传输数据，而是使用无线电波、红外线或微波等无线通信技术。无线网络（如 WiFi、蓝牙、Zigbee 等）被广泛地应用于各种场景，提供了更高的灵活性和便利性。

（1）无线电话网：是一种很有发展前途的连网方式。

（2）语音广播网：价格低廉、使用方便，但安全性差。

（3）无线电视网：普及率高，但无法在一个频道上和用户进行实时交互。

（4）微波通信网：通信保密性和安全性较好。

（5）卫星通信网：能进行远距离通信，但价格昂贵。

每种传输介质都有其特定的适用场景和优缺点。在选择计算机网络时，需要根据实际应用需求、成本预算、安装和维护的便利性等因素综合考虑，选择最适合的传输介质和网络类型，例如，在需要高速、大容量的数据传输时，光纤网络可能是最佳选择，而在移动性或灵活性要求较高的场景中，无线网络则更具优势。

6. 按传输技术分类

计算机网络数据依靠各种通信技术进行传输，根据网络传输技术分类，计算机网络可分为以下 5 种类型。

（1）普通电信网：普通电话线网，综合数字电话网，综合业务数字网。

（2）数字数据网：利用数字信道提供的永久或半永久性电路以传输数据信号为主的数字传输网络。

(3) 虚拟专用网：指客户基于 DDN 智能化的特点，利用 DDN 的部分网络资源所形成的一种虚拟网络。

(4) 微波扩频通信网：是电视传播和企事业单位组建企业内部网和接入 Internet 的一种方法，在移动通信中十分重要。

(5) 卫星通信网：是近年发展起来的空中通信网络。与地面通信网络相比，卫星通信网具有许多独特的优点。

事实上，网络类型的划分在实际组网中并不重要，重要的是组建的网络系统从功能、速度、操作系统、应用软件等方面能否满足实际工作的需要；是否能在较长时间内保持相对的先进性；能否为该部门(系统)带来全新的管理理念、管理方法、社会效益和经济效益等。

7.1.6 多用户系统和分布式系统

多用户系统、网络系统和分布式系统是计算机系统领域中常见的 3 种系统类型，它们在不同的场景下具有各自的特点和应用。下面分别介绍这 3 种系统。

1. 多用户系统

多用户系统是一种可以同时为多个用户提供服务的计算机系统。多用户系统允许多个用户通过不同的终端设备访问系统资源，并能够同时执行多个用户的任务。

多用户系统允许多个用户同时访问系统资源，共享计算机资源，提供多任务处理能力，能够同时处理多个用户的请求和任务，需要具备良好的用户管理和权限控制机制，以确保用户间的隔离和安全性。

常见的多用户系统包括服务器操作系统、数据库管理系统等，用于支持多用户同时访问和共享资源的场景。

2. 分布式系统

分布式系统是由多台计算机组成的系统，这些计算机通过网络连接在一起，共同完成一个任务或提供一种服务。分布式系统中的计算节点可以分布在不同的地理位置。分布式系统被广泛地应用于云计算、大数据处理、分布式数据库等领域，能够提供高性能和高可用性的服务。分布式系统主要具有以下特点：

(1) 系统中的计算节点既可以独立工作，也可以协同工作，共同完成任务。

(2) 具有高可靠性和可扩展性，系统可以动态地调整资源来适应不同的负载。

(3) 需要设计合适的通信协议和数据同步机制来保证系统的一致性和可靠性。

多用户系统、网络系统和分布式系统都是现代计算机系统中重要的组成部分，它们在不同的场景下发挥着关键作用，为用户提供了更加灵活和高效的计算环境。

7.1.7 计算机网络的组成

1. 通信子网和资源子网

现代计算机网络分组技术把网络分成通信子网和资源子网两大部分，分别用于实现通信和资源管理。通信子网与资源子网拓扑示意图如图 7-10 所示。

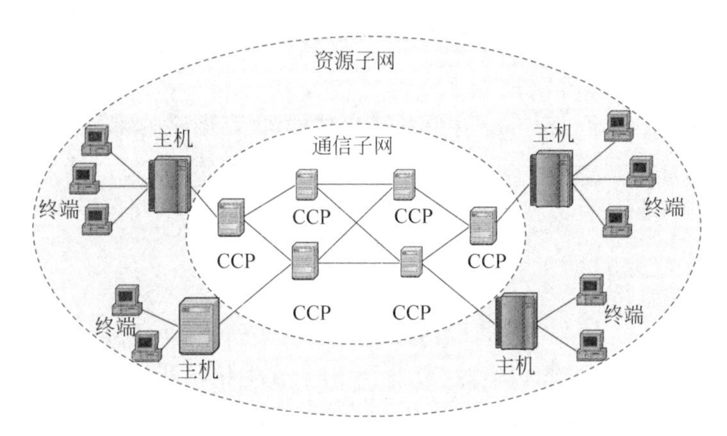

图 7-10 通信子网与资源子网拓扑结构

1）通信子网

通信子网是计算机网络中负责实现计算机之间通信和数据传输的部分。它由各种网络设备、传输介质和通信协议组成，主要功能是负责数据包的传输、路由选择、数据传输速度控制，确保数据能够在网络中准确、高效地传输。网络设备包括路由器、交换机、网桥等，用于连接计算机和设备，并实现数据包的转发和路由选择。传输介质包括网线、光纤、无线信道等，用于在设备之间传输数据。通信协议主要有 TCP/IP，规定了数据传输的格式、传输控制和错误处理等规则。

通信子网在计算机网络中扮演着至关重要的角色，它是网络基础设施的核心部分，直接影响着网络的性能、可靠性和安全性。通过不断优化和升级通信子网，可以提升网络的整体性能，满足用户对高速、稳定通信的需求。

2）资源子网

资源子网是计算机网络中负责管理和分配各种资源的部分，包括计算资源、存储资源、网络带宽等。资源子网由服务器、存储设备、网络管理软件等组成，用于有效地管理和优化网络中的各种资源。资源子网中的服务器提供计算资源和应用服务，如虚拟机、数据库服务等。存储设备提供数据存储和管理功能，如硬盘阵列、网络存储等。网络管理软件用于监控网络设备、调整网络配置和优化网络性能。

资源子网在进行资源分配时，能根据需求分配计算资源、存储资源和网络带宽，确保各个应用程序能够得到足够的资源支持。资源子网能有效地进行资源调度，能根据资源利用情况和优先级，动态地调整资源分配，提高资源利用率和系统性能。资源子网能有效地进行资源监控，能实时监控资源的使用情况和性能指标，以及时发现并解决资源瓶颈问题和发生的故障。资源子网能有效地进行资源优化：能通过自动化和智能化技术，优化资源配置，提高系统效率和可靠性。

云计算平台、数据中心、内容分发网络是目前主要的资源子网。

（1）云计算平台：通过虚拟化技术管理和分配计算资源、存储资源和网络资源，为用户提供灵活的计算服务。

(2) 数据中心：集中管理大量服务器、存储设备和网络设备，为企业提供数据处理和存储服务。

(3) 内容分发网络：通过分布式存储和缓存技术，提高网络内容的传输速度和可用性。

资源子网的设计和管理对于提高网络系统的性能、可靠性和安全性至关重要。通过合理规划和配置资源子网，可以有效地满足用户对各种资源的需求，提升系统的整体运行效率。

2. 网络节点

网络节点(Network Node)是指计算机网络中的一个节点，可以是计算机、路由器、交换机或其他网络设备，用于连接和传输数据。网络节点在网络拓扑结构中起着重要作用，负责数据的接收、处理和转发。计算机网络拓扑示意图如图 7-11 所示。以下是关于网络节点的一些重要信息。

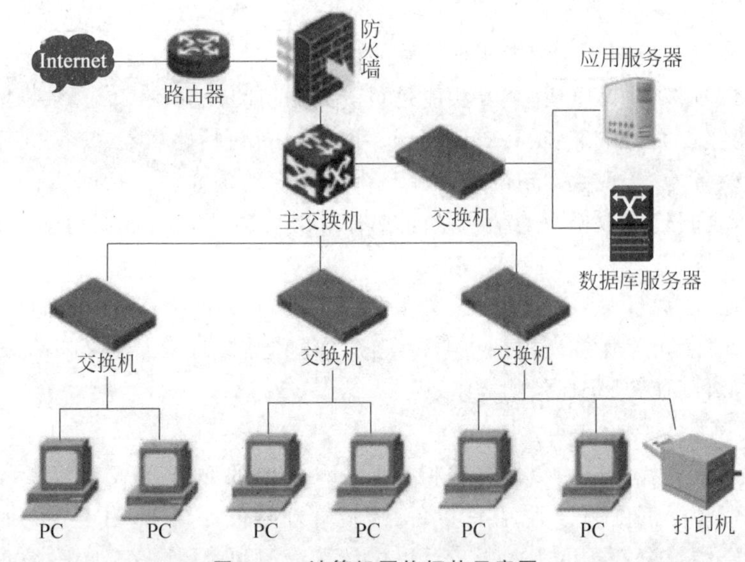

图 7-11　计算机网络拓扑示意图

1) 网络节点的功能

(1) 数据传输：网络节点负责接收数据包，并根据目的地址进行处理和转发，确保数据能够正确地到达目的地。

(2) 路由选择：路由器是网络中常见的网络节点，负责根据路由表选择最佳路径将数据包传输到目的地。

(3) 数据处理：网络节点可能会对数据包进行处理，如数据加密、解密、压缩等操作。

(4) 网络管理：网络节点可以通过监控网络流量、管理设备配置等方式来维护网络的正常运行。

2) 网络节点的类型

(1) 终端节点：如计算机、手机等用户设备，用于发起和接收数据通信。

(2) 中间节点：如路由器、交换机等网络设备，用于转发数据包，连接不同的网络段。

(3) 网络服务节点：如防火墙、负载均衡器等，用于提供特定网络服务的设备。

7.1.8 计算机网络的硬件与软件系统

计算机网络是由多个硬件设备和软件组成的系统，用于实现计算机之间的通信和数据交换。按硬件与软件分类，计算机网络的组成主要包括以下几方面。

1. 硬件设备

网络的硬件设备是指构建计算机网络所需的各种物理设备，这些设备共同协作，实现数据的传输、处理和存储等功能。

(1) 计算机：网络中的节点，用于处理数据和执行计算任务。

(2) 路由器：用于在网络中传输数据包并选择最佳路径的设备。

(3) 交换机：用于在局域网中转发数据包的设备。

(4) 集线器：用于连接多台计算机并转发数据包的设备。

(5) 网卡：用于将计算机连接到网络的设备，负责数据的发送和接收。

(6) 光纤、网线等传输介质：用于在设备之间传输数据的物理介质。

2. 软件

网络的软件主要指的是支持网络运行、管理、通信及提供各种网络服务的计算机程序、协议和数据的集合。它涵盖了多方面，包括网络操作系统、网络通信协议、网络应用软件及网络管理软件等。

(1) 网络协议：规定计算机之间通信的规则和标准，如 TCP/IP 套件。

(2) 网络操作系统：用于管理网络设备和资源的操作系统，如路由器操作系统、交换机操作系统等。

(3) 网络服务：提供各种网络功能和服务的软件，如 Web 服务器、邮件服务器等。

3. 网络拓扑结构

网络的拓扑结构是指用传输媒体把计算机等各种设备互相连接起来的物理布局，是指互连过程中构成的几何形状。它能表示出网络服务器、工作站的网络配置和互相之间的连接。网络拓扑结构可按形状分类，分别有星状、环状、总线型、树状、总线/星状和网状型拓扑结构。

(1) 总线型拓扑：所有设备通过一根传输线连接在一起。

(2) 星状拓扑：所有设备连接到一个中心设备(如交换机)。

(3) 环状拓扑：设备按环形连接在一起。

(4) 树状拓扑：多个星状拓扑连接在一起形成树状结构。

4. 网络服务

网络服务是指一些在网络上运行的面向服务的基于分布式程序的软件模块。模块采用 HTTP、XML(标准通用标记语言的子集)等互联网通用标准，使人们可以在不同的地方通过不同的终端设备访问 Web 上的数据。网络服务在电子商务、电子政务、公司业务流程电子化等应用领域有广泛的应用，被业内人士视为互联网的下一个重点。

(1) 文件传输服务：允许用户在计算机之间传输文件。

(2) 电子邮件服务：用于发送和接收电子邮件。

(3) Web 服务：提供网页浏览和互联网访问功能。

(4) 远程访问服务：允许用户远程连接到其他计算机或网络。

5. 安全机制

网络安全机制是保护网络系统和数据免受未经授权访问、操作、破坏或篡改的方法和措施。该机制采取多种技术手段，旨在保障网络系统的完整性、可用性和保密性。

(1) 防火墙：用于监控和控制网络流量，保护网络安全。

(2) 加密技术：用于保护数据在网络传输过程中的安全性。

(3) 访问控制：限制用户对网络资源的访问权限，确保网络安全。

计算机网络的组成是一个复杂而多样化的系统，通过不同硬件设备、软件和服务的组合，实现了计算机之间的连接和通信，为用户提供了丰富的网络功能和服务。

12min

7.2 局域网技术

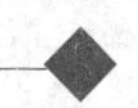

局域网是指在某一区域内由多台计算机互联组成的计算机网络。一般是方圆几千米以内。局域网可以实现文件管理、应用软件共享、打印机共享、工作组内的日程安排、电子邮件和传真通信服务等功能。局域网是封闭型的，既可以由办公室内的两台计算机组成，也可以由一个公司内的上千台计算机组成。局域网由网络硬件(包括网络服务器、网络工作站、网络打印机、网卡、网络互联设备等)和网络传输介质，以及网络软件所组成。

7.2.1 局域网概述

局域网的名字本身就隐含了这种网络地理范围的局域性。由于较小的地理范围的局限性，LAN 通常要比广域网具有更高的传输速率，例如，LAN 的传输速率为 10Mb/s，FDDI 的传输速率为 100Mb/s，而 WAN 的主干线速率国内仅为 64kb/s 或 2.048Mb/s，最终用户的上限速率通常为 14.4kb/s。LAN 的拓扑结构常用的是总线型和环型，这是由于有限地理范围决定的，这两种结构很少在广域网环境下使用。局域网的主要特点有以下几点。

(1) 覆盖的地理范围较小，只在一个相对独立的局部范围内联网，如一座或集中的建筑群内。

(2) 使用专门铺设的传输介质进行联网，数据传输速率高(10Mb/s～10Gb/s)。

(3) 通信时延时间短，可靠性较高。

(4) 局域网可以支持多种传输介质。

7.2.2 网络通信介质

网络通信介质也称为传输介质或传输媒介，是网络通信中不可缺少的一种物质基础，它直接影响通信的质量。常用的传输介质分为两大类：有线传输介质和无线传输介质。

1. 传输介质简介

网络传输介质是网络中发送方与接收方之间的物理通路，它对网络的数据通信具有一定的影响。常用的传输介质有双绞线、同轴电缆、光纤、无线传输媒介。

(1) 有线传输介质是指在两个通信设备之间实现的物理连接部分，它能将信号从一方传输到另一方，有线传输介质主要有双绞线、同轴电缆和光纤。双绞线和同轴电缆传输电信号，光纤传输光信号。

(2) 无线传输介质是指在两个通信设备之间不使用任何物理连接，而是通过空间传输的一种技术方式。无线传输介质主要有微波、红外线和激光等。

2. 有线介质

有线传输介质是指在两个通信设备之间实现的物理连接部分，它能将信号从一方传输到另一方，有线传输介质主要有双绞线、同轴电缆和光纤。

1) 双绞线

双绞线是将一对以上的双绞线封装在一个绝缘外套中，为了降低信号的干扰程度，电缆中的每对双绞线一般是由两根绝缘铜导线相互扭绕而成，因此把这种线称为双绞线，如图7-12所示。

图7-12　双绞线

双绞线可分为非屏蔽双绞线UTP和屏蔽双绞线STP，适合于短距离通信。非屏蔽双绞线价格便宜，传输速度偏低，抗干扰能力较差。屏蔽双绞线抗干扰能力较好，具有更高的传输速度，但价格相对较贵。双绞线需用RJ-45或RJ-11连接头插接。市面上出售的UTP分为3类、4类、5类和超5类。

3类：传输速率支持10Mb/s，外层保护胶皮较薄，皮上注有“cat3”。

4类：网络中不常用。

5类(超5类)：传输速率支持100Mb/s或10Mb/s，外层保护胶皮较厚，皮上注有“cat5”。

双绞线一般用于星状网的布线连接，两端安装有RJ-45头(水晶头)，连接网卡与集线器，最大网线长度为100m，如果要加大网络的范围，则在两段双绞线之间可安装中继器，最多可安装4个中继器，例如安装4个中继器连5个网段，最大传输范围可达500m。

在双绞线标准中应用最广的是ANSI/EIA/TIA-568A和ANSI/EIA/TIA-568B(实际上应为ANSI/EIA/TIA-568B.1，简称为T568B)。这两个标准最主要的不同就是芯线序列的不同，见表7-1。

表7-1　ANSI/EIA/TIA-568A和ANSI/EIA/TIA-568B线序表

EIA/TIA-568A的线序定义依次为绿白、绿、橙白、蓝、蓝白、橙、棕白、棕，其标号如下：							
绿白	绿	橙白	蓝	蓝白	橙	棕白	棕
1	2	3	4	5	6	7	8

续表

EIA/TIA-568B 的线序定义依次为橙白、橙、绿白、蓝、蓝白、绿、棕白、棕,其标号如下:							
橙白	橙	绿白	蓝	蓝白	绿	棕白	棕
1	2	3	4	5	6	7	8

根据568A和568B标准,RJ-45连接头(俗称水晶头)各触点在网络连接中,对传输信号来讲所起的作用分别是:1、2用于发送,3、6用于接收,4、5及7、8是双向线;对与其相连接的双绞线来讲,为降低相互干扰,标准要求1、2必须是绞缠的一对线,3、6也必须是绞缠的一对线,4、5相互绞缠,7、8相互绞缠。由此可见实际上两个标准568A和568B没有本质的区别,只是连接RJ-45时8根双绞线的线序排列不同,在实际的网络工程施工中较多采用568B标准。

2)同轴电缆

同轴电缆:由一根空心的外圆柱导体和一根位于中心轴的内导线组成,内导线和圆柱导体及外界之间用绝缘材料隔开。按直径的不同,可分为粗缆和细缆两种。细缆安装较容易,造价较低,但日常维护不方便,一旦一个用户出故障,便会影响其他用户的正常工作。同轴电缆示意图如图7-13所示。

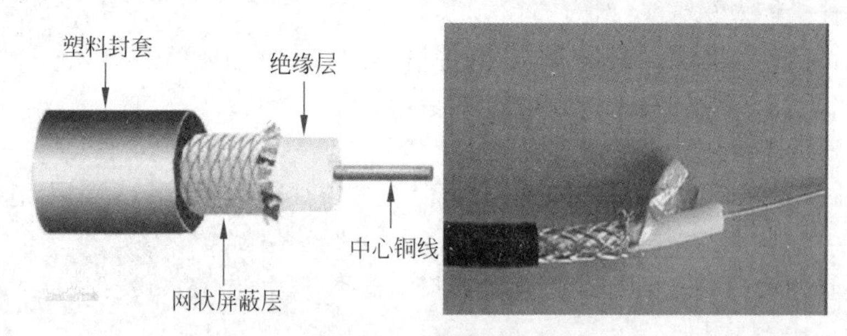

图7-13 同轴电缆

根据传输频带的不同,可分为基带同轴电缆和宽带同轴电缆两种类型。

基带:数字信号,信号占整个信道,同一时间内只能传送一种信号。

宽带:可传送不同频率的信号。

同轴电缆需用带BNC头的T型连接器连接。

3)光纤

光纤又称为光缆或光导纤维,由光导纤维纤芯、玻璃网层和能吸收光线的外壳组成。纤芯是由一组光导纤维组成的用来传播光束的细小而柔韧的传输介质。光纤应用光学原理,由光发送机产生光束,将电信号变为光信号,再把光信号导入光纤,在另一端由光接收机接收光纤上传来的光信号,并把它变为电信号,经解码后再处理。与其他传输介质比较,光纤的电磁绝缘性能好、信号衰减小、频带宽、传输速度快、传输距离大。主要用于传输距离较长、布线条件特殊的主干网连接。光纤具有不受外界电磁场的影响,以及无限制的带宽等特点,可以实现每秒几十兆位的数据传送,尺寸小、质量轻,数据可传送几百千米,但价格昂贵。

光纤实物图如图 7-14 所示。

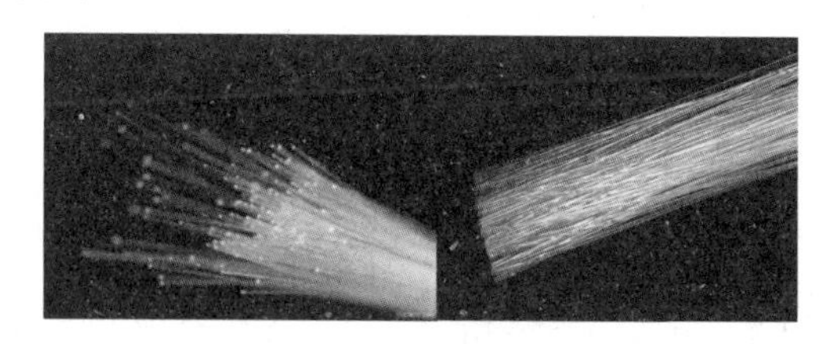

图 7-14 光纤实物图

光纤需用 ST 型头连接器连接。光纤分为单模光纤和多模光纤。

单模光纤：由激光作光源，仅有一条光通路，传输距离长，20～120km。

多模光纤：由二极管发光，低速短距离，2km 以内。

3. 无线介质

1）无线电波

无线电波是指在自由空间（包括空气和真空）传播的射频频段的电磁波。无线电技术是通过无线电波传播声音或其他信号的技术。无线电技术的原理在于，导体中电流强弱的改变会产生无线电波。利用这一现象，通过调制可将信息加载于无线电波之上。当电波通过空间传播到达收信端时，电波引起的电磁场变化又会在导体中产生电流。通过解调将信息从电流变化中提取出来，就达到了信息传递的目的。

2）微波

微波是指频率为 300MHz～300GHz 的电磁波，是无线电波中一个有限频带的简称，即波长在 1m（不含 1m）到 1mm 之间的电磁波，是分米波、厘米波、毫米波的统称。微波频率比一般的无线电波频率高，通常称为“超高频电磁波”。

3）红外线

红外线是太阳光线中众多不可见光线中的一种，由德国科学家霍胥尔于 1800 年发现，又称为红外热辐射。他将太阳光用三棱镜分解开，在各种不同颜色的色带位置上放置了温度计，试图测量各种颜色光的加热效应。结果发现，位于红光外侧的那支温度计升温最快，因此得到结论：太阳光谱中，红光的外侧必定存在看不见的光线，这就是红外线。红外线也可以当作传输之媒界。太阳光谱上红外线的波长大于可见光线，波长为 0.75～1000μm。红外线可分为 3 部分，即近红外线，波长为 0.75～1.50μm；中红外线，波长为 1.50～6.0μm；远红外线，波长为 6.0～1000μm。

红外线通信有两个最突出的优点：一是不易被人发现和截获，保密性强；二是几乎不会受到电气、天电、人为干扰，抗干扰性强。此外，红外线通信机体积小，质量轻，结构简单，价格低廉，但是它必须在直视距离内通信，并且传播受天气的影响。在不能架设有线线路，而使用无线电又怕暴露自己的情况下，使用红外线通信是比较好的。

7.2.3 网络通信设备

网络通信设备是构成计算机网络系统的核心要素之一，主要用于实现数据的传输、交换、处理等功能。这些设备在计算机网络中发挥着至关重要的作用,确保网络能够高效、稳定地运行。常见的网络通信设备有中继器、集线器、网桥、交换机、路由器等。

1. 中继器

中继器(Repeater)是网络物理层上面的连接设备。适用于完全相同的两类网络的互连,主要功能是通过对数据信号的重新发送或者转发扩大网络传输的距离。中继器是对信号进行再生和还原的网络设备,属于OSI模型的物理层设备。中继器实物如图7-15所示。

图7-15 中继器实物图

由于传输线路噪声的影响,承载信息的数字信号或模拟信号只能传输有限的距离,中继器的功能是对接收信号进行再生和发送,从而增加信号传输的距离。它是最简单的网络互联设备,连接同一个网络的两个或多个网段。如以太网常常利用中继器扩展总线的电缆长度,标准细缆以太网的每段长度最大为185m,最多可有5段,因此增加中继器后,最大网络电缆长度则可提高到925m。一般来讲,中继器两端的网络部分是网段,而不是子网。中继器可以连接两局域网的电缆,重新定时并再生电缆上的数字信号,然后发送出去。

中继器适用于完全相同的两类网络的互连,主要功能是通过对数据信号的重新发送或者转发,放大信号,补偿信号衰减,支持远距离的通信来扩大网络传输的距离。

2. 集线器

集线器的英文称为Hub。Hub是"中心"的意思,集线器的主要功能是对接收的信号进行再生整型放大,以扩大网络的传输距离,同时把所有节点集中在以它为中心的节点上。它工作于OSI(开放系统互联参考模型)参考模型的第1层,即物理层。集线器与网卡、网线等传输介质一样,属于局域网中的基础设备,采用CSMA/CD(带冲突检测的载波监听多路访问技术)介质访问控制机制。集线器的每个接口简单地收发比特,收到1就转发1,收到0就转发0,不进行碰撞检测。作为网络中枢连接各类节点,是形成星状结构的一种网络设备。集线器实物图如图7-16所示。

图7-16 集线器实物图

在环状网络中只存在一个物理信号传输通道,信号都是通过一条传输介质来传输的,这样就存在各节点争抢信道的矛盾,传输效率较低。引入集线器这一网络集线设备后,每个站是用它自己专用的传输介质连接到集线器的,各节点间不再只有一个传输通道,各节点发回来的信号通过集线器集中,集线器再把信号整型、放大后发送到所有节点上,这样至少在上行通道上不再出现碰撞现象,但基于集线器的网络仍然是一个共享介质的局域网,这里的"共享"其实就是集线器的内部总线,所以当上行通道与下行通道同时发送数据时仍然会存在信号碰撞现象。

3. 网桥

网桥是一种在链路层实现中继,常用于连接两个或更多局域网的网络互联设备。网桥(Bridge)像一个聪明的中继器。中继器从一个网络电缆里接收信号,放大它们,将其送入下一个电缆。相比较而言,网桥对从关卡上传下来的信息更敏锐一些。网桥是一种对帧进行转发的技术，根据 MAC 分区块，可隔离碰撞。网桥将网络的多个网段在数据链路层连接起来。网桥示意图如 7-17 所示。

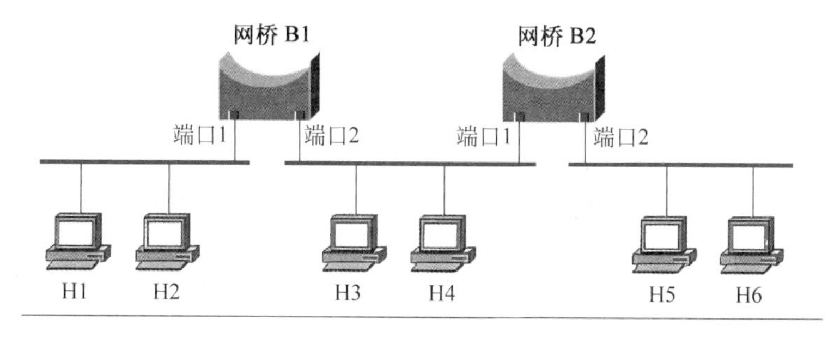

图 7-17 网桥

网桥也叫桥接器，是连接两个局域网的一种存储/转发设备，它能将一个大的 LAN 分割为多个网段，或将两个以上的 LAN 互联为一个逻辑 LAN，使 LAN 上的所有用户都可访问服务器。

数据链路层互联的设备就是网桥，在网络互联中它起到数据接收、地址过滤与数据转发的作用，用来实现多个网络系统之间的数据交换。网桥主要具有以下基本特征。

(1) 网桥在数据链路层上实现局域网互连。

(2) 网桥能够互连两个采用不同数据链路层协议、不同传输介质与不同传输速率的网络。

(3) 网桥以接收、存储、地址过滤与转发的方式实现互连的网络之间的通信。

(4) 网桥需要互连的网络在数据链路层以上采用相同的协议。

(5) 网桥可以分隔两个网络之间的通信量，有利于改善互连网络的性能与安全性。

网桥的功能在延长网络跨度上类似于中继器，然而它能提供智能化连接服务，即根据帧的终点地址处于哪一网段来进行转发和滤除。

4. 交换机

交换机(Switch)是一种用于电(光)信号转发的网络设备。它可以为接入交换机的任意两个网络节点提供独享的电信号通路。最常见的交换机是以太网交换机，其他常见的还有电话语音交换机、光纤交换机等。交换机能把用户线路、电信电路和(或)其他要互连的功能单元根据单个用户的请求连接起来。交换机实物图如图 7-18 所示。

图 7-18 交换机实物图

交换是按照通信两端传输信息的需要，用人工或设备自动完成的方法，把要传输的信息送到符合要求的相应路由上的技术的统称。交换机根据工作位置的不同，可以分为广域网交换机和局域网交换机。广域的交换机就是一种在通信系统中完成信息交换功能的设备，它应用在数据链路层。交换机有多个端口，每个端口都具有桥接功能，可以连接一个局域网或一台高性能服务器或工作站。实际上，交换机有时被称为多端口网桥。

网络交换机是一个扩大网络的器材,能为子网络中提供更多的连接端口,以便连接更多的计算机。随着通信业的发展及国民经济信息化的推进,网络交换机市场呈稳步上升态势。它具有性价比高、高度灵活、相对简单和易于实现等特点。以太网技术已成为当今最重要的一种局域网组网技术,网络交换机也就成为最普及的交换机。

1) 交换机分类

从广义上来看,网络交换机分为两种:广域网交换机和局域网交换机。广域网交换机主要应用于电信领域,提供通信用的基础平台,而局域网交换机则应用于局域网络,用于连接终端设备,如 PC 机及网络打印机等。从传输介质和传输速度上可分为以太网交换机、快速以太网交换机、千兆以太网交换机、FDDI 交换机、ATM 交换机和令牌环交换机等。

以太网交换机:随着计算机及其互联技术(通常所谓的网络技术)的迅速发展,以太网成为迄今为止普及率最高的短距离二层计算机网络,而以太网的核心部件就是以太网交换机。

不论是人工交换还是程控交换都是为了传输信号,是需要独占线路的"电路交换",而以太网是一种计算机网络,需要传输的是数据,因此采用的是"分组交换",但无论采取哪种交换方式,交换机为两点间提供"独享通路"的特性不会改变。就以太网设备而言,交换机和集线器的本质区别就在于:当 A 将信息发给 B 时,如果通过集线器,则接入集线器的所有网络节点都会收到这条信息(也就是以广播形式发送),只是网卡在硬件层面就会过滤掉不是发给本机的信息,而如果通过交换机,除非 A 通知交换机广播,否则发给 B 的信息 C 绝不会收到(获取交换机控制权限,从而监听的情况除外)。

以太网交换机厂商根据市场需求,推出了三层甚至四层交换机,但无论如何,其核心功能仍是二层的以太网数据包交换,只是带有了一定的处理 IP 层甚至更高层数据包的能力。网络交换机是一个扩大网络的器材,能为子网络中提供更多的连接端口,以便连接更多的计算机。随着通信业的发展及国民经济信息化的推进,网络交换机市场呈稳步上升态势。它具有性价比高、高度灵活、相对简单、易于实现等特点。

光交换机:光交换是人们正在研制的下一代交换技术。所有的交换技术都是基于电信号的,即使是光纤交换机也是先将光信号转换为电信号,经过交换处理后,再转回光信号发到另一根光纤。由于光电转换速率较低,同时电路的处理速度存在物理学上的瓶颈,因此人们希望设计出一种无须经过光电转换的"光交换机",其内部不是电路而是光路,逻辑原件不是开关电路而是开关光路。这样将大大地提高交换机的处理速率。

2) 交换机的用途

交换机的主要功能包括物理编址、网络拓扑结构、错误校验、帧序列及流控。目前交换机还具备了一些新的功能,如对虚拟局域网的支持、对链路汇聚的支持,甚至有的还具有防火墙功能。

交换机除了能够连接同种类型的网络之外,还可以在不同类型的网络(如以太网和快速以太网)之间起到互连作用。如今许多交换机能够提供支持快速以太网或 FDDI 等的高速连接端口,用于连接网络中的其他交换机或者为带宽占用量大的关键服务器提供附加带宽。

一般来讲,交换机的每个端口都用来连接一个独立的网段,但是有时为了提供更快的接入速度,可以把一些重要的网络计算机直接连接到交换机的端口上。这样,网络的关键服务器和重要用户就拥有更快的接入速度,支持更大的信息流量。

3) 交换机的基本功能

和集线器一样,交换机提供了大量可供线缆连接的端口,这样可以采用星状拓扑布线。同时当它转发帧时,交换机会重新产生一个不失真的方形电信号。和网桥一样,交换机在每个端口上都使用相同的转发或过滤逻辑。交换机将局域网分为多个冲突域,每个冲突域都有独立的宽带,因此大大地提高了局域网的带宽。除了具有网桥、集线器和中继器的功能以外,交换机还提供了更先进的功能,如虚拟局域网和更高的性能。

5. 路由器

路由器(Router)是连接因特网中各局域网、广域网的设备,它会根据信道的情况自动选择和设定路由,以最佳路径,按前后顺序发送信号。路由器是互联网络的枢纽,被称为"交通警察"。目前路由器已经被广泛地应用于各行各业,各种不同档次的产品已成为实现各种骨干网内部连接、骨干网间互联和骨干网与互联网互联互通业务的主力军。路由和交换机之间的主要区别就是交换机发生在OSI参考模型的第2层(数据链路层),而路由发生在第3层,即网络层。这一区别决定了路由和交换机在移动信息的过程中需使用不同的控制信息,所以说两者实现各自功能的方式是不同的。路由器实物图如图7-19所示。

图7-19 路由器实物图

路由器又称网关设备(Gateway),用于连接多个逻辑上分开的网络,所谓逻辑网络代表的是一个单独的网络或者一个子网。当数据从一个子网传输到另一个子网时,可通过路由器的路由功能来完成,因此,路由器具有判断网络地址和选择IP路径的功能,它能在多网络互联环境中建立灵活的连接,可用完全不同的数据分组和介质访问方法连接各种子网,路由器只接受源站或其他路由器的信息,属网络层的一种互联设备。

路由器是互联网的主要节点设备。路由器通过路由决定数据的转发。转发策略称为路由选择(Routing),这也是路由器名称的由来(Router,转发者)。作为不同网络之间互相连接的枢纽,路由器系统构成了基于TCP/IP的国际互联网络Internet的主体脉络,也可以说,路由器构成了Internet的骨架。它的处理速度是网络通信的主要瓶颈之一,它的可靠性则直接影响着网络互联的质量,因此,在园区网、地区网乃至整个Internet研究领域中,路由器技术始终处于核心地位,其发展历程和方向成为整个Internet研究的一个缩影。在当前我国网络基础建设和信息建设方兴未艾之际,探讨路由器在互连网络中的作用、地位及其发展方向,对于国内的网络技术研究、网络建设,以及明确网络市场上对于路由器和网络互联的各种似是而非的概念都有重要的意义。

路由器的一个作用是连通不同的网络,另一个作用是选择信息传送的线路。选择通畅快捷的近路,能大大地提高通信速度,减轻网络系统通信负荷,节约网络系统资源,提高网络系统畅通率,从而让网络系统发挥出更大的效益来。

从过滤网络流量的角度来看,路由器的作用与交换机和网桥的作用非常相似,但是与工作在网络物理层,从物理上划分网段的交换机不同,路由器使用专门的软件协议从逻辑上对整个网络进行划分,例如,一台支持IP协议的路由器可以把网络划分成多个子网段,只有指向特殊IP地址的网络流量才可以通过路由器。对于每个接收的数据包,路由器都会重新计算其校验值,并写入新的物理地址,因此,使用路由器转发和过滤数据的速度往往要比只查看数据包物理地址的交换机慢,但是,对于那些结构复杂的网络,使用路由器可以提高网络的整体效率。路由器的另外一个明显优势就是可以自动过滤网络广播。从总体上说,在网络中添加路由器的整个安装过程要比即插即用的交换机复杂很多。

一般来说,异种网络互联与多个子网互联都应采用路由器来完成。

6. 路由器的设置

(1) 在IE中输入路由器的网管的IP地址(通常标注在路由器后面,一般为192.168.1.1)就会出现登录界面,如图7-20所示。输入其访问账号和访问密码就可进入路由器的访问界面。主要对其网络参数、DHCP服务器和安全规则进行设置就可以轻松地进行上网了。

图7-20 路由器登录界面

选择“网络参数”选项,然后选择WAN口参数设置会出现下面的设置画面,如图7-21所示。该选项主要用于对路由器的参数进行设置。

(2) MAC地址是本路由器对局域网的MAC地址,此值不可更改。IP地址是本路由器对局域网的IP地址,局域网中所有计算机的默认网关必须设置为该IP地址。需要注意的是,如果改变了LAN口的IP地址,则必须用新的IP地址才能登录本路由器进行Web界面管理。

而且如果所设置的新的LAN口IP地址与原来的LAN口IP地址不在同一网段,则本路由器的虚拟服务器和DMZ主机功能将失效。如果希望启用这些功能,则要重新对其进行设置。子网掩码是本路由器对局域网的子网掩码,一般为255.255.255.0,局域网中所有

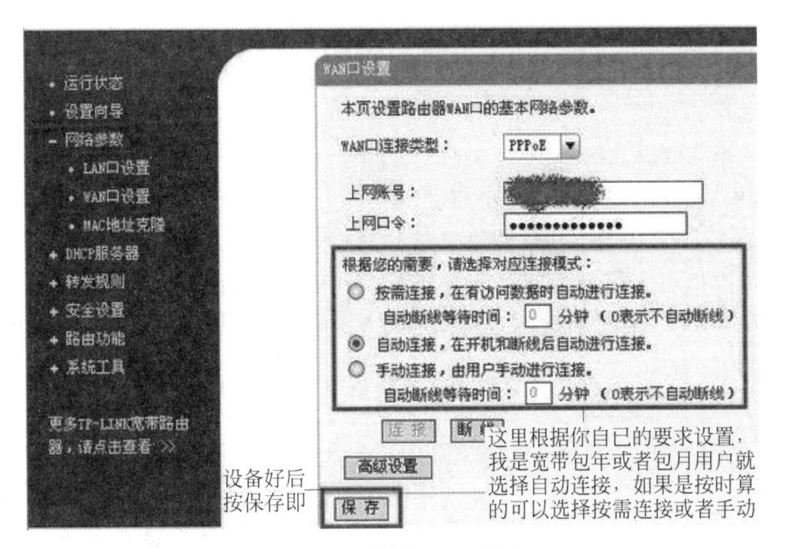

图 7-21 设置 WAN 参数

计算机的子网掩码必须与此处设置相同。

(3) DHCP 服务器设置。TCP/IP 设置包括 IP 地址、子网掩码、网关及 DNS 服务器等。为局域网中所有的计算机正确配置 TCP/IP 并不是一件容易的事，幸运的是，DHCP 服务器提供了这种功能。如果使用本路由器的 DHCP 服务器功能，则可以让 DHCP 服务器自动地配置局域网中各计算机的 TCP/IP。选择“DHCP 服务器”就可以对路由器的 DHCP 服务器功能进行设置。

(4) 无线设置。无线设置有以下步骤：第一检查物理线，先检查线有没有连好，对应的灯是否闪烁正常，如果正常就进行下一步。第二登录无线路由器界面，家庭用路由器各品牌的软件设计都比较人性化，进去后很容易设置，先设置 WAN 口，选择 PPPoE，输入账号和密码，然后单击“连接”按钮。第三看一下无线路由器系统信息里面的连接状态。如果有 IP 了就说明连接正常了。如果不希望自己的宽带被蹭网，则可以在无线安全设置界面设置开启无线安全密码，目前家用路由器安全级别最高的为 wpa2-psk，最少为 8 个数字或字母(严格区分大小写)。

(5) 无线路由器出错原因。第一可能是因为无线路由器的 LAN 口 IP 和调制解调器的 IP 为同一 IP，可能导致拨不上号(以前见得比较多)。第二可能是 ISP 商设置问题，可把计算机网卡的 MAC 地址克隆到无线路由器的 WAN 口。如果还不能解决出现的问题，则可能无线路由就真的有问题了。

7.2.4 以家庭环境为例组建局域网

1. 硬件环境

(1) 假设现在家庭中具有一台台式计算机，一台笔记本电脑，若干无线设备(如手机、平板等)。

（2）需要添置的设备的清单：无线路由器一台、普通网线若干、无线网卡（选购）。

2．软件环境

（1）网络操作系统。

（2）无线路由管理软件。

3．拓扑结构

家用型网络经常以星状拓扑结构来进行构建，如图 7-22 所示。

（1）台式计算机可直接与无线路由器连接。可以插在除 WAN 端口以外的其他端口。WAN 端口接入外网，一般是由电信或移动等服务商提供，如图 7-23 和图 7-24 所示。

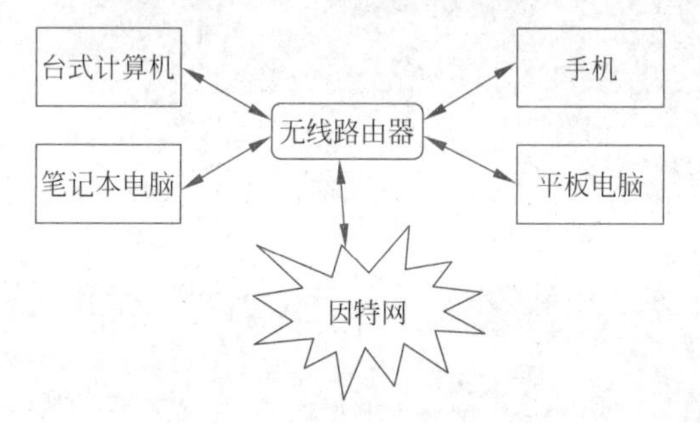

图 7-22　家庭局域网拓扑结构

图 7-23　路由器端口

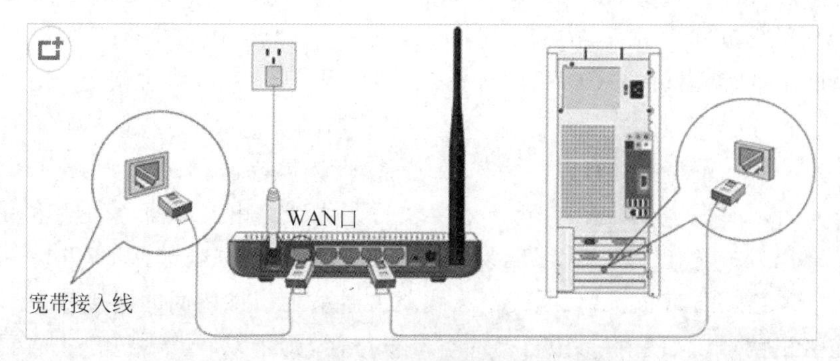

图 7-24　网线连接

（2）笔记本电脑、手机和平板电脑采用无线连接的方式进行连接。

4．软件设置

1）通过设置向导配置路由器

第 1 步，通过浏览器进入路由器，输入的地址可以在路由器背面查看，一般是 192.168.1.1。具体可以参照路由器背面给出的信息，如图 7-25 所示，IP 地址为 192.168.8.1。在浏览器网址栏输入此地址。

第 2 步，在弹出的界面中输入用户名和密码，默认用户名为 admin，密码为 admin。有些路由器有默认用户名，可以直接输入密码（或密码为空），如图 7-26 所示。

第 3 步，进入路由器管理界面。选择设置向导。该向导是中文提示，按照提示进行操作即可，如图 7-27 所示。

图 7-25 路由器初始信息

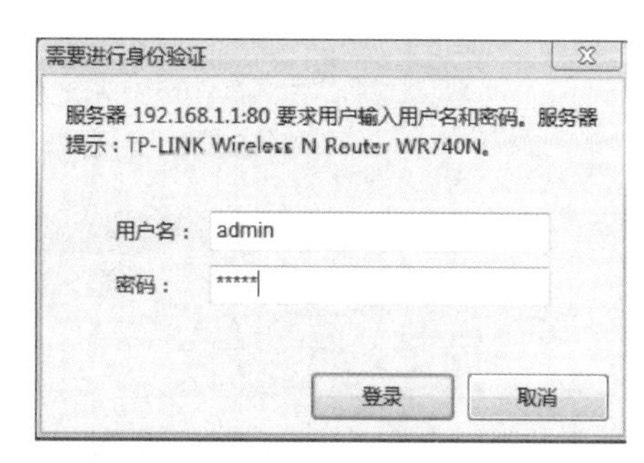

图 7-26 路由器身份验证

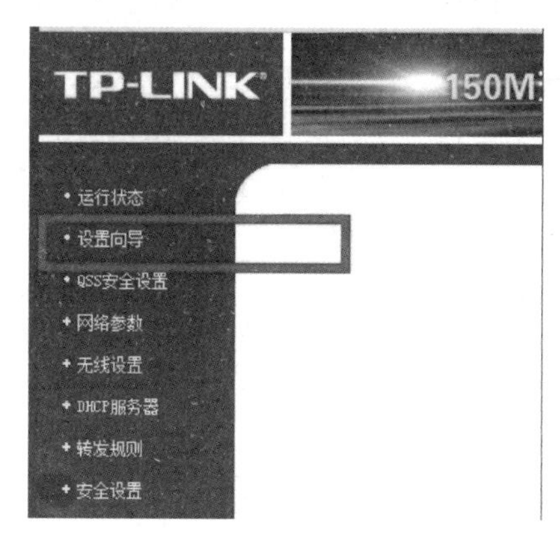

图 7-27 路由器管理界面

第 4 步，在上网方式中有 3 种选择，如果采用拨号方式上网，则使用 PPPoE。如果采用的是动态 IP，则一般计算机直接插上网络就可以使用，上层有 DHCP 服务器。如果采用的是静态 IP，则一般是专线，也可能是小区宽带等，上层没有 DHCP 服务器，或想要固定 IP。由于现在电信宽带采用的是拨号方式，所以选择 PPPoE 方式即可，如图 7-28 所示。

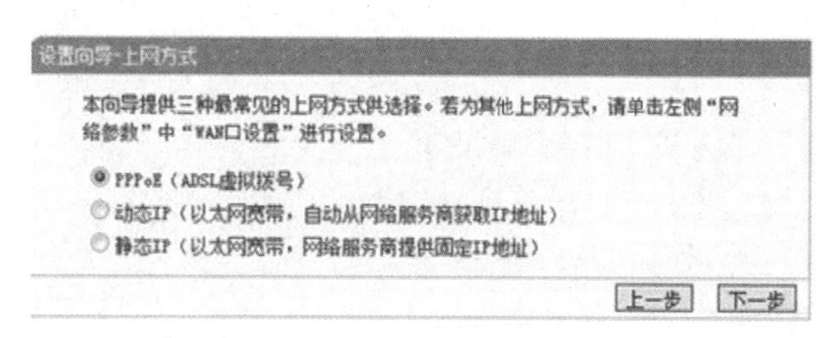

图 7-28 上网方式选择

第 5 步，填入网络服务商提供的用户名和密码，如图 7-29 所示。如果不清楚，则可以拨打服务商的电话号码进行查询。

第 6 步，进行无线设置，如图 7-30 所示，其中 SSID 就是连接无线时的用户名。开启加密模式，在 PSK 密码中填入要设定的无线密码。理论上来讲，密码越长，组合越复杂，被破解的可能性就越小。

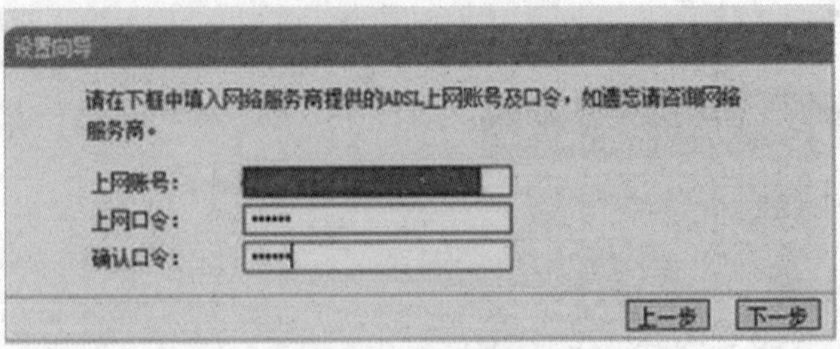

设置向导

请在下框中填入网络服务商提供的ADSL上网账号及口令，如遗忘请咨询网络服务商。

上网账号:

上网口令: ••••••

确认口令: ••••••

上一步 下一步

图 7-29 输入 ADSL 上网账号和口令

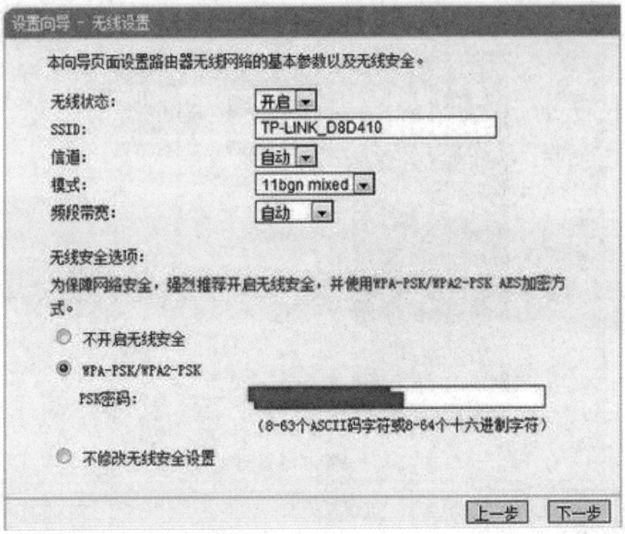

设置向导 - 无线设置

本向导页面设置路由器无线网络的基本参数以及无线安全。

无线状态: 开启

SSID: TP-LINK_D8D410

信道: 自动

模式: 11bgn mixed

频段带宽: 自动

无线安全选项:

为保障网络安全，强烈推荐开启无线安全，并使用WPA-PSK/WPA2-PSK AES加密方式。

不开启无线安全

WPA-PSK/WPA2-PSK

PSK密码:

(8-63个ASCII码字符或8-64个十六进制字符)

不修改无线安全设置

上一步 下一步

图 7-30 无线网络设置

最后，设置完成，如图 7-31 所示。

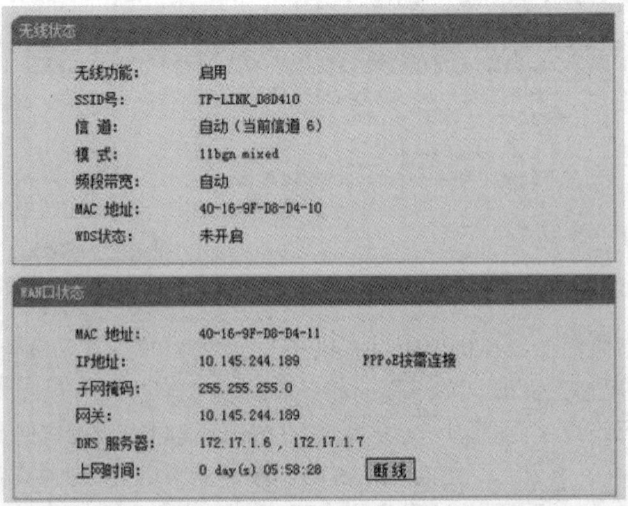

无线状态

无线功能:	启用
SSID号:	TP-LINK_D8D410
信 道:	自动（当前信道 6）
模 式:	11bgn mixed
频段带宽:	自动
MAC 地址:	40-16-9F-D8-D4-10
WDS状态:	未开启

WAN口状态

MAC 地址:	40-16-9F-D8-D4-11	
IP地址:	10.145.244.189	PPPoE按需连接
子网掩码:	255.255.255.0	
网关:	10.145.244.189	
DNS 服务器:	172.17.1.6 , 172.17.1.7	
上网时间:	0 day(s) 05:58:28	断线

图 7-31 路由器设置完成后参数详情

2）配置台式计算机

进入控制面板，选择网络属性。选择 TCP/IPv4 选项，单击“属性”按钮，在属性页面中设置自动获得 IP 地址，以及自动获得 DNS 服务器地址，如图 7-32 所示。

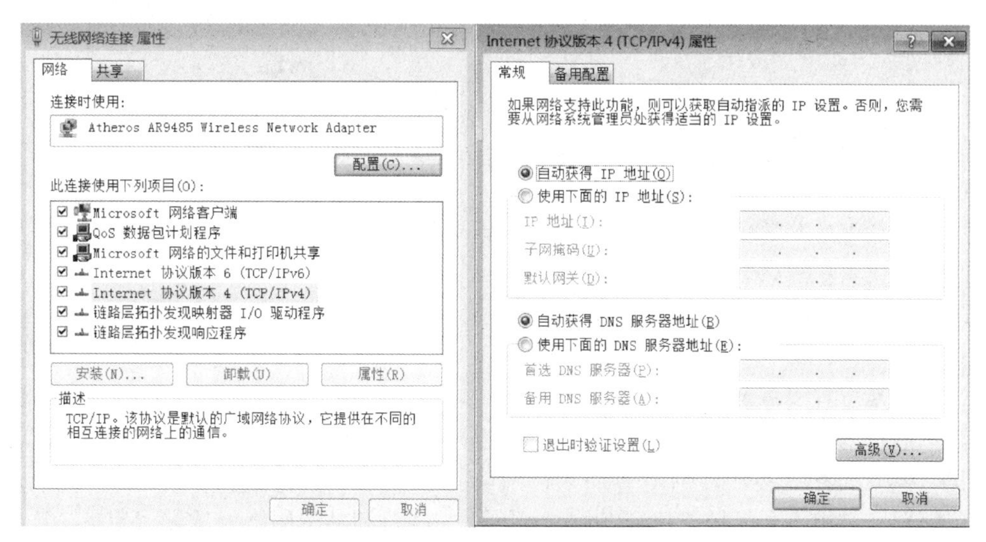

图 7-32　台式计算机网络参数配置

3）配置笔记本电脑

笔记本电脑类似于台式计算机的配置，但是它配置的是无线网络，如图 7-33 所示。

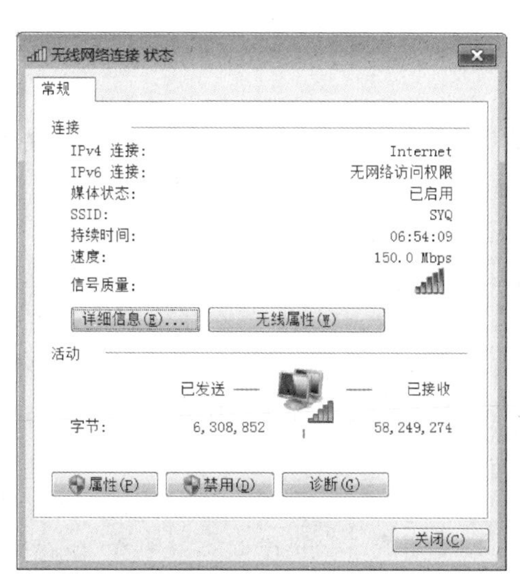

(a) 无线网络设置

(b) 无线网络设置

图 7-33　无线网络设置

4）配置手机

手机直接打开无线即可。选择用户名，输入无线密码后即可连接。

5）测试网络

现在可以测试设备能否上网了。在浏览器中直接输入 www.baidu.com，如果能正常访问，则网络构建就完成了。

7.3 广域网技术

广域网技术涉及多种技术和协议，用于连接不同地区、城市、国家甚至跨洲的计算机和网络。

7.3.1 广域网的基本概念

广域网是一种覆盖范围较大的计算机网络，通常用于连接不同地理位置的计算机和设备。广域网可以覆盖城市、国家甚至跨越国际边界。广域网通过各种通信技术和设备（如光纤、卫星、微波和数字电话线）连接远距离的网络节点，实现数据传输和通信。

广域网通常由多个局域网组成，通过路由器、交换机和其他网络设备进行连接。广域网可以用于连接不同办公室、分支机构、数据中心、云服务提供商和互联网服务提供商等地点，实现远程办公、数据共享、远程访问和互联网接入等功能。

广域网的设计和管理需要考虑网络拓扑、带宽需求、安全性、可靠性和性能等方面的因素。广域网通常由专业的网络工程师和管理员进行设计、部署和维护，以确保网络的稳定运行和高效性能。

7.3.2 Internet 概述

国际互联网在当今世界具有极其重要的意义。它彻底改变了人类的沟通方式，让人们能够瞬间跨越遥远距离与他人建立联系。Internet 是一个庞大的知识宝库，利用它只需轻点几下鼠标就能获取极其丰富的信息。它推动了电子商务的发展，改变了商业格局，为消费者带来了前所未有的便利。此外，它还加强了社交互动，通过各种社交平台让人们更加紧密地联系在一起，促进了思想和文化在全球范围内的交流共享。它也是创新的关键驱动力，促进了新技术和应用的发展，持续塑造着人类的生活。互联网已经成为现代社会不可或缺的一部分，几乎影响着日常生活的方方面面，为社会发展和进步开辟了无尽的可能。

1. Internet 的概念

互联网是指全球范围内连接在一起的计算机网络系统。它是由许多不同类型的网络和通信技术组成的网络，可以实现全球范围内的数据传输和信息交换。互联网的基础架构包括计算机、服务器、路由器、交换机、光纤、卫星和其他通信设备。

互联网的发展始于 20 世纪 60 年代末和 70 年代初，起初是由美国国防部的高级研究计划局发起的一个名为ARPANET的项目。随着时间的推移,互联网的规模不断扩大,逐渐成为连接全球各地的数十亿台计算机和其他智能设备的庞大网络。

2. Internet的发展史

Internet的发展史可以追溯到20世纪60年代末和70年代初,当时美国国防部的高级研究计划局启动了一个名为ARPANET的项目,旨在建立一个分散的、弹性的通信网络,以确保在核战争中保持通信的稳定性。ARPANET于1969年建立,连接了4个大学和研究机构的计算机。

在20世纪70年代,ARPANET逐渐扩展到其他大学和研究机构,形成了一个更大的网络。80年代初,ARPANET开始采用TCP/IP,这一协议成为互联网通信的标准。同时,其他类似的网络也开始出现,如NSFNET和CSNET等。

90年代初,互联网开始向公众开放,商业互联网服务提供商如AOL和CompuServe开始出现。随着万维网的发展,互联网变得更加易于使用和普及。1991年,蒂姆·伯纳斯-李发明了第1个网页浏览器,使用户能够通过图形界面访问互联网上的信息。

随着互联网的普及,各种新的应用和服务不断涌现,如电子邮件、即时通信、在线购物、社交网络等。进入21世纪以来,移动互联网的发展进一步推动了互联网的普及和应用,人们可以随时随地地通过手机或其他移动设备访问互联网。

总体来讲,互联网的发展经历了从军事用途到公共服务的转变,从局限于专业领域到普及于全球的演变,成为现代社会不可或缺的一部分。未来,随着物联网、人工智能等新技术的发展,互联网将继续演变和创新,为人类社会带来更多的便利和可能性。

3. Internet的特点

1)全球性

互联网是一个全球性的网络系统,可以连接世界各地的计算机和设备,使人们能够在全球范围内进行信息交流和数据传输。

2)开放性

互联网是一个开放的平台,任何人都可以通过互联网发布信息、访问资源和开展业务活动,没有明显的准入门槛,这为创新和发展提供了广阔的空间。

3)去中心化

互联网的结构是去中心化的,没有单一的控制中心,而是由许多相互连接的网络和设备组成的,这种结构使互联网更加灵活。

4)可扩展性

互联网具有很强的可扩展性,可以随着用户数量和数据量的增长而灵活扩展,以满足不断增长的需求。

5)多样性

互联网上的内容和服务种类繁多,涵盖了信息、娱乐、商务、社交等各个领域,满足了人们多样化的需求。

6）互联性

互联网通过标准化的协议和技术连接了各种不同类型的设备和系统，实现了设备之间的互操作性，使人们可以使用各种不同的设备来访问和共享互联网资源。

这些特点使互联网成为一个全球性的信息交流和商务活动的重要平台，为人们提供了广泛的信息资源、通信工具、娱乐服务和商业机会。人们可以通过互联网进行电子邮件、网上购物、社交媒体、在线视频、远程办公和远程教育等活动，对人们的生活、工作、学习和社交产生了深远的影响。

4. Internet 的组成

通常，Intranet 被分成几个子网。不同子网扮演着不同角色，实现不同的功能，子网之间用防火墙隔开。子网的划分除了考虑安全因素之外，还与用户数量、服务种类、工作负载等多种因素有关。

1）接入子网

接入子网也叫访问子网。接入子网的作用是提供拨号用户和 Intranet（内联网）用户到 Internet 的连接，以及拨号用户到 Internet 之间的路由。

接入子网的核心是路由器，来往于 Internet 的信息都要经过路由器。接入子网与服务子网之间用防火墙隔开，保证所有进入 Intranet 的信息都要通过防火墙的过滤。

2）服务子网

服务子网的作用是提供信息服务，主要用于企业向外部发布信息。在服务子网上有 Web 服务器、域名服务器、电子邮件服务器、新闻服务器等，服务子网通过防火墙与内部子网连接。外部用户可以访问服务子网以了解企业动态和产品信息。

3）内部子网

内部子网是企业内部使用的网络，是 Intranet 的核心。内部子网包含支持各种服务的企业数据，主要用于企业内部的信息发布与交流、企业内部的管理。内部子网上有企业的各种业务数据库，运行着各种应用程序，网络管理也在内部子网上，所以必须采取很强的安全措施。Intranet 的网络组成示意图如图 7-34 所示。

7.3.3 Internet 接入

1. Internet 接入步骤

1）选择互联网服务提供商

首先，需要选择一个互联网服务提供商（ISP），这是一个提供互联网接入服务的公司或组织。可以选择本地的宽带服务提供商、电信公司或无线网络运营商等。

2）选择互联网接入技术

根据需求和地理位置，选择适合的互联网接入技术，例如宽带（如 DSL、光纤）、无线（如 WiFi、4G/5G）、卫星互联网等。

3）安装和配置网络设备

根据选择的互联网接入技术，安装和配置相应的网络设备，例如调制解调器、路由器、光

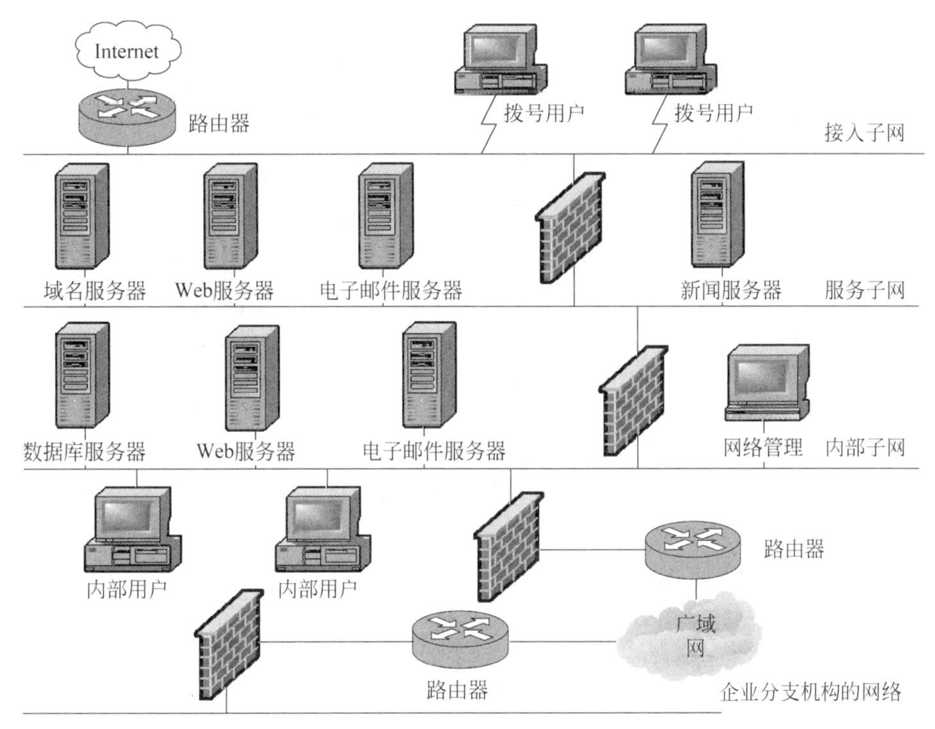

图 7-34 **Intranet 的网络组成**

纤接入装置(ONT)等。确保设备连接正确并按照提供商的指导进行设置。

4) 联网

将设备(如计算机、智能手机、平板电脑)连接到网络设备上,确保设备能够获取互联网信号。

5) 注册和激活

根据 ISP 的要求,可能需要注册账户并激活互联网服务。通常需要提供个人信息和付费信息。

6) 测试连接

连接成功后,进行一些测试,确保能够正常访问互联网,浏览网页、发送电子邮件等。

以上是一般接入互联网的步骤,具体操作可能会有所不同,具体取决于选择的 ISP 和接入技术。如果有任何问题或困难,则可以联系互联网服务提供商寻求帮助和支持。

2. Internet 接入技术

Internet 接入技术有多种,主要包括以下几种。

1) 拨号接入技术

拨号接入是一种传统的互联网接入技术,主要用于家庭用户和小型企业。拨号接入是通过电话线连接到互联网服务提供商的服务器,用户使用调制解调器(Modem)将数字数据转换成模拟信号发送到 ISP 的服务器,然后 ISP 的服务器将其转换为数字数据并连接到互联网。拨号接入技术示意图如图 7-35 所示。

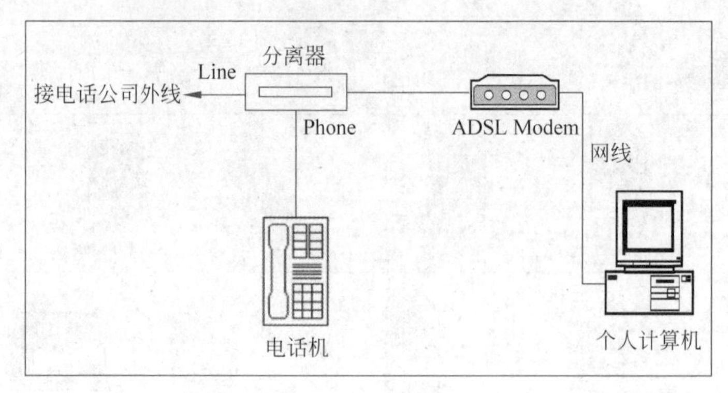

图 7-35 拨号接入技术

调制解调器是一种用于将数字信号转换为模拟信号(调制)和将模拟信号转换为数字信号(解调)的设备。调制解调器在计算机网络中扮演着重要的角色,它可以实现计算机与电话线或其他传输介质之间的通信和数据传输。

调制:调制是指将数字信号转换为模拟信号的过程。在发送数据时,计算机产生的数字信号需要经过调制器转换为模拟信号,以便在传输介质(如电话线)上传输。

解调:解调是指将模拟信号转换为数字信号的过程。在接收数据时,调制解调器接收到模拟信号后需要将其解调为数字信号,以便计算机进行数据处理。

调制解调器类型:根据传输介质和用途的不同,调制解调器可以分为多种类型,如电话调制解调器(用于电话线传输数据)、DSL 调制解调器(用于数字用户线传输数据)、光纤调制解调器等。

速度和标准:调制解调器的速度通常以比特/秒(b/s)来衡量,不同的调制解调器有不同的速度标准,如传统的调制解调器速度较慢,而现代的宽带调制解调器速度更快。

用途:调制解调器被广泛地应用于互联网接入、远程访问、数据传输等领域,为用户提供了方便快捷的通信和数据传输方式。

替代技术:随着宽带接入技术的发展,调制解调器逐渐被更先进的技术所取代,如光纤接入、DSL、有线电视网络等,这些技术提供了更高速度和更稳定的网络连接。

总体来讲,调制解调器起到了连接计算机与传输介质的桥梁作用,是互联网发展的重要组成部分。随着技术的不断进步,调制解调器的作用逐渐减弱,但在某些特定场景下仍然发挥着重要作用。

2) ISDN 接入技术

ISDN(Integrated Services Digital Network)是一种数字化的通信技术,可以提供多种服务,如电话、数据传输和视频传输等。ISDN 接入技术是指通过 ISDN 网络连接到互联网或其他网络的技术。

ISDN 接入技术有两种主要类型:基本速率接入(BRI)和首选速率接入(PRI)。BRI 通常用于个人用户或小型企业,提供两个 B 通道和一个 D 通道,总带宽为 128Kb/s。PRI 通常用于中大型企业，提供多个B通道和一个D通道，总带宽可达1.544Mb/s或2.048Mb/s。

ISDN接入技术主要具有以下优点。第一，高质量的通信：ISDN提供数字化的通信服务，通话质量更加稳定和清晰。第二，多功能性：ISDN可以同时提供电话、数据和视频等多种服务。第三，高速传输：ISDN提供较高的带宽，可以支持高速数据传输和视频会议等应用。第四，灵活性：ISDN接入技术可以根据需求灵活配置，适用于不同规模和需求的用户。

然而，随着宽带互联网的普及，ISDN接入技术逐渐被ADSL、光纤等更先进的技术所取代，但在某些地区或特定应用场景下，ISDN仍然具有一定的市场需求和价值。

3) DDV专线接入技术

DDV专线接入技术是一种数字数据专线接入技术，主要用于企业和机构之间建立私有网络连接或连接到互联网。DDV专线接入技术主要有以下特点。第一，数字化传输：DDV专线接入技术采用数字化传输，可以提供高质量、稳定的数据传输服务，避免了模拟传输中的干扰和失真问题。第二，高速传输：DDV专线接入技术提供较高的带宽，可以支持高速数据传输，满足企业对大容量数据传输的需求。第三，专线连接：DDV专线是一种专用的数据通信线路，具有较高的安全性和稳定性，适用于需要保密性和稳定性的数据传输场景。第四，灵活性：DDV专线接入技术可以根据用户需求进行灵活配置，支持不同速率和容量的专线连接，适用于不同规模和需求的用户。第五，可靠性高：DDV专线接入技术具有较高的稳定性和可靠性，数据传输稳定，不易受外界干扰影响。第六，成本较高：与一般的网络接入技术相比，DDV专线接入技术的接入成本较高，包括线路租用费用、设备费用和维护费用等。第七，适用范围大：DDV专线接入技术适用于需要大容量、高速、安全稳定数据传输的企业和机构，如金融机构、科研机构、大型企业等。

总体来讲，DDV专线接入技术是一种高速、安全、稳定的数据传输技术，适用于对数据传输质量和安全性要求较高的用户。

4) ADSL接入技术

ADSL(Asymmetric Digital Subscriber Line)接入技术是一种常见的宽带接入技术，用于在普通电话线上实现高速数据传输。ADSL接入技术的主要特点如下。第一，非对称传输：ADSL是一种非对称传输技术，即上行和下行传输速率不对称。通常情况下，下行速率(从互联网到用户)高于上行速率(从用户到互联网)，可以满足普通用户更多的下载数据的需求。第二，利用电话线路：ADSL技术利用普通的电话线路进行数据传输，不需要额外的线路布设，节省了成本和资源。第三，高速传输：ADSL提供较高的带宽，可以支持高速数据传输，满足用户对大容量数据、视频流等的需求。第四，同时使用电话和网络：ADSL技术可以同时支持电话通话和网络数据传输，用户在使用网络的同时可以保持电话线路畅通。第五，安装简便：ADSL接入技术的安装相对简便，只需在用户端安装ADSL调制解调器便可接入宽带网络。第六，覆盖范围广泛：由于ADSL技术可以利用普通电话线路进行数据传输，覆盖范围较广，适用于城市和乡村地区。第七，适用于家庭和小型企业：ADSL接入技术适用于家庭用户和小型企业，提供稳定的宽带接入服务，满足日常上网、视频观看、在线办公等需求。

总体来讲,ADSL 接入技术是一种常见的宽带接入技术,具有高速传输、成本低廉、安装简便等优点,可满足家庭用户和小型企业的宽带接入需求。

5) 无线接入技术

无线接入技术是指通过无线信号传输数据和连接设备的技术。以下是一些常见的无线接入技术。

(1) WiFi(无线局域网):WiFi 是一种基于 IEEE 802.11 标准的无线接入技术,通过无线路由器和无线网卡实现设备之间的数据传输和连接。WiFi 可以提供较高的带宽,适用于家庭、企业和公共场所的无线网络接入。

(2) 蓝牙(Bluetooth):蓝牙技术用于短距离无线通信,通常用于连接手机、耳机、键盘、鼠标等设备。

(3) 4G/5G 移动网络:4G 和 5G 移动网络技术提供了高速无线数据传输,适用于移动设备和移动通信。

(4) ZigBee:ZigBee 是一种低功耗、短距离通信的无线技术,通常用于物联网设备之间的连接。

(5) NFC(近场通信):NFC 技术用于短距离的无线通信,通常用于移动支付、门禁系统等场景。

(6) RFID(射频识别):RFID 技术用于通过射频信号识别和追踪物品,常用于物流、仓储管理等领域。

这些无线接入技术在不同的场景和应用中发挥着重要作用,为用户提供了灵活、便捷的无线连接和数据传输方式。

6) 光纤接入技术

光纤接入技术是指利用光纤传输数据和连接设备的技术。光纤接入技术具有高速、高带宽、低时延等优点,适用于需要大量数据传输和高质量网络连接的场景,以下是一些常见的光纤接入技术。

(1) 光纤到户(FTTH):光纤到户是一种将光纤网络延伸至用户家庭或企业的接入技术,通过光纤传输数据,实现高速宽带接入。FTTH 可以提供高达几百兆甚至更高的数据传输速率,适用于需要大带宽的用户和企业。

(2) 光纤到楼(FTTB):光纤到楼是指将光纤网络接入建筑物内部,然后通过其他传输介质(如铜线)将信号传输到用户设备的接入技术。FTTB 可以提供较高的带宽,适用于多户住宅和企业楼宇的网络接入。

(3) 光纤到街(FTTC):光纤到街是指将光纤网络接入街边的接入技术,然后通过铜线或同轴电缆将信号传输到用户家庭或企业。FTTC 可以提供较高的带宽,适用于城市和郊区的网络接入。

(4) 光纤接入网(PON):PON 是一种光纤接入技术,通过光纤将数据传输到用户家庭或企业,采用点对多点的结构,实现多用户共享光纤网络。PON 技术可以提供高速宽带接入，适用于大规模的用户接入场景。

光纤接入技术在提供高速宽带接入、支持大规模数据传输、提高网络稳定性和安全性等方面具有明显优势，是当前和未来网络接入的重要技术之一。

7）卫星接入技术

卫星接入技术是指利用卫星通信系统进行数据传输和连接的技术。通过卫星接入技术，用户可以实现远程地区的网络接入，跨越地理障碍，提供全球范围的通信服务，以下是一些常见的卫星接入技术。

（1）卫星宽带接入：卫星宽带接入通过卫星通信系统提供高速宽带服务，适用于偏远地区、海上、航空等需要远程通信的场景。用户可以通过卫星接收设备接入互联网，实现高速数据传输。

（2）卫星移动通信：卫星移动通信技术可以提供全球覆盖的移动通信服务，适用于海上、航空、车载等移动环境。通过卫星终端设备，用户可以实现语音通信、数据传输等服务。

（3）卫星广播：卫星广播技术通过卫星向广大用户群体传输广播节目、电视信号、音频内容等。用户可以通过卫星接收设备接收卫星广播信号，享受高质量的广播内容。

（4）卫星导航：卫星导航技术利用卫星信号进行定位和导航，包括中国的北斗卫星导航系统（BDS）、美国的全球定位系统（GPS）、俄罗斯的GLONASS、欧洲的Galileo等。用户可以通过卫星接收设备获取卫星信号，实现定位和导航功能。

卫星接入技术在偏远地区、移动环境、全球通信等场景中发挥着重要作用，为用户提供了全球范围的通信服务和连接方式。虽然卫星接入技术具有全球覆盖的优势，但也存在较高的成本、较高的时延等挑战，因此在不同场景下需要综合考虑其优势和局限性。

3. Internet的基本服务

Internet的基本服务是指互联网上提供的一系列核心功能和应用程序，这些服务和应用程序是互联网用户体验的基石，也是互联网能够发挥其作为全球信息交流平台作用的关键所在。

1）WWW服务

WWW服务的核心技术包含超文本传输协议（Hypertext Transfer Protocol，HTTP）与超文本标记语言（Hypertext Markup language，HTML），其中，HTTP是WWW服务使用的应用层协议，用于实现WWW客户机与WWW服务器之间的通信；HTML语言是WWW服务的信息组织形式，用于定义在WWW服务器中存储的信息格式。

由于WWW服务使用的是超文本链接（HTML），所以可以很方便地从一个信息页转换到另一个信息页。它不仅能查看文字，还可以欣赏图片、音乐、动画。最流行的WWW服务的程序就是微软的IE浏览器。WWW服务主要有以下特点：第一，以超文本方式组织网络多媒体信息。第二，用户可以在世界范围内任意查找、检索、浏览及添加信息。第三，提供生动直观、易于使用且统一的图形用户界面。第四，服务器之间可以互相链接。第五，可以访问图像、声音、影像和文本型信息。

2）FTP服务

FTP(File Transfer Protocol,文件传输协议)是专门用来传输文件的协议。一般来讲,用户联网的首要目的就是实现信息共享,文件传输是信息共享非常重要的内容之一。

早期,在Internet上实现传输文件并不是一件容易的事情。Internet是一个非常复杂的计算机环境,有PC,有工作站,有MAC,有大型机,据统计连接在Internet上的计算机已有上千万台,而这些计算机可能运行不同的操作系统,有运行UNIX的服务器,也有运行DOS、Windows的PC机和运行macOS的苹果机等,而各种操作系统之间的文件交流问题,需要建立一个统一的文件传输协议,这就是所谓的FTP。基于不同的操作系统有不同的FTP应用程序,而所有这些应用程序都遵守同一种协议,这样用户就可以把自己的文件传送给别人,或者从其他的用户环境中获得文件。

在FTP的使用当中,用户经常遇到两个概念：下载(Download)和上传(Upload)。下载文件就是从远程主机将文件复制至自己的计算机上；上传文件就是将文件从自己的计算机中复制至远程主机上。用Internet语言来讲,用户可通过客户机程序向(从)远程主机上传(下载)文件。

使用FTP时必须首先登录,在远程主机上获得相应的权限以后,方可上传或下载文件。也就是说,要想同哪一台计算机传送文件,就必须具有哪一台计算机的适当授权。换言之,除非有用户ID和口令,否则便无法传送文件。这种情况违背了Internet的开放性,Internet上的FTP主机何止千万台,不可能要求每个用户在每台主机上都拥有账号。匿名FTP就是为了解决这个问题而产生的。

匿名FTP是一种机制,用户可通过它连接到远程主机上,并从其下载文件,而无须成为其注册用户。系统管理员建立了一个特殊的用户ID,名为anonymous,Internet上的任何人在任何地方都可使用该用户ID。

3）E-mail服务

电子邮件服务(E-mail服务)是目前最常见、应用最广泛的一种互联网服务。通过电子邮件,可以与Internet上的任何人交换信息。

电子邮件地址的格式由3部分组成。第一部分USER代表用户信箱的账号,对于同一个邮件接收服务器来讲,这个账号必须是唯一的；第二部分“@”是分隔符；第三部分是用户信箱的邮件接收服务器域名,用以标志其所在的位置。

用户标识符＋@＋域名,如somebody@domain_name,其中,@是at的符号,表示“在”的意思。domain_name为域名的标识符,也就是邮件必须交付到的邮件目的地的域名,而somebody则是在该域名上的邮箱地址。后缀一般代表了该域名的性质与地区的代码。域名真正从技术上而言是一个邮件交换机,而不是一个机器名。

常见的电子邮件协议有以下几种：SMTP(简单邮件传达协议)、POP3(邮局协议)、IMAP(Internet邮件访问协议)。这几种协议都是由TCP/IP协议簇定义的。

SMTP(Simple Mail Transfer Protocol)：SMTP主要负责底层的邮件系统如何将邮件从一台机器传至另外一台机器。

POP(Post Office Protocol)：版本为 POP3，POP3 是把邮件从电子邮箱中传输到本地计算机的协议。

IMAP(Internet Message Access Protocol)：版本为 IMAP4，是 POP3 的一种替代协议，提供了邮件检索和邮件处理的新功能，这样用户可以完全不必下载邮件正文就可以看到邮件的标题摘要，从邮件客户端软件就可以对服务器上的邮件和文件夹目录等进行操作。IMAP 协议增强了电子邮件的灵活性，同时也减少了垃圾邮件对本地系统的直接危害，同时相对节省了用户查看电子邮件的时间。除此之外，IMAP 协议可以记忆用户在脱机状态下对邮件的操作（例如移动邮件、删除邮件等）在下一次打开网络连接时会自动执行。

在大多数流行的电子邮件客户端程序里面集成了对 SSL 连接的支持。除此之外，很多加密技术也应用到电子邮件的发送接收和阅读过程中。可以提供 128 位到 2048 位不等的加密强度。无论是单向加密还是对称密钥加密也都得到广泛支持。

4）远程登录服务

远程登录服务是指用户可以通过网络远程连接到另一台计算机或服务器，并在远程计算机上执行操作和访问资源的服务。远程登录服务可以方便用户在不同地点、不同设备上访问和控制远程计算机，提高工作效率和便利性。

远程桌面服务(Remote Desktop Services)是 Windows 操作系统提供的一种远程登录服务，用户可以通过远程桌面协议（RDP）连接到远程计算机的桌面界面，并在远程计算机上进行操作。用户可以远程访问文件、程序、数据等资源，实现远程办公和远程支持等功能。

SSH(Secure Shell)是一种加密的网络协议，用于在网络上安全地进行远程登录和数据传输。用户可以通过 SSH 客户端连接到远程服务器的 Shell 界面，进行命令行操作。SSH 提供了加密的通信通道，确保数据传输的安全性。

VPN(Virtual Private Network)是一种通过公共网络建立安全连接的技术，用户可以通过 VPN 客户端连接到远程网络，实现远程访问内部资源的功能。VPN 可以提供加密的通信通道和身份验证机制，确保远程连接的安全性。

远程协助服务(Remote Assistance)允许用户在远程协助的情况下共享屏幕和控制对方计算机，用于远程支持、培训和协作等场景。用户可以邀请其他用户或技术支持人员远程连接到自己的计算机，协助解决问题或提供支持。

远程登录服务可以帮助用户实现远程办公、远程支持、远程管理等功能，提高工作效率和灵活性。用户在使用远程登录服务时需要注意网络安全和隐私保护，确保远程连接的安全性和可靠性。

7.3.4 IP 地址与域名

1. IP 地址

IP(Internet Protocol，网络协议)也就是为计算机网络相互连接进行通信而设计的协议。在因特网中，它是能使连接到网上的所有计算机网络实现相互通信的一套规则，规定了计算机在因特网上进行通信时应当遵守的规则。任何厂家生产的计算机系统，只要遵守 IP

就可以与因特网互连互通。正是因为有了 IP,因特网才得以迅速发展,从而成为世界上最大的、最开放的计算机通信网络,因此,IP 也可以叫作因特网协议。

IP 地址被用来给 Internet 上的计算机一个编号。大家日常见到的情况是每台联网的 PC 上都需要有 IP 地址,这样才能正常通信。可以把个人计算机比作一台电话,那么 IP 地址就相当于电话号码,而 Internet 中的路由器,就相当于电信局的"程控式交换机"。

IP 地址是一个 32 位的二进制数,通常被分割为 4 个 8 位二进制数(也就是 4 字节)。IP 地址通常用"点分十进制"表示成(a. b. c. d)的形式,其中,a、b、c、d 都是 0~255 的十进制整数,例如点分十进制 IP 地址(100. 4. 5. 6),实际上是 32 位二进制数(01100100. 00000100. 00000101. 00000110)。常见的 IP 地址分为 IPv4 与 IPv6 两大类。

IP 地址编址方案:IP 地址编址方案将 IP 地址空间划分为 A、B、C、D、E 五类,其中 A、B、C 是基本类,D、E 类作为多播和保留使用。IPv4 有 4 段数字,每段最大不超过 255。由于互联网的蓬勃发展,IP 位址的需求量愈来愈大,使 IP 位址的发放愈趋严格,各项资料显示全球 IPv4 地址在 2011 年 2 月 3 日已分配完毕。

1) IP 地址的类型

(1) 公有地址:公有地址(Public Address)由 Inter NIC(Internet Network Information Center,因特网信息中心)负责。这些 IP 地址分配给注册并向 Inter NIC 提出申请的组织机构。通过它直接访问因特网。

(2) 私有地址:私有地址(Private Address)属于非注册地址,专门为组织机构内部使用。以下列出留用的内部私有地址:

A 类 10. 0. 0. 0~10. 255. 255. 255。

B 类 172. 16. 0. 0~172. 31. 255. 255。

C 类 192. 168. 0. 0~192. 168. 255. 255。

(3) 特殊 IP 地址:特殊 IP 地址是指在 IP 地址分配中具有特殊用途或特殊含义的一类 IP 地址。这些特殊 IP 地址通常用于特定的网络通信场景,与普通的公共 IP 地址有所区别。以下是几种常见的特殊 IP 地址及其概述。

保留 IP 地址(Reserved IP Addresses):保留 IP 地址是指为特定用途保留的一些 IP 地址范围,不用于公共互联网中的分配。这些 IP 地址通常用于私有网络、本地通信、广播等特定场景,不会被路由器转发到公共互联网上,例如,IPv4 中的私有 IP 地址范围包括 10. 0. 0. 0~10. 255. 255. 255、172. 16. 0. 0~172. 31. 255. 255、192. 168. 0. 0~192. 168. 255. 255。

回环地址(Loopback Address):回环地址是指计算机本地回环测试的特殊 IP 地址,通常用于本地主机内部通信和自我测试。在 IPv4 中,回环地址为 127. 0. 0. 1,在 IPv6 中,回环地址为::1。

广播地址(Broadcast Address):广播地址用于向同一网络中的所有主机发送数据包,以实现广播通信。在 IPv4 中,广播地址通常是网络地址的最后一个地址,如 192. 168. 1. 255;在 IPv6 中,广播地址被替代为多播地址。

多播地址(Multicast Address):多播地址用于向一组特定的主机发送数据包,以实现多播通信。多播地址通常用于流媒体、视频会议、组播等应用场景。

零地址(Zero Address)：零地址是指表示网络上所有主机的特殊 IP 地址，通常用于路由器和特定网络设备的配置。

特殊 IP 地址在网络通信中扮演着重要的角色，用于实现特定功能、满足特定需求或保证网络通信的有效性和安全性。在使用特殊 IP 地址时，需要根据具体的场景和需求合理地进行配置和管理，确保网络通信的正常运行和安全。

2）IP 地址的分类

最初设计互联网络时，为了便于寻址及层次化构造网络，每个 IP 地址包括两个标识码(ID)，即网络 ID 和主机 ID。同一个物理网络上的所有主机都使用同一个网络 ID，网络上的一个主机(包括网络上的工作站、服务器和路由器等)有一台主机 ID 与其对应。Internet 委员会定义了 5 种 IP 地址类型以适合不同容量的网络，即 A 类～E 类，其中 A、B、C3 类(如表格)由 Inter NIC 在全球范围内统一分配，D、E 类为特殊地址，如表 7-2 所示。

表 7-2　A、B、C3 类 IP 地址

类别	最大网络数	IP 地址范围	最大主机数	私有 IP 地址范围
A	126(2^7-2)	0.0.0.0～127.255.255.255	16 777 214	10.0.0.0～10.255.255.255
B	16 384(2^{14})	128.0.0.0～191.255.255.255	65 534	172.16.0.0～172.31.255.255
C	2 097 152(2^{21})	192.0.0.0～223.255.255.255	254	192.168.0.0～192.168.255.255
D	224.0.0.0～239.255.255.255 用于多点广播			
E	240.0.0.0～255.255.255.254 保留；255.255.255.255 用于广播			

3）设置本机 IP 地址

选择“开始”，单击“运行 ”按钮，输入 cmd，在弹出的窗口中输入 ipconfig /all，可以查询本机的 IP 地址，以及子网掩码、网关、物理地址(MAC 地址)、DNS 等详细情况，如图 7-36 所示。

设置本机的 IP 地址的步骤为选择“网络和 Internet 设置”，单击“本地连接 ”，单击“属性”按钮，选择 TCP/IP，可打开 IP 地址设置界面，如图 7-37 所示。

2．域名地址

1）定义

由于 IP 地址是数字标识，使用时难以记忆和书写，因此在 IP 地址的基础上又发展出一种符号化的地址方案，以此来代替数字型的 IP 地址。每个符号化的地址都与特定的 IP 地址对应，这样网络上的资源访问起来就容易得多了。这个与网络上的数字型 IP 地址相对应的字符型地址被称为域名。

域名(Domain Name)是由一串用点分隔的名字组成的 Internet 上某一台计算机或计算机组的名称，用于在数据传输时标识计算机的电子方位(有时也指地理位置，地理上的域名指代的是有行政自主权的一个地方区域)。域名是一个 IP 地址的“面具”。域名是便于记忆和沟通的一组服务器的地址(网站、电子邮件、FTP 等)。域名作为难忘的互联网参与者的名称，世界上第 1 个注册的域名是在 1985 年 1 月注册的。

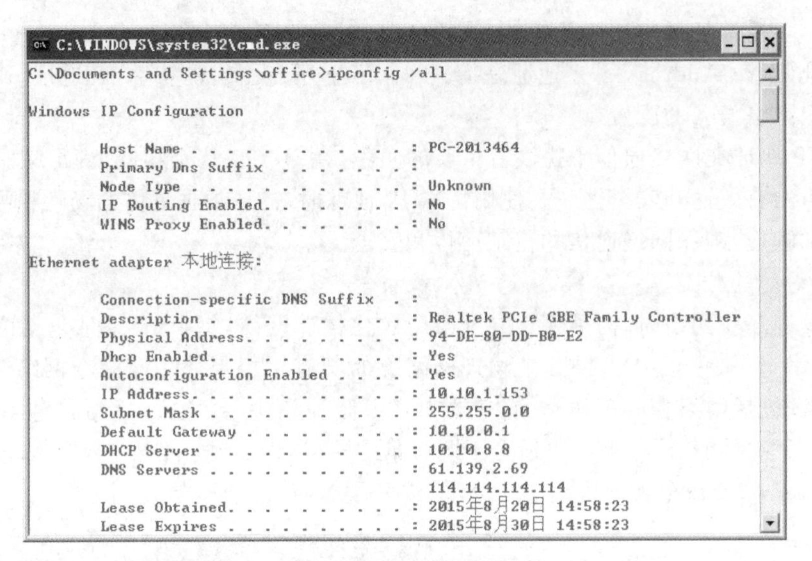

图 7-36 IP 地址查询

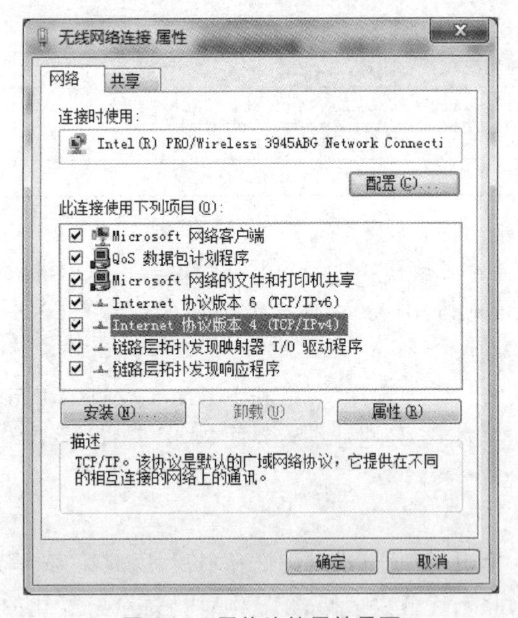

图 7-37 网络连接属性界面

域名的注册遵循“先申请先注册”的原则，管理认证机构对申请企业提出的域名是否违反了第三方的权利不进行任何实际性审查。在中华网库每个域名的注册都是独一无二不可重复的，因此在网络上域名是一种相对有限的资源，它的价值将随着注册企业的增多而逐步为人们所重视。

2）基本类型

一是国际域名(International Top-level Domain-names，ITD)，也叫国际顶级域名。这

是使用最早也是使用最广泛的域名，例如表示工商企业的.com，表示网络提供商的.net，表示非营利组织的.org等。

二是国内域名，又称为国内顶级域名(National Top-level Domainnames，NTD)，即按照国家的不同而分配不同的后缀，这些域名即为该国的国内顶级域名。200多个国家和地区都按照ISO 3166国家代码分配了顶级域名，例如中国是cn，美国是us，日本是jp等。

在实际使用和功能上，国际域名与国内域名没有任何区别，它们都是互联网上的具有唯一性的标识。只是在最终管理机构上，国际域名由美国商业部授权的互联网名称与数字地址分配机构(The Internet Corporation for Assigned Names and Numbers，ICANN)负责注册和管理，而国内域名则由中国互联网络管理中心(China Internet Network Information Center，CNNIC)负责注册和管理。

3) 域名级别

域名可分为不同级别，包括顶级域名、二级域名、三级域名等。

(1) 顶级域名：顶级域名又分为国家顶级域名与国际顶级域名两类。

国家顶级域名：200多个国家和地区都按照ISO 3166国家代码分配了顶级域名，例如中国是cn、美国是us、日本是jp等。

国际顶级域名，例如表示工商企业的.com，表示网络提供商的.net，表示非营利组织的.org等。大多数域名争议发生在com的顶级域名下，因为多数公司上网的目的是赢利。为加强域名管理，解决域名资源紧张问题，Internet协会、Internet分址机构及世界知识产权组织(WIPO)等国际组织经过广泛协商，在原来三个国际通用顶级域名(com)的基础上，新增加了7个国际通用顶级域名：firm(公司企业)、store(销售公司或企业)、web(突出WWW活动的单位)、arts(突出文化、娱乐活动的单位)、rec(突出消遣、娱乐活动的单位)、info(提供信息服务的单位)、nom(个人)，并在世界范围内选择新的注册机构来受理域名注册申请。

(2) 二级域名：顶级域名之下的域名，在国际顶级域名下，它是指域名注册人的网上名称，例如ibm、yahoo、microsoft等；在国家顶级域名下，它是表示注册企业类别的符号，例如com、edu、gov、net等。

中国在国际互联网络信息中心(Inter NIC)正式注册并运行的顶级域名是cn，这也是中国的一级域名。在顶级域名之下，中国的二级域名又分为类别域名和行政区域名两类。类别域名共6个，包括用于科研机构的ac；用于工商金融企业的com；用于教育机构的edu；用于政府部门的gov；用于互联网络信息中心和运行中心的net；用于非营利组织的org，而行政区域名有34个，分别对应于中国各省、自治区和直辖市。

(3) 三级域名：由字母(A～Z，a～z，大小写等)、数字(0～9)和连接符(-)组成，各级域名之间用实点(.)连接，三级域名的长度不能超过20个字符。如无特殊原因，建议采用申请人的英文名(或者缩写)或者汉语拼音名(或者缩写)作为三级域名，以保持域名的清晰性和简洁性。

7.3.5 子网及子网掩码

1. 子网的概述

子网(Subnet)是指将一个大的IP地址空间划分为若干个小的子网络的过程。在网络中,子网是为了更有效地管理IP地址和提高网络性能而划分出来的逻辑网络单元。通过划分子网,可以将一个大的IP地址范围分割成多个较小的子网络,每个子网都有自己的IP地址范围和子网标识。子网化的主要目的如下。

1) 提高网络的管理性

通过将大的IP地址空间划分为多个子网,可以更方便地管理和分配IP地址,减少地址冲突和管理复杂性。

2) 提高网络的性能

子网化可以减少广播域的大小,降低网络中广播流量的影响,提高网络的性能和可靠性。

3) 增强网络的安全性

子网化可以将网络划分为多个逻辑单元,更好地控制和隔离网络流量,增强网络的安全性和隐私保护。

4) 支持更灵活的网络拓扑结构

通过子网化,可以更灵活地设计网络拓扑结构,支持不同部门、不同功能区域之间的隔离和通信。

在子网化的网络中,每个子网都有一个唯一的子网标识(Subnet ID),用于区分不同的子网。子网通常由网络管理员根据实际需求和网络规划划分,并使用子网掩码(Subnet Mask)来确定网络地址和主机地址的划分。子网化是现代网络设计和管理中的重要概念,可以帮助提高网络的可管理性、性能和安全性。

2. 子网地址

子网地址是指在一个子网中用来标识网络的地址。在IPv4网络中,子网地址通常由网络地址和子网号两部分组成。子网地址的确定需要结合网络地址和子网掩码来进行计算。

具体来讲,子网地址是通过将IP地址中的网络地址和子网号进行逻辑与运算得到的。在子网掩码中,网络部分全为1,主机部分全为0。将IP地址和子网掩码进行逻辑与运算,可以得到子网地址。

假设IP地址为192.168.1.10,子网掩码为255.255.255.0,将IP地址和子网掩码进行逻辑与运算:

```
    11000000.10101000.00000001.00001010       192.168.1.10
+   11111111.11111111.11111111.00000000       255.255.255.0
-------------------------------------------
    11000000.10101000.00000001.00000000       192.168.1.0
```

因此,子网地址为192.168.1.0。这个子网地址用来标识属于同一个子网的所有主机。在一个子网中,子网地址通常用来表示整个子网的范围,而具体的主机地址则用来标识子网中的具体主机。

子网地址在网络中有重要的作用,它帮助确定了网络中主机的归属和通信范围,有助于网络管理员更好地管理和维护网络。通过合理划分子网并确定子网地址,可以提高网络的可管理性、性能和安全性。

3. 子网掩码

子网掩码(Subnet Mask)是用来划分 IP 地址中网络部分和主机部分的一个 32 位二进制数,用于标识一个 IP 地址属于哪个子网。子网掩码中的 1 表示网络部分,而 0 表示主机部分。

子网掩码与 IP 地址一起使用,通过逻辑与运算来确定网络地址和主机地址的划分。子网掩码的作用是告诉网络设备哪些位是网络部分,哪些位是主机部分。根据子网掩码的不同,可以划分出不同大小的子网,以满足不同网络规模和需求。

常见的子网掩码包括以下几类。

255.255.255.0:用于划分一个 C 类 IP 地址为 256 个子网,每个子网可容纳 256 台主机。

255.255.0.0:用于划分一个 B 类 IP 地址为 256 个子网,每个子网可容纳 65 536 台主机。

255.0.0.0:用于划分一个 A 类 IP 地址为 256 个子网,每个子网可容纳 16 777 216 台主机。

网络管理员根据实际网络规划和需求来选择合适的子网掩码,以实现有效的 IP 地址管理、提高网络性能和安全性。正确配置子网掩码是网络设计和管理中的重要步骤,可以实现灵活的网络拓扑结构、减少广播域、提高网络安全性等目标。

4. 子网掩码的用途

子网掩码的主要用途如下。

1) 划分网络

子网掩码将一个大的 IP 地址空间划分成多个较小的子网,使网络管理更加灵活和高效。

2) 确定网络地址和主机地址

通过与 IP 地址进行逻辑与运算,子网掩码可以帮助确定 IP 地址中的网络部分和主机部分,从而确定主机所在的子网。

3) 提高网络性能

子网掩码可以帮助减少广播域的大小,减少广播流量,提高网络的性能和响应速度。

4) 增强网络安全性

通过子网掩码的设置,可以限制不同子网之间的通信,提高网络的安全性,防止未经授权的访问。

5) 管理 IP 地址

子网掩码的正确配置可以帮助网络管理员更好地管理和分配 IP 地址,避免 IP 地址的浪费和冲突。

总体来讲，子网掩码在网络设计和管理中起着至关重要的作用，它帮助划分网络、确定主机所在的子网、提高网络性能和安全性，同时也有助于有效地管理 IP 地址资源，因此，正确配置和使用子网掩码是网络管理中的关键步骤。

11min

7.4 网络体系结构

计算机网络涉及计算机技术、通信等多方面，其结构复杂而有序。掌握网络体系结构相关知识有助于深入理解网络机制、推动技术创新、提升网络性能及增强网络安全性，对于促进互联网的发展和应用具有重要意义。

7.4.1 网络体系结构概述

网络体系结构是从功能上描述计算机网络结构。网络协议是计算机网络必不可少的协议，一个完整的计算机网络需要有一套复杂的协议集合，组织复杂的计算机网络协议的最好方式就是层次模型，而将计算机网络层次模型和各层协议的集合定义为计算机网络体系结构。

通常所讲的计算机网络体系结构，即在世界范围内统一协议，制定软件标准和硬件标准，并对计算机网络及其部件所应完成的功能进行精确定义，从而使不同的计算机能够在相同功能中进行信息对接。

计算机网络体系结构可以定义为网络协议的层次划分与各层协议的集合，同一层中的协议根据该层所要实现的功能来确定。各对等层之间的协议功能由相应的底层提供服务完成。

层次化的网络体系的优点在于每层实现相对独立的功能，层与层之间通过接口来提供服务。每层都对上层屏蔽实现协议的具体细节，使网络体系结构做到与具体物理实现无关。层次结构允许连接到网络的主机和终端型号、性能可以不一，但只要遵守相同的协议即可实现互操作。高层用户可以从具有相同功能的协议层开始进行互连，使网络成为开放式系统。这里“开放”指按照相同协议任意两系统之间可以进行通信，因此层次结构便于系统的实现和便于系统的维护。

对于不同系统实体间互连互操作这样一个复杂的工程设计问题，如果不采用分层次分解处理，则会产生任何错误或性能修改影响整体设计的弊端。

相邻协议层之间的接口包括两相邻协议层之间所有调用和服务的集合，服务是第 i 层向相邻高层提供服务，调用是相邻高层通过原语或过程调用相邻低层的服务。

对等层之间进行通信时，数据传送方式并不是由发方第 i 层直接发送到收方第 i 层，而是每层都把数据和控制信息组成的报文分组传输到它的相邻低层，直到物理传输介质。接收时，则是每层从它的相邻低层接收相应的分组数据，在去掉与本层有关的控制信息后，将有效数据传送给其相邻上层。

7.4.2 ISO/OSI网络体系结构

国际标准化组织ISO(International Standards Organization)在20世纪80年代提出的开放系统互联参考模型OSI(Open System Interconnection)如图7-38所示，该模型将计算机网络通信协议分为七层。

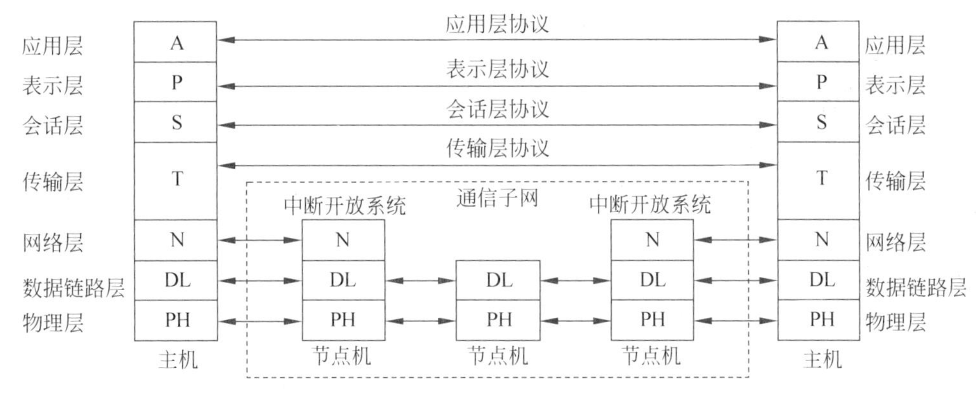

图7-38 OSI网络系统结构参考模型及协议

该模型是一个定义异构计算机连接标准的框架结构，其主要具有以下特点：

(1) 网络中异构的每个节点均有相同的层次，相同层次具有相同的功能。

(2) 同一节点内相邻层次之间通过接口通信。

(3) 相邻层次间接口定义通信操作，由低层向高层提供服务。

(4) 不同节点的相同层次之间的通信由该层次的协议管理。

(5) 每层次完成对该层所定义的功能，修改本层次功能不影响其他层。

(6) 仅在最低层直接进行数据传送。

(7) 定义的是抽象结构，并非具体实现的描述。

在OSI网络体系结构中，除了物理层之外，网络中数据的实际传输方向是垂直的。数据由用户发送进程发送给应用层，向下经表示层、会话层等到达物理层，再经传输媒体传到接收端，由接收端物理层接收，向上经数据链路层等到达应用层，再由用户获取。数据在由发送进程交给应用层时，由应用层加上该层有关控制和识别信息，再向下传送，这一过程一直重复到物理层。在接收端信息向上传递时，各层的有关控制和识别信息被逐层剥去，最后数据送到接收进程。

现在在制定网络协议和标准时都把ISO/OSI参考模型作为参照基准，并说明与该参照基准的对应关系，例如，在IEEE802局域网LAN标准中，只定义了物理层和数据链路层，并且增强了数据链路层的功能。在广域网WAN协议中，CCITT的X.25建议包含了物理层、数据链路层和网络层三层协议。一般来讲，网络的低层协议决定了一个网络系统的传输特性，例如所采用的传输介质、拓扑结构及介质访问控制方法等，通常由硬件来实现；网络的高层协议则提供了与网络硬件结构无关的更加完善的网络服务和应用环境，通常是由网络操作系统来实现的。各层的主要功能如下。

1. 物理层

物理层(Physical Layer)是OSI(Open Systems Interconnection,开放系统互连)模型中的第1层,也是网络通信中的最底层。传送信息要利用物理媒体,如双绞线、同轴电缆、光纤等。物理层主要负责传输数据比特流,以及定义传输媒介的机械、电气、功能和过程特性,在物理层上所传数据的单位是比特。物理层的主要功能包括以下几种。

1) 数据传输

物理层负责将数据转换为比特流,并通过物理介质(如电缆、光纤等)进行传输。

2) 数据编码和调制

物理层将数字信号编码为模拟信号,或者将数字信号调制为模拟信号,以便在传输媒介上传输。

3) 传输介质的接口标准

定义了传输介质的接口标准,包括传输速率、传输距离、连接器类型等。

4) 数据传输的同步

确保发送端和接收端的数据传输同步,以便正确地接收数据。

5) 数据时钟同步

确保发送端和接收端的时钟同步,以便在正确的时间间隔内传输数据。

物理层的工作主要集中在硬件层面,包括传输介质、接口标准、数据编码等。物理层的正确工作对于整个网络通信的稳定性和性能至关重要。在实际网络中,物理层的实现包括各种传输介质和设备,如网线、光纤、调制解调器等。

总体来讲,物理层负责将数据转换为比特流并通过传输介质进行传输,是整个网络通信的基础。物理层的工作影响着上层协议的正常运行,因此在网络设计和管理中需要重视物理层的工作和配置。

2. 数据链路层

数据链路层(Data Link Layer)是OSI模型中的第2层,位于物理层之上,负责在直接相连的节点之间传输数据帧。数据链路层的主要功能是提供可靠的数据传输,并进行错误检测和纠正,以确保数据在物理层上的正确传输。数据链路层的主要功能包括以下几种。

1) 封装数据帧

将网络层传输的数据包封装成数据帧,添加头部和尾部信息,以便在物理介质上传输。

2) 访问控制

数据链路层负责协调多台设备对共享传输介质的访问,以避免数据冲突和碰撞。

3) 差错检测

数据链路层通过添加校验和字段来检测数据帧传输过程中的错误,并在需要时进行纠正。

4) 流量控制

数据链路层负责控制数据的传输速率,以防止接收方无法及时处理过多的数据。

5）数据帧的确认和重传

数据链路层确保数据的可靠传输，通过确认接收的数据帧，并在需要时进行重传。

数据链路层的工作在局域网和广域网中起着重要作用，连接了物理层和网络层，为网络通信提供了可靠性和效率。常见的数据链路层协议包括以太网（Ethernet）、无线局域网（WiFi）、点对点协议（PPP）等。

总体来讲，数据链路层负责在直接相连的节点之间传输数据帧，并提供可靠的数据传输、错误检测和纠正等功能。数据链路层的正确工作对于网络通信的稳定性和性能至关重要，因此在网络设计和管理中需要重视数据链路层的配置和管理。

3. 网络层

网络层（Network Layer）是 OSI 模型中的第 3 层，位于数据链路层之上，负责在不同网络之间传输数据包。网络层的任务就是要选择合适的路由，使发送站的运输层所传下来的分组能够正确无误地按照地址找到目的站，并交付给目的站的运输层。网络层的主要功能包括以下几种。

1）路由选择

网络层根据目标地址选择最佳的路径进行数据包传输，通过路由选择算法来确定数据包的传输路径。

2）数据包转发

网络层负责将数据包从源主机传输到目标主机，通过路由器等网络设备对数据包进行转发。

3）IP 地址分配

网络层使用 IP 地址来标识网络中的设备，负责分配和管理设备的 IP 地址。

4）分段和重组

网络层对数据包进行分段传输，在目标主机处重组数据包，以适应不同网络的传输要求。

5）差错检测和纠正

网络层通过校验和字段来检测数据包传输过程中的错误，并在需要时进行纠正。

网络层的工作在互联网中起着至关重要的作用，它连接了数据链路层和传输层，实现了不同网络之间的通信。网络层使用 IP 来进行数据包的传输，IP 地址是网络层的重要标识符。

常见的网络层协议包括 IPv4 和 IPv6 等，它们是互联网中最常用的协议，用于实现数据包的路由选择和转发。网络层的正确工作对于网络通信的稳定性和性能至关重要，因此在网络设计和管理中需要重视网络层的配置和管理。

4. 运输层

运输层（Transport Layer）是 OSI 模型中的第 4 层，位于网络层之上，主要负责在通信的端到端节点之间提供可靠的数据传输服务。运输层的主要功能是确保数据在源主机和目标主机之间进行可靠传输，并提供端到端的数据传输控制。运输层的主要功能包括以下几种。

1）可靠的数据传输

运输层使用数据包重传、确认和校验等机制，确保数据的可靠传输。

2）数据流控制

运输层负责控制数据的传输速率，以避免接收方无法及时处理过多的数据。

3）多路复用

运输层通过端口号将多个应用程序的数据区分开来，实现多路复用。

4）分段和重组

运输层对数据进行分段传输，在目标主机处重组数据，以适应不同网络的传输要求。

5）差错检测和纠正

运输层通过校验和字段来检测数据包传输过程中的错误，并在需要时进行纠正。

运输层最常见的协议是传输控制协议(TCP)和用户数据报协议(UDP)。TCP提供可靠的数据传输服务，确保数据的完整性和顺序性，适用于需要可靠数据传输的应用场景；UDP提供无连接的数据传输服务，适用于对实时性要求较高的应用场景。

总体来讲，运输层负责在通信的端到端节点之间提供可靠的数据传输服务，确保数据的完整性和可靠性。运输层的正确工作对于网络通信的稳定性和性能至关重要，因此在网络设计和管理中需要重视运输层的配置和管理。

5. 会话层

会话层(Session Layer)也称为会晤层或对话层。在会话层及以上的更高层次中，数据传送的单位没有另外再取名字，一般可称为报文。

会话层虽然不参与具体的数据传输，但它却对数据传输进行管理。会话层在两个互相通信的应用进程之间建立、组织和协调其交互(Interaction)，例如，确定是双工工作(每方同时发送和接收)，还是半双工工作(每方交替发送和接收)。当发生意外时(如已建立的连接突然断了)，要确定在重新恢复会话时应从何处开始。

6. 表示层

表示层(Presentation Layer)主要解决用户信息的语法表示问题。表示层将欲交换的数据从适合于某一用户的抽象语法(Abstract Syntax)变换为适合于OSI系统内部使用的传送语法(Transfer Symax)。有了表示层，用户就可以把精力集中在所要交谈的问题本身，而不必更多地考虑对方的某些特性，例如，对方使用什么样的语言。此外，对传送信息加密(和解密)也是表示层的任务之一。

7. 应用层

应用层(Application Layer)是OSI参考模型中的最高层。它确定进程之间通信的性质以满足用户的需要(反映在用户所产生的服务请求)；负责用户信息的语义表示，并在两个通信者之间进行语义匹配，即应用层不仅要提供应用进程所需要的信息交换和远程操作，而且还要作为互相作用的应用进程的用户代理(User Agent)，以此来完成一些为进行语义上有意义的信息交换所必需的功能。

为了对 ISO/OSI/RM 有更深刻的理解，表 7-3 给出了两个主机用户 A 与 B 对应各层之间的通信联系的几个层操作的简单含义。

表 7-3 主机间通信及各层操作的通俗含义

主机 HA	控制类型	对等层协议规定的通信联系	通俗含义	数据单位	主机 HB
应用层	进制控制	用户进程之间的用户信息交换	做什么	用户数据	应用层
表示层	表示控制	用户数据可以编辑、交换、扩展、加密、压缩或重组为会话信息	对方看起来像什么	会话报文	表示层
会话层	会话控制	建议和撤出会话，如会话失败应有秩序的恢复或关闭	轮到谁讲话和从何处讲	会话报文	会话层
传输层	传输端-端控制	会话信息经过传输系统发送，保持会话信息完整	对方在何处	会话报文	传输层
网络层	网络控制	通过逻辑链路发送报文组会话信息，可以分为几个分组发送	走哪条路可到达该处	分组	网络层
数据链路层	链路控制	在链路上发送帧及应答	每步应该怎样走	帧	数据链路层
物理层	物理控制	建立物理线路，以便在线路上发送位	对上一层的每步怎样利用物理媒介	位(比特)	物理层

7.4.3 TCP/IP

7.4.2 节已介绍，OSI 模型最基本的技术就是分层，TCP/IP 也采用分层体系结构，每层提供特定的功能，层与层间相对独立，因此改变某一层的功能不会影响其他层。这种分层技术简化了系统的设计和实现，提高了系统的可靠性及灵活性。

TCP/IP 也采用分层体系结构，共分 4 层，即网络接口层、Internet 层、传输层和应用层。每层提供特定功能，层与层之间相对独立，与 OSI 七层模型相比，TCP/IP 没有表示层和会话层，这两层的功能由应用层提供，OSI 的物理层和数据链路层功能由网络接口层完成。TCP/IP 参考模型及协议簇，如图 7-39 所示。

1. 网络接口层

网络接口层是 TCP/IP 参考模型的最底层，它负责通过网络发送和接收 IP 数据。TCP/IP 参考模型允许主机连入网络时使用多种现成的与流行的协议，例如局域网协议或其他协议。

2. Internet 层

Internet 层也称为互连层，是 TCP/IP 参考模型的第 2 层，它相当于 OSI 参考模型的网络层的无连接网络服务。Internet 层负责将源主机的报文分组发送到目的主机，源主机与目的主机既可以在同一个网上，也可以在不同的网上。

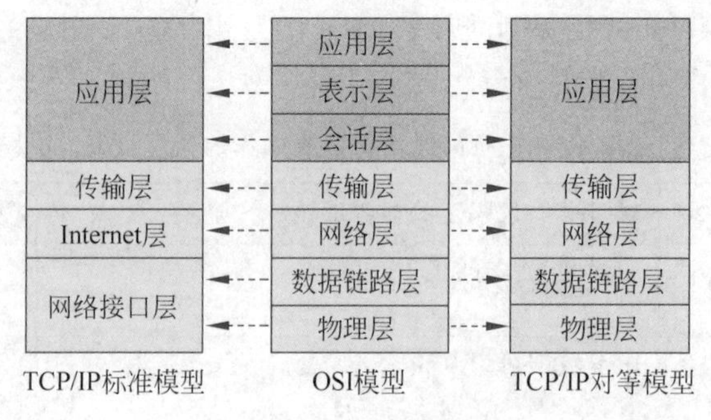

图 7-39 TCP/IP 参考模型

3. 传输层

传输层是 TCP/IP 参考模型的第 3 层,它负责在应用进程之间的"端-端"通信。传输层的主要目的是:在互联网中源主机与目的主机的对等实体间建立用于会话的"端-端"连接。从这一点上看,TCP/IP 参考模型的传输层与 OSI 参考模型的传输层功能是相似的。

4. 应用层

应用层是 TCP/IP 参考模型的最高层,它包括所有的高层协议,并且不断有新的协议加入。

7.5 网络通信技术

网络通信技术是指通过计算机和网络通信设备对图形、文字等形式的资料进行采集、存储、处理和传输,以实现信息资源的充分共享的技术。网络通信技术涵盖了多种分类,包括模拟通信和数字通信。

7.5.1 数据通信

数据通信是指在不同设备之间传输数据的过程。数据通信可以通过有线或无线的方式进行,常见的数据通信技术包括以太网、WiFi、蓝牙、4G/5G 等。

数据通信的过程通常包括数据的发送、传输和接收 3 个步骤。在数据发送阶段,数据被编码并通过信道发送给接收方。在数据传输阶段,数据通过物理媒介传输到接收方。在数据接收阶段,接收方对接收的数据进行解码并处理。

数据通信的目的是实现设备之间的信息交流和数据共享。数据通信技术的发展使人们可以更加便捷地进行信息传递和互联网连接,推动了信息社会的发展和智能化进程。

1. 模拟通信系统和数据通信系统

模拟通信系统和数据通信系统是两种不同的通信系统,在传输数据时采用不同的方法和技术。

模拟通信系统是指将模拟信号(连续的信号)传输到接收端的通信系统。在模拟通信系统中,信号是以模拟形式传输的,例如声音、视频等。模拟通信系统通常用于传输连续的信号，如音频和视频信号，它们需要保持信号的连续性和准确性。

数据通信系统是指将数字信号(离散的信号)传输到接收端的通信系统。在数据通信系统中，信号是以数字形式传输的，例如二进制数据。数据通信系统通常用于传输数字数据，如文本、图像、视频等，需要将数据转换成数字形式进行传输。

总体来讲，模拟通信系统更适合传输连续信号，而数据通信系统更适合传输数字数据。随着数字技术的发展，数据通信系统在通信领域中的应用越来越广泛，而模拟通信系统在某些特定领域仍然有其独特的应用场景。

2. 通信线路的连接方式

通信线路的连接方式主要包括以下几种。

1) 点对点连接

点对点连接是最简单的连接方式，即在两台设备之间建立一条直接的通信线路。这种连接方式适用于需要直接传输数据的场景，如电话通信、计算机与打印机的连接等。

2) 多点连接

多点连接是指一台设备与多台设备之间建立连接的方式。多点连接可以是星状、环状、树状等不同的拓扑结构，其中最常见的是星状连接，即所有设备都通过中心节点进行通信。

3) 广播连接

广播连接是一种将数据同时发送给所有设备的连接方式。广播连接适用于需要向多台设备发送相同信息的场景，如广播电视、广播电台等。

4) 链路连接

链路连接是指通过多个节点依次传输数据的连接方式。链路连接通常用于长距离通信或跨越多个网络的通信，数据在每个节点之间传输并进行中转。

5) 网络连接

网络连接是指将多台设备通过网络连接起来进行数据通信的方式。网络连接可以是局域网、广域网、互联网等不同规模和范围的网络结构。

不同的连接方式适用于不同的通信需求和场景，选择合适的连接方式可以提高通信效率和稳定性。随着通信技术的发展，不同的连接方式也在不断演进和创新。

3. 通信线路的通信方式

通信线路的通信方式主要包括以下几种。

1) 单工通信

单工(Simplex)通信是指通信双方只能在一个方向上传输数据的通信方式，其中一方只能发送数据，另一方只能接收数据，不能同时进行发送和接收。例如，广播电台向听众发送广播信号就是一种单工通信方式。

2) 半双工通信

半双工(Half-Duplex)通信是指通信双方可以在不同的时间段内交替地进行发送和接收数据的通信方式。虽然通信双方都可以发送和接收数据，但不能同时进行发送和接收。对于半双工通信，通信双方需要等待对方发送完数据后再发送自己的数据。例如，对讲机就是一种典型的半双工通信设备。

3）全双工通信

全双工(Full-Duplex)通信是指通信双方可以同时进行发送和接收数据的通信方式。通信双方可以同时发送和接收数据,实现双向通信。典型的全双工通信设备包括电话、互联网电话、视频会议系统等。

不同的通信方式适用于不同的通信需求和场景。单工通信适用于只需单向传输数据的场景,半双工通信适用于需要交替发送和接收数据的场景,而全双工通信适用于需要同时进行双向通信的场景。选择合适的通信方式可以提高通信效率和质量。

4. 数据传输方式

数据传输方式是指在数据通信中,数据从发送端传输到接收端的方式。主要的数据传输方式包括以下几种。

1）串行传输

串行传输是将数据位逐位地按照顺序传输的方式。在串行传输中,每个数据位依次经过传输介质传输到接收端,速度较慢但传输距离较远。串行传输适用于需要长距离传输的场景,如电话线路、串行接口等。

2）并行传输

并行传输是将数据同时以多位的并行方式进行传输的方式。在并行传输中,多数据位同时经过传输介质传输到接收端,速度较快但传输距离较短。并行传输适用于需要高速传输的场景,如计算机内部数据传输并行接口等。

不同的数据传输方式适用于不同的通信需求和场景。选择合适的数据传输方式可以提高数据传输效率和可靠性。随着通信技术的发展,数据传输方式也在不断演进和创新,以满足不断变化的通信需求。

7.5.2 数据传输技术

数据传输技术是指数据源与数据宿之间通过一个或多个数据信道或链路、共同遵循一种通信协议而进行的数据传输的技术和方法。这种技术主要用于计算机与计算机之间、计算机与数据库之间、计算机与终端之间及终端与终端之间的信息通信或情报检索。典型的数据传输系统包括主计算机或数据终端设备、数据电路终端设备及数据传输信道。

1. 基带传输与频带传输

基带传输和频带传输是两种不同的数据传输方式,在信号调制和传输过程中有所区别。

1）基带传输

基带传输是指直接传输原始数据信号(基带信号)的方式,没有经过调制过程。在基带传输中,数据信号的频率范围从零开始,通常在低频范围内传输。基带传输适用于短距离通信和数字信号传输,如在计算机内部、局域网等场景。基带传输的优点是简单、成本低,但受到噪声干扰和传输距离的限制。

2）频带传输

频带传输是指将数据信号调制到一定频率范围内进行传输的方式。

在频带传输中，数据信号经过调制成为载波信号，传输的频率范围通常在较高的频率范围内。频带传输适用于长距离通信和高速数据传输，如电话线路、光纤通信、无线通信等。频带传输的优点是抗干扰能力强、传输速度快，适用于不同距离和应用场景。

总体来讲，基带传输和频带传输各有其适用的场景和优缺点。基带传输适用于短距离、低速数据传输，而频带传输适用于长距离、高速数据传输。在实际应用中，根据通信需求和环境选择合适的传输方式可以提高数据传输效率和可靠性。

2. 数据编码

1）数字数据的数字信号编码

数字数据在传输和存储过程中需要经过数字信号编码，将原始的数字数据转换成数字信号，以便在通信系统中传输和处理。数字信号编码是将数字数据转换为禁止的信号形式的过程，其中包括以下几种常见的数字信号编码方式。

(1) 非归零编码(NRZ)：非归零编码是一种简单的数字信号编码方式，根据数据位的值来确定信号的电平，常见的有 NRZ-L(低电平表示 0，高电平表示 1)和 NRZ-M(中间电平表示 0，高低电平表示 1)。NRZ 编码的优点是简单易实现，但存在直流分量大、同步性差等缺点。

(2) 归零编码(RZ)：归零编码是一种在每个位周期内都有一个零电平的编码方式，常见的有 RZ-L(低电平表示 0，高电平表示 1)和 RZ-M(中间电平表示 0，高低电平表示 1)。RZ 编码的优点是同步性好，但存在信号频率加倍、功率效率低等缺点。

(3) 曼彻斯特编码：曼彻斯特编码是一种自时钟式的编码方式，每个位周期内都有信号变化，根据信号的变化来表示数据位的值，常见的有差分曼彻斯特编码和双极性曼彻斯特编码。曼彻斯特编码的优点是同步性好，但存在信号频率加倍和传输速率降低等缺点。

(4) 差分编码：差分编码是一种根据相邻数据位之间的变化来编码信号的方式，常见的有差分曼彻斯特编码、差分非归零编码(NRZI)等。差分编码的优点是减少直流分量、提高同步性，但存在对数据位变化的要求高等缺点。

这些数字信号编码方式各有特点，应根据具体的通信系统要求和传输环境选择合适的编码方式。数字信号编码在数字通信系统中起着至关重要的作用，能够有效地将数字数据转换为适合传输的信号形式，保证数据的可靠传输和正确解码。

2）数字数据的模拟信号编码

数字数据在传输和存储过程中需要经过模拟信号编码，将原始的数字数据转换成模拟信号，以便在模拟通信系统中传输和处理。模拟信号编码是将数字数据转换为模拟信号的过程，常见的模拟信号编码方式包括以下几种。

(1) 脉冲编码调制(PCM)：脉冲编码调制是一种将模拟信号转换为数字信号的编码方式，包括采样、量化和编码 3 个步骤。采样是将连续的模拟信号离散化为一系列采样点，量化是将采样点的幅度量化为离散的数值，编码是将量化后的数值转换为二进制码字。PCM

编码的优点是抗干扰性好、可靠性高,但存在带宽占用大和动态范围受限等缺点。

(2) 脉宽调制(PWM):脉宽调制是一种将模拟信号转换为脉冲信号的编码方式,通过调节脉冲宽度来表示模拟信号的幅度。PWM 编码的优点是简单实现、抗干扰性好,但存在信噪比较低和频率响应受限等缺点。

(3) 脉码调制(PPM):脉码调制是一种将模拟信号转换为脉冲信号的编码方式,通过调节脉冲位置来表示模拟信号的幅度。PPM 编码的优点是抗噪声干扰能力强、频率响应好,但存在复杂度高和带宽占用大等缺点。

以上模拟信号编码方式各有特点,应根据具体的通信系统要求和传输环境选择合适的编码方式。模拟信号编码在模拟通信系统中起着重要作用,能够将数字数据转换为适合模拟信号传输的形式,实现数据的传输和处理。模拟信号编码技术的发展为模拟通信系统提供了更多的选择,提高了通信系统的性能和可靠性。

3. 同步传输与异步传输

同步传输和异步传输是数据通信中两种常见的传输方式,它们在数据传输的时序控制和数据帧结构等方面有所不同。

1) 同步传输

同步传输是指在数据传输过程中,发送端和接收端之间通过一个共同的时钟信号进行同步,确保数据按照固定的时序进行传输。在同步传输中,数据通常被组织成固定长度的数据帧,每个数据帧之间通过同步信号进行分隔,以便接收端能够准确地解析数据。同步传输通常具有较高的传输效率和可靠性,但需要在发送端和接收端之间建立稳定的时钟同步。

2) 异步传输

异步传输是指在数据传输过程中,发送端和接收端之间没有共同的时钟信号进行同步,而是通过起始位和停止位来标识每个数据帧的开始和结束。在异步传输中,数据帧的长度可以是可变的,发送端和接收端之间通过起始位和停止位来同步数据传输。异步传输相对于同步传输更加灵活,可以适应不同速率的数据传输,但可能会存在一定的时序偏移和同步问题。

总体来讲,同步传输适用于对时序要求严格、传输速率稳定的场合,而异步传输适用于速率不固定、灵活性要求较高的场合。在选择传输方式时,需要根据具体的通信需求和系统要求来确定使用同步传输还是异步传输,以确保数据能够准确、高效地传输。

7.5.3 数据交换技术

数据交换技术是指在计算机网络中实现数据传输和通信的技术手段,主要包括电路交换、报文交换和分组交换。

1. 电路交换

电路交换是一种建立端到端的物理连接,并在连接期间保持固定带宽的通信方式。

在电路交换中,通信双方独占一条物理通路,通信过程中不需要进行路由选择和数据分组,适用于对实时性要求高的通信场景,如电话通信。

2. 报文交换

报文交换是指在通信数据传输中,整条消息作为一个整体进行传输,类似于传统的邮件传递方式。报文交换不需要建立独占的物理连接,而是通过存储转发的方式将整条消息传输到目的地,适用于短消息传输和非实时通信。

3. 分组交换

分组交换是一种将数据分割成小的数据包(分组)进行传输的通信方式。在分组交换中,数据包独立传输,每个数据包包含目的地址等控制信息,可以通过不同的路径到达目的地,并在目的地重新组装成完整的数据。分组交换是目前互联网通信的主要方式,具有灵活性高、带宽利用率高等优点。

数据交换技术的选择取决于通信需求、网络性能要求和应用场景等因素。不同的数据交换技术在实际应用中有着各自的优劣势,需要根据具体情况进行选择和应用。

7.6 计算机网络新技术

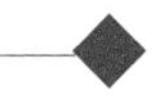

21 世纪,国际上一大批优秀企业在计算机网络的各个应用领域取得了突出性的研究成果。涌现了一大批先进技术,为人类做出了重大贡献。

1. 企业组织

谷歌：在搜索引擎、云计算、人工智能等领域处于领先地位。

亚马逊：主导云计算市场,提供全球最大的云服务平台。

Facebook：在社交网络、虚拟现实等领域有重要影响力。

华为：在通信设备、5G 技术等方面具有全球竞争力。

2. 主要技术水平

5G 网络：提供更高速度、更低时延的通信服务。

人工智能：应用于网络管理、安全防护等领域。

区块链技术：用于网络安全、数据隐私保护等方面。

边缘计算：将计算和数据处理推向网络边缘,提高响应速度。

3. 突出贡献

互联网：连接了全球人口,改变了人们的生活方式和工作方式。

物联网：实现了设备之间的互联互通,推动了智能化发展。

云计算：提供了弹性计算、存储和应用服务,促进了信息化进程。

大数据：帮助企业和组织分析海量数据,提供决策支持。

4. 主要特征

智能化和自动化：网络具备智能识别和自动化调整能力。

高可靠性和安全性：采用多重备份、加密技术等保障网络数据的安全性。

边缘计算：降低时延及提高响应速度。

大数据分析：利用大数据技术分析网络数据,提升网络性能和用户体验。

5. 应用现状

互联网应用：电子商务、社交网络、在线娱乐等持续发展。

物联网应用：在智能家居、智慧城市、智能交通等领域得到广泛应用。

医疗健康：远程医疗、健康监测等服务不断完善。

工业互联网：工业自动化、智能制造等得到广泛应用。

7.6.1 5G网络技术

5G网络技术是第5代移动通信技术，是一种新一代的无线通信技术，旨在提供更高的数据传输速度、更低的时延、更大的网络容量及更好的连接稳定性。以下是5G网络技术的概述。

1. 5G网络技术的特点

更高的数据传输速度：5G网络可提供比4G网络更高的数据传输速度，可支持更快的下载和上传速度。

更低的时延：5G网络具有更低的时延，可实现更短的数据传输响应时间，适用于实时应用和互动体验。

更大的网络容量：5G网络可以支持更多的设备连接，适用于物联网和大规模连接的场景。

更好的连接稳定性：5G网络具有更好的信号覆盖和连接稳定性，提供更可靠的通信服务。

2. 5G网络技术的技术支持

毫米波频段：5G网络利用毫米波频段进行通信，提供更大的带宽和更高的传输速度。

Massive MIMO：大规模多输入多输出技术，通过增加天线数量提高网络容量和覆盖范围。

Beamforming：波束赋形技术，将信号集中发送到特定的方向，提高传输效率和覆盖范围。

Network Slicing：网络切片技术，将网络划分为多个独立的虚拟网络，以满足不同应用场景的需求。

3. 5G网络技术的应用场景

增强移动宽带：提供更快的移动宽带连接，支持高清视频流、虚拟现实等应用。

物联网：支持大规模物联网设备连接，应用于智能家居、智能城市等领域。

自动驾驶：提供低时延的通信支持，用于自动驾驶车辆之间的通信和协作。

工业互联网：支持工业设备之间的实时通信和数据传输，实现智能制造和远程监控。

5G网络技术将为未来的通信和互联网应用带来革命性的变化，推动物联网、智能城市、自动驾驶等领域的发展，为用户提供更快、更稳定、更智能的通信体验。

7.6.2 边缘计算

边缘计算是一种新兴的计算模式，旨在将数据处理和存储功能从传统的云计算数据中心推送到接近数据源的边缘设备或边缘节点上，以减少数据传输时延、提高数据处理效率和保护数据隐私。以下是边缘计算的概述。

1. 边缘计算相关概念

边缘设备：包括智能手机、传感器、物联网设备、路由器等接近数据源的终端设备。

边缘节点：位于网络边缘的服务器、网关或设备，用于处理、存储和转发数据。

边缘计算：在边缘设备或边缘节点上进行数据处理、存储和计算，减少数据传输到云端的时延和带宽消耗。

2. 边缘计算的特点

降低时延：将数据处理功能推送到边缘设备或边缘节点上，减少数据传输时延，提高实时性。

节约带宽：在数据源附近处理数据，减少对云端数据中心的数据传输，节约带宽成本。

保护隐私：部分数据在边缘设备上进行处理，避免敏感数据传输到云端，提高数据隐私保护。

适应多样化需求：针对不同应用场景的需求，提供定制化的边缘计算解决方案。

3. 边缘计算的应用场景

物联网：边缘计算可用于物联网设备之间的数据处理和通信，提高物联网系统的实时性和可靠性。

智能城市：在城市中部署边缘节点，实现智能交通、智能照明等应用，提高城市管理效率。

工业互联网：在工厂生产线上部署边缘计算设备，实现实时监测、预测性维护等功能，提高生产效率。

自动驾驶：边缘计算可用于处理车辆传感器数据，提供低时延的决策支持，实现自动驾驶车辆的智能化。

边缘计算技术的发展将为各行业带来更高效、更智能的数据处理和应用方式，推动物联网、智能城市、工业互联网等领域的发展，为用户提供更优质的服务和体验。

7.6.3 区块链技术

区块链技术是一种通过去中心化、分布式的方式记录交易数据的技术，其核心特点是去中心化、不可篡改、透明性和安全性。以下是区块链技术的概述。

1. 区块链相关概念

将交易数据按时间顺序链接成的不可篡改的数据块，每个区块包含前一区块的哈希值和当前交易数据的哈希值。

去中心化：区块链网络中不存在中心化的管理机构，所有节点共同维护和验证交易数据。

不可篡改：一旦数据被记录在区块链上，几乎不可能被篡改或删除，确保数据的可信度和完整性。

透明性：区块链上的数据是公开可查的，任何人都可以查看交易记录，增强信任和透明度。

安全性：采用密码学技术和共识机制确保数据的安全性，防止双重支付和恶意攻击。

2. 区块链工作原理

分布式账本：区块链网络中的每个节点都有一份完整的账本副本，共同维护账本的一致性。

共识机制：节点之间通过共识算法达成一致，验证和确认交易的有效性，保证数据的一致性。

加密算法：使用非对称加密技术确保数据的安全性和隐私性，保护交易的机密性。

智能合约：基于区块链的智能合约可以自动执行合约条款，增加交易的可信度和自动化程度。

3. 区块链应用场景

数字货币：比特币、以太坊等加密货币是区块链技术的典型应用，实现去中心化的价值交换。

供应链管理：利用区块链技术追踪产品的生产、流通和销售过程，提高供应链透明度和效率。

身份认证：区块链可以用于安全、去中心化的身份认证，保护个人隐私和数据安全。

投票选举：利用区块链技术实现安全、透明的在线投票系统，防止选举舞弊和数据篡改。

区块链技术的发展将为金融、物流、医疗、政府等各个领域带来革命性的变化，增强数据安全性，提高交易效率，推动数字化经济的发展。

7.6.4 物联网技术

物联网是指通过互联网连接和通信技术将各种物理设备、传感器、软件等互相连接起来而实现的设备之间的数据交换和智能控制的技术体系。以下是物联网技术的概述。

1. 物联网相关概念

物联网：将各种智能设备、传感器和物理对象连接到互联网，实现设备之间的互联互通，实现数据共享和智能控制。

传感器：物联网设备通常搭载各种传感器，可以实时监测环境数据、物体状态等信息，将数据传输到云端进行处理和分析。

云计算：物联网设备通过互联网将数据上传到云端进行存储、处理和分析，实现大规模数据的管理和应用。

2. 物联网的架构

感知层：包括传感器、智能设备等，用于采集环境数据、监测设备状态等信息。

网络层：通过各种通信技术(如 WiFi、蓝牙、LoRa 等)将设备连接到互联网，实现设备之间的通信。

平台层：提供数据存储、处理、分析等服务，实现对物联网数据的管理和应用。

应用层：基于物联网数据开发各种应用，如智能家居、智慧城市、工业自动化等。

3. 物联网的特点

智能化：物联网设备可以实时监测环境数据、实现远程控制，实现智能化的应用场景。

实时性：物联网技术可以实现实时数据采集、传输和处理，提供及时的信息反馈和控制功能。

自动化：物联网设备可以自动执行任务、自动调节参数，实现自动化的生产、管理和控制。

互联互通：不同的物联网设备之间可以互相通信、协同工作，实现信息共享和协作。

4. 物联网的应用场景

智能家居：通过物联网技术实现家庭设备的智能控制、节能管理等功能。

智慧城市：利用物联网技术实现城市基础设施的智能监控、交通管理、环境保护等。

工业物联网：应用于工厂生产线监测、物流管理、设备维护等领域，提高生产效率和管理水平。

农业物联网：用于农田监测、智能灌溉、精准农业等，提高农业生产效率和质量。

物联网技术的发展将为人们的生活、工作和生产带来全新的体验和机遇，推动数字化转型和智能化发展。

7.6.5 虚拟化技术

虚拟化技术是一种对计算机资源（如硬件、操作系统、存储、网络等）进行抽象、隔离和管理的技术，使多个虚拟环境可以共享同一物理资源，提高资源利用率、灵活性和安全性。以下是虚拟化技术的概述。

1. 虚拟化相关概念

虚拟化：将物理资源抽象为虚拟资源，使多个虚拟环境可以共享同一物理资源，实现资源的隔离和管理。

虚拟机：通过虚拟化技术创建的独立的虚拟计算环境，包括虚拟硬件、操作系统和应用程序。

容器：一种轻量级的虚拟化技术，用于隔离应用程序及其依赖项，提供更高的性能和资源利用率。

2. 虚拟化的类型

硬件虚拟化：通过虚拟机监视器（如 VMware、Hyper-V）在物理服务器上创建多个虚拟机实例，每个虚拟机运行独立的操作系统和应用程序。

操作系统虚拟化：通过容器技术（如 Docker、Kubernetes）在操作系统级别隔离应用程序及其依赖项，实现更高的性能和资源利用率。

存储虚拟化：将存储资源抽象为虚拟存储池，实现存储资源的集中管理和分配。

网络虚拟化：将网络资源抽象为虚拟网络，实现网络资源的隔离、管理和控制。

3. 虚拟化的优势

资源利用率:通过虚拟化技术可以对物理资源进行有效利用,提高资源利用率。

灵活性:虚拟化技术可以快速部署、迁移和扩展虚拟环境,提高系统的灵活性和响应能力。

隔离性:虚拟化技术可以实现虚拟环境之间的隔离,保障系统的安全性和稳定性。

管理和自动化:通过虚拟化管理平台可以对虚拟环境进行统一管理和自动化操作,简化系统管理工作。

4. 虚拟化的应用场景

服务器虚拟化:用于数据中心、云计算等场景,提高服务器资源的利用率和灵活性。

网络虚拟化:用于构建虚拟网络、隔离网络流量、实现网络资源的灵活管理。

存储虚拟化:用于存储系统的管理和优化,提高存储资源的利用率和性能。

虚拟化技术的发展为企业提供了更灵活、更高效和更安全的IT基础设施,推动了云计算、容器化等新技术的发展,并在数据中心、网络管理、应用部署等领域发挥着重要作用。

7.7 本章小结

本章系统地介绍了计算机网络的基本概念、发展历程、体系结构、关键技术与实际应用。首先,阐述了计算机网络的基本定义,明确了其作为信息交换与资源共享平台的角色,并简要回顾了计算机网络从ARPANET到互联网的演变历程,展示了技术进步的轨迹。其次,详细介绍了计算机网络的分层体系结构,特别是OSI参考模型和TCP/IP协议栈,解释了各层的功能、协议及数据封装与解封装的过程,为读者构建了理解网络通信机制的坚实基础。最后,对计算机网络的新技术进行简单介绍。通过本章的学习,读者能够深刻理解计算机网络在现代社会中的核心地位及其对经济、科技、文化等多方面的深远影响。

7.8 习题

一、填空题

1. 信号是数据的表示形式,它分为(　　)信号和(　　)信号。
2. 常见的网络拓扑结构为(　　)、(　　)和(　　)。
3. 网络协议一般由(　　)、(　　)和(　　)三要素组成。
4. 当数据报在物理网络中进行传输时,IP地址被转换成(　　)地址。
5. 在OSI参考模型中,数据链路层的数据协议单元是(　　)。
6. 按地理位置范围可以将计算机网络分为(　　)、(　　)和(　　)类型。
7. 常用的有线数据传输介质有(　　)、(　　)和(　　)。
8. ARP是把计算机的IP地址转换成该机的(　　)地址。
9. OSI参考模型中,(　　)层负责网络通信的二进制传输、电缆规格和物理方面。
10. 目前主要的加密方法有(　　)和(　　)。

二、选择题

1. 检查网络连通性的命令是(　　)。

A. ipconfig　　B. ping　　C. telnet　　D. route

2. 在端到端之间提供可靠数据传输的是计算机网络体系结构中的(　　)层。

A. 网络层　　B. 会话层　　C. 传输层　　D. 数据链路层

3. 以下哪一个选项按顺序包括了 OSI 参考模型的各个层次(　　)。

A. 物理层,数据链路层,网络层,运输层,系统层,表示层和应用层

B. 物理层,数据链路层,网络层,运输层,会话层,表示层和应用层

C. 物理层,数据链路层,网络层,转换层,会话层,表示层和应用层

D. 表示层,数据链路层,网络层,运输层,会话层,物理层和应用层

4. 以下关于数据报工作方式的描述中,不正确的是(　　)。

A. 同一报文的不同分组可以由不同的传输路径通过通信子网

B. 在每次数据传输前必须在发送方和接收方建立一条逻辑连接

C. 同一报文的不同分组到达目的节点时可能出现乱序、丢失现象

D. 每个分组在传输过程中都必须带有目的地址和源地址

5. 在 OSI 参考模型中能实现路由选择、拥塞控制与互连功能的层是(　　)。

A. 传输层　　B. 应用层　　C. 网络层　　D. 物理层

6. 采用全双工通信方式,数据传输的方向性结构为(　　)。

A. 可以在两个方向上同时传输

B. 只能在一个方向上传输

C. 可以在两个方向上传输,但不能同时进行

D. 以上均不对

7. 以下关于传输层特点的描述中错误的是(　　)。

A. 实现网络环境中分布式进程通信

B. TCP 是一种可靠的、面向连接的、面向字节流的传输层协议

C. UDP 是一种不可靠的、无连接的传输层协议

D. 协议数据单元是分组

8. 以下 IP 地址中,属于 C 类地址的是(　　)。

A. 112.213.12.23　　B. 23.123.213.23

C. 210.123.23.12　　D. 156.123.32.12

9. 下列介质媒体传输技术中,属于无线介质传输技术的有(　　)。

A. 光纤传输技术　　B. 双绞线传输技术

C. 同轴电缆传输技术　　D. 红外线传输技术

10. 通常用于支持客户端与服务器端之间文件传输的应用层协议是(　　)。

A. HTML　　B. HTTP　　C. FTP　　D. TELNET

第8章 计算机新技术

CHAPTER 8

在当今快速发展的计算机技术领域，云计算和大语言模型是两个最为瞩目的新兴技术。它们各自在不同领域呈现出巨大的潜力，并且相互融合，共同推动着科技前沿的发展。

云计算和大语言模型在计算机新技术领域形成了一个相互依赖、互相促进的关系，推动着科技的进步和社会的发展。随着这些技术的不断演进和融合，可以期待在未来看到更多创新和突破，为各行各业带来更多价值。

本章思维导图如图8-1所示。

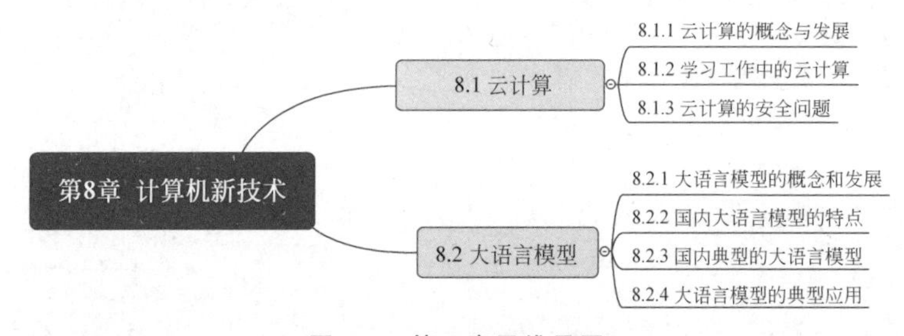

图8-1 第8章思维导图

8.1 云计算

云计算是信息技术领域的一场重要变革，它将传统的计算资源和能力集中到了云端，实现了按需、高效、弹性的资源服务。随着技术的不断进步和应用场景的不断拓展，云计算将更加注重服务的智能化和个性化，为用户提供更加便捷、高效的服务体验。同时，随着边缘计算的兴起和5G技术的普及，云计算将与边缘计算相结合，形成更加完善的计算服务体系。云计算作为一种新兴的计算方式，正在改变着人类的工作和生活方式。它将持续推动信息技术的创新和发展，为各行各业带来更多的机遇和挑战。

8.1.1 云计算的概念与发展

云计算(Cloud Computing)的概念和发展经历了多个阶段，从最早期的分布式计算和服务器虚拟化，到如今的全面云服务架构，共经历了5个阶段。

1. 早期阶段：分布式计算和虚拟化

20世纪60年代，约翰·麦肯锡(John McCarthy)提出了计算资源作为公共服务的想法。他认为计算资源作为一种服务提供给公众，那么每个人都可以使用它们，而无须购买和维护昂贵的计算机设备；同时他还创建了一个名为Adam的计算机系统，这个系统使用了网络协议和分布式计算机技术，允许用户通过网络访问共享的计算机资源，这被认为是云计算的基本技术。

70年代，IBM和其他大型计算机厂商开始开发虚拟化技术，使单台计算机可以作为多个虚拟机运行，这为未来的云计算奠定了基础。

2. 网络计算和互联网的兴起

80年代，随着局域网和广域网的兴起，分布式计算开始普及。企业开始使用通过网络连接的多台计算机完成不同的任务。

90年代，互联网大面积普及，使基于网络的计算服务成为可能。应用服务提供商开始提供基于订阅的软件服务，这可被看作早期的SaaS(软件即服务)模式。

3. 云计算的萌芽

21世纪初，随着虚拟化技术的成熟和互联网带宽的增加，提供按需计算资源的概念逐渐成型。2006年，亚马逊推出了Amazon Web Services(AWS)，并发布了Amazon Elastic Compute Cloud(EC2)，这是一个允许用户按需租用虚拟服务器的服务，这标志着现代云计算的开始。2008年，谷歌推出了Google App Engine，提出了平台即服务(PaaS)的理念，允许开发者在谷歌的基础设施上构建和部署应用程序。

4. 云计算的普及和发展

21世纪10年代，云计算迅速普及，主要的科技公司(如Microsoft的Azure、IBM的IBM Cloud、Oracle的Oracle Cloud)纷纷进入云计算市场。混合云和多云架构也开始流行，企业开始采用多种云服务提供商的服务以提高灵活性和可靠性。随着物联网(IoT)的兴起，边缘计算成为补充云计算的重要技术。边缘计算将数据处理能力推向靠近数据生成源头的设备，减少了时延并提高了响应速度。

5. 现代云计算的智能化

随着人工智能和大数据技术的发展，云计算正在变得更加智能和自动化。云服务提供商不断创新，提供更多基于AI的服务和工具，例如机器学习平台、自然语言处理服务等。

总体来讲，云计算是一个逐步演变的过程，从早期的分布式计算和虚拟化技术，到互联网的普及，再到现代按需计算服务的全面发展。它不仅改变了企业和个人使用计算资源的方式，还推动了新的商业模式和技术创新。

云计算发展到现在，推动了各个产业的蓬勃发展，无论是基础设施提供商，云计算服务商，还是云计算使用端，目前都在积极发展，有巨大的产业价值。云计算的产业架构如图8-2所示。

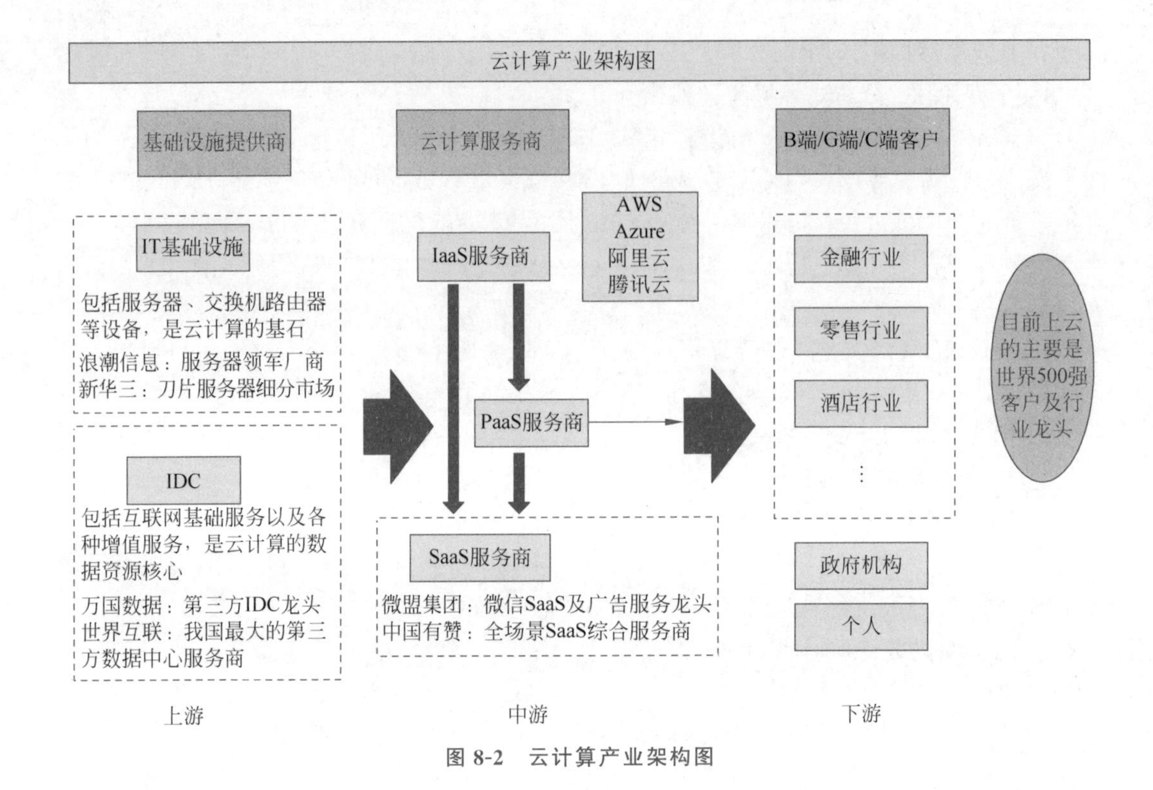

图 8-2　云计算产业架构图

8.1.2　学习与工作中的云计算

读者在编程中，经常有开发应用程序且将应用程序给用户使用的需求。开发出软件后，如何将应用程序共享给用户使用呢？在早期的时候，应用程序开发者需要购买价格昂贵的服务器，并且需要将服务器托管给当地的电信部门，服务器的 IP 使用、服务器的运行与维护都需要付出高昂的费用。使用云计算厂商的虚拟服务器一切都变得更简单，无论是维护还是使用都使一切变得更简单。

接下来以吉利学院大一计算机专业的学生李小圆同学为例，看一看云计算是如何助力其进行程序设计学习的。

李小圆同学喜欢程序设计，尤其喜欢进行小程序开发，此外其还有学习 MySQL 数据库、Java Web 编程的需求，最重要的是，李小圆创建出来 Web 网站后，特别想分享给全世界的用户。这时，就需要选择一个合适的云计算产品。

目前，国内有众多的云计算厂商提供虚拟服务器服务，例如华为、腾讯、阿里巴巴等，并且国内云计算厂商不仅在费用上有专门针对学生的优惠活动，并且提供了便利的技术文档。李小圆经过多方比较后，最终选择了阿里巴巴的云计算产品。

李小圆同学经过认真比对后，最终选择了阿里巴巴的云服务器，经过高校学生认证后，最终选择了 Linux 服务器。在此服务器上，李小圆学习了 Docker、Spring Boot、Tomcat、Nginx、Vue.js 等目前最新技术，并将其开发的应用程序部署到了此云服务器，全世界的用户都可以通过此服务器访问她创建的程序，李小圆得到了分享的快乐，并且学习热情大大提高。所有这一切都是云计算提供的学习的便利。李小圆选择的云服务器控制界面如图 8-3 所示。通过控制台界面，可以进行服务器远程连接、云服务器的端口设置、操作系统的远程重置等。

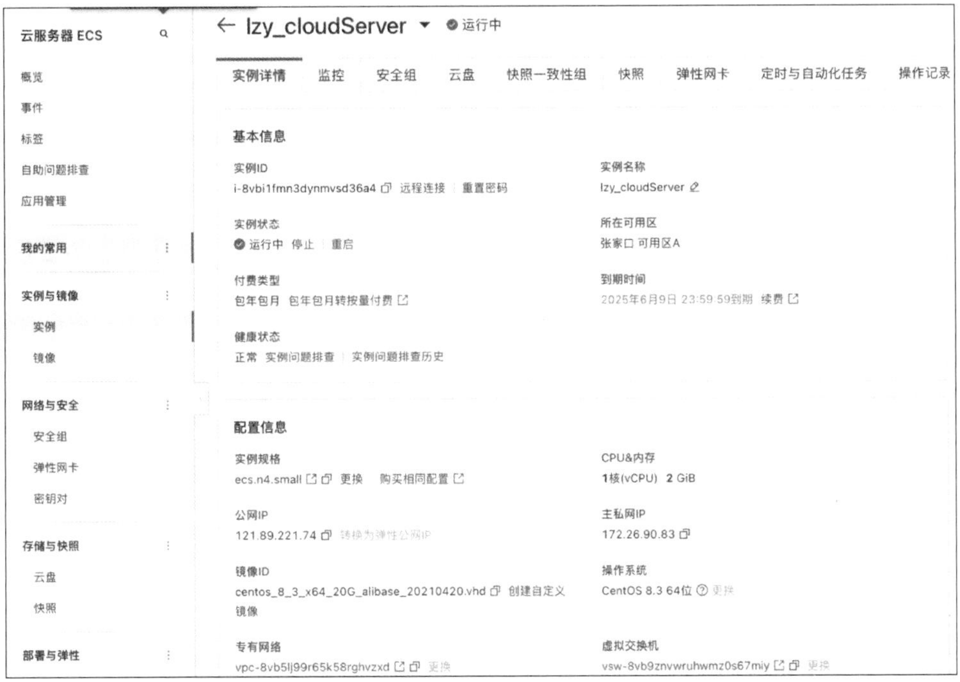

图 8-3 云服务器控制

当然，云服务器只是云计算的一部分产品，实际上在学习中，云计算产品也是无所不在的，例如微信和支付宝上使用的小程序，计算机教室里使用的云桌面，教师授课时的大屏客户端等，背后都有云计算的助力。

8.1.3 云计算的安全问题

云计算虽然给人们的工作和生活带来了极大的便利，但是其安全问题也不容小觑，云计算环境中的安全问题是多方面的，涉及技术、政策、操作和管理等多个层面，常见的安全问题如下。

(1) 数据泄露与隐私：数据在云中进行存储和传输的过程中有可能遭遇未授权访问或泄漏，这对于包含敏感信息的数据来讲，尤其危险。

(2) 数据丢失：云计算产品在运维过程中会碰到很多极端情况，例如硬件故障、操作错误或者黑客恶意攻击，此时存储在云中的数据很可能会丢失，给用户造成无法挽回的损失。

(3) 身份与访问管理(IAM)问题：云计算服务的不恰当的身份和访问管理可能允许未授权用户访问敏感资源或执行未授权的操作。

(4) 接口和 API 的安全：云服务提供商提供的接口和 API 是与云服务交互的关键，人托他们如果设计不当或实施不当，则可能会成为安全漏洞。

(5) 先进的持续威胁(APT)和内部威胁：高度复杂的攻击手段可能会绕过传统的安全措施，而且云服务环境可能会更容易受到内部人员的威胁。

(6) 配置和变更管理错误：不恰当的云配置或变更管理可能会意外地暴露数据或服务，导致安全漏洞。

(7) 共享技术的脆弱性：云计算环境通常是多租户的，如果隔离措施不当，则一个租户的活动可能会影响其他租户的活动。

(8) 法律和合规风险：由于数据可能存储在全球不同的地理位置，云计算用户可能面临遵守多个地区法律和合规要求的挑战。

(9) 服务中断和可用性问题：攻击者可能采取拒绝服务攻击(DoS 或 DDoS)来破坏云服务的可用性。

(10) 供应链风险：云服务供应商所依赖的第三方服务或组件的安全弱点，也可能导致安全问题。

为了解决上述安全问题，重要的是要采取全面的安全措施，包括技术措施、政策、培训和最佳实践的实施，以及与云服务提供商的紧密合作。

15min

8.2 大语言模型

8.2.1 大语言模型的概念和发展

9min

随着数字化技术的变革，人工智能技术已经成为各行各业的核心驱动力之一，而在人工智能领域中，大型语言模型(LLM)作为一种引人瞩目的技术，正在以其强大的语言理解和生成能力引领着一场革命。

大语言模型的历史可以追溯到 20 世纪 50 年代和 60 年代，图灵测试被提出后，研究人员一直在探索和开发能够理解并掌握语言的人工智能技术。作为重要的研究方向之一，语言模型得到了学术界的广泛研究，从早期的统计语言模型和神经语言模型开始，发展到基于 Transformer 的预训练语言模型。

8min

图灵测试：起源于计算机科学和密码学的先驱艾伦·麦席森·图灵发表于 1950 年的一篇论文《计算机器与智能》。该测试的流程是，一名测试者写下自己的问题，随后将问题以纯文本的形式(如计算机屏幕和键盘)发送给另一个房间中的一个人与一台机器。测试者根据他们的回答来判断哪一个是真人，哪一个是机器。所有参与测试的人或机器都会被分开。这个测试旨在探究机器能否模拟出与人类相似或无法区分的智能。在测试的 5min 内，如果计算机能够回答由人类测试者提出的一系列问题，并且超过 30%的回答让测试者误认为是人类所答，则计算机通过测试。

直到21世纪初，随着深度学习的兴起，大语言模型的发展达到了一个新的阶段。深度学习通过神经网络，可以自动地从数据中学习复杂的表示，而不是依赖于手动编码的规则。这个阶段的关键发展是循环神经网络(RNN)和长短期记忆网络(LSTM)，这些模型能够更好地处理序列数据，如文本。

然而，大规模神经语言模型真正的转折点出现在2013年后，特别是随着Transformer架构的提出。Transformer模型使用了自注意力机制(Self-Attention)，允许模型在处理序列数据时更有效地处理长距离依赖。这一架构成为随后所有大模型的基础。

OpenAI的GPT(Generative Pre-trained Transformer)系列和谷歌的BERT(Bidirectional Encoder Representations from Transformers)系列便基于Transformer架构。这些模型在海量文本数据上预训练，学会了语言的复杂模式，然后可以针对特定任务进行微调。Transformer架构如图8-4所示。

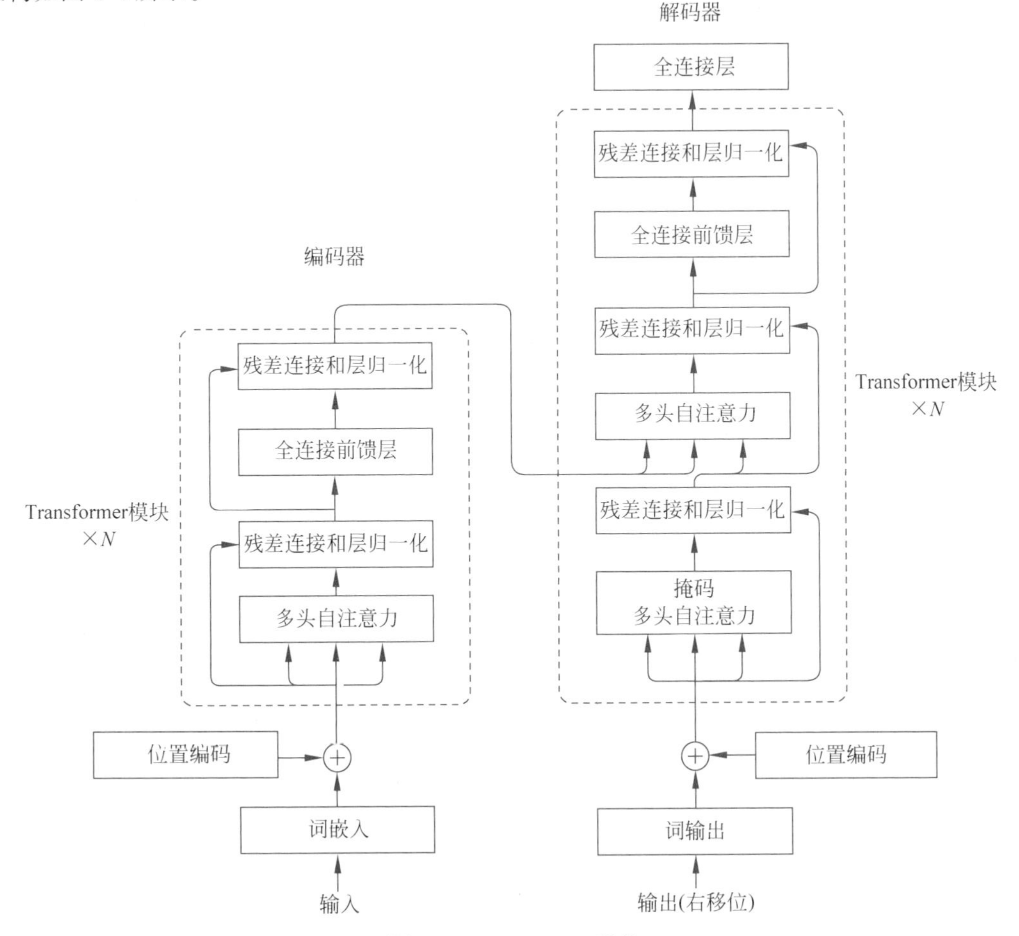

图8-4 Transformer架构

随着模型参数的数量从数百万增加到数十亿乃至数百亿，这些大语言模型在理解和生成语言方面的能力达到了前所未有的水平。它们不仅在语言理解的标准基准上取得了突破性的表现,而且在翻译、摘要、问答等众多任务中展现了其卓越的能力。

尽管大语言模型在技术上取得了巨大成功,但它们也带来了一系列的挑战,包括伦理问题、偏见、可解释性和环境影响。研究者和开发者正在努力,通过更好的设计、更明智的监管和创新的方法,来确保大语言模型能以负责任的方式为人类的福祉服务。

8.2.2 国内大语言模型的特点

国内的大语言模型发展与全球趋势紧密相连,同时也展现出独有的特征和进展。中国的科研机构和科技公司在大语言模型的研发上投入了大量资源,取得了显著的成就。国内大语言模型相比国外来讲,有自己的一些独有特点。

(1) 政策支持:中国政府对人工智能技术给予了高度重视,并在国家层面推出了多项政策支持 AI 领域的发展,这包括在自然语言处理和大语言模型上的研究和应用。

(2) 学术研究:国内的高校和研究机构在深度学习和自然语言处理领域拥有深厚的研究基础,这些研究成果为大语言模型的发展提供了理论支持和人才储备。

(3) 行业实践:像百度、阿里巴巴、腾讯和华为等中国科技巨头纷纷投入大量资源研发自己的大语言模型,并投入了实践运行

(4) 中文处理的挑战与创新:与英文等西方语言不同,中文处理在分词、语境理解、成语和谚语的使用等方面面临独特挑战。国内研发者针对中文的特点进行了大量创新,发展了适用于中文的预训练模型和算法。

(5) 跨界应用:大语言模型在国内被广泛地应用于聊天机器人、智能客服、内容推荐、搜索引擎、语音识别和机器翻译等多个领域,对产品改善和服务创新产生了重要影响。

(6) 数据隐私和安全:在中国强监管的政策环境中,数据隐私和安全成为大语言模型研究和应用的重要考量。国内的模型需要严格遵守相关法律法规,确保用户数据的安全。

(7) 国际合作与竞争:尽管存在一定的国际竞争,国内的研究团队和公司也与国际学术界和行业进行合作,共同推动大语言模型技术的发展。

国内大语言模型的发展正在以迅猛的速度前进,不仅在技术上取得了国际领先的成果,也在实际应用中展现出强大的推动力。随着技术的持续进步和应用的深化,有理由相信,国内在大语言模型领域将会出现更多创新和突破。

8.2.3 国内典型的大语言模型

国内的大语言模型主要由科技巨头和领先的 AI 公司研发,其研发的大语言模型已经在生产中得到了大量的应用。

(1) 百度的 ERNIE。

百度的 ERNIE(Enhanced Representation through Knowledge Integration)是一个基于 Transformer 架构的预训练语言表示模型,它通过整合知识图谱数据来增强模型的语义理解能力。ERNIE 模型在中文 NLP 任务上取得了卓越的性能,尤其是在情感分析、语义相似

度、命名实体识别等方面。百度将 ERNIE 应用在搜索引擎和各种语言处理服务中,例如常见的文心一言等。

(2) 腾讯的 BERT WWM。

腾讯的 BERT-WWM 是腾讯 AI Lab 基于 BERT 模型的改进版。在预训练过程中,BERT-WWM 采用了整词掩蔽(Whole Word Masking)策略,对中文全词进行掩蔽,而不是像原始 BERT 那样对单个字符进行掩蔽,这有助于模型更好地学习词汇的边界和含义。

(3) 阿里巴巴的 ModelScope。

ModelScope 并非单一的语言模型,而是一个 AI 模型共享和服务平台,提供多种预训练模型,包括 NLP 模型。这个平台允许研究人员和开发者访问、分享和部署各种 AI 模型,包括语言处理模型,从而促进了 AI 模型的创新和实际应用。

(4) 华为的 NEZHA。

华为诺亚方舟实验室开发的预训练 NLP 模型(Neural Contextualized Representation for Chinese Language Understanding,NEZHA),类似于 BERT,但在预训练技巧和网络结构上进行了优化。NEZHA 引入了功能性的相对位置编码,这对于中文等没有空格分隔的语言来讲能够更好地捕捉词汇间的关系。

以上提到的模型都是针对中文进行了特别优化的,它们在处理中文语言的复杂性方面具有明显的优势。同时,这些模型在多个中文 NLP 任务中,如文本分类、阅读理解、语义理解等任务上展现出了卓越的性能。国内的研究者和工程师也在积极探索如何减少这些大模型的能源消耗和训练时间,以及如何增强它们的可解释性和公平性,从而使大语言模型更加可持续和负责任。随着这些模型的不断发展和优化,有理由期待它们在未来的 AI 应用中发挥更大的作用。

8.2.4 大语言模型的典型应用

1. 智能编程助手

大语言模型作为新一轮的技术革命,已经开始渗透到软件开发领域,传统的编码模式受到了巨大挑战,利用 AI 技术提升软件开发的效率和质量,已经成为程序员的必备技能。2023 年 1 月微软公司发布了 Copilot 编程助手,Copilot 利用了大量的开源代码库,可以帮助开发者高效地编写代码,可以理解自然语言和编程语言,为开发者生成代码建议。Copilot 虽然功能强大,但是其使用费用高昂,并且在网络访问上极为不便。

2023 年 10 月,国内 IT 巨头阿里巴巴,正式发布了通义灵码——智能编码助手,它不仅支持 14 种主流编程语言,如 Java、Python、Go 等,还能够与主流的集成开发环境(IDE)如 Visual Studio Code(1.75.1 及以上版本)、JetBrains(2020.3 及以上版本)系列等无缝集成。通义灵码的核心功能包括代码智能生成、自然语言生成代码、单元测试生成、代码优化、注释生成、代码解释及研发智能问答等,覆盖了软件开发的各个环节。阿里巴巴的目标是 20% 的代码量由 AI 完成。

下面以 Visual Studio Code 为例,介绍通义灵码的使用方法。

打开 Visual Studio Code 后，单击“扩展”按钮，并在搜索框里输入 tongyi，得到搜索结果后，单击“安装”按钮，如图 8-5 所示。

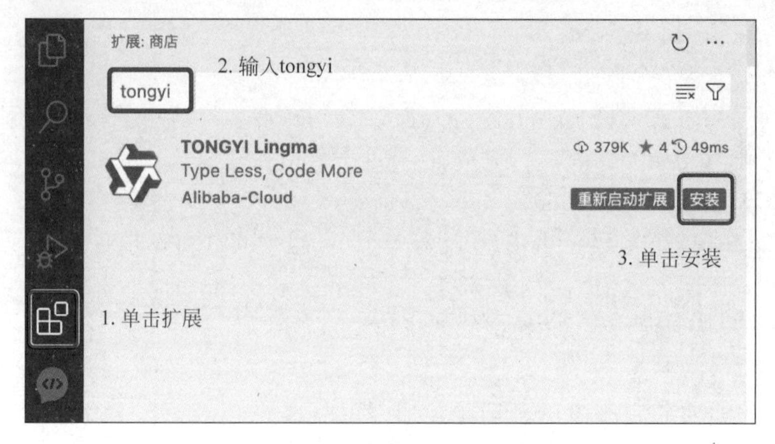

图 8-5 安装通义灵码

通义灵码目前是免费的，但是使用前必须进行登录，可以使用支付宝或者淘宝进行扫码登录，登录后，通义灵码将随着 Visual Studio Code 的启动而启动。图 8-6 为登录通义灵码并启动后的界面。

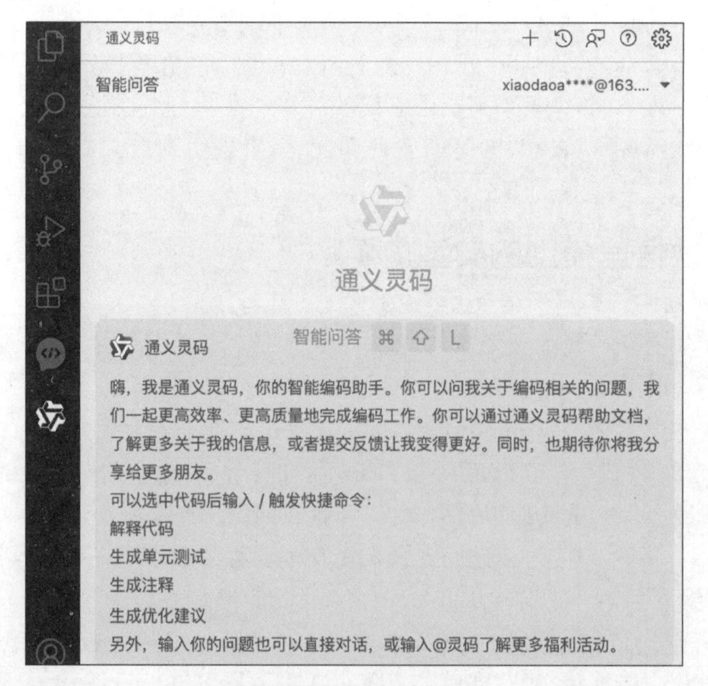

图 8-6 通义灵码启动界面

使用通义灵码，有两个典型应用场景，既可以在其提供的对话框里直接通过输入问题来得到答案，也可以在使用 Visual Studio Code 进行代码编程时，通义灵码根据用户的代码智能地进行猜测并补完代码，这时可以按 Tab 键进行自动补完。图 8-7 为使用通义灵码完成 Python 冒泡算法的示意图。

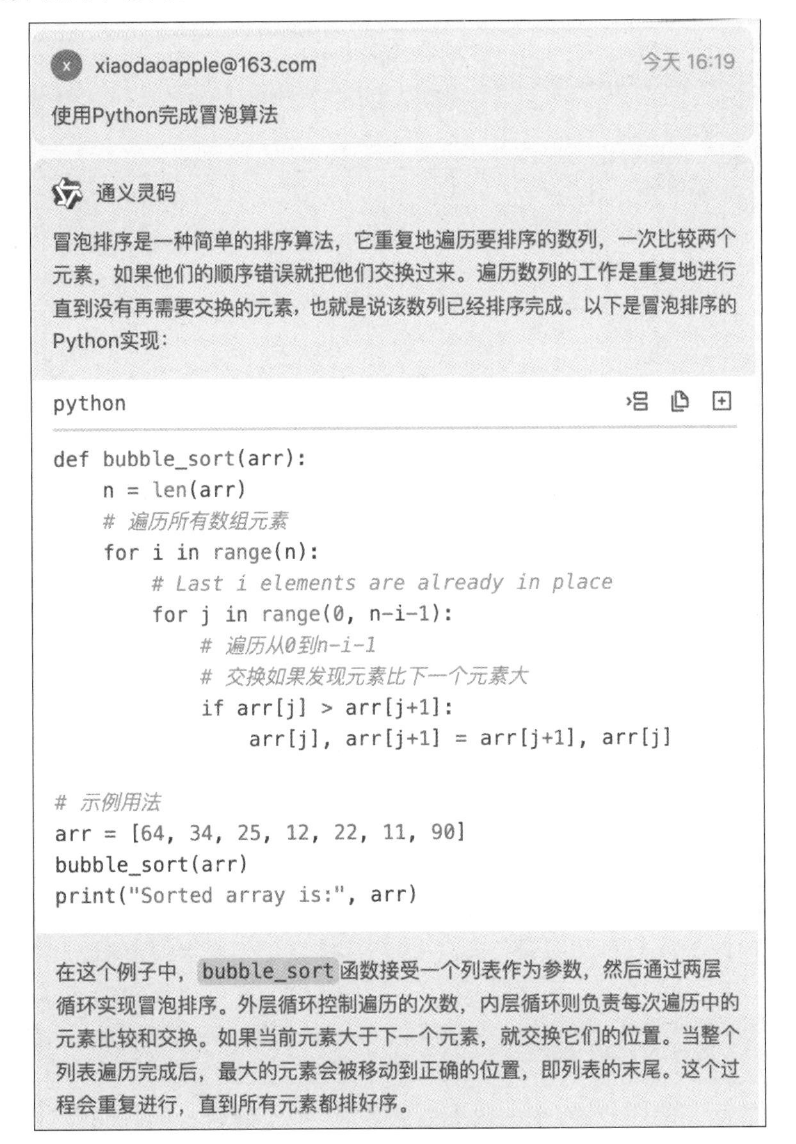

图 8-7　通义灵码实现冒泡算法

下面以 JavaScript 求数组最大值为例，看一下同义灵码在 IDE 中的使用方法，输入 getMax 函数定义，并输入 for 循环后，通义灵码智能地猜测应该使用 if 判断进行最大值获取，并给出了代码提示，此时按 Tab 键将自动采用此建议，如图 8-8 所示。

2. 文心一言

文心一言是一种基于自然语言处理技术的语言模型，可以用于各种自然语言处理任务，例如文本分类、情感分析、文本生成等。它是百度公司开发的一种产品，可以回答各种问题、

图 8-8 IDE 里使用通义代码

生成各种文本内容。

在使用文心一言时，用户可以向它输入任何自然语言文本，例如文章、段落、标题等，然后它可以根据输入的内容提供相应的回答或解释。同时，文心一言还可以根据用户的需求进行定制化回答，例如根据不同的场景、不同的目的、不同的语言风格等。

此外，文心一言还可以与其他软件或平台进行集成，例如搜索引擎、文档管理系统、OA系统等，以提供更加智能的自然语言处理服务。总之，文心一言是一种非常有用的工具，可以帮助用户更好地理解和处理自然语言文本。

文心一言的使用方法非常简单，用户只需输入要表达的内容，它就可以根据输入的内容提供相应的回答或解释。具体来讲，可以使用文心一言来回答各种问题、生成各种文本内容，或者进行文本分类、情感分析等任务。文心一言可以通过百度文心官网、百度文心知识图谱、百度搜索“文心一言”等方式进入文心一言，与它进行交互，体验它的神奇之处。

接下来以完成一篇《三体》小说的读书笔记为例，看一看文心一言的具体使用方法。

(1) 打开浏览器，输入文心一言网址 https://yiyan.baidu.com，并进行访问，如图 8-9 所示。

(2) 输入提示文本，并单击“确认”按钮，如图 8-10 所示。

注意：可以输入用户角色，从而让 AI 可以更好地写出符合要求的内容，例如此处可以是以学生角度，或者以评论家角度等。

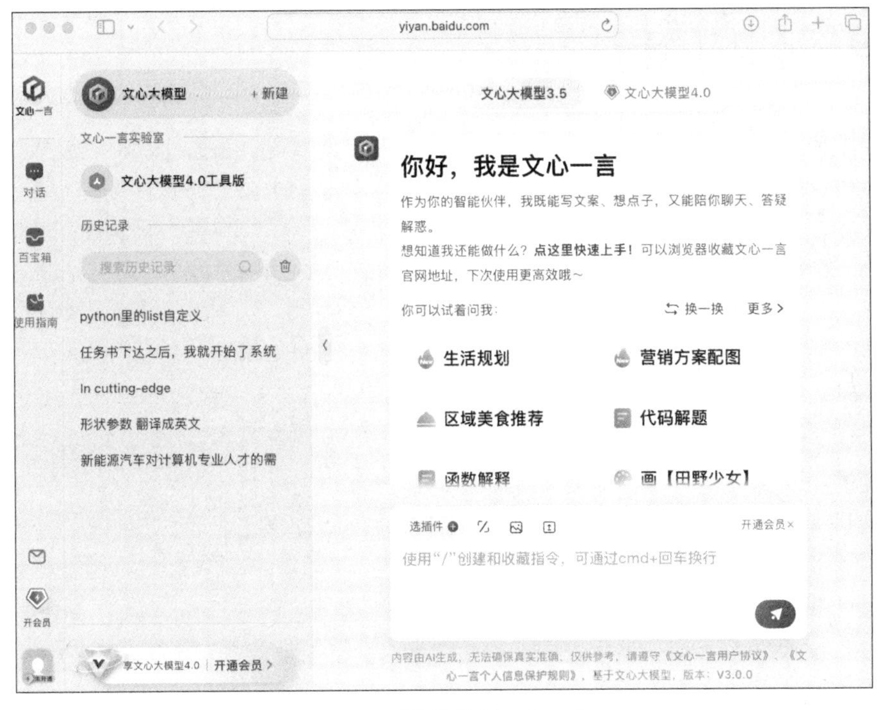

图 8-9 浏览器访问文心一言

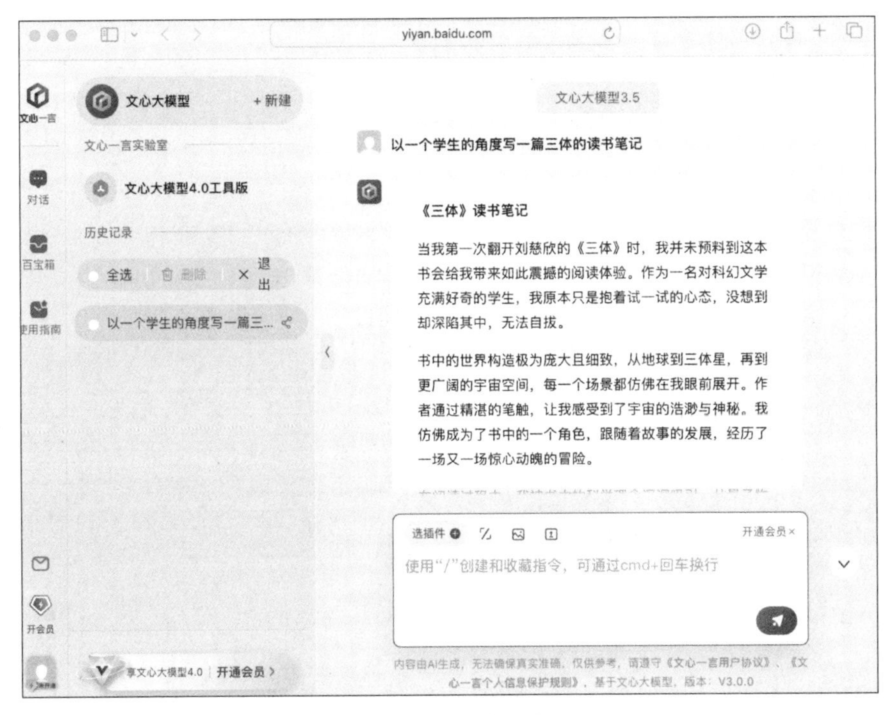

图 8-10 得到读书笔记

8.3 本章小结

本章详细地介绍了计算机目前正在使用的新技术，主要包括云计算和大语言模型等，在云计算中探讨了云计算的概念与发展、学习工作中的云计算和云计算的安全问题；在大语言模型部分介绍了大语言模型的概念和发展，国内大语言模型的特点、国内典型大语言模型的应用等，并以通义灵码和文心一言为例讲解了大语言模型的使用方法。

8.4 习题

实践题

1. 在阿里云或腾讯云等国内云计算平台上，申请免费云服务器，并部署一个可以展示的 Web 应用。

2. 使用通义灵码完成字符串匹配算法。

3. 使用文心一言，以科幻小说爱好者的角度，对《流浪地球》完成作品评论。

图书推荐

书　名	作　者
仓颉语言实战(微课视频版)	张磊
仓颉语言核心编程——入门、进阶与实战	徐礼文
仓颉语言程序设计	董昱
仓颉程序设计语言	刘安战
仓颉语言元编程	张磊
仓颉语言极速入门——UI全场景实战	张云波
HarmonyOS移动应用开发(ArkTS版)	刘安战、余雨萍、陈争艳等
公有云安全实践(AWS版·微课视频版)	陈涛、陈庭暄
虚拟化KVM极速入门	陈涛
虚拟化KVM进阶实践	陈涛
移动GIS开发与应用——基于ArcGIS Maps SDK for Kotlin	董昱
Vue+Spring Boot前后端分离开发实战(第2版·微课视频版)	贾志杰
前端工程化——体系架构与基础建设(微课视频版)	李恒谦
TypeScript框架开发实践(微课视频版)	曾振中
精讲MySQL复杂查询	张方兴
Kubernetes API Server源码分析与扩展开发(微课视频版)	张海龙
编译器之旅——打造自己的编程语言(微课视频版)	于东亮
全栈接口自动化测试实践	胡胜强、单镜石、李睿
Spring Boot+Vue.js+uni-app全栈开发	夏运虎、姚晓峰
Selenium 3自动化测试——从Python基础到框架封装实战(微课视频版)	栗任龙
Unity编辑器开发与拓展	张寿昆
跟我一起学uni-app——从零基础到项目上线(微课视频版)	陈斯佳
Python Streamlit从入门到实战——快速构建机器学习和数据科学Web应用(微课视频版)	王鑫
Java项目实战——深入理解大型互联网企业通用技术(基础篇)	廖志伟
Java项目实战——深入理解大型互联网企业通用技术(进阶篇)	廖志伟
深度探索Vue.js——原理剖析与实战应用	张云鹏
前端三剑客——HTML5+CSS3+JavaScript从入门到实战	贾志杰
剑指大前端全栈工程师	贾志杰、史广、赵东彦
JavaScript修炼之路	张云鹏、戚爱斌
Flink原理深入与编程实战——Scala+Java(微课视频版)	辛立伟
Spark原理深入与编程实战(微课视频版)	辛立伟、张帆、张会娟
PySpark原理深入与编程实战(微课视频版)	辛立伟、辛雨桐
HarmonyOS原子化服务卡片原理与实战	李洋
鸿蒙应用程序开发	董昱
HarmonyOS App开发从0到1	张诏添、李凯杰
Android Runtime源码解析	史宁宁
恶意代码逆向分析基础详解	刘晓阳
网络攻防中的匿名链路设计与实现	杨昌家
深度探索Go语言——对象模型与runtime的原理、特性及应用	封幼林
深入理解Go语言	刘丹冰
Spring Boot 3.0开发实战	李西明、陈立为